Geotechnical Engineering

RWTH AACHEN UNIVERSITY

Ein einheitliches Bemessungsverfahren zur Harmonisierung von Sicherheitsnachweisen in der Geotechnik

von Elias Manuel Tafur Bances

Schriftenreihe Geotechnik im Bauwesen • RWTH Aachen **Heft 26 • 2020**
Herausgeber: Univ.-Prof. Dr.-Ing. Martin Ziegler

Band 26

Herausgeber:
Geotechnik im Bauwesen
Rheinisch-Westfälische Technische Hochschule (RWTH) Aachen
Univ.-Prof. Dr.-Ing. M. Ziegler
Mies-van-der-Rohe-Str.1
52074 Aachen

Bibliografische Information der Deutschen Bibliothek
Die Deutsche Bibliothek verzeichnet diese Publikation in der Deutschen Nationalbibliografie; detaillierte bibliografische Daten sind im Internet über http://dnb.ddb.de abrufbar

1. Auflage 2020
Verlagsgruppe Mainz GmbH Aachen

ISBN 978-3-95886-391-0

Wissenschaftsverlag Mainz in Aachen
Süsterfeldstr. 83, 52072 Aachen
Telefon: 02 41 / 87 34 34 00
www.Verlag-Mainz.de

Gedruckt auf chlorfrei gebleichtem Papier

Vorwort des Herausgebers

Oberstes Gebot bei der Errichtung von Bauwerken ist die Sicherstellung ihrer Tragfähigkeit und ihrer Gebrauchstauglichkeit. Um dies zu erreichen, werden Bemessungsregeln in Normen und Empfehlungen niedergeschrieben, wodurch ein einheitliches Vorgehen bei der Nachweisführung und die Einhaltung eines bestimmten Sicherheitsniveaus gewährleistet werden soll. Im Zuge der Harmonisierung des Bauwesens in Europa wurde dazu durch das europäische Normungsinstitut CEN für das gesamte Bauwesen die erste Generation der Eurocodes geschaffen, die auf dem Teilsicherheitskonzept beruhen. Dieses soll auch in der derzeit in der Überarbeitung befindlichen zweiten Generation beibehalten werden.

Die bisherige Erfahrung mit den Eurocodes hat allerdings gezeigt, dass durch die in den Eurocodes gegebenen Möglichkeiten, bestimmte Parameter und Regeln national festzulegen, zahlreiche Ausgestaltungsmöglichkeiten gegeben sind, so dass von einer durchgängigen Harmonisierung der angewendeten Regeln in Europa bislang nicht gesprochen werden kann. Neben unterschiedlichen Traditionen in den einzelnen Ländern begründen sich die unterschiedlichen Vorgehensweisen auch aus der Besonderheit in der Geotechnik, der zufolge Widerstände von den Einwirkungen und beide von den Bodenparametern abhängen können. Aufgrund der sich meistens nichtlinear darstellenden Grenzzustandsgleichungen werden daher unterschiedliche Ergebnisse erhalten, je nachdem ob die Beaufschlagung der Eingangsgrößen mit Teilsicherheitsbeiwerten vor oder nach der eigentlichen Berechnung des Grenzzustands erfolgt.

Streng genommen müsste daher eine Aufspaltung der Teilsicherheitsbeiwerte in zwei Anteile vorgenommen werden, wobei der erste Teil die tatsächliche Streuung eines Eingangswertes berücksichtigt und daher vor der Berechnung faktorisiert werden sollte und damit je nach Form der Grenzzustandsgleichung nichtlinear in die Berechnung eingeht. Der zweite Anteil hingegen wird erst nach der Berechnung des Grenzzustands angesetzt. Er wirkt sich somit linear aus und stellt damit eine Art Sicherheitsabstand zum vorher ermittelten Ergebnis dar. Je nach Wahl der Größe der Teilsicherheitsbeiwerte und Form der Grenzzustandsgleichung werden damit aber Ergebnisse erhalten, die tendenziell entweder wirtschaftlich, aber mit reduzierter Sicherheit, oder aber unwirtschaftlich und dafür aber auf der sicheren Seite erhalten werden.

Eine Möglichkeit dieses Dilemma zu lösen, liegt darin, mit Hilfe probabilistischer Methoden die Sicherheit über die Versagenswahrscheinlichkeit zu bestimmen. Dagegen wird oft vorgebracht, dass eine statistische Auswertung zur Bestimmung der repräsentativen Werte in der Geotechnik aufgrund der geringen Grundgesamtheit der Daten nicht seriös durchführbar sei. Dem setzt Herr Tafur in seiner Arbeit entgegen, bei der Bestimmung der repräsentativen Werte Trends und Vorinformationen zu nutzen, wodurch die Datengrundlage deutlich verbessert werden kann.

Um das vertraute Teilsicherheitskonzept auch weiterhin nutzen zu können, führte Herr Tafur umfangreiche probabilistische Vergleichsrechnungen mit dem Ziel durch, die Teilsicherheitsbeiwerte so festzulegen, dass mit Ihnen bei Anwendung des Teilsicherheitskonzepts dann eine vorgegebene Versagenswahrscheinlichkeit erreicht wird, ohne dass dazu noch einmal umfangreiche statistische Berechnungen durchgeführt werden müssen.

Es bleibt zu hoffen, dass die von Herrn Tafur erarbeiteten Konzepte in die praktische Arbeit und in die kommende Normung einfließen, da sich damit die oft schon ideologisch gefärbte kontroverse Diskussion über die Frage, an welcher Stelle die Eingangsgrößen faktorisiert werden sollen, erübrigen würde.

Die Arbeit von Herrn Tafur entstand aus der Fortführung einer Forschungsarbeit für die Initiative Praxisgerechte Regelwerke im Bauwesen e.V. (PRB), für deren finanzielle Unterstützung an dieser Stelle herzlich gedankt sei.

Martin Ziegler

Vorwort des Autors

Die vorliegende Arbeit entstand in meiner Zeit als wissenschaftlicher Mitarbeiter am „Lehrstuhl für Geotechnik im Bauwesen und Institut für Grundbau, Bodenmechanik, Felsmechanik und Verkehrsbau“ (GiB) der RWTH Aachen.

Die Grundidee für ein einheitliches Bemessungsverfahren resultierte aus der Bearbeitung von Forschungsvorhaben im Bereich der Harmonisierung der Normung, die durch die Initiative Praxisgerechte Regelwerke im Bauwesen e. V. (PraxisRegelnBau, PRB) gefördert wurden. An dieser Stelle sei PRB herzlich gedankt.

Besonderer Dank geht an meinen Doktorvater Herrn Prof. Dr.-Ing. Martin Ziegler für die Betreuung und Förderung dieser Arbeit sowie sein großes Interesse an der Thematik. Zudem hat er durch seine Ansprüche an Qualität und die verständliche Darstellung der Sachverhalte maßgeblich meine Arbeitsweise beeinflusst.

Ebenfalls möchte ich mich bei Herrn Prof. Dr.-Ing. Karl Josef Witt für die Übernahme des Zweitgutachtens sowie bei Herrn Univ.-Prof. Dr.-Ing. Jörg Blankenbach für die Übernahme des Vorsitzes in der Prüfungskommission bedanken.

Für eine sehr schöne Zeit am Lehrstuhl bedanke ich mich bei den ehemaligen und aktuellen Mitarbeitenden. Neben den fachlichen Diskussionen und guter Zusammenarbeit werde ich mich immer an die gemeinsamen, lustigen und schönen sportlichen und gesellschaftlichen Aktivitäten erinnern. Besonders möchte ich meiner ehemaligen Bürokollegin Frau Dr.-Ing. Sylvia Kürten für ihre Hilfe bei verschiedenen fachlichen Fragestellungen und die wertschätzende Zusammenarbeit danken. Meinem Freund und Kollegen Oscar Juarez bin ich dankbar für die kontinuierliche Unterstützung in fachlichen als auch persönlichen Fragen. Ebenso den Studierenden, die im Rahmen ihrer Abschlussarbeiten einen Beitrag zu dieser Arbeit geleistet haben.

Schließlich danke ich meiner Familie und Freunden in Peru, die mich immer ihre Unterstützung spüren lassen haben, sowie meinen Schwiegereltern in Deutschland für ihre Unterstützung besonders in der Schreibphase. Mein herzlichster Dank geht auch an meine Freunde Martin Florian und Diana Kostrzewski für ihr Korrekturlesen in sprachlicher Hinsicht.

Schließlich danke ich meiner Frau Johanna von ganzem Herzen für ihr Verständnis, ihren kontinuierlichen Rückhalt und ihre Geduld, ganz besonders in der finalen Phase als unsere Tochter Laura schon auf der Welt war. Ihre Unterstützung hatte einen wesentlichen Anteil an dem Gelingen dieser Arbeit.

Elias M. Tafur Bances

Inhaltsverzeichnis

Abbildungsverzeichnis

Tabellenverzeichnis

Symbolverzeichnis

Lateinische Zeichen

A‘	[m]	effektive Fläche des Fundaments
a‘	[m]	effektive Länge des Fundaments
a_d	[m]	Bemessungswert der geometrischen Größe
a_{erf}	[m]	erforderliche geometrische Größe
a_{ik}	[-]	Zufallszahlen
B	[-]	Bemessungspunkt
b	[-]	Faktor zur Darstellung der Verzerrung des Mittelwerts
b	[-]	Regressionsparameter
B	[kN]	Bodenreaktion an der Stirnseite eines Fundaments
b‘	[m]	effektive Breite des Fundaments
b_{erf}	[m]	erforderliche Breite des Fundaments
$b_{Fuß}$	[m]	Breite des Wandfußes
b_i	[-]	Sohlneigungsbeiwerte
b_i	[-]	systematischer Messfehler
b_{Kro}	[m]	Breite der Wandkrone
b_{vor}	[m]	Breite des Sporns in der vorderen Seite
c	[kN/m²]	Kohäsion
C(0)	[.]	Autokovarianzfunktion für eine Entfernung r = 0
C(r)	[.]	Autokovarianzfunktion der Entfernung r
c‘	[kN/m²]	Kohäsion des Bodens im dränierten Zustand
c'_{mittel}	[kN/m²]	mittlere Kohäsion des Bodens im dränierten Zustand
$C_{h,d}$	[kN/m]	Bemessungswert der horizontalen Ersatzkraft
COV	[-]	Kovarianz

c_u	[kN/m²]	Kohäsion des Bodens im undränierten Zustand
$c_{u,FVT}$	[kN/m²]	Kohäsion des Bodens im undränierten Zustand aus Flügelscherversuchen
$c_{u,FVT,mittel}$	[kN/m²]	mittlere Kohäsion des Bodens im undränierten Zustand aus Flügelscherversuchen
$c_{u,mittel}$	[kN/m²]	mittlere Kohäsion des Bodens im undränierten Zustand
d	[m]	Dicke des Fundaments
D	[m]	Mittelungslänge
D_x	[m]	Mittelungslänge in x-Richtung
D_y	[m]	Mittelungslänge in y-Richtung
D_z	[m]	Mittelungslänge in z-Richtung
E	[kN]	Beanspruchung
$E(\cdot)$	[.]	Erwartungswert
E_a	[kN/m]	aktive Erddruckkraft
e_a	[m]	Exzentrizität in a-Richtung
e_{ach}	[kN/m²]	aktiver Erddruck aus Kohäsion in horizontaler Richtung
E_{agh}	[kN/m]	aktive Erddruckkraft infolge Bodeneigengewicht
e_{agh}	[kN/m²]	aktiver Erddruck infolge Bodeneigengewicht in horizontaler Richtung
e_{aph}	[kN/m²]	aktiver Erddruck aus Lasten in horizontaler Richtung
e_b	[m]	Exzentrizität in b-Richtung
e_c	[kN/m²]	Erddruck aus Kohäsion
E_d	[kN]	Bemessungswert der Beanspruchung
E_{DMT}	[kN/m²]	Dilatometer-Modul
$E_{dst,d}$	[kN]	Bemessungswert der destabilisierenden Beanspruchung
e_g	[kN/m²]	Erddruck infolge Bodeneigengewicht
$E_{G,k}$	[kN]	charakteristische ständige Beanspruchung
e_{gesamt}	[kN/m²]	gesamter Erddruck
e_i	[.]	zufälliger Messfehler an der Stelle i

E_k	[kN]	charakteristischer Wert der Beanspruchung
e_{min}	[kN/m²]	Mindesterddruck
E_p	[kN/m]	passive Erddruckkraft
e_p	[kN/m²]	Erddruck aus Lasten
E_{pgh}	[kN/m]	passive Erddruckkraft infolge Bodeneigengewicht
E_{PMT}	[kN/m²]	Pressiometer-Modul
$E_{Q,k}$	[kN]	charakteristische veränderliche Beanspruchung
$E_{stb,d}$	[kN]	Bemessungswert der stabilisierenden Beanspruchung
f(.)	[-]	Verteilungsdichte
F(.)	[-]	Verteilungsfunktion
F_b	[-]	Variable für den menschlichen Faktor
$F_{dst,d}$	[kN]	Bemessungswert der destabilisierenden Einwirkung
f_{Ea}	[-]	Anteil des aktiven Erddrucks
F_k	[kN]	charakteristischer Wert der Einwirkung
F_{rep}	[kN]	repräsentativer Wert der Einwirkung
$F_{stb,d}$	[kN]	Bemessungswert der stabilisierenden Einwirkung
G	[-]	Zufallsvariable für die ständige Einwirkung
g(.)	[-]	Grenzzustandsgleichung
G_{Boden}	[kN]	Eigengewicht des Bodenprismas über dem Schenkel einer Winkelstützwand
$G_{F,k}$	[kN]	charakteristisches Eigengewicht des Fundaments
G_k	[kN]	charakteristische ständige Einwirkung
g_{pg}	[-]	Faktor zur Berücksichtigung des Geländeneigungswinkels bei der Berechnung des passiven Erddrucks infolge Bodeneigengewicht
G_w	[-]	Grundgesamtheit mit Einfluss der natürlichen Variabilität
G_{w+e}	[-]	Grundgesamtheit mit Einfluss der natürlichen Variabilität und des Messfehlers
H	[m]	Abstand zwischen GOK und dem theoretischen Wandfußpunkt

h	[m]	Hebelarm
h	[m]	Wandhöhe
h(.)	[-]	Grenzzustandsgleichung im Standardraum
H_d	[kN]	Bemessungswert der Horizontaleinwirkungen
$H_{Q,d}$	[kN]	Bemessungswert der horizontalen veränderlichen Einwirkung
H_Q	[kN]	veränderliche Horizontaleinwirkung
$H_{Q,k}$	[kN]	charakteristische veränderliche Horizontaleinwirkung
i_i	[-]	Lastneigungsbeiwerte
i_{pg}	[-]	Faktor zur Berücksichtigung des Wandreibungswinkels bei der Berechnung des passiven Erddrucks infolge Bodeneigengewicht
K	[-]	Erddruckbeiwert
K_{0c}	[-]	Erddruckbeiwert für den Erdruhedruck infolge geologischer Vorbelastung
K_{0gh}	[-]	Erddruckbeiwert für den Erdruhedruck
$K_{0gh,\beta}$	[-]	Erddruckbeiwert für den Erdruhedruck infolge eines geneigten Geländes
K_{agh}	[-]	Erddruckbeiwert für den aktiven Erddruck
K_{FI}	[-]	Beiwert auf der Einwirkungsseite zur Differenzierung des Zuverlässigkeitsniveaus
K_M	[-]	Beiwert auf der Widerstandsseite zur Differenzierung des Zuverlässigkeitsniveaus
K_{tr}	[-]	Beiwert auf der Widerstandsseite zur Differenzierung des Zuverlässigkeitsniveaus bei der Bemessungssituation BS-T
k_n	[-]	statistischer Koeffizient
K_{pgh}	[-]	Erddruckbeiwert für den passiven Erddruck
M	[-]	Variable zur Berücksichtigung der Modellunsicherheit
M_e	[-]	Modellunsicherheit der Beanspruchung
$M_{E,d}$	[kNm/m]	Bemessungswert der Beanspruchung bzw. des treibenden Moments
M_{Geom}	[-]	Modellunsicherheit der geometrischen Größen

M_{gl}	[-]	Variable für die Modellunsicherheit des Gleitwiderstands
M_{imp}	[kNm]	Moment aus Tragwerksimperfektionen
m_n	[-]	Median der normierten Verteilung
M_r	[-]	Modellunsicherheit des Widerstands
$M_{R,d}$	[kNm/m]	Bemessungswert des Widerstandes bzw. des haltenden Moments
M_{TW}	[-]	Variable für die Modellunsicherheit der Schnittgrößen
n	[-]	Anzahl der Simulationen
N	[-]	Anzahl der Simulationen
n	[-]	Anzahl der Versuchswerte unabhängiger Proben
N	[-]	Schlagzahl beim SPT-Versuch
n_e	[-]	Anzahl der Daten für die Ermittlung des zufälligen Messfehlers
n_f	[-]	Anzahl der Versagensfälle
n_{Gl}	[-]	Anzahl der Versuchswerte unabhängiger Proben für den Grenzzustand Gleiten
n_{Hin}	[-]	Anzahl der Versuchswerte unabhängiger Proben für die Hinterfüllung
N_i	[-]	Tragfähigkeitsbeiwerte
$n_{u,m}$	[-]	Anzahl der Daten der gemessenen Kenngröße
P	[-]	Wahrscheinlichkeit der Werte unter dem 5 %-Fraktil
p_f	[-]	Versagenswahrscheinlichkeit
$P_{v,k}$	[kN]	charakteristische veränderliche Einwirkung
Q	[-]	Zufallsvariable für die veränderliche Einwirkung
q	[-]	Wahrscheinlichkeit
q	[kN/m²]	Auflast in Höhe der Fundamentsohle oder veränderliche Einwirkung
q_c	[kN/m²]	Spitzenwiderstand
Q_{Kr}	[kN/m]	veränderliche Einwirkung aus Kranlasten
q_{Nutz}	[kN/m²]	veränderliche Einwirkung aus Nutzlasten
q_T	[kN/m²]	korrigierter Spitzenwiderstand
R	[kN]	Widerstand

r	[m]	Entfernung zwischen zwei Stellen
$R_{b,k}$	[kN]	charakteristischer Wert des Pfahlfußwiderstands
R_d	[kN]	Bemessungswert des Widerstands
$R_{h,d}$	[kN]	Bemessungswert des Gleitwiderstands im dränierten Zustand
$R_{h,u,d}$	[kN]	Bemessungswert des Gleitwiderstands im undränierten Zustand
R_k	[kN]	charakteristischer Wert des Widerstands
$R_{s,k}$	[kN]	charakteristischer Wert der Mantelreibung
$R_{v,u,d}$	[kN]	Bemessungswert des Grundbruchwiderstands im undränierten Zustand
S_μ	[.]	Sensitivitätsgrad des Ausnutzungsgrades
s_i	[-]	Formbeiwerte
$t_{(n-1)}^{\alpha}$	[-]	Faktor der Student-Verteilung für einen Vertrauensbereich α und $(n - 1)$ Freiheitsgrade
t	[-]	Faktor der Student-Verteilung für $n \approx \infty$
t	[a]	Bezugszeitraum
t	[m]	rechnerische Einbindetiefe
T	[kN/m]	tangentiale Beanspruchung in der Gründungssohle
t(.)	[.]	Trendfunktion
$T(\cdot)$	[.]	Transformationsmodell
t_{erf}	[m]	erforderliche Einbindetiefe
T_{erf}	[m]	erforderliche Einbindetiefe für eingespannte Wände
t_i	[.]	Trend an der Stelle i
t_m	[.]	Mittelwert des Trends der Baugrundeigenschaft
t_{pg}	[-]	Faktor zur Berücksichtigung des Wandneigungswinkels bei der Berechnung des passiven Erddrucks infolge Bodeneigengewicht
u(.)	[.]	Baugrundeigenschaft
U, u	[-]	Standardisierte Variable
$u_{a,i}$	[.]	abgeleitete geotechnische Kenngröße an der Stelle i
u_i	[.]	Baugrundeigenschaft an der Stelle i

$u_{m,i}$	[.]	gemessene geotechnische Kenngröße an der Stelle i
V	[%]	Variationskoeffizient
V	[m³]	Volumen
V_{φ}	[%]	Variationskoeffizient des Reibungswinkels
$V_{\varphi,Hin}$	[%]	Variationskoeffizient des Reibungswinkels der Hinterfüllung
Var_i	[-]	Varianz
V_c	[%]	Variationskoeffizient der Kohäsion des Bodens im dränierten Zustand
V_{cu}	[%]	Variationskoeffizient der Kohäsion des Bodens im undränierten Zustand
V_d	[kN]	Bemessungswert der Vertikaleinwirkungen
V_e	[%]	Variationskoeffizient des zufälligen Messfehlers
$V_{g,d}$	[kN]	Bemessungswert der vertikalen ständigen Einwirkung
V_G	[kN]	vertikale ständige Einwirkung
$V_{G,k}$	[kN]	charakteristische vertikale ständige Einwirkung
V_{Ge}	[%]	Variationskoeffizient der geometrischen Abweichungen
$V_{Gerät}$	[%]	Variationskoeffizient der Variabilität der Geräte
V_{Ges}	[kN, kN/m]	vertikale Gesamtbelastung
V_M	[%]	Variationskoeffizient des Modellfaktors bzw. der Modellunsicherheit
V_{min}	[%]	Mindestwert für den Variationskoeffizienten
V_{pf}	[-]	Variationskoeffizient der Versagenswahrscheinlichkeit
V_{priori}	[%]	A-priori-Wert des Variationskoeffizienten
V_Q	[kN]	vertikale veränderliche Einwirkung
$V_{Q,k}$	[kN]	charakteristische vertikale veränderliche Einwirkung
$V_{Res,Total}$	[%]	Gesamter Variationskoeffizient der Residuen
$V_{Res,w+e(+Tr)}$	[%]	Variationskoeffizient der Residuen, die die natürliche Variabilität, den Messfehler und ggf. die Transformationsunsicherheit beinhaltet
V_{Stat}	[%]	Variationskoeffizient der statistischen Unsicherheit
V_{Total}	[%]	Gesamter Variationskoeffizient

V_{Trans}	[%]	Variationskoeffizient der Transformationsunsicherheit
$V_{u,m}$	[%]	Variationskoeffizient der gemessenen Kenngröße
$V_{Versuch}$	[%]	Variationskoeffizient des Einflusses des Versuchsverfahrens sowie des Ausführenden
V_w	[%]	Variationskoeffizient der streuenden Komponente bzw. der natürlichen Variabilität
$V_{w,\varphi'}$	[%]	Variationskoeffizient der natürlichen Variabilität des Reibungswinkels
$V_{w,c'}$	[%]	Variationskoeffizient der natürlichen Variabilität der Kohäsion des Bodens im dränierten Zustand
$V_{w,cu}$	[%]	Variationskoeffizient der natürlichen Variabilität der Kohäsion des Bodens im undränierten Zustand
$V_{w,cu,FVT}$	[%]	Variationskoeffizient der natürlichen Variabilität der Kohäsion des Bodens im undränierten Zustand aus Flügelscherversuchen
$V_{w,rein}$	[%]	bereinigter Variationskoeffizient der natürlichen Variabilität
V_{w+e}	[%]	Variationskoeffizient für die kombinierte Betrachtung der natürlichen Variabilität und des Messfehlers
$V_{w+e+Trans}$	[%]	Variationskoeffizient für die kombinierte Betrachtung der natürlichen Variabilität, des Messfehlers und der Transformationsunsicherheit
V_x	[%]	Variationskoeffizient aus n Versuchswerten
V_x	[%]	Variationskoeffizient der Baugrundeigenschaft X
$\hat{V}_x^*$	[%]	A-posteriori-Variationskoeffizient
V_x^*	[%]	aktualisierter Variationskoeffizient
V_{Zufall}	[%]	Variationskoeffizient des Zufalls
w(.)	[.]	streuende Komponente
w_i	[.]	Abweichung vom Trend an der Stelle i
X	[-]	Berechnungsergebnisse des Modells
X_i	[-]	Zufallsvariable
X_k	[.]	charakteristischer Wert der geotechnischen Kenngröße
X_{nom}	[.]	Nennwert der geotechnischen Kenngröße

X_{rep}	[.]	repräsentativer Wert der geotechnischen Kenngröße
$X_{rep,global}$	[.]	globaler repräsentativer Wert der geotechnischen Kenngröße
$X_{rep,wahr}$	[.]	„wahrer" repräsentativer Wert der geotechnischen Kenngrößen
$\overline{X}$	[.]	geschätzter Mittelwert der abgeleiteten Werte
Z	[-]	wahre Ergebnisse
z	[.]	Wert der Variable Z, bei dem der charakteristische Wert gesucht wird
z	[m]	Abstand zwischen Ankerkopf und Geländeoberkante

Griechische Zeichen

α	[°]	Sohlneigung oder Wandneigung
α_i	[-]	Wichtungsfaktoren oder Sensitivitätsfaktoren
β	[-]	Zuverlässigkeitsindex
β	[°]	Geländeneigungswinkel oder Böschungswinkel
β_1	[-]	Zuverlässigkeitsindex für einen Bezugszeitraum von einem Jahr
β_{ber}	[-]	berechneter Zuverlässigkeitsindex
β_{Hin}	[-]	Geländeneigungswinkel der Hinterfüllung
β_n	[-]	Zuverlässigkeitsindex für einen Bezugszeitraum von n Jahren
β_{Ziel}	[-]	Zielwert des Zuverlässigkeitsindexes
γ	[kN/m³]	Feuchtwichte des Bodens
γ'	[kN/m³]	effektive Wichte des Bodens
γ_a	[-]	Teilsicherheitsbeiwert für den Herausziehwiderstand
γ_b	[-]	Teilsicherheitsbeiwert für den Pfahlfußwiderstand
γ_{Beton}	[kN/m³]	Betonwichte
$\gamma_{c'}$	[-]	Teilsicherheitsbeiwert für die dränierte Kohäsion
γ_{cu}	[-]	Teilsicherheitsbeiwert für die Scherfestigkeit des undränierten Bodens
γ_d	[-]	Teilsicherheitsbeiwert zur Differenzierung des Zuverlässigkeitsniveaus
γ_E	[-]	Teilsicherheitsbeiwert für die Beanspruchung
γ_F	[-]	Teilsicherheitsbeiwert für die Einwirkung

γ_f	[-]	Teilsicherheitsbeiwert für die Einwirkung
$\gamma_{g,Geo}$	[-]	Teilsicherheitsbeiwert für ständige geotechnische Einwirkungen
$\gamma_{g,inf}$	[-]	Teilsicherheitsbeiwert für günstige ständige Einwirkungen
$\gamma_{g,TW}$	[-]	Teilsicherheitsbeiwert für ständige Einwirkungen aus dem Tragwerk
γ_G	[-]	Teilsicherheitsbeiwert für die ständige Beanspruchung
γ_{Hin}	[kN/m³]	Wichte der Hinterfüllung
γ_k	[kN/m³]	charakteristischer Wert der Wichte des Bodens
γ_m	[-]	Teilsicherheitsbeiwert für die geotechnische Kenngröße
γ_{max}	[kN/m³]	maximaler Wert der Feuchtwichte des Bodens
γ_{min}	[kN/m³]	minimaler Wert der Feuchtwichte des Bodens
γ_{mittel}	[kN/m³]	mittlerer Wert der Feuchtwichte des Bodens
γ_M	[-]	Teilsicherheitsbeiwert für die geotechnische Kenngröße
γ_Q	[-]	Teilsicherheitsbeiwert für die veränderliche Beanspruchung
$\gamma_{q,Geo}$	[-]	Teilsicherheitsbeiwert für veränderliche geotechnische Einwirkungen
$\gamma_{q,inf}$	[-]	Teilsicherheitsbeiwert für günstige veränderliche Einwirkungen
$\gamma_{q,TW}$	[-]	Teilsicherheitsbeiwert für veränderliche Einwirkungen aus dem Tragwerk
$\gamma_{R,e}$	[-]	Teilsicherheitsbeiwert für den Erdwiderstand
γ_{Rd}	[-]	Teilsicherheitsbeiwert zur Berücksichtigung der Unsicherheiten im Widerstandsmodell
$\gamma_{R,h}$	[-]	Teilsicherheitsbeiwert für den Gleitwiderstand im dränierten Zustand
$\gamma_{R,h,u}$	[-]	Teilsicherheitsbeiwert für den Gleitwiderstand im undränierten Zustand
$\gamma_{R,v}$	[-]	Teilsicherheitsbeiwert für den Grundwiderstand im dränierten Zustand
$\gamma_{R,v,u}$	[-]	Teilsicherheitsbeiwert für den Grundwiderstand im undränierten Zustand
γ_s	[-]	Teilsicherheitsbeiwert für den Mantelwiderstand
$\gamma_{s,t}$	[-]	Teilsicherheitsbeiwert für den Mantelwiderstand für Zugbelastung

γ_{Sd}	[-]	Teilsicherheitsbeiwert zur Berücksichtigung der Modellunsicherheit für ungünstige Einwirkungen
$\gamma_{Sd,inf}$	[-]	Teilsicherheitsbeiwert zur Berücksichtigung der Modellunsicherheit für günstige Einwirkungen
$\gamma_{Sd,Geo}$	[-]	Teilsicherheitsbeiwert zur Berücksichtigung der Modellunsicherheit der geotechnischen Einwirkungen
$\gamma_{Sd,TW}$	[-]	Teilsicherheitsbeiwert zur Berücksichtigung der Modellunsicherheit der Einwirkungen aus dem Tragwerk
γ_t	[-]	Teilsicherheitsbeiwert für den Gesamtpfahlwiderstand
γ_φ	[-]	Teilsicherheitsbeiwert für den Reibungswinkel
$\gamma_{\varphi'}$	[-]	Teilsicherheitsbeiwert für den Reibungsbeiwert des dränierten Bodens
$\gamma_{\varphi u}$	[-]	Teilsicherheitsbeiwert für den Reibungsbeiwert des undränierten Bodens
δ	[-]	Faktor zur Darstellung des systematischen Fehlers als Anteil des Mittelwerts $\hat{\mu}$
δ	[°]	Wandreibungswinkel oder Erddruckneigungswinkel
δ_a	[°]	Wandreibungswinkel auf der aktiven Seite
δ_s	[°]	Sohlreibungswinkel
δ_p	[°]	Wandreibungswinkel auf der passiven Seite
ε_i	[.]	Transformationsunsicherheit für die geotechnische Kenngröße an der Stelle i
η	[-]	Sicherheitsfaktor
η	[-]	Umrechnungsbeiwert, um die Auswirkungen von Volumen- und Maßstabseffekten, Feuchtigkeits- und Temperaturauswirkungen sowie andere maßgebende Parameter im Mittel zu berücksichtigen
η_i	[-]	Beiwert für die Berechnung des repräsentativen Werts der geotechnischen Kenngröße in Anlehnung an IEG Rapport 2:2008
θ	[m]	Korrelationslänge
θ_u	[m]	Korrelationslänge der Baugrundeigenschaft u

$\theta_{u,h}$	[m]	Korrelationslänge der Baugrundeigenschaft u in horizontaler Richtung
$\theta_{u,v}$	[m]	Korrelationslänge der Baugrundeigenschaft u in vertikaler Richtung
ϑ	[°]	Neigungswinkel der Gleitlinie gegen die Horizontale
λ	[-]	Mittelwert der logarithmischen Normalverteilung
λ_i	[-]	Geländeneigungsbeiwerte
λ_X^*	[-]	A-posteriori-Mittelwert der logarithmischen Verteilung
$\hat{\mu}$	[.]	berechneter Mittelwert aus n Versuchswerten
μ_a	[-]	Mittelwert der erforderlichen geometrischen Größe
μ_{ach}	[-]	Formbeiwert zur Berechnung des räumlichen aktiven Erddrucks aus Kohäsion
μ_{agh}	[-]	Formbeiwert zur Berechnung des räumlichen aktiven Erddrucks infolge Bodeneigengewicht
μ_{aph}	[-]	Formbeiwert zur Berechnung des räumlichen aktiven Erddrucks aus Lasten
μ_b	[-]	Mittelwert des systematischen Messfehlers
μ_{cu}	[-]	Mittelwert der Kohäsion des Bodens im undränierten Zustand
μ_{Ge}	[-]	Mittelwert der geometrischen Abweichungen
μ_i	[-]	Mittelwert oder Ausnutzungsgrad
μ_M	[-]	Mittelwert des Modellfaktors bzw. der Modellunsicherheit
μ_{pgh}	[-]	Formbeiwert zur Berechnung des räumlichen passiven Erddrucks infolge Bodeneigengewicht
μ_{priori}	[.]	A-priori-Mittelwert
$\hat{\mu}_{priori}$	[.]	A-priori-Mittelwert
μ_Q	[.]	Mittelwert der Gumbelverteilung
$\hat{\mu}_R$	[.]	Mittelwert aus regionalen bzw. lokalen Datenbanken
μ_{Total}	[.]	Gesamter Mittelwert
μ_u	[-]	Mittelwert der Baugrundeigenschaft u
$\mu_{u,a}$	[-]	Mittelwert der abgeleiteten Kenngröße

$\hat{\mu}_{u,m}$	[.]	geschätzter Mittelwert der gemessenen Kenngröße
μ_x	[.]	Mittelwert aus n Versuchswerten
μ_x	[.]	Mittelwert der geotechnischen Kenngröße X
μ_z	[.]	Mittelwert der Variable Z
μ_x^*	[.]	aktualisierter Mittelwert
$\hat{\mu}_\mu^*$	[.]	A-posteriori-Mittelwert des Mittelwerts
$\hat{\mu}_x^*$	[.]	A-posteriori-Mittelwert bzw. aktualisierter Mittelwert
ν_i	[-]	Formbeiwerte
ξ	[-]	Faktor für die Berechnung des repräsentativen Wertes
ξ_i	[-]	Sohlneigungsbeiwerte
ω	[°]	Winkel zwischen der Fundamentseite a‘ und der parallel zur Sohlfläche gerichteten Komponente der Sohldruckresultierenden
ρ	[-]	Korrelationskoeffizient
ρ_u	[-]	Autokorrelationsfunktion für die Baugrundeigenschaft u
σ	[.]	Standardabweichung
$\hat{\sigma}$	[.]	berechnete Standardabweichung aus n Versuchswerten
σ_a	[-]	Standardabweichung der erforderlichen geometrischen Größe
σ_b	[.]	Standardabweichung des systematischen Messfehlers
σ_{cu}	[-]	Standardabweichung der Kohäsion des Bodens im undränierten Zustand
σ_e	[.]	Standardabweichung des zufälligen Messfehlers
σ_e	[.]	Standardschätzfehler
σ_M	[-]	Standardabweichung des Modellfaktors bzw. der Modellunsicherheit
σ_n	[.]	Standardabweichung der normierten Verteilung
$\sigma_{Res,Total}$	[.]	Gesamte Standardabweichung der Residuen
$\sigma_{Res,w+e(+Tr)}$	[.]	Standardabweichung der Residuen, die die natürliche Variabilität, den Messfehler und ggf. die Transformationsunsicherheit beinhaltet

$\sigma_s(\cdot)$	[-]	Standardabweichung des geschätzten Parameters
$\sigma_{z'}$	[kN/m²]	maximale aktuelle effektive Vertikalspannung
σ_u	[.]	Standardabweichung der punktuellen Kenngröße
$\sigma_{u,a}$	[.]	Standardabweichung der abgeleiteten Kenngröße
$\sigma_{u,D}$	[.]	Standardabweichung der gemittelten Kenngröße
$\sigma_{u,m}$	[.]	Standardabweichung der gemessenen Kenngröße
$\hat{\sigma}_{u,m}$	[-]	geschätzte Standardabweichung der gemessenen Kenngröße
$\sigma_{v'}$	[kN/m²]	maximale frühere effektive Vertikalspannung
σ_w	[.]	Standardabweichung der streuenden Komponente
σ_x	[.]	Standardabweichung der geotechnischen Kenngröße X
$\sigma_{x,red}$	[.]	Reduzierte Standardabweichung der geotechnischen Kenngröße X
$\hat{\sigma}_x^*$	[.]	A-posteriori-Standardabweichung
$\hat{\sigma}_x^*$	[.]	A-posteriori-Standardabweichung bzw. aktualisierte Standardabweichung
$\hat{\sigma}_\mu^*$	[.]	A-posteriori-Standardabweichung des Mittelwerts
$\hat{\sigma}_{\mu,priori}$	[.]	A-priori-Standardabweichung des Mittelwerts
$\hat{\sigma}_G^2$	[.]	A-priori-Varianz bzw. Varianz aus globalen Datenbanken
$\hat{\sigma}_e^2$	[-]	geschätzte Varianz des zufälligen Messfehlers
$\hat{\sigma}_R^2$	[.]	Varianz aus regionalen bzw. lokalen Datenbanken
$\hat{\sigma}_{u,m}^2$	[-]	geschätzte Varianz der gemessenen Kenngröße
$\hat{\sigma}_w^2$	[-]	geschätzte Varianz der natürlichen Variabilität der geotechnischen Kenngröße
ς	[-]	Standardabweichung der logarithmischen Normalverteilung
ς_x^*	[-]	A-posteriori-Standardabweichung der logarithmischen Verteilung
τ	[-]	Einspanngrad der Spundwand am Fußlager
φ	[°]	Reibungswinkel
φ'	[°]	Reibungswinkel des Bodens im dränierten Zustand

φ_a	[°]	Reibungswinkel des Bodens für den aktiven Erddruck
$\varphi_{a,d}$	[°]	Bemessungswert des Reibungswinkels des Bodens für den aktiven Erddruck
$\varphi_{a,rep}$	[°]	repräsentativer Wert des Reibungswinkels des Bodens für den aktiven Erddruck
φ'_{Hin}	[°]	Reibungswinkel der Hinterfüllung im dränierter Zustand
φ_k	[°]	charakteristischer Wert des Reibungswinkels
φ'_{mittel}	[°]	mittlerer Reibungswinkel des Bodens im dränierten Zustand
φ_p	[°]	Reibungswinkel des Bodens für den passiven Erddruck
$\varphi_{p,d}$	[°]	Bemessungswert des Reibungswinkels des Bodens für den passiven Erddruck
$\varphi_{p,rep}$	[°]	repräsentativer Wert des Reibungswinkels des Bodens für den passiven Erddruck
φ_u	[°]	Reibungswinkel des Bodens im undränierten Zustand
ψ	[-]	Kombinationsbeiwert
Γ	[-]	Reduktionsfaktor
Γ_u	[-]	Reduktionsfaktor der Baugrundeigenschaft u
$\Gamma_{u,x}$	[-]	Reduktionsfaktor der Baugrundeigenschaft u in x-Richtung
$\Gamma_{u,y}$	[-]	Reduktionsfaktor der Baugrundeigenschaft u in y-Richtung
$\Gamma_{u,z}$	[-]	Reduktionsfaktor der Baugrundeigenschaft u in z-Richtung
Γ_u^2	[-]	Varianzfunktion
Δh	[m]	Höhendifferenz zwischen Niedrig- und Grundwasserstand
Δt	[m]	Zuschlag der Einbindetiefe
$\Phi(.)$	[-]	kumulative Verteilungsfunktion für die Standardnormalverteilung

Häufige Indizes

1,0	Berechnung ohne Faktorisierung
e	Messfehler
erf	erforderlich

G	ständig
g	ständig oder Grenzzustandsgleichung g(.)
m	gemessen
min	Mindestwert
mittel	Mittelwert
p_f	Versagenswahrscheinlichkeit
Q	veränderlich
rein	bereinigt
s	Schätzung
Total	gesamt
Trans	Transformationsmodell
u	Baugrundeigenschaft u
w	natürliche Variabilität

Häufige Abkürzungen

BS-A	außergewöhnliche Bemessungssituation
BS-E	Bemessungssituation Erdbeben
BS-P	ständige Bemessungssituation
BS-T	vorübergehende Bemessungssituation
CC	Schadensfolgeklassen (engl. consequence classes)
CEN	Europäische Komitee für Normung, franz. Comité Européen de Normalisation
CPT	Drucksondierung (engl. cone penetration test)
CU	konsolidierter, undränierter Triaxialversuch
DA	Nachweisverfahren (engl. esign approach)
DEGEBO	Deutsche Gesellschaft für Bodenmechanik
DIN	Deutsche Institut für Normung
DK	Dänemark
DMT	Flachdilatometerversuch
E	Einaxialer Druckversuch

E_0	Erdruhedruck
E_a	aktiver Erddruck
E_a‘	erhöhter aktiver Erddruck
E_{Allg}	allgemeiner Erddruck
E_p	passiver Erddruck
$E_{p,e}$	ebener passiver Erddruck
EQU	Grenzzustand des Verlusts der Lagesicherheit (engl. equilibrium)
ETC	European Technical Committee
FORM	Zuverlässigkeitsmethode erster Ordnung (engl. first order reliability method)
FVT	Flügelscherversuch
GEO	Grenzzustand des Baugrundversagens (engl. ground failure)
GK	Geotechnische Kategorie
Gl	Gleitwiderstand
Gl_u	Gleitwiderstand für undränierte Bodenparameter
GOK	Geländeoberkante
Gr	Grundbruchwiderstand
Gr_u	Grundbruchwiderstand für undränierte Bodenparameter
HYD	Grenzzustand des hydraulischen Grundbruchs (engl. hydraulic heave)
IE	Irland
INFO	Vorinformationen oder Erfahrung des geotechnischen Sachverständigen
I_p	Plastizitätszahl
ISO	International Organization for Standardization
JCSS	Joint Committee on Structural Safety
LK	Lastkombination
LKW	Lastkraftwagen
LN	Logarithmische Normalverteilung
LRFD	engl. load and resistance factor design
MCS	Monte Carlo Simulation

MCS-AIS	Monte Carlo Simulation mit Adaptive-Importance-Sampling
MRFA	Material Resistance Factor Approach
N	Normalverteilung
NW	Niedrigwasserstand
OK	Oberkante
PEM	Methode der Punktschätzung
PKW	Personenkraftwagen
PMT	Pressiometerversuch
RC	Zuverlässigkeitsklassen (engl. reliability classes)
SA	Sicherheitsabstand
SE	Schweden
SLS	Grenzzustand der Gebrauchstauglichkeit (engl. serviceability limit state)
SORM	Zuverlässigkeitsmethode zweiter Ordnung (engl. second order realiability method)
SPT	Standard Penetration Test
STR	Grenzzustand des Materialversagens (engl. structural failure)
T	Tiefgang
TM	mittelplastischer Ton
U	Gesamt - Under keel clearance
UK	Großbritannien (engl. United Kingdom)
UK	Unterkante
ULS	Grenzzustand der Tragfähigkeit (engl. ultimate limit state)
UM	mittelplastischer Schluff
UPL	Grenzzustand des Verlusts der Lagesicherheit infolge Hebungen durch Wasserdruck (engl. uplift)
UU	unkonsolidierter, undränierter Triaxialversuch

Kurzfassung

Für die geotechnische Bemessung in Europa sind nach EN 1997 unterschiedliche Nachweisverfahren erlaubt, die sich in der Faktorisierung der Parameter mit Teilsicherheitsbeiwerten unterscheiden. Zudem werden in EN 1997 Empfehlungen über die Teilsicherheitsbeiwerte sowie Berechnungsmodelle für geotechnische Einwirkungen und Baugrundwiderstände angegeben, die keinen normativen Charakter besitzen. Ein Verfahren zur Festlegung repräsentativer Werte der geotechnischen Kenngrößen ist ebenfalls nicht eindeutig genormt. Jedes Land in Europa darf daher das zu verwendende Nachweisverfahren mit den entsprechenden Teilsicherheitsbeiwerten national festlegen sowie bestimmen, welche Berechnungsmodelle und welches Verfahren zur Ermittlung repräsentativer Werte der geotechnischen Kenngrößen zu verwenden sind. Dies führt europaweit zu unterschiedlichen Sicherheitsniveaus bei der geotechnischen Bemessung.

Das Ziel dieser Arbeit ist die Erarbeitung einer Empfehlung für die geotechnische Bemessung, die ein harmonisiertes Nachweisverfahren mit entsprechenden Teilsicherheitsbeiwerten, die zu verwendenden Berechnungsmodelle für geotechnische Einwirkungen und Baugrundwiderstände und ein Modell zur Ermittlung der repräsentativen Werte geotechnischer Kenngrößen beinhaltet. Nach einer Analyse der Einflussfaktoren auf die geotechnische Bemessung wird ein Nachweisverfahren vorgeschlagen, welches für die Einwirkungen, die Beanspruchungen, die Baugrundwiderstände und die geotechnischen Kenngrößen jeweils einen Teilsicherheitsbeiwert vorsieht.

Für die Bestimmung der Teilsicherheitsbeiwerte und die Erarbeitung eines Modells zur Ermittlung der repräsentativen Werte geotechnischer Kenngrößen werden die in der geotechnischen Bemessung auftretenden Unsicherheiten bei der Parameterfestlegung sowie die Unsicherheit der Berechnungsmodelle untersucht. Dabei wird auf ihre Modellierung mit stochastischen Parametern wie dem Mittelwert und dem Variationskoeffizienten eingegangen. Das erarbeitete Modell zur Ermittlung der repräsentativen Werte geotechnischer Kenngrößen basiert auf einem statistischen Modell. Dabei werden die Unsicherheiten über den Variationskoeffizienten berücksichtigt. Zur Bestimmung der Teilsicherheitsbeiwerte werden Zuverlässigkeitsberechnungen für übliche geotechnische Bauwerke mit unterschiedlichen Randbedingungen und Grenzzustände durchgeführt. Neben den resultierenden Teilsicherheitsbeiwerten wird als Ergebnis eine Mindestanzahl an Versuchswerten für die Bestimmung der repräsentativen Werte geotechnischer Kenngrößen ermittelt.

Anschließend werden die Anwendbarkeit und Akzeptanz der erarbeiteten Empfehlung für die geotechnische Bemessung in Europa im Rahmen von Anwendungsbeispielen vorgestellt. Im Vergleich mit den Bemessungen europäischer Kollegen und Experten zeigt sich, dass mit der hier erarbeiteten Empfehlung ein Sicherheitsniveau im mittleren Bereich der europäischen Bemessungsergebnisse erzielt werden kann.

Abstract

In Europe, geotechnical designs are permissible according to EN 1997 using different design approaches that differ in the factorization of parameters with partial safety factors.

EN 1997 further indicates non-normative recommendations on the partial safety factors as well as calculating models for geotechnical actions and ground resistances. Neither is there a standardized integral procedure to determine representative values of geotechnical parameters. Every country in Europe can thus determine the design approach nationally with its corresponding partial safety factors as well as the calculation models and procedures to determine representative values of geotechnical parameters. This leads to different levels of safety with regard to geotechnical design within Europe.

The aim of this work is the formulation of a recommendation for geotechnical design, that consists of a harmonized design approach with corresponding partial safety factors, the calculation models for geotechnical actions und ground resistances as well as a model to determine representative geotechnical parameters. Following an analysis of impact factors on geotechnical design, this study will suggest a design approach indicating one partial safety factor each for the actions, the actions effects, the ground resistances and the geotechnical parameters.

In order to determine the partial safety factors and to formulate a model to select representative values for geotechnical parameters, the uncertainties in the selection of parameters occurring in geotechnical design as well as the uncertainty of the calculation models are examined. By doing so, this work will further enlarge upon their modelling with stochastic parameters such as the mean values and the coefficient of variation.

The formulated model to select representative values for geotechnical parameters is based on a statistic model and takes the uncertainties by means of the coefficient of variation into account. In the determination of partial safety factors, reliability calculations for typical geotechnical applications are carried out with different boundary conditions and limit states. Additionally, to the resulting partial safety factors, a minimum number of samples for the determination of representative values for geotechnical parameters will be presented as an outcome of this work.

Finally, the applicability and acceptance of the formulated recommendation for geotechnical design in Europe will be presented with the help of worked examples. The comparison with the designs of European colleagues and experts applied to selected geotechnical applications shows that the newly formulated recommendation can yield to an average safety level of design results.

1 Einleitung

1.1 Motivation

In Europa gilt EN 1997 als übergeordnete Norm für die geotechnische Bemessung. Sie erlaubt unterschiedliche Nachweisverfahren, die sich in der Faktorisierung der Parameter mit Teilsicherheitsbeiwerten unterscheiden. Jedes CEN-Mitgliedsland[1] darf national festlegen, welches Nachweisverfahren zu verwenden ist. Dies sowie weitere nationale Regelungen zu Teilsicherheitsbeiwerten, den zu verwendenden Berechnungsmodellen für geotechnische Einwirkungen und Baugrundwiderstände sowie der Festlegung der repräsentativen[2] Werte der geotechnischen Kenngrößen tragen zu unterschiedlichen Sicherheits- bzw. Zuverlässigkeitsniveaus in Europa bei. Bild 1.1 zeigt diese Problematik als Ergebnis einer Erhebung, in der europäische Kollegen aufgefordert wurden, ein zentrisch belastetes Fundament zu bemessen. Obwohl alle dieselbe Aufgabenstellung mit denselben Randbedingungen bekommen hatten, ergab sich eine große Streuung mit Fundamentbreiten zwischen 1,10 m und 2,20 m.

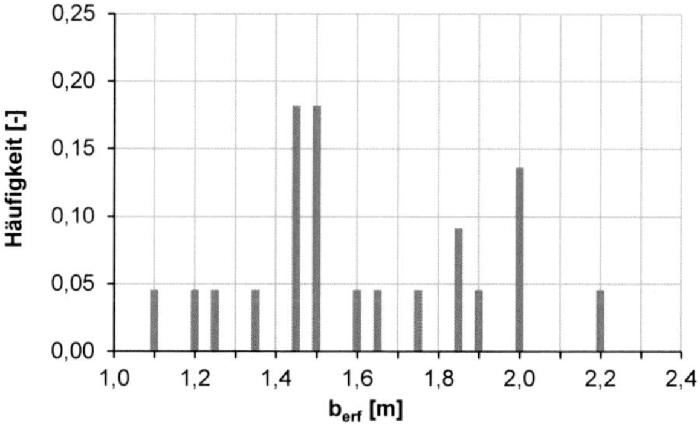

Bild 1.1: Ergebnisse einer europäischen Erhebung für die Bemessung eines zentrisch belasteten Fundaments in Anlehnung an Sorensen & Brito (2010)

[1] CEN ist die Abkürzung für „Europäisches Komitee für Normung" (franz. *Comité **E**uropéen de **N**ormalisation*). Die Normungsorganisationen von Belgien, Bulgarien, Dänemark, Deutschland, Estland, Finnland, Frankreich, Griechenland, Großbritannien, Island, Irland, Italien, Kroatien, Lettland, Litauen, Luxemburg, Malta, Mazedonien, Niederlande, Norwegen, Österreich, Polen, Portugal, Rumänien, Schweden, Schweiz, Slowakei, Slowenien, Spanien, Tschechische Republik, Türkei, Ungarn, Zypern bilden die Gruppe der CEN-Mitglieder. Zudem gibt es affiliierte Mitglieder und Partner-Normungsorganisationen.

[2] Neue Begriffsdefinition in der zukünftigen Fassung von EN 1997, prEN 1997-1 (derzeit als Entwurf). Näheres ist in Kapitel 5.2 erläutert. In der aktuellen DIN EN 1997-1 wird die Bezeichnung „charakteristische Werte" verwendet.

1.2 Zielsetzung und Gliederung der Arbeit

Das Ziel der vorliegenden Arbeit ist die Erarbeitung von Empfehlungen für die geotechnische Bemessung, die ein harmonisiertes Nachweisverfahren mit entsprechenden Teilsicherheitsbeiwerten, die zu verwendenden Berechnungsmodelle für geotechnische Einwirkungen und Baugrundwiderstände und ein Modell zur Ermittlung repräsentativer Werte der geotechnischen Kenngrößen beinhalten sollen. Die geotechnische Bemessung mit den erarbeiteten Empfehlungen muss weiterhin ein erforderliches Zuverlässigkeitsniveau erfüllen.

In Bild 1.2 werden die Arbeitsschritte als Flussdiagramm dargestellt, um das Ziel der Forschungsarbeit erreichen zu können. Hierbei wird zunächst in Kapitel 2 eine kurze Einführung in das Bemessungskonzept nach EN 1997 gegeben, in dem das Teilsicherheitskonzept, die Besonderheit in der Geotechnik der Abhängigkeit zwischen Einwirkungen und Widerständen sowie weitere Einflüsse auf die geotechnische Bemessung erläutert werden. Darauf basierend wird in Kapitel 3 ein einheitliches, harmonisiertes Bemessungsverfahren erarbeitet, das neben einem Modell zur Ermittlung repräsentativer Werte geotechnischer Kenngrößen ein einheitliches Nachweisverfahren beinhaltet. Dieses Nachweisverfahren sieht Teilsicherheitsbeiwerte vor, die die Modellunsicherheit und andere Unsicherheiten abdecken müssen, die nicht bereits bei der Festlegung der charakteristischen und repräsentativen Werte berücksichtigt wurden.

Des Weiteren wird in Kapitel 3 die Untersuchungsmethodik der vorliegenden Forschungsarbeit erläutert, um ein Modell zur Ermittlung repräsentativer Werte der geotechnischen Kenngrößen sowie ein einheitliches Nachweisverfahren entwickeln zu können.

Anschließend beschäftigen sich Kapitel 4 und 5 mit den theoretischen Grundlagen. In dieser Hinsicht werden in Kapitel 4 die unterschiedlichen Arten von Unsicherheiten in der Geotechnik sowie deren Modellierung näher erläutert. Diese dienen als Grundlage für die Vergleichsrechnungen in Kapitel 6 und für die Zuverlässigkeitsberechnungen in Kapitel 8. Im Rahmen des Kapitels 5 wird nach einer Erläuterung der Definition des repräsentativen Werts auf die unterschiedlichen Methoden zur Festlegung der repräsentativen Werte eingegangen.

Basierend auf der Recherche über Methoden zur Festlegung repräsentativer Werte in Kapitel 5 wird in Kapitel 6 ein Modell anhand von Vergleichsrechnungen und Parametervariationen erarbeitet, das allgemeingültig für alle geotechnischen Kenngrößen ist und sowohl ein genaues als auch sicheres Modell darstellt.

In Kapitel 7 wird anhand einer ausführlichen Literaturrecherche über klein- und großmaßstäbliche Versuche eine statistische Auswertung der Modellunsicherheit ausgewählter geotechnischer Berechnungsmodelle für den Gleitwiderstand, den Grundbruch und den Erddruck durchgeführt. Deren Ergebnisse liefern die stochastischen Parameter zur Modellierung der Modellunsicherheit in den Zuverlässigkeitsberechnungen.

Darauf basierend sowie auf den theoretischen Grundlagen aus Kapitel 4 erfolgt anschließend eine Zuverlässigkeitsuntersuchung zur Bestimmung der Teilsicherheitsbeiwerte für das in Kapitel 3 erarbeitete Nachweisverfahren. Zu diesem Zweck wurden übliche geotechnische Bauwerke ausgewählt und für unterschiedliche Randbedingungen die Grenzzustände der Sicherheit gegen

Gleiten, der Sicherheit gegen Grundbruch und des Versagens bodengestützter Wände durch Drehung (Versagen des Erdwiderlagers) bemessen. Die Vorgehensweise bei den Berechnungen und die Ergebnisse werden in Kapitel 8 und 9 erläutert.

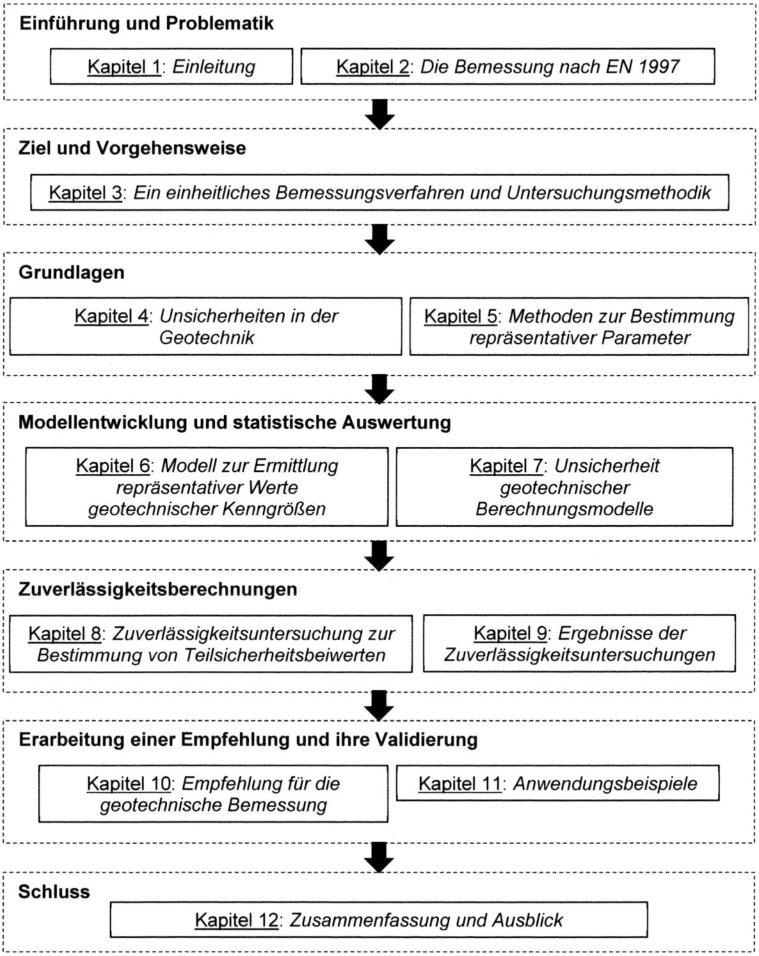

Bild 1.2: Flussdiagram des Ablaufs dieser Forschungsarbeit

Kapitel 10 umfasst eine Empfehlung für die geotechnische Bemessung, die aus dem erarbeiteten Nachweisverfahren mit den zugehörigen Teilsicherheitsbeiwerten, dem erarbeiteten Modell zur Ermittlung repräsentativer Werte geotechnischer Kenngrößen sowie den zu verwendenden geotechnischen Berechnungsmodellen besteht.

Um die Empfehlungen bezüglich ihrer Anwendbarkeit und Akzeptanz in Europa validieren zu können, werden in Kapitel 11 Anwendungsbeispiele vorgestellt. Dabei wird gezeigt, wie eine geotechnische Bemessung nach dem neuen einheitlichen Bemessungsverfahren durchzuführen ist. Zudem werden die Bemessungsergebnisse mit den Ergebnissen europäischer Kollegen bzw. Experten verglichen und bewertet.

Die Arbeit schließt mit einer Zusammenfassung der wesentlichen Ergebnisse und einem Ausblick auf weiteren Forschungsbedarf.

2 Die Bemessung nach EN 1997

Die vorliegende Forschungsarbeit wurde verfasst, während die nächste Generation der Eurocodes ausgearbeitet wird. Aus dieser Entwicklungsarbeit ist für EN 1997, auch Eurocode 7, EC7 oder in Deutschland DIN EN 1997 genannt, ein Entwurf mit den Teilen prEN 1997-1 (Teil 1: Allgemeine Regeln), prEN 1997-2 (Teil 2: Erkundung des Baugrunds) und prEN 1997-3 (Teil 3: Geotechnische Bauten) in englischer Sprache entstanden, die auf dem Bemessungskonzept in EN 1990 (als Entwurf prEN 1990) basiert und die in Deutschland bauaufsichtlich eingeführten DIN EN 1997-1 (Teil 1: Allgemeine Regeln) und DIN EN 1997-2 (Teil 2: Erkundung und Untersuchung des Baugrunds) zukünftig ersetzen werden. Es ist anzumerken, dass DIN EN 1997-1 neben den allgemeinen Regeln auch die bauwerksspezifischen Regelungen enthält. Diese Regelungen werden zukünftig in prEN 1997-3 und die allgemeinen Regeln in prEN 1997-1 behandelt. Im Rahmen dieser Arbeit werden daher die Definitionen, Bezeichnungen, Konzepte, Nachweisverfahren, etc. aus prEN 1997-1, prEN 1997-3 und prEN 1990 vorgestellt. In einigen Stellen, in denen sich die Bezeichnungen oder Konzepte verändert haben, werden Verweise auf DIN EN 1997-1 gemacht.

2.1 Die Zuverlässigkeitstheorie und das Teilsicherheitskonzept

2.1.1 Grundlagen

Nach prEN 1990 und ISO 2394 wird Zuverlässigkeit im Rahmen der Tragwerksplanung definiert, als die Fähigkeit eines Tragwerks oder Bauteils, die festgelegten Anforderungen innerhalb der geplanten Nutzungszeit zu erfüllen. Sie gilt für die Grenzzustände der Tragfähigkeit und Gebrauchstauglichkeit sowie für die Dauerhaftigkeit eines Tragwerks.

Die Zuverlässigkeit wird mit probabilistischen Größen wie der Versagenswahrscheinlichkeit p_f oder dem Zuverlässigkeitsindex β ausgedrückt. Die Versagenswahrscheinlichkeit wird als die Wahrscheinlichkeit P definiert, mit der ein definierter Grenzzustand überschritten oder ein Versagenszustand erreicht wird (Fischer, 1999). Mathematisch lässt sich die Versagenswahrscheinlichkeit wie folgt formulieren:

$$p_f = P[g(X_i)<0] \quad (2.1)$$

mit:

p_f Versagenswahrscheinlichkeit
$g(X_i)$ Grenzzustandsgleichung
X_i Zufallsvariablen

Die Grenzzustandsgleichung $g(X_i)$ beschreibt eine Funktion der Zufallsvariablen X_i. Für Werte von $g(X_i)$ kleiner null ist der Grenzzustand überschritten und liegt rechnerisch ein Versagen vor. Bei der Bemessung von Tragwerken wird als Grenzzustandsgleichung

$$g(X_i) = X_1 - X_2 = R - E \tag{2.2}$$

eingesetzt. Die Zufallsvariablen X_1 und X_2 sind dabei der Widerstand R und die Beanspruchung E, die zufällig streuen. Sie werden durch die Verteilungsdichten $f_R(x)$, $f_E(x)$, die Mittelwerte μ_R, μ_E und die Standardabweichungen σ_E und σ_R beschrieben. Bild 2.1 zeigt beispielsweise die Verteilungsdichten für normalverteilte Zufallsvariablen E und R.

Die Differenz aus E und R wird auch als Zufallsvariable Z bezeichnet, die den Sicherheitsabstand beschreibt. Der Mittelwert μ_Z und die Standardabweichung σ_Z von Z lassen sich in Abhängigkeit der stochastischen Größen von R und E wie folgt ermitteln:

$$\mu_Z = \mu_R - \mu_E \tag{2.3}$$

$$\sigma_Z = \sqrt{\sigma_R^2 + \sigma_E^2 - 2\rho_{RE}\sigma_R\sigma_E} \tag{2.4}$$

$$\sigma_Z = \sqrt{\sigma_R^2 + \sigma_E^2} \quad \text{(wenn E und R nicht korreliert sind, } \rho_{RE} = 0\text{)} \tag{2.5}$$

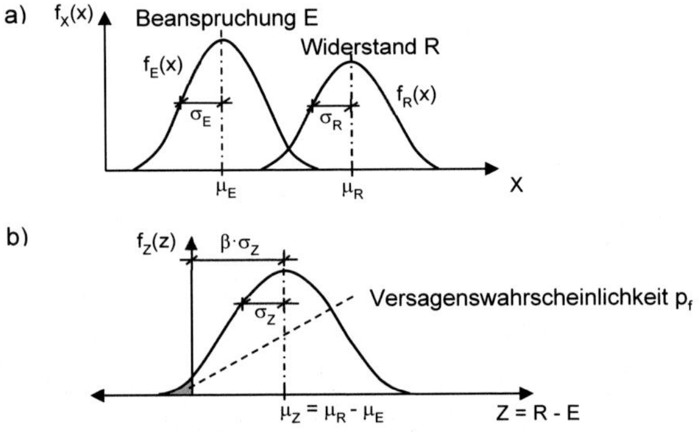

Bild 2.1: Definition der Versagenswahrscheinlichkeit und des Zuverlässigkeitsindexes β, Verteilungsdichten a) der Beanspruchung E und des Widerstands R, b) der Zufallsvariable Z

Bild 2.1 zeigt ebenfalls die Verteilungsdichte $f_Z(z)$ für eine normalverteilte Zufallsvariable Z. Die Versagenswahrscheinlichkeit p_f entspricht der grauen Fläche im Bild, wobei Z negativ ist. Sie lässt sich wie folgt berechnen:

$$p_f = \int_{-\infty}^{0} f_z(z)\, dz \tag{2.6}$$

Die Versagenswahrscheinlichkeit p_f dient als Maß für die Unsicherheit, während für die Zuverlässigkeit der Ausdruck $(1 - p_f)$ oder der Zuverlässigkeitsindex β (auch als Sicherheitsindex bezeichnet) verwendet werden können. Letzterer wurde zum ersten Mal von Cornell (1969) definiert und gibt den Abstand zwischen dem Mittelwert μ_Z und dem Grenzzustand oder Nullpunkt $Z = 0$ in Einheiten der Standardabweichung σ_Z an. Er entspricht dem Kehrwert des Variationskoeffizienten ($V_Z = \sigma_Z / \mu_Z$) der normalverteilten Zufallsvariable Z (Witt, 1998):

$$\beta = \frac{\mu_Z}{\sigma_Z} = \frac{\mu_R - \mu_E}{\sqrt{\sigma_R^2 + \sigma_E^2}} \quad \text{(für nicht korrelierte Variablen R und E)} \qquad (2.7)$$

Eine graphische Darstellung des Zusammenhangs zwischen dem Zuverlässigkeitsindex und der Versagenswahrscheinlichkeit ist in Bild 2.2 gezeigt.

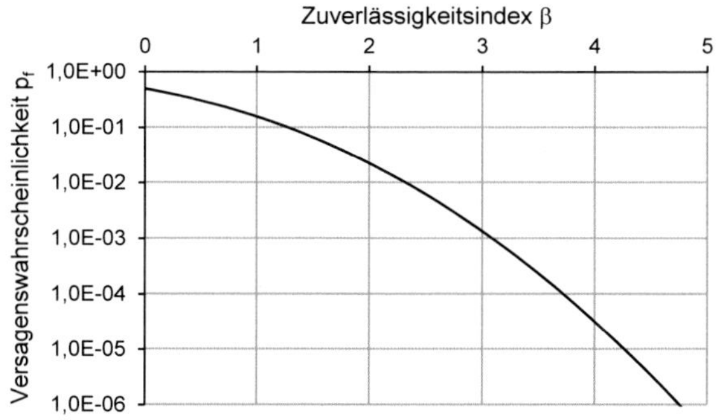

p_f	β
$5 \cdot 10^{-1}$	0
10^{-1}	1,28
10^{-2}	2,32
10^{-3}	3,09
10^{-4}	3,72
10^{-5}	4,27
10^{-6}	4,75
10^{-7}	5,20

Bild 2.2: Versagenswahrscheinlichkeit p_f und Zuverlässigkeitsindex β

Die Versagenswahrscheinlichkeit lässt sich aus dem Zuverlässigkeitsindex β nach Gl. (2.9) ermitteln, wenn zunächst die normalverteilte Zufallsvariable Z nach Gl. (2.8) standardisiert wird und daraus eine Standardnormalverteilung mit $\mu_U = 0$ und $\sigma_U = 1$ gebildet wird.

$$U = \frac{Z - \mu_Z}{\sigma_Z} \qquad (2.8)$$

$$p_f = 1 - \Phi(\beta) = \Phi(-\beta) \qquad (2.9)$$

mit:

Φ kumulative Verteilungsfunktion für die Standardnormalverteilung

2.1.2 Das Teilsicherheitskonzept

Für die Bemessung lassen sich deterministische, semi-probabilistische und probabilistische Methoden unterscheiden, wobei die zwei Letzteren auf der Zuverlässigkeitstheorie basieren.

Die deterministische Methode ist eine empirische Methode, die auf der Erfahrung mit dem jeweiligen geotechnischen Bauwerk beruht. Hierzu zählt die Bemessung mit globalen Sicherheitsfaktoren, die das Verhältnis Widerstand zu Beanspruchung angeben. Bei dieser Methode werden alle Unsicherheiten nur durch einen einzigen Sicherheitsfaktor abgedeckt. Nach Witt (1998) gibt es bei dieser Methode keine Transparenz bezüglich der tatsächlichen Einflüsse der einzelnen Parameter und somit der Sicherheitsreserven des Bauwerks oder der Bauteile. Diese Problematik wurde in der Geotechnik schon früher von Leussink (1942) und Brinch Hansen (1956, 1959) erkannt. Daher entspricht heutzutage die Bemessung mit globalen Sicherheitsfaktoren nicht mehr dem Stand der Technik.

Probabilistische Methoden (auch Zuverlässigkeitsmethoden der Stufen II und III, siehe Kapitel 8) sind selten in den Normen als Bemessungsmethoden verankert und werden eher in der Wissenschaft verwendet.

Zu den semi-probabilistischen Methoden gehört das Teilsicherheitskonzept. Bei diesem Konzept werden zunächst die Parameter (wie Widerstand und Beanspruchung) als Zufallsvariablen definiert, deren charakteristische Größen einer p-Fraktile der Verteilungsdichte entsprechen (Breitschaft & Hanisch, 1978).

Die charakteristischen Größen werden danach mit den Teilsicherheitsbeiwerten beaufschlagt, um die Bemessungswerte zu erhalten. Dabei werden im Allgemeinen die Beanspruchungen oder Einwirkungen erhöht und die Widerstände verringert (siehe Bild 2.3). Die Bemessungswerte der Beanspruchung E und des Widerstands R ergeben sich wie folgt:

$$E_d = \gamma_E \cdot E_k \tag{2.10}$$

$$R_d = \frac{R_k}{\gamma_R} \tag{2.11}$$

mit:

E_k charakteristischer Wert der Beanspruchung
E_d Bemessungswert der Beanspruchung
R_k charakteristischer Wert des Widerstands
R_d Bemessungswert des Widerstands
γ_E Teilsicherheitsbeiwert für die Beanspruchung
γ_R Teilsicherheitsbeiwert für den Widerstand

Im Rahmen der Bemessung muss im Grenzzustand der Bemessungswert des Widerstands R_d größer sein als der Bemessungswert der Beanspruchung E_d:

$$E_d \leq R_d \tag{2.12}$$

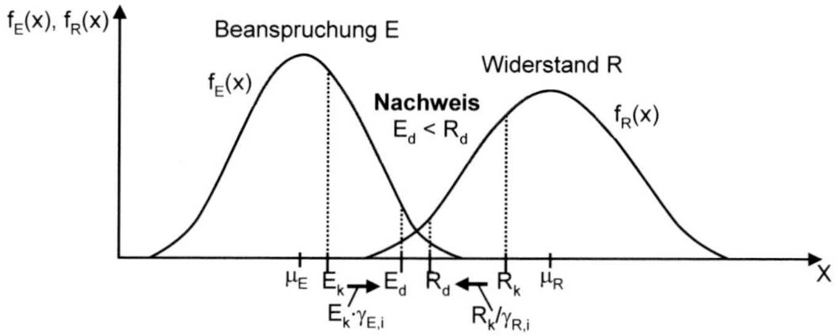

Bild 2.3: Definition von charakteristischen Werten und Bemessungswerten am Beispiel von Beanspruchungen und Widerständen in Anlehnung an Witt (1998)

In Nordamerika wird das Teilsicherheitskonzept als LRFD-Konzept bezeichnet (engl. *load and resistance factor design*), bei dem die Mittelwerte der Beanspruchungen und der Widerstände – statt einer p-Fraktile – als charakteristische Werte definiert und diese mit den Teilsicherheitsbeiwerten beaufschlagt werden (Becker, 1996a). Im Vergleich dazu werden in einigen europäischen Ländern statt der Baugrundwiderstände die geotechnischen Kenngrößen tan φ und c mit den Teilsicherheitsbeiwerten abgemindert.

Im konstruktiven Bereich wurden die Teilsicherheitsbeiwerte basierend auf Zuverlässigkeitsberechnungen festgelegt. In der Geotechnik wurden die Teilsicherheitsbeiwerte in den meisten europäischen Ländern aus den jahrelang bewährten globalen Sicherheitsfaktoren umgerechnet. In Deutschland wurden z. B. für die ständigen und veränderlichen Einwirkungen bzw. Beanspruchungen die in der Tragwerksplanung festgelegten Teilsicherheitsbeiwerte $\gamma_G = 1{,}35$ und $\gamma_Q = 1{,}50$ für die ständige Bemessungssituation BS-P (siehe Kapitel 0) übernommen. Der Teilsicherheitsbeiwert für den Grundbruchwiderstand $\gamma_{R,v}$ ergibt sich aus einem gewichteten Mittelwert $\gamma_{G,Q}$ von 1,40 und dem globalen Sicherheitsfaktor η von 2,0 wie folgt (Schuppener & Weißenbach, 2012):

$$\eta = \gamma_{G,Q} \cdot \gamma_{R,v} \Leftrightarrow \gamma_{R,v} = \frac{\eta}{\gamma_{G,Q}} \tag{2.13}$$

$$\gamma_{R,v} = \frac{2{,}0}{1{,}40} \approx 1{,}43 \Rightarrow 1{,}40$$

Eine Kalibrierung der Teilsicherheitsbeiwerte in Europa anhand von probabilistischen Methoden steht noch aus und wird im Rahmen dieser Arbeit durchgeführt.

2.2 Das Bemessungskonzept in EN 1997

2.2.1 Allgemeines und Definitionen

Das Bemessungskonzept in EN 1997 beruht auf der Methode der Grenzzustände, bei der zulässige und unzulässige Zustände über einen definierten Grenzzustand unterschieden werden. In diesem

Zusammenhang wird Versagen als die Überschreitung des Grenzzustandes bzw. das Erreichen eines unzulässigen Zustandes definiert (Salgado, 2013). Des Weiteren basiert die Bemessung nach EN 1997 auf den allgemeinen Regeln aus EN 1990 (in Deutschland DIN EN 1990) für die Tragwerksberechnung nach dem Teilsicherheitskonzept. Dabei werden unterschiedliche Teilsicherheitsbeiwerte für die Einwirkungen und / oder Beanspruchungen bzw. Widerständen und / oder Materialeigenschaften verwendet, da sie unterschiedliche Einflüsse auf die Bemessung haben und somit sie mit unterschiedlichen Sicherheiten beaufschlagt werden sollen.

Basierend auf der Zuverlässigkeitstheorie werden die charakteristischen Werte der Parameter als eine p-Fraktile der Verteilungsdichte festgelegt. Hierbei werden Widerstände meist mit der 5 %-Fraktile und die Einwirkungen mit Fraktilen größer oder gleich der 50 %-Fraktile definiert.

Bei den Einwirkungen wird der charakteristische Wert F_k als der „wichtigste repräsentative" Wert definiert. Der repräsentative Wert ist der Wert, der für den Nachweis eines Grenzzustandes verwendet wird. Dieser kann der charakteristische Wert F_k oder ein Begleitwert $\psi \cdot F_k$ sein. Für ständige Einwirkungen und die veränderliche Leiteinwirkung ist der Kombinationsbeiwert ψ immer 1,0, sodass der Begleitwert $\psi \cdot F_k$ dem charakteristischen Wert entspricht. Die veränderlichen Begleiteinwirkungen weisen immer einen Kombinationsbeiwert ψ kleiner als 1,0 auf. Damit wird der Tatsache Rechnung getragen, dass die Wahrscheinlichkeit des gleichzeitigen Auftretens aller veränderlichen Einwirkungen mit ihrem maximalen Wert gering ist.

Die Bemessungswerte ergeben sich, wenn die charakteristischen oder ggf. repräsentativen Werte mit den Teilsicherheitsbeiwerten beaufschlagt werden. Auf der Einwirkungsseite werden die Beanspruchungen oder Einwirkungen erhöht und auf der Widerstandseite die Widerstände oder Materialparameter verringert.

Neben den Grenzzuständen mit Vergleich von Beanspruchungen und Widerständen, gibt es Grenzzustände mit Vergleich von destabilisierenden und stabilisierenden Beanspruchungen bzw. Einwirkungen. In diesem Fall werden analog die destabilisierenden Größen erhöht und die stabilisierenden Größen verringert.

2.2.2 Schadensfolgeklassen

In prEN 1990 und prEN 1997-1 werden Schadensfolgeklassen (engl. *Consequence Classes, CC*) definiert, um Bauwerke nach Schadensfolgen (Menschenverlust bzw. Sachschaden, soziale und umweltbeeinträchtigende Folgen) infolge Versagens einzustufen. prEN 1990 definiert fünf Klassen CC0 bis CC4, wobei nach prEN 1997-1 für die geotechnische Bemessung nur vier Klassen CC1 bis CC4 verwendet werden.

Tabelle 2.1 zeigt die in prEN 1990 definierten Schadensfolgeklassen sowie welche Klassen in prEN 1997-1 zu verwenden sind. In Tabelle 2.2 werden Beispiele für die Einstufung geotechnischer Bauwerke in die Schadensfolgeklassen dargestellt.

Tabelle 2.1: Klassifizierung von Schadensfolgeklassen in Anlehnung an prEN 1990

Schadensfolgeklasse	Indikator für die Schadensfolge		
	Menschenverlust oder Personenschaden	**wirtschaftliche, soziale oder umweltbeeinträchtigende Folgen**	
CC4	extrem	enorm	**nach prEN 1997-1 zu verwenden**
CC3	hoch	sehr groß	
CC2	mittel	beträchtlich	
CC1	niedrig	klein	
CC0	sehr niedrig	vernachlässigbar	

Tabelle 2.2: Beispiele geotechnischer Bauwerke in unterschiedlichen Schadensfolgeklassen in Anlehnung an prEN 1997-1

Schadensfolge-klasse	Schadens-folge	Beispiel
CC4	höchste	Geotechische Bauwerke, deren Integrität von höchster Bedeutung für den Katastrophenschutz ist, z.B. unterirdische Kraftwerke, Eisenbahn-/Straßendämme mit hoher Bedeutung bei Naturkatastrophen, Erddämme angeschlossen an Wasserkanäle und Wasserkraftwerke, Deiche, Erddämme mit extremen Schadensfolgen (sehr hohes Risiko), etc. In Fällen mit großer Hangrutschungsgefahr
CC3	hoch	Stützwände und Gründungen für öffentliche Gebäuden mit hoher Belastung künstliche Hänge und Böschungen, Stützbauwerke mit hoher Belastung Eisenbahn-/Straßendämme, Gründungen von Brücken, deren Versagen zu einer Betriebsunterbrechung in Notsituationen führen kann Unterirdische Bauwerke mit hoher Nutzung (z.B. unterirdische Parkhäuser)
CC2	normal	Alle geotechnischen Bauwerke, die nicht in CC1, CC3 oder CC4 klassifiziert sind
CC1	niedrig	Stützwände und Gründungen mit niedriger Belegung künstliche Hänge und Böschungen in Gebieten, in denen ein Versagen der Stabilität eine niedrige Auswirkung für die Gesellschaft hat Eisenbahn-/Straßendämme niedriger Bedeutung für die Gesellschaft Unterirdische Bauwerke mit gelegentlicher Nutzung

2.2.3 Geotechnische Komplexitätsklassen

Neben den Schadensfolgeklassen sieht prEN 1997-1 zudem geotechnische Komplexitätsklassen (engl. *Geotechnical Complexity Class,* GCC) vor, in denen die geotechnischen Bauwerke in Abhängigkeit der Komplexität ihrer kritischsten Bemessungssituation eingestuft werden müssen. Die geotechnische Komplexitätsklasse soll unter Berücksichtigung der Unsicherheit in den Baugrundverhältnissen festgelegt werden. Tabelle 2.3 zeigt die Festlegung der geotechnischen Komplexitätsklasse in Abhängigkeit der Höhe der Komplexität und der Quelle der Unsicherheit.

Tabelle 2.3: Festlegung der geotechnischen Komplexitätsklasse in Anlehnung an prEN 1997-1

Geotechnische Komplexitätsklasse	Komplexität	Merkmale, die Unsicherheit verursachen
GCC3	höher	Wenn eine der folgenden Bedingungen gilt: - beträchtliche Unsicherheit bezüglich der Baugrundvehältnisse - stark wechselhafte oder schwierige Baugrundverhältnisse - signifikante Empfindlichkeit der Grundwasserverhältnisse - signifikante Komplexität der Interaktion zw. Baugrund und Bauwerk
GCC2	normal	Alle Bedingungen, die nicht durch GCC3 oder GCC1 abgedeckt sind
GCC1	niedriger	Wenn alle folgende Bedingungen gelten: - vernachlässigbare Unsicherheit in den Baugrundverhältnissen - homogene Baugrundverhältnisse - geringe Empfindlichkeit der Grundwasserverhältnisse - niedrige Komplexität der Interaktion zw. Baugrund und Bauwerk

Anmerkung: Die Bezeichnungen „beträchtlich", „signifikant" etc. sind auf jede vergleichbare Erfahrung bezogen, die es für die jeweilige geotechnische Struktur und Bemessungssituation gibt.

2.2.4 Geotechnische Kategorien

Das Bemessungskonzept in EN 1997 sieht vor, die Komplexität des Baugrunds und der Interaktion zwischen Baugrund und Struktur im Zusammenhang mit den damit verbundenen Risiken in Form von Schadenfolgen infolge Bauwerksversagen zu berücksichtigen. Hierfür werden in prEN 1997-1 drei geotechnische Kategorien (GK) festgelegt, die sich nach Tabelle 2.4 aus der Schadenfolgeklasse und der geotechnischen Komplexitätsklasse ergeben.

Tabelle 2.4: Zusammenhang zwischen Geotechnischen Kategorien (GK), Schadensfolgeklassen (CC) und geotechnischen Komplexitätsklassen (GCC) nach prEN 1997-1

Schadensfolgeklasse (CC)	Geotechnische Komplexitätsklasse (GCC)		
	niedrig (GCC1)	normal (GCC2)	hoch (GCC3)
höchste (CC4)	GK3	GK3	GK3
höher (CC3)	GK2	GK3	GK3
normal (CC2)	GK2	GK2	GK3
niedriger (CC1)	GK1	GK2	GK2

Die geotechnischen Kategorien sind zu verwenden, um die Mindestanforderungen an

- die Qualität und den Umfang der geotechnischen Untersuchungen,
- die Berechnungsmodelle,
- die Qualitätsprüfung der Bemessung,
- die Bauüberwachung,
- den Umfang des Messprograms,
- die Qualifikation und Erfahrung des Planers sowie
- den Umfang des geotechnischen Berichtes

anzugeben.

Die Notwendigkeit, Mindestanforderungen für die Planung und die Durchführung in Abhängigkeit der Komplexität und des damit verbundenen Risikos des geotechnischen Bauwerks festzulegen, bleibt wie zuvor in DIN EN 1997-1 erhalten. In prEN 1997-1 wird durch die Einführung der Konzepte „Schadensfolgeklasse“ und „geotechnische Komplexitätsklasse“ die Festlegung der geotechnischen Kategorien stärker geregelt.

2.2.5 Bemessungssituationen

Nach prEN 1997-1 sind bei der Bemessung sowohl kurzfristige als auch langfristige Zustände berücksichtigt. In dieser Hinsicht sind in prEN 1990 fünf Bemessungssituationen festgelegt. Für die geotechnische Bemessung in Deutschland werden nur vier verwendet. Sie sind nach DIN 1054 wie folgt definiert:

- Ständige Bemessungssituation BS-P (*persistent situation*): Dieser Bemessungssituation werden Situationen mit ständigen und während der Funktionszeit des Bauwerks regelmäßig auftretenden veränderlichen Einwirkungen zugeordnet.
- Vorübergehende Bemessungssituation BS-T (*transient situation*): Dieser Bemessungssituation werden zeitlich begrenzte Situationen zugeordnet. Hierbei zählen Bauzustände bei der Herstellung eines Bauwerks oder an einem bestehenden Bauwerk infolge von Reparaturen oder Aufgrabungs- oder Unterfangungsarbeiten, Baumaßnahmen für vorübergehende Zwecke wie Baugrubenböschungen und Baugrubenkonstruktionen sowie ein Zustand mit einer planmäßigen einmaligen Einwirkung oder Gegebenheit.
- Außergewöhnliche Bemessungssituation BS-A (*accidental situation*): Dieser Bemessungssituation werden Situationen mit außergewöhnlichen Einwirkungen zugeordnet, die sich auf außergewöhnliche Bedingungen des Tragwerks oder seiner Umgebung wie z. B. Brand, Anprall, extremes Hochwasser, Ankerausfall etc. beziehen und die neben den Einwirkungen aus BS-P oder BS-T berücksichtigt werden. Zu dieser Bemessungssituation zählen auch unplanmäßige Situationen sowie Situationen, bei denen gleichzeitig mehrere voneinander unabhängige seltene Einwirkungen berücksichtigt werden.
- Bemessungssituation Erdbeben BS-E (*earthquake situation*): Situationen mit Einwirkungen infolge von Erdbeben werden diese Bemessungssituation zugeordnet.

2.2.6 Grenzzustände für die geotechnische Bemessung

Das Bemessungskonzept in EN 1997 unterscheidet zwischen Grenzzuständen der Tragfähigkeit (ULS, *ultimate limit state*) und Grenzzuständen der Gebrauchstauglichkeit (SLS, *serviceability limit state*). Bei den Grenzzuständen der Tragfähigkeit ist nachzuweisen, dass Tragwerke, Bauteile oder der Baugrund nicht versagen, sowie die Lagesicherheit gewährleistet ist. Dazu zählen die Grenzzustände Verlust der Lagesicherheit EQU (*equilibrium*), Verlust der Lagesicherheit infolge von Hebungen durch Wasserdruck – auch Aufschwimmen genannt – UPL (*uplift*), hydraulischer

Grundbruch HYD (*hydraulic heave*), Materialversagen STR (*structural failure*) und Baugrundversagen GEO (*ground failure*).

Bei EQU werden im Grenzzustand die Bemessungswerte der stabilisierenden Beanspruchungen $E_{stb,d}$ und der destabilisierenden Beanspruchungen $E_{dst,d}$ verglichen, während bei UPL und HYD ein Vergleich zwischen den Bemessungswerten der stabilisierenden Einwirkungen $F_{dst,d}$ und der destabilisierenden Einwirkungen $F_{dst,d}$ stattfindet.

Die Grenzzustände STR und GEO vergleichen hingegen Bemessungsbeanspruchungen E_d mit Bemessungswiderständen R_d. Hierfür werden in prEN 1997-1 zusammen mit prEN 1997-3 verschiedene Nachweisverfahren definiert, die sich in der Faktorisierung der Parameter unterscheiden und im nächsten Kapitel näher erläutert werden.

Bei den Grenzzuständen der Gebrauchstauglichkeit ist nachzuweisen, dass keine unverträglichen Verdrehungen, Verformungen oder Verschiebungen im Baugrund oder des Tragwerks auftreten. Hierzu zählen z. B. unzulässige Setzungen, unverträgliche Fundamentverdrehungen, u. a.

2.2.7 Nachweisverfahren und Faktorisierung

In prEN 1997-1 zusammen mit prEN 1997-3 werden zwei Nachweisverfahren und bei genauer Betrachtung sieben unterschiedlicher Kombinationen für die Faktorisierung für die Grenzzustände STR und GEO definiert, die auf den Grundgleichungen aus prEN 1990 beruhen.

Hierfür werden nach prEN 1990 auf der Einwirkungsseite vier Bemessungsfälle (engl. *Design Cases, DC*) zur Faktorisierung der Einwirkungen bzw. der Beanspruchungen definiert, wobei für die geotechnische Bemessung die Bemessungsfälle DC1, DC3 und DC4 zur Anwendung kommen. Sie unterscheiden sich in der Höhe der Teilsicherheitsbeiwerte und darin, ob die Einwirkungen (DC1, DC3) oder die Einwirkungen und die Beanspruchungen (DC4) faktorisiert werden. Bei DC4 werden vor der statischen Berechnung nur die veränderlichen Einwirkungen mit einem Faktor γ_Q/γ_G multipliziert. Nach der statischen Berechnung wird die Beanspruchung mit einem Teilsicherheitsbeiwert γ_E faktorisiert, der den Wert von γ_G aufweist. Die Teilsicherheitsbeiwerte γ_G und γ_Q von DC4 entsprechen den Werten von DC1.

Auf der Widerstandsseite werden entweder die geotechnischen Kenngrößen vor der Berechnung der Widerstände oder die Baugrundwiderstände faktorisiert. Für die Grenzzustände STR und GEO werden folgende Nachweisverfahren definiert:

- MFA (*Material Factor Approach*): Faktorisierung der geotechnischen Kenngrößen.
- RFA (*Resistance Factor Approach*): Faktorisierung der Baugrundwiderstände.

Für MFA gibt prEN 1997-1 drei Parametersätze (M1 bis M3) für die Faktorisierung der geotechnischen Kenngrößen an. Bei M1 sind alle Teilsicherheitsbeiwerte gleich 1,0, sodass de facto keine Faktorisierung der geotechnischen Kenngrößen stattfindet. M2 und M3 unterscheiden sich darin, ob ein K_M-Faktor (siehe Kapitel 2.2.8) bei dem Teilsicherheitsbeiwert verwendet wird. In Anhang A sind die Tabelle mit der Definition der Bemessungsfälle (DC) aus prEN 1990 und die Tabellen mit den Parametersätzen für MFA aus prEN 1997-1 zu finden.

Tabelle 2.5 zeigt die jeweilige Art der Faktorisierung für die Nachweisverfahren aus prEN 1997-1 und zum Vergleich die entsprechenden Nachweisverfahren nach DIN EN 1997-1. Für MFA wurde zur Vergleichbarkeit ein K_M-Faktor von 1,0 berücksichtigt. Aus der Tabelle ist es ersichtlich, dass mehr Nachweisverfahren mit unterschiedlicher Art der Faktorisierung definiert werden als es bei DIN EN 1997-1 war. Eine Harmonisierung wird dadurch nicht erzielt.

Tabelle 2.5: Nachweisverfahren nach prEN 1997-1 mit den entsprechenden Nachweisverfahren aus DIN EN 1997-1 für eine analytische Bemessung

nach DIN EN 1997-1	**Bemessungswerte nach prEN1997-1 und prEN 1997-3**			
	Beanspruchung, Bemessungsfall (DC)		**Baugrundwiderstand, Nachweisverfahren**	
DA1.1[a]	$E_d = E\left(\gamma_F \cdot F_{rep};\, X_{rep};\, a_d\right)$	DC1	$R_d = R\left(\gamma_F \cdot F_{rep}; X_{rep};\, a_d\right)$	MFA M1
DA1.2[a], **DA3**[b]	$E_d = E\left(\gamma_F \cdot F_{rep};\, \frac{X_{rep}}{\gamma_M};\, a_d\right)$	DC3	$R_d = R\left(\gamma_F \cdot F_{rep};\, \frac{X_{rep}}{\gamma_M};\, a_d\right)$	MFA M3
DA3[b]	$E_d = E\left(\gamma_F \cdot F_{rep};\, \frac{X_{rep}}{\gamma_M};\, a_d\right)$	DC1	$R_d = R\left(\gamma_F \cdot F_{rep};\, \frac{X_{rep}}{\gamma_M};\, a_d\right)$	MFA M3
DA2	$E_d = E\left(\gamma_F \cdot F_{rep};\, X_{rep};\, a_d\right)$	DC1	$R_d = \frac{1}{\gamma_R} \cdot R\left(\gamma_F \cdot F_{rep}; X_{rep};\, a_d\right)$	RFA
DA2*	$E_d = \gamma_E \cdot E\left(F_{rep};\, X_{rep};\, a_d\right)$	-	$R_d = \frac{1}{\gamma_R} \cdot R\left(F_{rep}; X_{rep};\, a_d\right)$	-
-	$E_d = E\left(\gamma_F \cdot F_{rep};\, \frac{X_{rep}}{\gamma_M};\, a_d\right)$	DC3	$R_d = \frac{1}{\gamma_R} \cdot R\left(\gamma_F \cdot F_{rep}; X_{rep};\, a_d\right)$	RFA
-	$E_d = \gamma_G \cdot E\left(F_{G,k};\, \frac{\gamma_{Q,1}}{\gamma_G} F_{Q,rep};\, X_{rep};\, a_d\right)$	DC4[c]	$R_d = R\left(F_{G,k};\, \frac{\gamma_{Q,1}}{\gamma_{G,1}} F_{Q,rep}; X_{rep};\, a_d\right)$	MFA M1
-	$E_d = \gamma_G \cdot E\left(F_{G,k};\, \frac{\gamma_Q}{\gamma_G} F_{Q,rep};\, X_{rep};\, a_d\right)$	DC4[c]	$R_d = \frac{1}{\gamma_R} \cdot R\left(F_{G,k};\, \frac{\gamma_Q}{\gamma_G} F_{Q,rep}; X_{rep}; a_d\right)$	RFA

[a] DA1.1: Nachweisverfahren 1, Kombination1; DA1.2: Nachweisverfahren 1 Kombination 2

[b] Für Einwirkungen aus dem Tragwerk DC1, für geotechnische Einwirkungen DC3

[c] γ_G und γ_Q entsprechen den Faktoren von DC1

mit:

a_d = Bemessungswert der geometrischen Größe

E_d = Bemessungswert der Beanspruchung

F_{rep} = repräsentative Einwirkungen

R_d = Bemessungswert des Baugrundwiderstands

X_{rep} = repräsentativer Wert der geotechnischen Kenngrößen, $X_{rep} = \eta \cdot X_K$ (*siehe Kapitel 3.2*)

γ_F = Teilsicherheitsbeiwert für Einwirkungen

γ_E = Teilsicherheitsbeiwert für Beanspruchungen

γ_G = Teilsicherheitsbeiwert für ständige Einwirkungen bzw. Beanspruchungen

γ_Q = Teilsicherheitsbeiwert für veränderliche Einwirkungen bzw. Beanspruchungen

γ_M = Teilsicherheitsbeiwert für geotechnische Kenngrößen

γ_R = Teilsicherheitsbeiwert für die Baugrundwiderstände

Für eine Bemessung mit numerischen Methoden wird neben dem Nachweisverfahren MFA ein Nachweisverfahren EFA (Effects Factor Approach) definiert, bei dem die Beanspruchungen und die geotechnischen Kenngrößen faktorisiert werden.

2.2.8 Behandlung und Differenzierung der Zuverlässigkeit

Das für die Bemessung erforderliche Zuverlässigkeitsniveau kann nach prEN 1990 z. B. durch die Berücksichtigung von Präventiv- oder Schutzmaßnahmen bei der Bauwerksplanung, geeignete Qualitätsmanagementmaßnahmen, Maßnahmen zur Fehlerreduzierung in allen Planungs- und Ausführungsphasen (z. B. Vier-Augen-Prinzip) sowie zur Verhütung grober Fehler, eine geeignete Überwachung und Instandhaltung entsprechend den Vorgaben der Projektunterlagen, u. a. erreicht werden. Hierbei werden in Europa z. B. drei Stufen für die Differenzierung der Zuverlässigkeit bei den Überwachungsmaßnahmen, bei der Planung und bei der Herstellung berücksichtigt. Der Grad unabhängiger Überwachung wird mit höherem gefordertem Zuverlässigkeitsniveau höher.

Darüber hinaus kann bei dem Teilsicherheitskonzept eine Differenzierung der Zuverlässigkeit durch die Veränderung der Teilsicherheitsbeiwerte erfolgen. In dieser Hinsicht kann ein Faktor mit den Teilsicherheitsbeiwerten angewendet werden, dessen Größe von der Schadensfolgeklasse abhängt. prEN 1990 gibt diesbezüglich einen K_F-Faktor auf der Einwirkungsseite an. Länder wie Dänemark oder Schweden machen Gebrauch von der Differenzierung der Zuverlässigkeit durch die Verwendung von K_F-Faktoren. Diese Möglichkeit ist in prEN 1997-1 aufgenommen und auf die Widerstandsseite ausgeweitet, wobei ein K_M-Faktor bei den Teilsicherheitsbeiwerten der geotechnischen Kenngrößen eingeführt wird. Es ist anzumerken, dass entweder der K_F- oder der K_M-Faktor verwendet werden darf. In Tabelle 2.6 sind die von prEN 1997-1 empfohlenen K_F- und K_M-Faktoren in Abhängigkeit der Schadensfolgeklassen CC1 bis CC3 zusammengefasst.

Tabelle 2.6: K_F- und K_M-Faktoren aus prEN 1990 und prEN 1997-1 in Abhängigkeit der Schadensfolgeklasse

Schadensfolgeklasse (CC)	Schadensfolge	K_F-Faktor	K_M-Faktor
CC3	hoch	1,1	1,1
CC2	normal	1,0	1,0
CC1	niedrig	0,9	0,9

In Deutschland und in Österreich werden derzeit noch Bemessungssituationen verwendet, um eine Differenzierung des Zuverlässigkeitsanspruchs durch die Anwendung unterschiedlicher Teilsicherheitsbeiwerte in den verschiedenen Bemessungssituationen zu erreichen. Somit wird der geringen Wahrscheinlichkeit des gleichzeitigen Auftretens von seltenen unabhängigen, veränderlichen Einwirkungen und vorübergehenden oder extremen Zuständen (Bauzustände, außergewöhnliche Zustände, etc.) bei der Bemessung Rechnung getragen.

In dieser Hinsicht wird in prEN 1997-1 ein K_{tr}-Faktor kleiner als eins für die Bemessungssituation BS-T eingeführt, der den Teilsicherheitsbeiwert auf der Widerstandsseite multipliziert. Dabei darf das Produkt $K_{tr} \cdot \gamma_M$ oder $K_{tr} \cdot \gamma_R$ nicht kleiner als eins sein.

Im Vergleich zu prEN 1997-1 ist in DIN EN 1997-1 eine Differenzierung des Zuverlässigkeitsniveaus durch Veränderung der Teilsicherheitsbeiwerte mit K-Faktoren nicht geregelt. Die CEN-Mitgliedsländer haben aber durch Verwendung unterschiedlicher Teilsicherheitsbeiwerte für die Schadensfolgeklassen oder die Bemessungssituationen implizit diese Vorgehensweise bereits praktiziert.

2.3 Die Abhängigkeit Einwirkungen – Widerstände in der Geotechnik

In der geotechnischen Bemessung können die Baugrundwiderstände von den Einwirkungen und die Beanspruchungen von den geotechnischen Kenngrößen abhängen (siehe Gleichungen in Tabelle 2.5). Diese Abhängigkeit kann linear, nichtlinear oder aber auch nicht vorhanden sein (Ziegler et al., 2016).

2.3.1 Keine Abhängigkeit

Keine Abhängigkeit zwischen Einwirkungen und Baugrundwiderständen besteht z. B. bei der Bemessung von axialbelasteten Pfählen. Dabei werden der Spitzendruck und die Mantelreibung (Baugrundwiderstände) über Pfahlprobebelastungen, aus Feldversuchen oder mithilfe von Erfahrungswerten ermittelt. Die Einwirkungen, die auf dem Pfahlkopf wirken, werden nicht bei der Ermittlung der Baugrundwiderstände einbezogen. Die Gleichungen (2.14) und (2.15) zeigen, dass die Einwirkungen nur bei der Berechnung von E_d verwendet werden und der Widerstand R_d von ihnen unabhängig ist.

$$E_d = E\left(\gamma_G \cdot V_{G,k} + \gamma_Q \cdot V_{Q,k}\right) = \gamma_G \cdot E_{G,k} + \gamma_Q \cdot E_{Q,k} \tag{2.14}$$

$$R_d = \frac{R_{b,k}}{\gamma_b} + \frac{R_{s,k}}{\gamma_s} \tag{2.15}$$

mit:

$V_{G,k}$	charakteristische vertikale ständige Einwirkung
$V_{Q,k}$	charakteristische vertikale veränderliche Einwirkung
$E_{G,k}$	charakteristische ständige Beanspruchung
$E_{Q,k}$	charakteristische veränderliche Beanspruchung
E_d	Bemessungswert der Beanspruchung
$R_{b,k}$	charakteristischer Wert des Pfahlfußwiderstands
$R_{s,k}$	charakteristischer Wert der Mantelreibung
R_d	Bemessungswert des Widerstands
γ_G	Teilsicherheitsbeiwert für die ständige Einwirkung oder Beanspruchung
γ_Q	Teilsicherheitsbeiwert für die veränderliche Einwirkung oder Beanspruchung
γ_b	Teilsicherheitsbeiwert für den Pfahlfußwiderstand
γ_s	Teilsicherheitsbeiwert für den Mantelwiderstand

Vergleichsrechnungen in Schuppener et al. (2014) haben gezeigt, dass sich lediglich durch die Verwendung unterschiedlicher Teilsicherheitsbeiwerte unterschiedliche Zuverlässigkeits- bzw. Sicherheitsniveaus ergeben.

2.3.2 Lineare Abhängigkeit

Eine lineare Abhängigkeit zwischen Einwirkungen und Widerständen ist z. B. bei der Berechnung der Gesamtstandsicherheit von Böschungen vorhanden. Für einen homogenen nichtbindigen Boden ergeben sich z. B. in einer Lamelle nach dem Verfahren von Bishop (1955) die Beanspruchung als treibendes Moment $M_{E,d}$ nach Gl. (2.16) und der Widerstand als haltendes Moment $M_{R,d}$ nach Gl. (2.17) für die in Bild 2.4 dargestellte Situation. Das haltende Moment errechnet sich aus der Reibung in der Gleitfläche, die aus der Belastung (G und P_v) verursacht wird. Der berechnete Widerstand ist somit von den Einwirkungen abhängig.

$$M_{E,d} = \left(\gamma_G \cdot G_k + \gamma_Q \cdot P_{v,k}\right) \cdot r \cdot sin\,\vartheta \tag{2.16}$$

$$M_{R,d} = r \cdot \frac{\left(\gamma_G \cdot G_k + \gamma_Q \cdot P_{v,k}\right) \cdot \dfrac{tan\,\varphi_{rep}}{\gamma_\varphi}}{cos\,\vartheta + sin\,\vartheta \cdot \dfrac{tan\,\varphi_{rep}}{\gamma_\varphi}} \tag{2.17}$$

mit:

G_k	charakteristische ständige Einwirkung
$P_{v,k}$	charakteristische veränderliche Einwirkung
$M_{E,d}$	Bemessungswert der Beanspruchung bzw. des treibenden Moments
$M_{R,d}$	Bemessungswert des Widerstandes bzw. des haltenden Moments
φ_{rep}	repräsentativer Wert des Reibungswinkels[1]
ϑ	Neigungswinkel der Gleitlinie gegen die Horizontale
γ_G	Teilsicherheitsbeiwert für die ständige Einwirkung oder Beanspruchung
γ_Q	Teilsicherheitsbeiwert für die veränderliche Einwirkung oder Beanspruchung
γ_φ	Teilsicherheitsbeiwert für den Reibungswinkel

Der Einfluss der Faktorisierung der Parameter auf die Berechnung unter Berücksichtigung der Abhängigkeit zwischen Einwirkungen und Widerständen wird in Bild 2.4 dargestellt. Für diesen Zweck wird der Sensitivitätsgrad S_μ ermittelt, der die Veränderung des Ausnutzungsgrads μ_i durch die Faktorisierung eines Parameters im Vergleich zu einem Ausnutzungsgrad $\mu_{i,0}$ für eine Berechnung ohne Faktorisierung angibt. Für einen Fall ohne veränderliche Einwirkung $P_{v,k}$ entspricht eine Erhöhung der ständigen Einwirkung G_k mit Teilsicherheitsbeiwerten größer 1,0 derselben Erhöhung des Widerstands, sodass der Sensitivitätsgrad immer 1,0 ist (rote

[1] Neue Begriffsdefinition in der zukünftigen Fassung von EN 1997, prEN 1997-1 (derzeit als Entwurf). Näheres ist in Kapitel 5.2 erläutert. In der aktuellen DIN EN 1997-1 wird die Bezeichnung „charakteristische Werte“ verwendet.

durchgezogene Linie). Eine vermeintliche Sicherheit durch Verwendung von $\gamma_G > 1{,}0$ ist damit nur vorgetäuscht (Ziegler et al., 2016).

Bild 2.4 zeigt ebenfalls, dass eine Faktorisierung der veränderlichen Einwirkungen keinen nennenswerten Einfluss auf den Sensitivitätsgrad hat (grüne gestrichelte Linie). Hingegen ergibt sich die größte Veränderung des Ausnutzungsgrades durch die Faktorisierung des Reibungswinkels. Diese Veränderung entspricht betragsmäßig dem Wert des verwendeten Teilsicherheitsbeiwerts. Der Einfluss ist daher linear proportional (blaue gestrichelte Linie).

Wenn ein bindiger Boden mit Kohäsion betrachtet wird, wird der Zähler in Gl. (2.17) durch einen Term mit Kohäsion ergänzt. Der Einfluss der Faktorisierung für bindige Böden wird exemplarisch in Bild 2.5 für zwei Bodentypen und eine Böschung mit gleichzeitig wirkenden ständigen und veränderlichen Einwirkungen gezeigt.

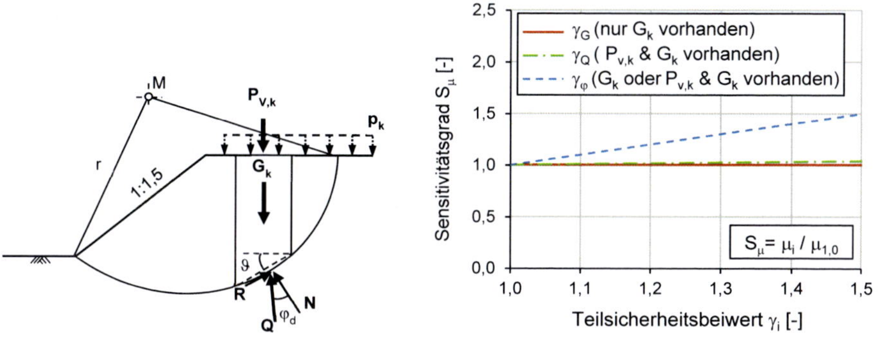

Bild 2.4: Einfluss der Faktorisierung auf die Berechnung der Gesamtstandsicherheit in Anlehnung an Ziegler et al. (2016)

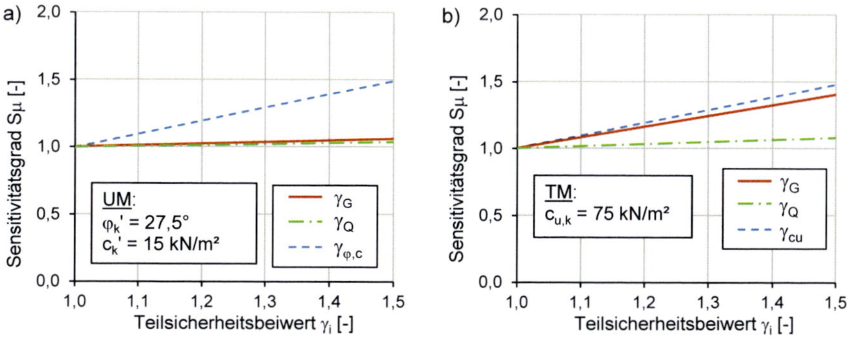

Bild 2.5: Einfluss der Faktorisierung auf die Berechnung der Gesamtstandsicherheit einer Böschung mit einer Neigung von 1:2 für a) einen mittelplastischen Schluff im dränierten Zustand und b) einen mittelplastischen festen Ton im undränierten Zustand

In Bild 2.5a) für einen mittelplastischen Schluff im dränierten Zustand mit großer Kohäsion ist der Einfluss der Faktorisierung der Einwirkungen (G und Pv) nicht signifikant, da die Erhöhung der Einwirkungen durch die Teilsicherheitsbeiwerte auch eine Erhöhung des Widerstands in fast gleichem Maß bewirkt. Die größte Auswirkung ist für die Faktorisierung der Scherparameter – wie in Bild 2.4 – festzustellen.

Bild 2.5b) zeigt den Fall für einen mittelplastischen festen Ton im undränierten Zustand, bei dem der Reibungswinkel auf der sicheren Seite gleich null angenommen wurde und lediglich die Kohäsion c_u für die Berechnung des haltenden Moments berücksichtigt wurde. Daher besteht keine Abhängigkeit zwischen dem Widerstand und den Einwirkungen. Dieser Fall ist eher ein anderes Beispiel für Kapitel 2.3.1. Vollständigkeitshalber wird es hier jedoch kurz erläutert.

Wegen der nicht vorhandenen Abhängigkeit zwischen Widerstand und Einwirkungen ruft jede Erhöhung der Teilsicherheitsbeiwerte eine Erhöhung des Sensitivitätsgrads hervor. In dieser Hinsicht entspricht die Auswirkung der Faktorisierung der Kohäsion c_u dem Betrag des Teilsicherheitsbeiwerts. Bei einer Erhöhung der ständigen Einwirkung mit $\gamma_G > 1{,}0$ ergibt sich betragsmäßig nahezu dieselbe Erhöhung des Sensitivitätsgrads. Eine Faktorisierung der veränderlichen Einwirkungen mit $\gamma_Q > 1{,}0$ hat hingegen nur eine geringe Auswirkung auf den Sensitivitätsgrad. Dies ist dadurch zu erklären, dass die veränderliche Einwirkung nur auf einen Teil des gesamten Bruchkörpers wirkt (siehe Bild 2.4).

2.3.3 Nichtlineare Abhängigkeit

Zu den Fällen mit nichtlinearer Abhängigkeit zählen z. B. die Grundbruchberechnungen. Hierbei ist die Abhängigkeit des Grundbruchwiderstands von den Einwirkungen nichtlinear, wenn die Last auf die Gründung geneigt wirkt und/oder eine Exzentrizität vorhanden ist. Die Einwirkungen werden im Modell des Grundbruchwiderstands benötigt, um die Lastneigungsbeiwerte sowie die Exzentrizität zur Berechnung der effektiven Abmessungen der Gründung zu ermitteln. Die Gleichungen (2.18) bis (2.21) zeigen für das in Bild 2.6 dargestellte Fundament, wie die Bemessungswerte der Einwirkungen (V_d und H_d), der Beanspruchung (E_d) und des Grundbruchwiderstands nach Anhang D des DIN EN 1997-1 (R_d) berechnet werden. Gl. (2.22) zeigt exemplarisch die Formel für den Lastneigungsbeiwert i_b, bei der die Nichtlinearität zwischen Einwirkungen und Grundbruchwiderstand eindeutig erkennbar ist.

$$V_d = \gamma_G \cdot \left(V_{G,k} + G_{F,k}\right) + \gamma_Q \cdot V_{Q,k} \tag{2.18}$$

$$H_d = \gamma_Q \cdot H_{Q,k} \tag{2.19}$$

$$E_d = V_d \tag{2.20}$$

$$R_d = \frac{a' \cdot b'}{\gamma_{R,v}} \cdot \left(0{,}5 \cdot \gamma \cdot b' \cdot N_\gamma \cdot s_\gamma \cdot i_\gamma \cdot b_\gamma + q \cdot N_q \cdot s_q \cdot i_q \cdot d_q \cdot b_q + c \cdot N_c \cdot s_c \cdot i_c \cdot b_c\right) \tag{2.21}$$

$$i_b = \left(1 - \frac{H_d}{V_d + a' \cdot b' \cdot c' \cdot \cot \varphi'_d}\right)^{m+1} \tag{2.22}$$

wobei

$$m = m_a \cdot (\cos \omega)^2 + m_b \cdot (\sin \omega)^2 \tag{2.23}$$

$$m_a = \frac{2 + \frac{a'}{b'}}{1 + \frac{a'}{b'}} \tag{2.24}$$

$$m_b = \frac{2 + \frac{b'}{a'}}{1 + \frac{b'}{a'}} \tag{2.25}$$

mit:

N_γ, N_q, N_c	Tragfähigkeitsbeiwerte
s_γ, s_q, s_c	Formbeiwerte
i_γ, i_q, i_c	Lastneigungsbeiwerte
b_γ, b_q, b_c	Sohlneigungsbeiwerte
a', b'	effektive Länge und Breite des Fundaments
c'	Kohäsion im dränierten Zustand
q	Auflast in Höhe der Fundamentsohle
γ	Wichte des Bodens
ω	Winkel zwischen der Fundamentseite a‘ und der parallel zur Sohlfläche gerichteten Komponente der Sohldruckresultierenden
$V_{G,k}$	charakteristische ständige vertikale Einwirkung auf die Gründung
$V_{Q,k}$	charakteristische veränderliche vertikale Einwirkung auf die Gründung
$G_{F,k}$	charakteristisches Eigengewicht des Fundaments
$H_{Q,k}$	charakteristische veränderliche horizontale Einwirkung
V_d	Bemessungswert der vertikalen Einwirkungen
H_d	Bemessungswert der horizontalen Einwirkungen
E_d	Bemessungswert der Beanspruchung
R_d	Bemessungswert des Grundbruchwiderstands
γ_G	Teilsicherheitsbeiwert für die ständige Einwirkung oder Beanspruchung
γ_Q	Teilsicherheitsbeiwert für die veränderliche Einwirkung oder Beanspruchung
$\gamma_{R,v}$	Teilsicherheitsbeiwert für den Grundbruchwiderstand

In Bild 2.6 wird ebenfalls der Einfluss der Faktorisierung über den Sensitivitätsgrad dargestellt. Die nichtlineare Abhängigkeit des Grundbruchwiderstands von den Einwirkungen spiegelt sich bei der Faktorisierung wider. Bei der in Bild 2.6 angegebenen Randbedingungen verringert die Faktorisierung der ständigen Einwirkungen die Lastneigung und die Exzentrizität und dadurch die Sicherheit bei der Bemessung. Die Faktorisierung der veränderlichen Einwirkungen erhöht hingegen den Sensitivitätsgrad überproportional. Die Faktorisierung der Scherparameter weist für dieses Beispiel die größte Auswirkung auf den Sensitivitätsgrad auf. Diese ist ebenfalls nichtlinear, wie aus dem Vergleich mit der geraden Linie in Bild 2.6 erkennbar ist (Ziegler et al., 2016). Nur die Faktorisierung des Grundbruchwiderstands bewirkt eine lineare Zunahme des Sensitivitätsgrads.

Des Weiteren gibt es Fälle, bei denen es eine gleichzeitige nichtlineare Abhängigkeit der Einwirkungen und der Widerstände von einem Parameter gibt. Bild 2.7 zeigt diesen Fall für die Berechnung der Einbindetiefe einer Baugrubenwand im Grenzzustand des Versagens bodengestützter Wände durch Drehung (früher Versagen des Erdwiderlagers), bei dem der aktive Erddruck auf der Einwirkungsseite und der passive Erddruck auf der Widerstandsseite anhand des Reibungswinkels berechnet werden.

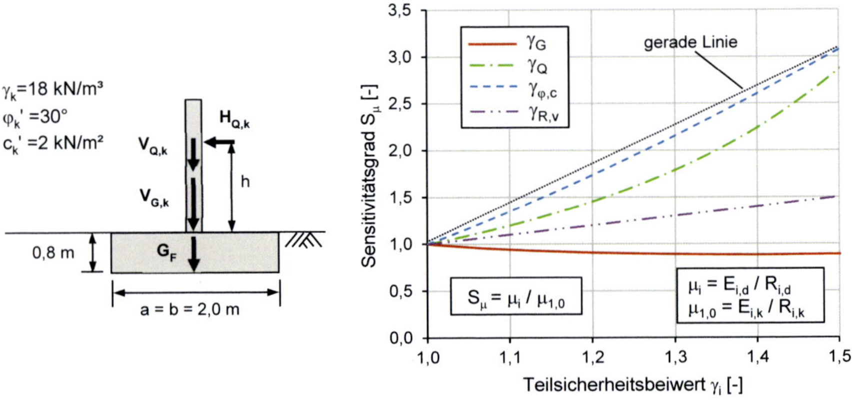

Bild 2.6: Einfluss der Faktorisierung auf die Berechnung des Grundbruchs in Anlehnung an Ziegler et al. (2016)

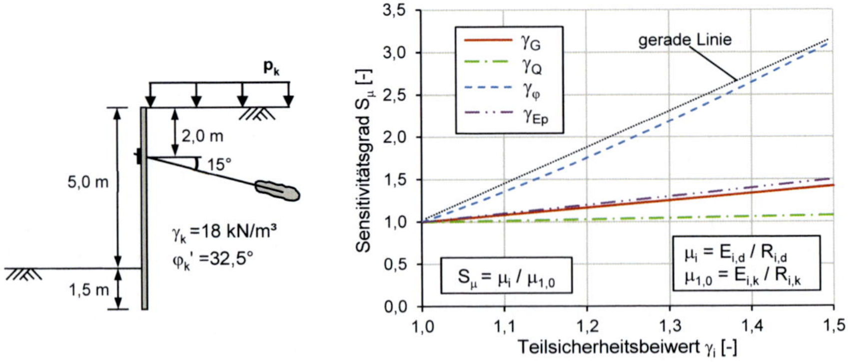

Bild 2.7: Einfluss der Faktorisierung auf die Berechnung der Einbindetiefe im Grenzzustand des Versagens bodengestützter Wände durch Drehung

Die nichtlineare Beziehung zwischen dem Erddruck und dem Reibungswinkel ist exemplarisch aus den Gleichungen (2.26) und (2.27) für die Erddruckbeiwerte K_{agh} und K_{pgh} der für den Fall $\alpha = \beta = \delta = 0$ erkennbar.

$$K_{agh} = tan^2\left(45° - \frac{\varphi}{2}\right) \quad (2.26) \qquad K_{pgh} = tan^2\left(45° + \frac{\varphi}{2}\right) \quad (2.27)$$

In Bild 2.7 wird dargestellt, dass eine Faktorisierung der Einwirkungen eine unterproportionale Erhöhung des Sensitivitätsgrads hervorruft. Wie für den Fall des Grundbruchs hat eine Faktorisierung des passiven Erddrucks (Erddruckwiderstands) eine lineare Auswirkung auf den Sensitivitätsgrad im gleichen Maße wie der Teilsicherheitsbeiwert. Die Faktorisierung der Scherfestigkeitsparameter – hier des Reibungswinkels – hat wieder den größten, nichtlinearen Einfluss auf den Sensitivitätsgrad.

Aufgrund der Nichtlinearität der geotechnischen Modelle und unter Berücksichtigung der Abhängigkeit zwischen Widerstand und Einwirkungen bzw. der Abhängigkeit der Widerstände und Einwirkungen vom selben Parameter ist es für eine gleichzeitig wirtschaftliche und sichere Bemessung zielführend, dass die Teilsicherheitsbeiwerte nur die Unsicherheiten abdecken, mit denen die Parameter behaftet sind.

2.4 Einflüsse auf die Bemessung

Die Forschungsergebnisse in diesem Kapitel wurden basierend auf DIN EN 1990, DIN EN 1997-1 und den damaligen nationalen Anhängen und Regelwerken durchgeführt. An einigen Stellen werden jedoch im Text Verweise auf die neuen Entwürfe prEN 1990 und prEN 1997-1, z. B. für die neuen Bezeichnungen gemacht.

Die Vergleichsrechnungen in Schuppener et al. (2014) haben gezeigt, dass neben der Art der Faktorisierung bei den Nachweisverfahren auch die national festgelegten Teilsicherheitsbeiwerte, die länderspezifischen Berechnungsmodelle und -ansätze sowie die Verfahren zur Festlegung der charakteristischen Werte der geotechnischen Kenngrößen[1] einen wesentlichen Einfluss auf die geotechnische Bemessung haben.

2.4.1 Nationale Teilsicherheitsbeiwerte

Jedes CEN-Mitgliedsland darf die Größe der Teilsicherheitsbeiwerte national festlegen. In Tabelle **2.7** werden exemplarisch die Teilsicherheitsbeiwerte von Dänemark (DK), Irland (IE) und Schweden (SE) für die Bemessung von Flächengründungen im Grenzzustand Gleiten zusammengefasst. Diese Länder verwenden für die Bemessung das Nachweisverfahren DA3 nach DIN EN 1997-1 (zukünftig Nachweisverfahren MFA in Verbindung mit DC1 und DC3 nach prEN 1997-1), bei den Einwirkungen und geotechnische Kenngrößen faktorisiert werden. Es ist

[1] In prEN 1997-1 wird der Begriff „repräsentative“ Werte der geotechnischen Kenngröße verwendet.

zu erkennen, dass Dänemark durch den Beiwert K_{FI} (zukünftig K_F-Faktor nach prEN 1997-1) und die Lastkombinationen (LK) und Schweden durch den Beiwert γ_d und die Gleichungen 6.10a) und 6.10b) nach DIN EN 1990 (Gleichungen 8.21a und 8.21b in prEN 1990) eine Differenzierung des Zuverlässigkeitsniveaus bei der Bemessung berücksichtigen. Die Gleichungen 6.10a) und b) nach DIN EN 1990 unterscheiden sich in der Verwendung des Kombinationsbeiwerts $\psi_{0,1}$ bei der Leiteinwirkung 6.10a) und des Beiwerts ξ (gleich 0,89 in Schweden) zur Reduzierung der ungünstigen ständigen Einwirkungen in 6.10b). Außerdem werden zwischen Einwirkungen aus dem Tragwerk (A1) und geotechnischen Einwirkungen (A2) unterschieden.

Der Einfluss der unterschiedlichen Teilsicherheitsbeiwerte wird in Bild 2.8 für ein quadratisches Fundament und eine Variation der Lastneigung dargestellt. Dabei wurde der Bemessung ein mittleres Sicherheits- bzw. Zuverlässigkeitsniveau mit K_{FI} = 1,0 bzw. γ_d = 0,91 zugrunde gelegt. Für Dänemark ergeben sich immer die größten erforderlichen Fundamentbreiten b_{erf} und für Schweden immer die kleinsten. Der größte Unterschied betrug maximal 43 %.

Tabelle 2.7: Teilsicherheitsbeiwerte für die Einwirkungen und geotechnische Kenngrößen nach DS/EN 1997-1 DK NA (2013) und VVFS (2009)

Land			**Einwirkungen**				**Geotechnische Kenngrößen**
			ständig		**veränderlich**		
			ungünstig	**günstig**	**ungünstig**	**günstig**	**Reibungswinkel**
DK	**LK1**	**A1**	$1{,}20 \cdot K_{FI}$	1,00	0,00	0,00	1,20
		A2	1,00	1,00	0,00	0,00	
	LK2	**A1**	$1{,}00 \cdot K_{FI}$	0,90	$1{,}50 \cdot K_{FI}$	0,00	
		A2	$1{,}00 \cdot K_{FI}$	1,00	$1{,}50 \cdot K_{FI}$	0,00	
	LK3	**A1**	1,20	1,00	0,00	0,00	
		A2	1,00	1,00	0,00	0,00	
	LK4	**A1**	1,00	0,90	1,50	0,00	
		A2	1,00	1,00	1,50	0,00	
IE	**A1**		1,35	1,00	1,50	0,00	1,25
	A2		1,00	1,00	1,30	0,00	
SE	**A1 / 6.10a)**		$\gamma_d \cdot 1{,}35$	1,00	$\gamma_d \cdot \psi_{0,1} \cdot 1{,}50$	0,00	1,30
	A1 / 6.10b)		$\gamma_d \cdot 0{,}89 \cdot 1{,}35$	1,00	$\gamma_d \cdot 1{,}50$	0,00	
	A2		$\gamma_d \cdot 1{,}00$	1,00	$\gamma_d \cdot 1{,}40$	0,00	

A1 für Einwirkungen aus dem Tragwerk und A2 für geotechnische Einwirkungen

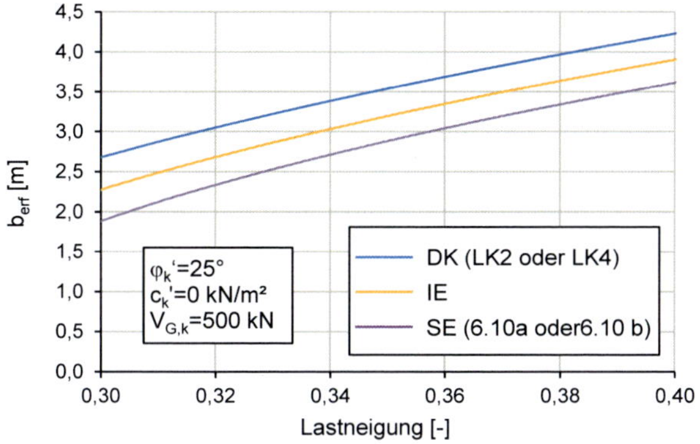

Bild 2.8: Erforderliche Fundamentbreite für den Grenzzustand Gleiten in Abhängigkeit der Lastneigung in Anlehnung an Schuppener et al. (2014)

2.4.2 Nationale Berechnungsmodelle und Berechnungsansätze

DIN EN 1997-1 (zukünftig in prEN 1997-3) regelt, mit welchem Modell der Gleitwiderstand zu berechnen ist. Zur Ermittlung von geotechnischen Einwirkungen und anderen Baugrundwiderständen werden lediglich in den informativen Anhängen von DIN EN 1997-1 (zukünftig in den Anhängen von prEN 1997-3) einige Verfahren vorgeschlagen, die keinen normativen Charakter besitzen. Die CEN-Mitgliedsländer dürfen daher die vorgeschlagenen Verfahren verwenden oder eigene Berechnungsmodelle festlegen. Dadurch ergeben sich zwangsläufig unterschiedliche Abmessungen und dementsprechend unterschiedliche Zuverlässigkeitsniveaus. Dies wird in Bild 2.9 für Grundbruchberechnungen eines quadratischen Fundaments mit unterschiedlichen Grundbruchformeln in Anlehnung an die Vergleichsrechnungen in Schuppener et al. (2015a) dargestellt.

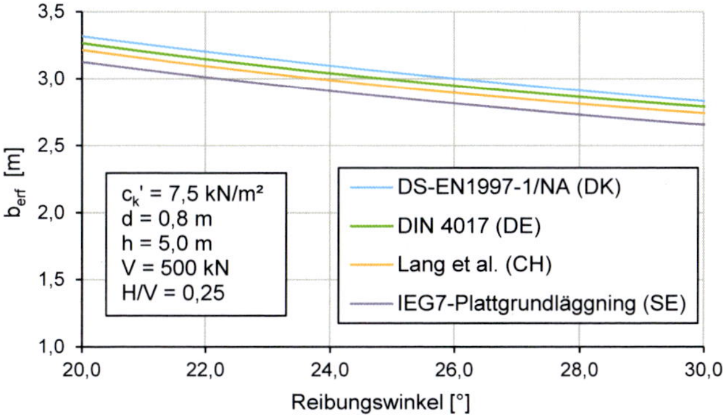

Bild 2.9: Erforderliche Fundamentbreite für den Grenzzustand Grundbruch in Abhängigkeit des Reibungswinkels für unterschiedliche Grundbruchformeln

Die Vergleichsrechnungen in Schuppener et al. (2015a) wurden auf charakteristischer Basis mit Grundbruchformeln aus nationalen Regelwerken oder Empfehlungen durchgeführt, um nur die Unterschiede infolge der verschiedenen Grundbruchformeln darzustellen. Für die ungünstigsten Randbedingungen betragen die Unterschiede über 20 % (Ziegler et al. 2016).

Des Weiteren haben nationale Berechnungsansätze – wie der Ansatz des Mindesterddrucks e_{min} – einen Einfluss auf die Bemessung. In dieser Hinsicht wurden in Schuppener et al. (2015b) Grundbruchberechnungen für eine Winkelstützwand mit den national festgelegten Grundbruchformeln und unterschiedlichen Mindesterddruckansätzen durchgeführt. Bild 2.10 zeigt einen Fall für eine Berechnung mit dem Mindesterddruckansatz nach DIN 4085 für Dänemark (DK) und Großbritannien (UK) sowie einen Fall für eine Berechnung mit den nationalen Ansätzen. Der Einfluss der nationalen Ansätze auf die Bemessung wächst mit zunehmender Kohäsion. Dabei sind die Ansätze aus DK bzw. UK im Vergleich zu DIN 4085 wirtschaftlicher bzw. konservativer.

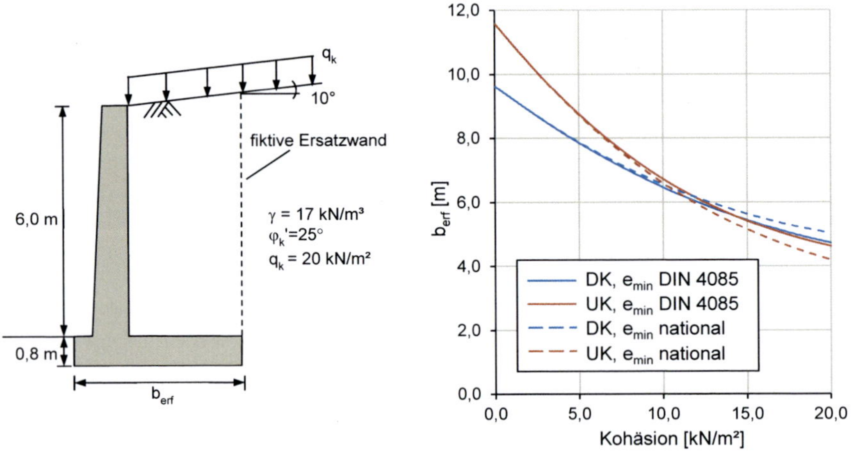

Bild 2.10: Einfluss des Mindesterdruckansatzes auf die Bemessung in Anlehnung an Schuppener et al. (2015b)

2.4.3 Festlegung charakteristischer Werte geotechnischer Kenngrößen

Da in DIN EN 1997-1 nur geregelt wird, welche Kriterien bei der Festlegung der charakteristischen Werte geotechnischer Kenngrößen[1] zu berücksichtigen sind, aber noch kein Verfahren oder keine Methode für ihre Bestimmung geregelt wird, kommt es in der Praxis vor, dass unterschiedliche charakteristische Werte einer geotechnischen Kenngröße für dieselbe Aufgabenstellung festgelegt werden (siehe Schuppener, 1999). Dies kann eine sehr starke Auswirkung auf das Zuverlässig-

[1] In prEN 1997-1 wird der Begriff repräsentative geotechnische Kenngröße verwendet.

keitsniveau haben, da wie in Kapitel 2.3 bereits erläutert wurde, die geotechnischen Kenngrößen den größten Einfluss auf die Bemessung haben.

Bild 2.11 zeigt exemplarisch diesen Einfluss für die Grundbruchberechnung eines quadratischen Fundamentes mit den Nachweisverfahren DA2* und DA3 (MFA nach prEN 1997-1) in Abhängigkeit eines mittleren Reibungswinkels. Dabei wurden für DA2* drei Fälle für den charakteristischen Wert untersucht, um die Unterschiede bei der Festlegung der charakteristischen Werte zu berücksichtigen. Der charakteristische Wert wird demnach als der mittlere Reibungswinkel (grüne Linie), als der mittlere Reibungswinkel minus ca. 2° (rote Linie) und als der mittlere Reibungswinkel minus ca. 4° (orange Linie) abgeschätzt. Wenn der charakteristische Wert in derselben Art und Weise für DA2* und DA3 festgelegt wird, ergeben sich große Unterschiede zwischen beiden Nachweisverfahren. Wird der charakteristische Wert bei DA2* konservativer festgelegt, rücken die Kurven für DA2* und DA3 hingegen zusammen.

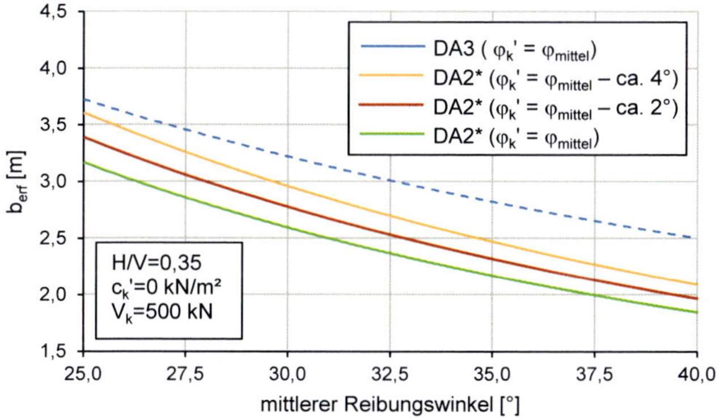

Bild 2.11: Einfluss der charakteristischen Werte des Reibungswinkels auf die Grundbruchbemessung in Anlehnung an Schuppener et al. (2014)

Ebenso wie die Nachweisverfahren, die national festgelegten Teilsicherheitsbeiwerte, die Berechnungsansätze und die Berechnungsmodelle hat die Festlegung der charakteristischen Werte einen signifikanten Einfluss auf die Bemessung.

Daher ist zum Zweck eines harmonisierten Zuverlässigkeitsniveaus in Europa ein einheitliches Verfahren für die Bestimmung der charakteristischen Werte geotechnischer Kenngrößen – der repräsentativen Werte geotechnischer Kenngrößen nach neuer Definition in prEN 1997-1 – notwendig. In dieser Hinsicht wird zukünftig in prEN 1997-1 die Möglichkeit angegeben, die repräsentativen Werte geotechnischer Kenngrößen nach einer statistischen Formel (Gl. 4.1 in prEN 1997-1) festzulegen. Diese Regelung ist nur eine Empfehlung, die keinen normativen Charakter besitzt und dadurch keine tatsächliche Harmonisierung erzielt.

3 Ein einheitliches Bemessungsverfahren und Untersuchungsmethodik

In den Kapiteln 2.3 und 2.4 wurde gezeigt, dass für ein harmonisiertes Zuverlässigkeitsniveau sowie für eine wirtschaftliche und sichere Bemessung ein einheitliches Bemessungsverfahren notwendig ist. Dieses soll auf einem einheitlichen Verfahren zur Ermittlung der repräsentativen Werte geotechnischer Kenngrößen und einem einheitlichen Nachweisverfahren basieren. Beim Nachweisverfahren soll jeder Parameter faktorisiert werden können, um dadurch zielgenau nur die Unsicherheit abzudecken, mit der der Parameter behaftet ist. Die Grundgleichungen in prEN 1990 beruhen auf diesem Konzept und werden für die weitere Empfehlung zugrunde gelegt.

3.1 Ermittlung repräsentativer Werte geotechnischer Kenngrößen

Das einheitliche Verfahren zur Ermittlung der repräsentativen Werte geotechnischer Kenngrößen soll ein Modell beinhalten, das Aspekte in EN 1997[1] wie die natürliche Streuung der gemessenen Kenngröße, den Umfang der Feld- und Laboruntersuchung, die Art und Anzahl der Bodenproben sowie die Ausdehnung des Baugrundbereichs, der für das Verhalten des geotechnischen Bauwerks im betrachteten Grenzzustand maßgebend ist, berücksichtigt. Diese Aspekte stellen Unsicherheiten dar, die bei der Parameterbestimmung entstehen und in Kapitel 4.2.4 näher erläutert werden.

Das Modell muss zudem nach EN 1997[1] in der Lage sein, die vorhandene Erfahrung sowie Vorkenntnisse wie z. B. geologische Hintergrundinformationen, Werte aus früheren Projekten und/oder örtliche Erfahrung mit dem Baugrund zu berücksichtigen.

Für diesen Zweck eignet sich ein auf statistischen Verfahren basierendes Modell, das die Unsicherheiten in Form von Variationskoeffizienten ($V=\sigma/\mu$, siehe Kapitel 4.2.4) abbildet und die vorhandene Erfahrung bzw. Vorkenntnisse durch den Satz von Bayes (siehe Kapitel 5.3.3) berücksichtigt.

[1] Sowohl in der aktuellen Fassung DIN EN 1997-1 als auch in der zukünftigen Fassung prEN 1997-1 (derzeit als Entwurf).

3.2 Ein einheitliches Nachweisverfahren mit Faktorisierung aller Parameter

Die Grundgleichungen in prEN 1990 berücksichtigen Teilsicherheitsbeiwerte für die Faktorisierung der Einwirkungen F, der Beanspruchungen E (Auswirkungen der Einwirkungen), der Materialeigenschaften X und der Widerstände R. Die Gleichungen (3.1) und (3.2) zeigen, dass zur Abdeckung der Unsicherheiten bei der Parameterbestimmung die Teilsicherheitsbeiwerte γ_f und γ_m vor der statischen Berechnung angewendet werden. Die damit berechneten Beanspruchungen und Widerstände werden anschließend mit den Teilsicherheitsbeiwerten γ_{Sd} und γ_{Rd} faktorisiert, um die Unsicherheit der Berechnungsmodelle abzudecken.

$$E_d = \gamma_{Sd} \cdot E\left\{\gamma_f \cdot F_{rep}\ ;\ a_d\ ;\ \eta \cdot \frac{X_k}{\gamma_m}\right\} = \gamma_{Sd} \cdot E\left\{\gamma_f \cdot F_{rep}\ ;\ a_d\ ;\ \frac{X_{rep}}{\gamma_m}\right\} \tag{3.1}$$

$$R_d = \frac{1}{\gamma_{Rd}} \cdot R\left\{\gamma_f \cdot F_{rep}\ ;\ \eta \cdot \frac{X_k}{\gamma_m}\ ;\ a_d\right\} = \frac{1}{\gamma_{Rd}} \cdot R\left\{\gamma_f \cdot F_{rep}\ ;\ \frac{X_{rep}}{\gamma_m}\ ;\ a_d\right\} \tag{3.2}$$

mit:

a_d	Bemessungswert der geometrischen Größen
E_d	Bemessungswert der Beanspruchung
R_d	Bemessungswert des Widerstands
F_{rep}	repräsentativer Wert der Einwirkung
X_k	charakteristischer Wert einer Materialeigenschaft
η	Umrechnungsbeiwert, um die Auswirkungen von Volumen- und Maßstabseffekten, Feuchtigkeits- und Temperaturauswirkungen sowie andere maßgebende Parameter im Mittel zu berücksichtigen
X_{rep}	repräsentativer Wert einer Materialeigenschaft
γ_f	Teilsicherheitsbeiwert für die Einwirkung, der die Möglichkeit ungünstiger Größenabweichungen der Einwirkung berücksichtigt
γ_m	Teilsicherheitsbeiwert für die Materialeigenschaft, der die Möglichkeit ungünstiger Abweichungen der Eigenschaft vom charakteristischen Wert sowie den zufälligen Teil von η berücksichtigt
γ_{Sd}	Teilsicherheitsbeiwert zur Berücksichtigung der Unsicherheiten im Berechnungsmodell der Beanspruchungen oder Einwirkungen
γ_{Rd}	Teilsicherheitsbeiwert zur Berücksichtigung der Unsicherheiten im Widerstandsmodell

prEN 1990 lässt jedoch die Vereinfachung zu, dass nur jeweils ein Teilsicherheitsbeiwert auf der Einwirkungsseite γ_F und auf der Widerstandsseite γ_M verwendet werden darf. Diese ergeben sich aus der Multiplikation der einzelnen Teilsicherheitsbeiwerte wie folgt:

$$\gamma_F = \gamma_{Sd} \cdot \gamma_f \tag{3.3}$$

$$\gamma_M = \gamma_{Rd} \cdot \gamma_m \tag{3.4}$$

Der Teilsicherheitsbeiwert γ_F darf entweder auf die Einwirkungen oder die Beanspruchungen und der Teilsicherheitsbeiwert γ_M entweder auf den Baustoff oder den Widerstand angewendet werden. Unter Berücksichtigung dieser Vereinfachung sind die Nachweisverfahren in prEN 1997 und die Bemessungsfälle (DC) in prEN 1990 entstanden (siehe Tabelle 2.5).

Werte für den Umrechnungsbeiwert η sind nach prEN 1990 in den jeweiligen Eurocodes festzulegen. In prEN 1997-1 wird keine Empfehlung für den Umrechnungsbeiwert angegeben. In der aktuellen DIN EN 1997-1 wird hingegen ein Wert von 1,0 für η empfohlen, da sich die charakteristischen Werte geotechnischer Kenngrößen definitionsgemäß auf die Baustellensituation beziehen.

Das neu vorgeschlagene Nachweisverfahren – basierend auf den Bezeichnungen in prEN 1997-1 im Rahmen dieser Arbeit als MRFA „*Material Resistance Factor Approach*" bezeichnet – verzichtet auf die Vereinfachung von EN 1990 und berücksichtigt die jeweiligen einzelnen Teilsicherheitsbeiwerte vor sowie nach der statischen Berechnung. Damit werden die tatsächlichen Unsicherheiten dort abgedeckt, wo sie vorhanden sind. Zudem wird die Verzerrung in der Bemessung aufgrund der Nichtlinearität einiger geotechnischen Modelle reduziert.

Eine Feinjustierung des Zuverlässigkeitsniveaus in Abhängigkeit der Schadensfolgeklassen bzw. der Bemessungssituationen wird durch die in prEN 1997-1 definierten K-Faktoren – K_F, K_M oder K_{tr} – berücksichtigt. Diese multiplizieren entweder γ_{Sd} oder γ_{Rd}. Nur für den Fall der Gesamtstandsicherheit darf K_M den Teilsicherheitsbeiwert γ_m multiplizieren. Wie in Kapitel 2.2.8 bereits erläutert darf nur einer der K-Faktoren verwendet werden.

Unter Berücksichtigung der Abhängigkeit zwischen Einwirkungen und Widerständen sowie zwischen den Beanspruchungen und den geotechnischen Kenngrößen ergeben sich im Allgemeinen folgende Gleichungen:

$$E_d = K_F \cdot \gamma_{Sd} \cdot E\left\{\gamma_f \cdot F_{rep}\,;\,\frac{X_{rep}}{K_M \cdot \gamma_m}\,;\,a_d\right\} \tag{3.5}$$

$$R_d = \frac{1}{(K_{tr}\ oder\ K_M) \cdot \gamma_{Rd}} \cdot R\left\{\gamma_f \cdot F_{rep}\,;\,\frac{X_{rep}}{K_M \cdot \gamma_m}^{a}\,;\,a_d\right\} \tag{3.6}$$

[a] Der K_M-Faktor darf nur γ_m beim Nachweis der Gesamtstandsicherheit multiplizieren.

Im Prinzip können formal die Nachweisverfahren von Tabelle 2.5 in den Gleichungen (3.5) und (3.6) wiedergefunden werden, indem die entsprechenden Teilsicherheitsbeiwerte sowie die K-Faktoren mit 1,0 eingesetzt werden (in Anlehnung an Ziegler et al., 2016). Durch die Verwendung des MRFA werden die sieben unterschiedlichen Kombinationen für die Faktorisierung formal dadurch harmonisiert, dass nur eine Kombination bzw. ein Nachweisverfahren für die geotechnische Bemessung notwendig ist.

3.3 Unsicherheiten und ihre Abdeckung durch die Teilsicherheitsbeiwerte

In Kapitel 4 werden alle Unsicherheiten beschrieben, die in der geotechnischen Bemessung vorhanden sind. Hauptsächlich sollen die Unsicherheiten bei der Parameterfestlegung – wie die natürliche Streuung des Parameters, die statistische Unsicherheit u. a. – im charakteristischen bzw. repräsentativen Wert der Einwirkung oder der geotechnischen Kenngröße berücksichtigt werden (siehe Kapitel 5). Jedoch kann es ungünstige Abweichungen vom festgelegten zum tatsächlichen charakteristischen bzw. repräsentativen Wert geben, die durch einen Teilsicherheitsbeiwert abgedeckt werden müssen. In Tabelle 3.1 wird zusammengefasst, welche Unsicherheiten im charakteristischen bzw. repräsentativen Wert bereits berücksichtigt sind und welche durch die Teilsicherheitsbeiwerte noch abzudecken sind.

Tabelle 3.1: Durch die charakteristischen bzw. repräsentativen Werte sowie die Teilsicherheitsbeiwerte zu berücksichtigenden Unsicherheiten

		Unsicherheiten
Charakteristischer Wert der Einwirkung	F_k	• Natürliche Streuung der Einwirkung • Ungenauigkeit der Modellierung
Repräsentativer Wert der geotechnischen Kenngröße	X_{rep}	• natürliche Variabilität der geotechnischen Kenngröße • Statistische Unsicherheit • Messfehler • Transformations- oder Korrelationsfehler • Einflüsse von Alterung, Temperatur, Feuchtigkeit, u. a.
Teilsicherheitsbeiwert für die Einwirkung	γ_f	• ungünstige Abweichung der Einwirkung vom charakteristischen bzw. repräsentativen Wert • mögliche menschliche Fehler bei der Bestimmung der charakteristischen bzw. repräsentativen Einwirkungen
Teilsicherheitsbeiwert für die geotechnische Kenngröße	γ_m	• Grundunsicherheit • ungünstige Abweichung der Kenngröße vom repräsentativen Wert • mögliche menschliche Fehler bei der Bestimmung der repräsentativen geotechnischen Kenngrößen
Teilsicherheitsbeiwert für das Beanspruchungsmodell	γ_{Sd}	• Unsicherheit des Berechnungsmodells • mögliche menschliche Fehler bei der Berechnung der Beanspruchungen
Teilsicherheitsbeiwert für das Baugrundwiderstandsmodell	γ_{Rd}	• Unsicherheit des Berechnungsmodells • mögliche menschliche Fehler bei der Berechnung der Baugrundwiderstände

Da menschliche Fehler in der Bemessung und Ausführung auftreten können, werden sie implizit in jedem Teilsicherheitsbeiwert berücksichtigt. Es muss jedoch angemerkt werden, dass es sich dabei um kleine menschliche Fehler handelt. Grobe menschliche Fehler sind durch entsprechende Maßnahmen zu vermeiden (siehe Kapitel 4.4).

Die Unsicherheit im repräsentativen Wert der geotechnischen Kenngrößen kann durch einen größeren Umfang der Baugrunduntersuchung, mehr Hintergrundinformationen aus früheren Projekten, entsprechend viel Erfahrung u. a. verringert werden. Jedoch ist immer eine „Grundunsicherheit“ aufgrund der Tatsache vorhanden, dass der Baugrund nur stichprobenartig erkundet wird und daher eine vollständige Kenntnis des tatsächlichen Baugrundverhaltens nicht möglich ist (Ziegler et al., 2016). Diese sowie mögliche ungünstige Abweichungen der festgelegten repräsentativen Werte der geotechnischen Kenngrößen von den tatsächlichen Werten werden durch den Teilsicherheitsbeiwert γ_m abgedeckt. Analog dazu werden mögliche ungünstige Abweichungen der berechneten charakteristischen bzw. repräsentativen Werte der Einwirkungen von den tatsächlichen Werten durch den Teilsicherheitsbeiwert γ_f berücksichtigt.

Nach EN 1990 können ungünstige geometrische Abweichungen durch die Teilsicherheitsbeiwerte γ_{Sd} und γ_{Rd} abgedeckt oder explizit durch Bemessungswerte der geometrischen Größen berücksichtigt werden. In prEN 1997-3 werden explizit für einige geotechnischen Bauwerke geometrische Vorgaben normativ geregelt, um mögliche ungünstige Abweichungen der Geometrie zu berücksichtigen. Im Rahmen des Nachweisverfahrens MRFA sind – wie in den Gleichungen (3.5) und (3.6) ersichtlich ist – Bemessungswerte der geometrischen Größen zu verwenden. Die Teilsicherheitsbeiwerte γ_{Sd} und γ_{Rd} decken daher lediglich die Unsicherheit der Berechnungsmodelle ab.

Die Festlegung der Teilsicherheitsbeiwerte γ_f, γ_m, γ_{Sd} und γ_{Rd} hängt neben den Unsicherheiten in Tabelle 3.1 auch vom geotechnischen Grenzzustand (Gesamtstandsicherheit, Gleiten, Grundbruch, usw.), dem Typ des geotechnischen Bauwerks, dem Einfluss der Faktorisierung des Parameters auf die Bemessung (siehe Kapitel 2.3) sowie vom geforderten Zuverlässigkeitsniveaus ab. In dieser Hinsicht können z. B. auf der Widerstandsseite für unterschiedliche geotechnische Grenzzustände und Bauwerke verschiedene Werte für γ_m und γ_{Rd} erforderlich sein. Zum einen hat die Faktorisierung der geotechnischen Kenngrößen einen maßgebenden Einfluss auf die Gesamtstandsicherheit von Böschungen (siehe Kapitel 2.3.2), sodass es in diesem Fall zielführend ist, γ_{Rd} gleich 1,0 und γ_m größer 1,0 (z. B. 1,25) einzusetzen. Zum anderen ist für die Bemessung axialbelasteter Pfähle nur der Teilsicherheitsbeiwert γ_{Rd} erforderlich und dieser sollte größer 1,0 (z. B. 1,40) sein. Für andere geotechnische Grenzzustände und Bauwerke haben gleichzeitig γ_m und γ_{Rd} so einen maßgebenden Einfluss auf die Bemessung (siehe Kapitel 2.3.3), dass für γ_m und γ_{Rd} Werte größer 1,0 festgelegt werden sollten (Ziegler & Tafur, 2017). Bild 3.1 zeigt schematisch das Konzept für die Festlegung der Teilsicherheitsbeiwerte γ_m und γ_{Rd}.

Darüber hinaus herrscht in Europa ein breiter Konsens darüber, dass für die Gesamtstandsicherheit – mit einer linearen Abhängigkeit zwischen Einwirkungen und Widerständen – nur die geotechnischen Kenngrößen mit γ_m und für axialbelastete Pfähle – mit keiner Abhängigkeit zwischen Einwirkungen und Widerständen – nur die Baugrundwiderstände mit γ_{Rd} faktorisiert werden müssen. Die Diskrepanz zwischen den CEN-Mitgliedsländern liegt für beide Fälle in der Höhe der Teilsicherheitsbeiwerte.

Im Rahmen dieser Arbeit werden für das Nachweisverfahren MRFA Teilsicherheitsbeiwerte für geotechnische Grenzzustände mit einer hauptsächlich nichtlinearen Abhängigkeit zwischen Einwirkungen und Widerständen festgelegt, bei denen γ_m und γ_{Rd} maßgebend für die Bemessung sind. Die vorliegende Arbeit wird sich auf die optimale Kombination von γ_m und γ_{Rd} sowie von γ_f und γ_{Sd} für solche Fälle konzentrieren.

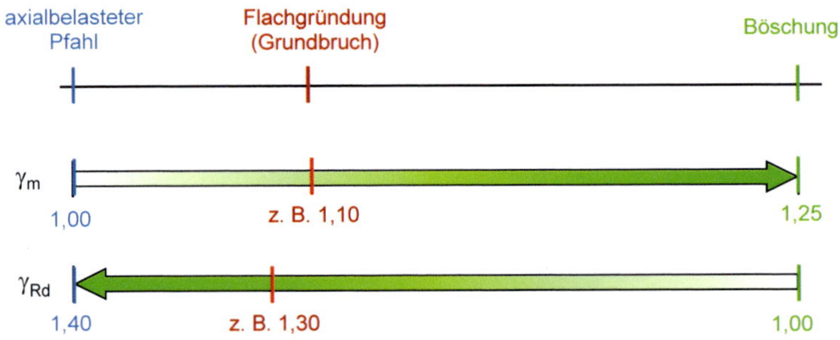

Bild 3.1: Schematisches Konzept für die Festlegung der Teilsicherheitsbeiwerte γ_m und γ_{Rd} für unterschiedliche geotechnischen Bauwerke: axialbelastete Pfähle, Flachgründungen und Böschungen, in Anlehnung an Ziegler & Tafur (2017)

3.4 Untersuchungsmethodik

Um ein einheitliches Bemessungsverfahren mit einem einheitlichen Modell zur Bestimmung repräsentativer Werte geotechnischer Kenngrößen und einem einheitlichen Nachweisverfahren mit der optimalen Höhe der Teilsicherheitsbeiwerte γ_m, γ_{Rd}, γ_f und γ_{Sd} herauszufinden, werden Zuverlässigkeitsberechnungen durchgeführt. Hierfür wird in einer ersten Phase ein statistisches Modell ausgearbeitet, das die Unsicherheiten bei der Parameterbestimmung berücksichtigt und die Anforderungen aus EN 1997 erfüllt. Speziell wird das Augenmerk auf die Ausdehnung des Baugrundbereichs im betrachteten geotechnischen Grenzzustand sowie die Berücksichtigung von Vorkenntnissen und der Anzahl der Bodenproben auf die Genauigkeit und die Sicherheit des Modells gerichtet.

In Bild 3.2 wird der Ablauf für die Ausarbeitung eines einheitlichen Modells zur Bestimmung repräsentativer Werte geotechnischer Kenngrößen dargestellt. Angefangen bei einem allgemeinen statistischen Modell, das auf den theoretischen Grundlagen über die stochastische Modellierung von Unsicherheiten in Kapitel 4 und den statistischen Modellen zur Bestimmung repräsentativer Werte geotechnischer Kenngrößen in Kapitel 5 basiert, werden unterschiedliche Modelle untersucht. Die Unterschiede in den Modellen hängen u. a. von Aspekten wie der

Berücksichtigung von Vorkenntnissen oder der Vorgehensweise bei der Berücksichtigung der Unsicherheiten ab.

Anschließend werden Vergleichsrechnungen durchgeführt, die aus Monte-Carlo-Simulationen mit einer Auswahl zufälliger Werte für die betrachtete geotechnische Kenngröße und Parametervariationen wie die Art, die Größe oder die Streuung der betrachteten geotechnischen Kenngröße u. a. bestehen. Die Ergebnisse der Vergleichsrechnungen werden nach definierten Kriterien wie Genauigkeit, Sicherheitsniveau, Einfluss der Anzahl der Bodenproben u. a. ausgewertet. Darauf basierend wird das geeignetste Modell als Empfehlung ausgewählt.

Die ausführliche Erläuterung der Ausarbeitung der Modelle sowie der Durchführung und Auswertung der Vergleichsrechnungen (z. B. die Anzahl der Monte-Carlo-Simulationen, die Definition der Vergleichsgrößen für die Auswertungskriterien, etc.) wird in Kapitel 6 vorgenommen.

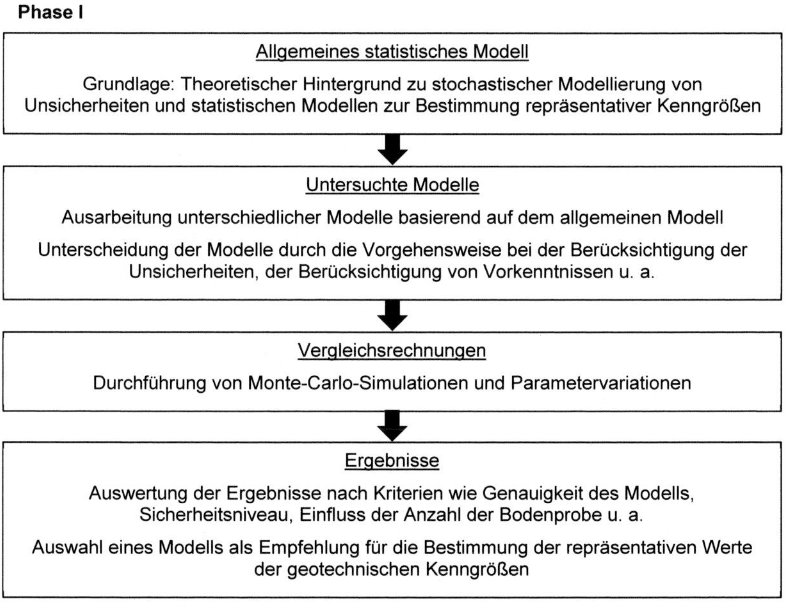

Bild 3.2: Ablauf von Phase I für die Ausarbeitung eines einheitlichen Modells zur Bestimmung repräsentativer Werte geotechnischer Kenngrößen

In einer zweiten Phase werden Zuverlässigkeitsberechnungen durchgeführt, um die optimale Kombination der Teilsicherheitsbeiwerte für das Nachweisverfahren MRFA zu ermitteln, dessen Ablauf in Bild 3.3 gezeigt wird. Hierfür werden Teilsicherheitsbeiwerte für die Einwirkungen aus dem Tragwerk aus der Literatur und Spannbreiten für die Teilsicherheitsbeiwerte der geotechnischen Einwirkungen, der geotechnischen Kenngrößen und der Baugrundwiderständen ermittelt. Diesen Spannbreiten liegen die Modellunsicherheit geotechnischer Berechnungsmodelle (siehe Kapitel 7) und die Untersuchungen aus Kapitel 6 zugrunde.

Phase II

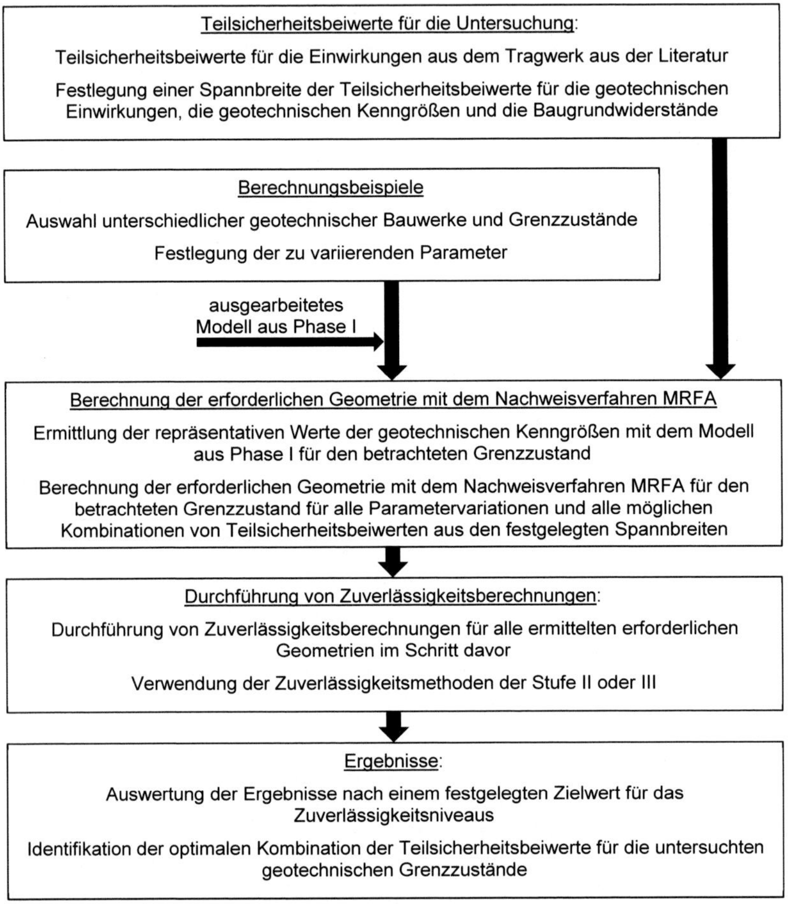

Bild 3.3: Ablauf von Phase II für die Bestimmung der optimalen Kombination der Teilsicherheitsbeiwerte für das einheitliche Nachweisverfahren MRFA

Anschließend werden Berechnungsbeispiele festgelegt, bei denen zum Zweck, allgemeingültige Teilsicherheitsbeiwerte zu finden, typische geotechnische Bauwerke und Grenzzustände sowie Randbedingungen ausgewählt werden. Zudem werden Parameter wie die Streuung der geotechnischen Kenngrößen, die Höhe der Belastung, geometrische Größen u. a. variiert.

Für die ausgewählten Berechnungsbeispiele werden zunächst die erforderliche Geometrie des geotechnischen Bauwerks für den betrachteten Grenzzustand mithilfe des Nachweisverfahrens MRFA berechnet. Dabei werden die Berechnungen mit sämtlichen Kombinationen der Teilsicherheitsbeiwerte aus den festgelegten Spannbreiten und alle Parametervariationen durchgeführt.

Die Zuverlässigkeitsberechnungen werden für alle zuvor ermittelten Geometrien für den entsprechenden Grenzzustand und die unterschiedlichen Parametervariationen durchgeführt. Hierbei werden die Methoden mit probabilistischer Näherung (Stufe II) oder die vollständig probabilistische Methode (Stufe III) verwendet. Diese Zuverlässigkeitsmethoden werden näher in Kapitel 8 erläutert.

Die Ergebnisse der Zuverlässigkeitsberechnungen werden anhand eines festgelegten Zielwerts für das Zuverlässigkeitsniveau ausgewertet. Eine Kombination von Teilsicherheitsbeiwerten, mit denen der Zielwert gerade erreicht wird, wird als optimale Kombination identifiziert. Aufgrund der unterschiedlichen Randbedingungen und Parametervariationen ergeben sich viele optimale Kombinationen. Aus diesen Kombinationen wird anschließend auf der sicheren Seite die Kombination mit den höchsten Teilsicherheitsbeiwerten ausgewählt.

In Kapitel 8 wird die Durchführung und Auswertung der Zuverlässigkeitsberechnungen sowie die Identifikation der optimalen Kombinationen der Teilsicherheitsbeiwerte näher erläutert.

Da in prEN 1990 bisher nicht das geforderte Zuverlässigkeitsniveau der Eurocodes definiert ist, basieren die Berechnungen dieser Forschungsarbeit auf den Festlegungen in DIN EN 1990. Darin wird für die Bemessung mit den Eurocodes mindestens ein Zuverlässigkeitsniveau für die Schadensfolgeklasse CC2 gefordert. Die Zuverlässigkeitsberechnungen werden sich daher auf die Schadensfolgeklasse CC2 konzentrieren, sodass der K_F-Faktor sowie der K_M-Faktor gleich 1,0 angesetzt wird. Darüber hinaus werden lediglich geotechnische Bauwerke für die ständige Bemessungssituation BS-P untersucht, sodass kein K_{tr}-Faktor berücksichtigt werden muss.

Die Untersuchung bzw. Ermittlung der K-Faktoren bleibt im Rahmen dieser Forschungsarbeit unbehandelt. Für die Auswirkung einer Differenzierung der Zuverlässigkeit mithilfe von Faktoren in den Berechnungen besteht noch weiterer Forschungsbedarf.

4 Unsicherheiten in der Geotechnik

4.1 Ursachen und Arten von Unsicherheiten in der Geotechnik

Unsicherheiten haben grundsätzlich zwei Ursachen: die „Zufälligkeit" oder die „Unkenntnis" (fehlende Kenntnis). Die Zufälligkeit wird als eine Eigenschaft der Natur definiert, die unabhängig vom Wissen des Individuums über sie ist (Baecher & Christian, 2003). Die Eigenschaften sind also völlig unvorhersehbar. Nach Witt (2003) lässt sich die Zufälligkeit der Natur mit statistischen Methoden gut beschreiben, wobei sie meistens durch Frequenzen oder relative Häufigkeiten dargestellt wird. Die Zufälligkeit ist auch als „aleatorische" Unsicherheit bekannt. Andere gängige Bezeichnungen sind z. B. inhärente, intrinsische oder spezifische Unsicherheit. Ein geotechnisches Beispiel für die aleatorische Unsicherheit ist die Variabilität der Bodenfestigkeit an zwei unterschiedlichen Stellen derselben Bodenschicht (Huber, 2013).

Im Gegensatz zur Zufälligkeit lässt sich der Begriff „Unkenntnis" als ein Mangel an Wissen erklären. Unsicherheiten, die darauf zurückzuführen sind, werden „epistemische" Unsicherheiten genannt (Baecher & Christian, 2003). Zu den epistemischen Unsicherheiten zählen z. B. die Baugrundbeschaffenheit an einer unbeprobten Stelle (Witt, 2003) oder die Ungenauigkeit eines Berechnungsmodells bei der Abbildung der Realität.

Beide Ursachen der Unsicherheit, die der Zufälligkeit und die der Unkenntnis, lassen sich nach Baecher & Christian (2003) im Konzept des Probabilismus verbinden. Der Probabilismus postuliert, dass die Ereignisse auf der Welt in der Tat unvorhersehbar sind, da hauptsächlich unser Wissen unzureichend ist. Der Grund dafür liegt an dem Mangel an Wissen über den Anfangszustand, die Vorbedingungen und die Genauigkeit der Naturgesetze. Die Ereignisse können daher nur als zufällig beschrieben werden, da es immer eine Ungewissheit gibt, die die Ereignisse in der Welt zufällig macht.

Einige Autoren wie Vanmarcke (1977a), Ditlevsen (1983), Baecher (1983, 1986), Favre (1998) und Nadim (2015) haben sich mit der Identifizierung der Quellen von Unsicherheiten und deren Klassifizierung auseinandergesetzt. Neben einer Klassifizierung in aleatorischen und epistemischen Unsicherheiten können die Unsicherheiten in der Geotechnik in fünf Hauptgruppen eingestuft werden:

- Natürliche Variabilität,
- Mangel an Wissen,
- betriebsbedingte Unsicherheiten,
- Unsicherheiten beim Entscheidungsmodell und
- der menschliche Faktor.

Unter natürliche Variabilität wird die inhärente Zufälligkeit der Natureigenschaften verstanden, die räumlich und/oder zeitlich sein kann. Beispiele dafür sind die Variabilität der Baugrundfestigkeit innerhalb derselben homogenen Schicht oder die natürliche Streuung der Windstärke. Die natürliche Variabilität wird auch als physikalische Unsicherheit genannt und zählt zu den aleatorischen Unsicherheiten. Sie lässt sich durch mathematische Modelle approximieren, kann jedoch nicht durch eine höhere Anzahl an Daten oder durch eine Verbesserung der Modelle reduziert werden (DNV-RP-C207; Favre, 1998; Baecher & Christian, 2003; Nadim, 2015).

Der Mangel an Wissen ist auf fehlendes oder unvollständiges Wissen über Daten, Informationen, Prozesse oder Naturgesetze zurückzuführen, was unsere Fähigkeit zur Abbildung der realen Welt einschränkt. Zu dieser Art der Unsicherheit gehören z. B. der Messfehler, die ungeeignete Repräsentativität der Probendaten infolge zeitlicher und räumlicher Einschränkungen, die statistische Unsicherheit infolge einer beschränkten Anzahl an Daten, Ungenauigkeiten des Berechnungsmodells, usw. Diese Art der Unsicherheiten kann durch eine Erhöhung der Daten, die Verwendung genauerer Messverfahren, eine Optimierung der Berechnungsmodelle, u. a. reduziert werden (DNV-RP-C207, Vanmarcke, 1977a; Ditlevsen, 1983; Baecher & Christian, 2003; Nadim, 2015).

Des Weiteren sind nach Baecher & Christian (2003) bei Risiko- und Zuverlässigkeitsanalysen geotechnischer Projekte zusätzlich betriebsbedingte Unsicherheiten und Unsicherheiten beim Entscheidungsmodell zu berücksichtigen, die im Planungsprozess oft keine Berücksichtigung finden. Die betriebsbedingten Unsicherheiten entstehen bei der Umsetzung und dem Betrieb des geplanten Bauwerks. Zu diesen zählen z. B. Unsicherheiten infolge von Verschleiß, mangelhafter Wartung und Konstruktionsfehlern, die nicht im Ingenieurmodell betrachtet werden (Baecher & Christian, 2003). Diese Unsicherheiten können teilweise durch geeignete Kontrollmaßnahmen und Überwachung reduziert werden. Unsicherheiten beim Entscheidungsmodell treten hingegen beim Managementprozess auf. Diese basieren auf dem fehlerhaften Wissen bzw. der Unkenntnis von zeitlichen und wirtschaftlichen Präferenzen, sozialen Zielen oder dem von der Gesellschaft akzeptierten Risiko (Baecher & Christian, 2003).

Die letzte Hauptgruppe der Unsicherheit wird im Rahmen dieser Arbeit als menschlicher Faktor bezeichnet. Der Mensch wird durch sein Handeln selbst als Quelle der Unsicherheit betrachtet, da er im Prinzip Fehler begehen kann. Eine Reduzierung der Auswirkungen der menschlichen Fehler kann z. B. durch ein geeignetes Kontrollsystem erreicht werden.

Die natürliche Variabilität und der Mangel an Wissen lassen sich modellieren und quantifizieren und stellen die wichtigsten Quellen der Unsicherheit in der geotechnischen Bemessung dar. Diese werden daher detailliert bei der Parameterfestlegung und bei der Berechnung der Einwirkungen, Beanspruchungen und Widerstände erläutert. Der menschliche Faktor kann nur teilweise modelliert werden und wird in diesem Kapitel separat behandelt.

4.2 Unsicherheiten bei der Parameterfestlegung

4.2.1 Gründungslasten

Gründungslasten ergeben sich als Schnittgrößen aus der statischen Berechnung des aufliegenden Tragwerks in Höhe der Oberkante der Gründungskonstruktion. Sie lassen sich in Abhängigkeit der zeitlichen Größenänderung während der Nutzungsdauer des Tragwerks in ständige und veränderliche Einwirkungen unterscheiden und sind mit den Unsicherheiten sowohl aus der Modellierung und Festlegung der Einwirkungen auf das Tragwerk (Tragwerklasten) als auch aus dem Berechnungsmodell der Schnittgrößen behaftet.

Im Rahmen des vorliegenden Kapitels werden lediglich die Unsicherheiten aus der Modellierung und Festlegung der Einwirkungen auf das Tragwerk erläutert. Diese resultieren aus der natürlichen Variabilität und der Modellungenauigkeit der Einwirkung.

Die Einwirkungen können entweder direkt am Tragwerk gemessen oder anhand eines Modells berechnet werden. Sie streuen räumlich sowie zeitlich, wobei sich ihre Streuung entweder direkt aus den Messungen bzw. Beobachtungen oder infolge der Streuung der Eingabeparameter für das Modell ergibt.

Ständige Einwirkungen wirken während der gesamten Nutzungsdauer des Tragwerks. Deren zeitliche Größenänderung ist vernachlässigbar. Die wichtigste ständige Einwirkung ist das Eigengewicht, das sich aus dem Volumen des Bauteils und der Wichte des Materials ermitteln lässt. Die Streuung des Eigengewichts setzt sich dann aus den geometrischen Abweichungen des Bauteils und der Streuung der Materialwichte zusammen. Die durchschnittlichen Abweichungen. von Bauteilquerschnitten liegen in einer Größenordnung von 1 % bis 5 % (JCSS-PMC-II).

Der Variationskoeffizient[1] für die Wichte unterschiedlicher Materialien ist in Tabelle 4.1 dargestellt. Es ist leicht zu erkennen, dass die Wichte künstlich hergestellter Materialien (z. B. Stahl) geringer streut als die Wichte von den in der Natur vorkommenden Materialien (z. B. Holz).

Tabelle 4.1: Variationskoeffizienten für unterschiedliche Materialien nach JCSS-PMC-II

Material	Variationskoeffizient [%]
Stahl	< 1
Beton	3 – 10
Mauerwerk	ca. 5
Holz	10

Veränderliche Einwirkungen sind durch ihre nicht vernachlässigbare zeitliche Größenänderung gekennzeichnet. Sie streuen daher stärker als die ständigen Einwirkungen. Übliche veränderliche

[1] Über den Variationskoeffizienten lässt sich die Streuung darstellen. Hierbei deuten große Koeffizienten eine hohe Streuung der Einwirkungen an.

Einwirkungen auf Gebäuden für eine gewöhnliche Nutzung (Wohnräumen, Büros, Verkaufsräumen, etc.) sind Windlasten, Schneelasten und Nutzlasten. Für spezielle Tragwerke sind dazu andere Lastarten zu berücksichtigen, z. B. Verkehrslasten in Parkhäusern und Brücken oder Kranlasten in Produktionshallen. In Tabelle 4.2 ist eine Zusammenstellung der Variationskoeffizienten für übliche veränderliche Einwirkungen dargestellt.

Tabelle 4.2: Variationskoeffizienten für unterschiedliche veränderliche Einwirkungen

Einwirkungsart	Variationskoeffizient [%]	Literaturquelle
Nutzlasten	20 – 40[a]	Voigt (2014)
Schnee	20 / 45 - 80[b]	Schnell et al. (2008)
Wind (Staudruck)	15 / 60[c]	Schnell et al. (2008)
Verkehrslasten auf Brücken	12,7 – 16,8[d]	Žnidarič & Žnidarič (1994)

[a] Die Spannbreite ergibt sich aus dem minimalen und maximalen Wert der Zusammenstellung in Voigt (2014) für nutzungsunabhängige Nutzasten

[b] Für Spitzenwerte / im Allgemeinen

[c] Für Extremwerte / für Momentanwerte

[d] Verkehrslasten auf Brücken für einen Bezugszeitraum von 50 Jahren

Die veränderlichen Einwirkungen können durch Messungen sowie Versuchsergebnisse oder durch ein Modell ermittelt werden, dessen Typ und Anzahl der Modellparameter von der Einwirkungsart abhängen. Z. B. hängen die Nutzlasten in Gebäuden von der Variation der Nutzlast innerhalb der Bezugsfläche, die Schneelasten von der Oberflächenrauigkeit des Daches oder die Windlasten von dem Basisgeschwindigkeitsdruck ab. Die Streuung aus Messungen oder Versuchsergebnissen enthält lediglich die natürliche Variabilität der Einwirkung und mögliche Messfehler. Wenn die Einwirkung mit einem Berechnungsmodell ermittelt wird, enthält die resultierende Streuung der Einwirkung neben der natürlichen Variabilität auch mögliche Modellungenauigkeiten.

Durch den Variationskoeffizienten lässt sich die Streuung gut beschreiben. Für eine genauere Modellierung der Einwirkungen und deren Streuung ist neben den stochastischen Parametern – wie dem Mittelwert und der Standardabweichung – auch die Auswahl einer Verteilungsdichtefunktion erforderlich. Diese kann basierend auf Mess- oder Versuchsergebnissen angenommen werden. In JCSS-PMC-II, O'Connor (2001), Schnell et al. (2008), Braml & Wurzer (2012) und Voigt (2014) sind einige Beispiele von Verteilungsdichtefunktionen für unterschiedliche Tragwerkslasten angegeben[1]:

- Eigengewicht: Normalverteilung
- Schneelasten: Gumbel-, Weibull-Verteilung oder logarithmische Normalverteilung
- Nutzlast: Gumbel-Verteilung
- Windlasten: Frêchet-, Gumbel- oder logarithmische Normalverteilung
- Verkehrslasten auf Brücken: Gumbel- oder Weibull-Verteilung

[1] Eine Erläuterung über die unterschiedlichen Verteilungsdichtefunktionen ist in Anhang B zu finden.

Zusätzliche Unsicherheiten ergeben sich aus den Ungenauigkeiten der Einwirkungsmodellierung durch die angenommene Funktion sowie aus einer zu geringen Anzahl an Daten und einer mangelnden Repräsentativität der Daten, z. B. durch Extrapolation der Daten für die Modellierung längerer Zeiträume.

4.2.2 Außergewöhnliche Einwirkungen und Erdbebeneinwirkungen

Nach prEN 1990 und JCSS-PMC-II werden unter außergewöhnlichen Einwirkungen solche Einwirkungen verstanden, die von erheblicher Größenordnung sind, aber keine nennenswerten Auftretenswahrscheinlichkeiten während der geplanten Nutzungsdauer des Bauwerks haben. Diese Einwirkungen sind i. d. R. von kurzer Dauer. Hierzu zählen z. B. Anpralllasten, Lasten infolge von Explosionen, extreme Temperaturen infolge von Bränden, Lasten aus Naturgefahren wie Lawinen, Hangrutschungen, Muren, Sturzfluten, Überschwemmungen, Steinschläge, etc.

Die festgelegte Größe der außergewöhnlichen Einwirkung kann stark streuen, da sie von der Anzahl und Qualität der Daten für ihre Bestimmung, der Ungenauigkeit der Modelle, sowie von unterschiedlichen, zufälligen Einflussfaktoren abhängt. Zu den zufälligen Faktoren zählen z. B. die Geschwindigkeit und die Masse eines Fahrzeugs zur Ermittlung der Anpralllast auf einen Brückenpfeiler oder die Intensität von Starkregen, der den Wasserstand bei Überschwemmungen und somit den Wasserdruck auf eine Struktur beeinflusst.

Nach Proske (2015) tragen nicht nur die unzureichende Anzahl an Daten sondern auch deren Qualität zur epistemischen Unsicherheit der außergewöhnlichen Einwirkungen bei. Gibt es z. B. für die Abschätzung des Hochwassers für eine 10.000-jährlichen Wiederkehrperiode keine ausreichenden Daten für diesen Zeitraum, wird auf historische Daten oder Messungen an anderen Orten zurückgegriffen, um eine Extrapolation durchführen zu können. In Proske (2015) wird diese Vorgehensweise kritisch gesehen, da sich die Hochwasserbedingungen räumlich und über lange Zeiträume hinweg ändern können, was zu einer Inhomogenität der Stichproben führt. Die epistemische Unsicherheit wird nicht durch die erhöhte Anzahl an Daten verringert, sondern durch die Unschärfe der Daten eher vergrößert. Dies soll sowohl bei der Auswahl der Verteilungsdichtefunktion und der stochastischen Parameter als auch bei der Festlegung der Größe der Einwirkungen berücksichtigt werden.

Die Abschätzung von Erdbebeneinwirkungen ist von Unsicherheiten aus den seismischen Kennwerten wie dem Grundwert der Bodenbeschleunigung, der Untergrundbedingungen, der Bebendauer, dem Frequenzinhalt, etc. (Werkle, 2008) behaftet. Ebenfalls tragen eine unzureichende Anzahl an Messdaten oder Fehlinformationen historischer Ereignisse zur Unsicherheit bei der Festlegung von Erdbebenzonen (Proske, 2015) und dementsprechend bei der Festlegung der Bodenbeschleunigung für die Bemessung bei.

4.2.3 Geotechnische Einwirkungen

Geotechnische Einwirkungen werden in prEN 1990 als solche Einwirkungen definiert, die vom Boden, durch Bodenverfüllung oder Grundwasser auf das Bauwerk übertragen werden. Einige geotechnische Einwirkungen wie das Eigengewicht des Bodens oder der Erddruck lassen sich über geotechnische Kenngrößen wie die Bodenwichte oder den Reibungswinkel ermitteln. Diese Einwirkungen sind sowohl mit den Unsicherheiten aus der Festlegung der Kenngrößen (siehe Kapitel 4.2.4) als auch mit den Unsicherheiten aus dem Berechnungsmodell (siehe Kapitel 4.3) behaftet.

Bei der geotechnischen Bemessung werden ggf. auch veränderliche Einwirkungen aus Nutz- bzw. Verkehrslasten berücksichtigt. Diese können durch Lasten aus Fahrzeug- (LKW) oder Personenverkehr (PKW), durch Lager- und Stapellasten (z. B. Containerlasten), durch Kranlasten bei Häfen, etc. hervorgerufen werden und erzeugen eine direkte Erddruckbelastung auf das Bauwerk. Diese zusätzliche Belastung ist mit den Unsicherheiten der Lasten behaftet. Nach Ozaki et al. (2005) können diese Nutzlasten als normalverteilt mit einem Variationskoeffizienten von 40 % modelliert werden. Böckmann (2012) untersuchte darüber hinaus in ihren probabilistischen Analysen Variationskoeffizienten zwischen 10 % und 100 % für eine logarithmische Normalverteilung und eine Gumbel-Verteilung.

Eine der wichtigsten geotechnischen Einwirkungen ist der Wasserdruck. Dieser wird aus der Wichte des Wassers und des Wasserstands ermittelt. Da sich die Wichte des Wassers kaum verändert, beruht die Unsicherheit des Wasserdrucks hauptsächlich auf den Schwankungen des Wasserstands (Kunz, 2014). Die Schwankungen des Wasserstands werden regelmäßig durch Beobachtungspegel erfasst. Anhand der zeitlich erfassten Daten ist eine stochastische Modellierung des Wasserstands bzw. des Wasserdrucks möglich.

In Kunz (2014) werden die Ergebnisse einer Auswertung von hydrologischen Daten deutscher Gewässer vorgestellt. Aus den Daten von Grundwasserpegeln und gewässerkundlichen Pegeln in Flüssen ergeben sich für die Wasserstände Variationskoeffizienten zwischen 10 % und 54 % für einen Vertrauensbereich von 95 %. Als typische Verteilungsdichtefunktionen für den Wasserstand werden die Normalverteilung, die Gumbel- oder die Gamma-Verteilung angenommen.

Des Weiteren existieren auch geotechnische Einwirkungen wie die Quelldruckspannung, die im Labor ermittelt werden können. Ihre Ermittlung ist mit denselben Unsicherheiten behaftet, wie denen bei der Festlegung der geotechnischen Kenngrößen (siehe Kapitel 4.2.4).

4.2.4 Geotechnische Kenngrößen

Bei der Festlegung geotechnischer Kenngrößen existieren neben der natürlichen Variabilität des Baugrunds auch andere Quellen von Unsicherheiten wie die statistische Unsicherheit, der Messfehler u. a. Basierend auf Kulhawy (1992) und Honjo (2011) sind in Bild 4.1 unterschiedliche Quellen von Unsicherheiten dargestellt, die beim Prozess der Festlegung der geotechnischen Kenngrößen zu berücksichtigen sind und in den folgenden Kapiteln näher erläutert werden.

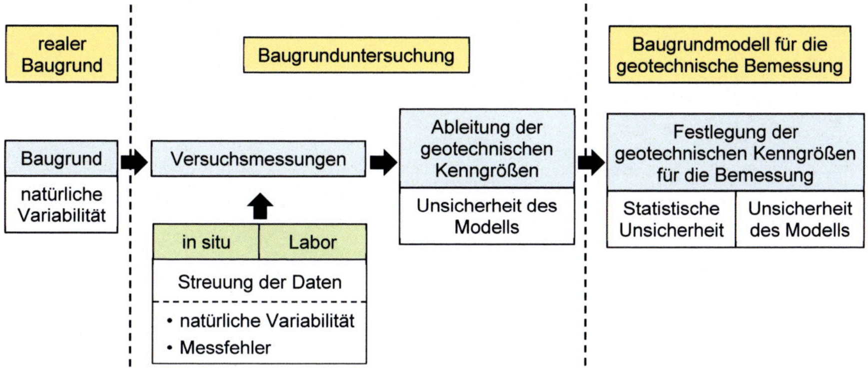

Bild 4.1: Unsicherheiten bei der Festlegung der geotechnischen Kenngrößen in Anlehnung an Kulhawy (1992) und Honjo (2011)

4.2.4.1 Natürliche Variabilität des Baugrunds

Der Baugrund zeigt eine natürliche Variabilität im Raum (ggf. auch in der Zeit) in seinen physikalischen und mechanischen Eigenschaften. Deswegen wird in der Literatur auch die Bezeichnung „räumliche Variabilität" verwendet. Diese ist das Ergebnis des geologischen Entstehungsprozesses des Baugrunds, hervorgerufen durch die Veränderung der mineralischen Zusammensetzung des Baugrunds, der Spannungsgeschichte, der Tiefe der Schichten während der Baugrundentstehung, u. a. (Vanmarcke, 1977a).

In Bild 4.2 wird die natürliche Variabilität des Baugrunds in vertikaler und horizontaler Richtung dargestellt. Sie lässt sich anhand einer Trendfunktion (t) und einer streuenden Komponente (w) modellieren. Für den Fall der vertikalen Richtung ergibt sich der Baugrundeigenschaft (u) in jeder Tiefe z wie folgt (Baecher, 1983; Phoon & Kulhawy, 1999a):

$$u(z) = t(z) + w(z) \tag{4.1}$$

Die Trendfunktion kann vom Raum unabhängig sein, wie in Bild 4.2 für die vertikale Richtung in Schicht 2 und für die horizontale Richtung im Schnitt I-I dargestellt wird. In diesem Fall entspricht der Trend dem Mittelwert der Baugrundeigenschaft ($\mu_{u,i}$). In Fällen, in denen z. B. die Überlagerungsspannung einen Einfluss auf die Baugrundeigenschaft hat (wie auf die Kohäsion c_u des undränierten Bodens), ist die Trendfunktion raumabhängig (siehe Schicht 4 in Bild 4.2).

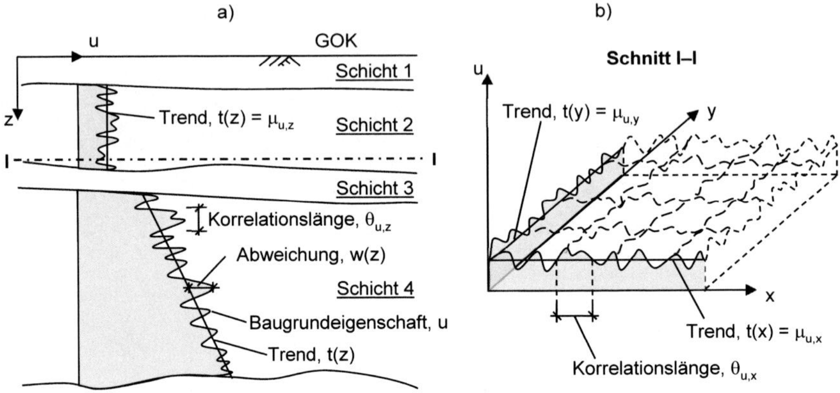

Bild 4.2: Natürliche Variabilität in a) vertikaler Richtung und b) horizontaler Richtung, in Anlehnung an Vanmarcke (1984) und Phoon & Kulhawy (1999a)

Die streuende Komponente (w) gibt die Abweichung der Baugrundeigenschaft vom Trend an und kann als homogene Zufallsfunktion oder homogenes Zufallsfeld (engl. *random function or random field*) abgebildet werden (Vanmarcke, 1984). Hierbei sind sie als „statistisch homogen" zu betrachten, wenn der Mittelwert und die Varianz raumunabhängig sind und die Korrelation zwischen zwei unterschiedlichen Stellen nur eine Funktion ihrer Entfernung ist. Diese Voraussetzungen sind in homogenen Schichten zu erwarten, denn i. d. R. streut die Baugrundeigenschaft gleichmäßig um die Trendlinie. Somit ist der Mittelwert der Abweichungen (w) gleich null und die Bedingungen für die Varianz und Korrelation sind erfüllt (Phoon & Kulhawy, 1999a).

Die natürliche Variabilität lässt sich über den Variationskoeffizienten und die von Vanmarcke (1977a, 1978) eingeführte Schwankungs- oder Korrelationslänge θ_u (engl. *scale of fluctuation or correlation distance*) beschreiben.

Stochastische Beschreibung und Modellierung der Variabilität

Die Variabilität der Baugrundeigenschaften bzw. der geotechnischen Kenngröße lässt sich über die Standardabweichung oder den Variationskoeffizienten beschreiben. Diese werden wie folgt ermittelt (Phoon & Kulhawy 1999a):

$$\sigma_w = \sqrt{\frac{1}{n-1}\sum_{i=1}^{n}(u_i - t_i)^2} = \sqrt{\frac{1}{n-1}\sum_{i=1}^{n}(w_i)^2} \tag{4.2}$$

$$V_w = \frac{\sigma_w}{t_m} \tag{4.3}$$

mit:

u_i	Baugrundeigenschaft an der Stelle i
t_i	Trend an der Stelle i
w_i	Abweichung vom Trend an der Stelle i
t_m	Mittelwert des Trends der Baugrundeigenschaft

In den Tabellen 4.3 und 4.4 werden übliche Spannbreiten für Variationskoeffizienten einiger in situ ermittelten Baugrundeigenschaften und im Labor ermittelten geotechnischen Kenngrößen nach Phoon et al. (1995) dargestellt. Sie sind empfohlene Werte für die rein natürliche Variabilität, die auf Untersuchungen über die natürliche Variabilität und mögliche Messfehler bei Labor- bzw. Feldversuchen (siehe Kapitel 4.2.4.2) basieren. Eine Zusammenstellung mit Spannbreiten anderer Autoren ist in Anhang C zu finden.

Tabelle 4.3: Variationskoeffizienten einiger in situ ermittelten Baugrundeigenschaften nach Phoon et al. (1995)

Versuchsergebnis	Versuchstyp / Bodenart	Spannbreite [%]
Kohäsion c_u des undränierten Bodens	FVT / Ton	10 – 40
Schlagzahl N	SPT / Ton, Sand	25 – 70
Spitzenwiderstand q_c	CPT / Ton	20 – 40
	CPT / Sand	20 – 60
Korrigierter Spitzenwiderstand q_T	CPT / Ton	< 20
Pressiometer-Modul E_{PMT}	PMT / Sand	15 – 65
Dilatometer-Modul E_{DMT}	DMT / Sand	15 – 65

FVT = Flügelscherversuch SPT = Standard Penetration Test CPT = Drucksondierung
DMT = Flachdilatometerversuch PMT = Pressiometerversuch

Tabelle 4.4: Variationskoeffizienten einiger im Labor ermittelter geotechnischen Kenngrößen nach Phoon et al. (1995)

Geotechnische Kenngrößen	Bodenart	Spannbreite [%]
Feuchtwichte γ	Ton, Schluff	< 10
Effektiver Reibungswinkel φ'	Ton, Sand (20° – 40°)	5 – 15
Kohäsion c_u des undränierten Bodens	Ton (E)	20 – 55
	Ton (UU)	10 – 30
	Ton (CU)	20 – 40

E= Einaxialer Druckversuch UU = unkonsolidierter, undränierter Triaxialversuch
CU = konsolidierter, undränierter Triaxialversuch

In Phoon et al. (1995) gibt es keine Angaben für den Variationskoeffizienten der effektiven Kohäsion c‘. Andere Autoren wie Schneider (1997) oder Forrest & Orr (2011a) geben Werte zwischen 20 % und 50 % an, die in der Größenordnung der Spannbreite für die Kohäsion c_u des undränierten Bodens liegen.

In Tabelle 4.4 wird gezeigt, dass die Feuchtwichte die niedrigste Variabilität der geotechnischen Kenngrößen aufweist, während die Kohäsion c_u des undränierten Bodens am meisten streut. Der effektive Reibungswinkel φ‘ kennzeichnet sich dadurch aus, dass im Allgemeinen seine Variationskoeffizienten niedriger sind als die für die Kohäsion.

Für eine detaillierte stochastische Beschreibung oder Modellierung der Variabilität des Baugrunds ist neben dem Variationskoeffizienten die Wahl einer Verteilungsdichtefunktion für die geotechnischen Kenngrößen erforderlich. Die Wahl des Verteilungstyps erfolgt durch Anpassung der Verteilung an die Histogramme der Ergebnisse von Feld- oder Laborversuchen. Bild 4.3 zeigt ein Beispiel für den Reibungswinkel φ‘ eines bindigen Bodens, bei dem die beste Anpassung durch die logarithmische Normalverteilung (Log-Normal) erzielt werden konnte. Außerdem kann die Eignung des Verteilungstyps durch Anpassungstests (z. B. der χ^2-Test) überprüft werden.

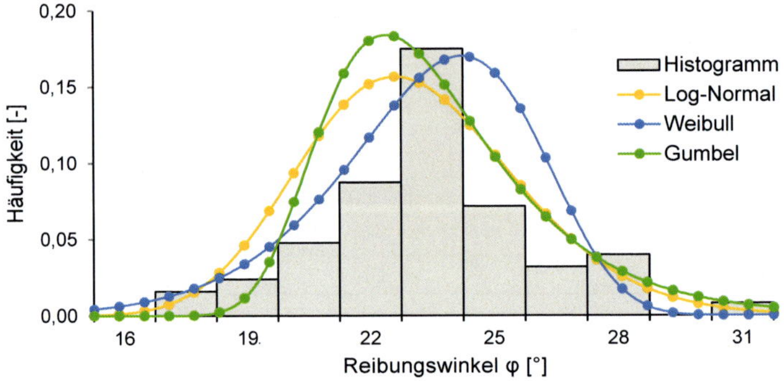

Bild 4.3: Histogramm von Reibungswinkeln aus CD-Triaxialversuchen und verschiedene angepasste Verteilungsdichtenfunktionen in Anlehnung an Li &Tang (2015)

Die in der Geotechnik üblichen verwendeten Verteilungstypen sind die Normalverteilung und die logarithmische Normalverteilung. Die Normalverteilung beschreibt in vielen Fällen die Verteilung der geotechnischen Kenngrößen in sehr guter Näherung. Sie ist für alle reellen Zahlen (-∞, +∞) definiert, sodass im Prinzip bei einer Modellierung mit der Normalverteilung die geotechnischen Kenngrößen negative Werte aufweisen können. Da dies nicht realistisch ist, soll die Normalverteilung daher an einem bestimmten Wert, z. B. bei null, „abgeschnitten“ werden. Die logarithmische Normalverteilung hingegen ist eine Verteilung, die nur für positive reelle Zahlen definiert ist und bei der kein „Abschneiden“ notwendig ist. Welcher Verteilungstyp die Verteilung der geotechnischen Kenngrößen zutreffender beschreibt, hängt von der Anzahl der Daten, der Bodenart, dem Versuchstyp, u. a. ab. In der Literatur finden sich weitere Verteilungstypen, wie die Gamma-, die Weibull-, die Gumbel- und die Beta-Verteilung. In Anhang B ist eine Zusammenstellung der üblichen Verteilungstypen für geotechnische Kenngrößen dargestellt.

Die Korrelationslänge zur Beschreibung der Variabilität

Neben den stochastischen Parametern wird auch die Korrelationslänge θ_u zur Beschreibung und Modellierung der räumlichen Variabilität der Baugrundeigenschaften bzw. der geotechnischen Kenngrößen verwendet. Sie ist ein Maß für die Entfernung, innerhalb der die Baugrundeigenschaft einen starken räumlichen Zusammenhang zeigt. Nach Vanmarcke (1977a, 1978) steht sie in engem Zusammenhang mit der durchschnittlichen Entfernung zwischen den Schnittpunkten der schwankenden Eigenschaft mit der Trendlinie (siehe Bild 4.4). Niedrige Werte der Korrelationslänge bedeuten eine schnelle Schwankung um den Trend, während hohe Werte der Korrelationslänge eine langsam schwankende Komponente um den Trend andeuten.

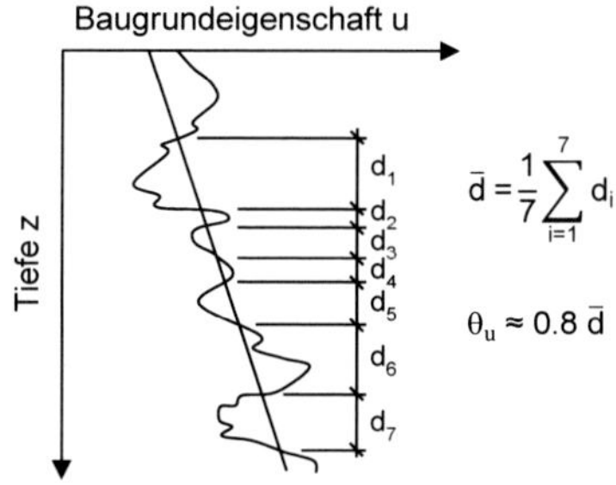

Bild 4.4: Abschätzung der vertikalen Korrelationslänge in Anlehnung an Spry et al. (1988)

Wie groß der Korrelationsgrad der Baugrundeigenschaft an den unterschiedlichen Stellen ist, kann durch die Autokovarianzfunktion C(r) abgebildet werden, die von der Entfernung r zwischen den Stellen abhängt. Wenn unterschiedliche Stellen nah aneinander liegen, z. B. innerhalb der Korrelationslänge θ_u, sind sie stark korreliert und der Wert der Autokovarianzfunktion ist hoch. Mit steigender Entfernung hingegen nimmt sie ab. Die Autokovarianzfunktion ergibt sich nach DeGroot & Beacher (1993) wie folgt:

$$C(r) = E[(u_i - t_i)\cdot(u_j - t_j)] = E[w_i \cdot w_j] \tag{4.4}$$

mit:

$E(\cdot)$	Erwartungswert
r	Entfernung zwischen den Stellen i und j
u_i, u_j	Baugrundeigenschaft an den Stellen i und j
t_i, t_j	Trend an den Stellen i und j
w_i, w_j	Abweichung vom Trend an den Stellen i und j

Wenn r = 0 ist, dann sind die Stellen i und j dieselben und C(0) entspricht der Varianz σ_w^2. Die Normierung von C(r) durch C(0) ist in der Fachliteratur als Autokorrelationsfunktion $\rho_u(r)$ bekannt (Keaveny et al., 1989; Jaksa, 2013):

$$\rho_u(r) = \frac{C(r)}{C(0)} \tag{4.5}$$

Vanmarcke (1978, 1984) schlägt vor, die ganze Information über die Korrelation der Baugrundeigenschaft in einem einzigen Parameter – der Korrelationslänge θ_u – zu kondensieren. Hierfür definiert Vanmarcke (1978, 1984) die Korrelationslänge θ_u in Abhängigkeit von der Autokorrelationsfunktion $\rho_u(r)$ wie folgt:

$$\theta_u = \int_{-\infty}^{+\infty} \rho_u(r)\, dr = 2\int_{0}^{+\infty} \rho_u(r)\, dr \tag{4.6}$$

Die Autokorrelationsfunktion kann am besten durch Exponentialfunktionen abgebildet werden. Einige von Vanmarcke (1984) vorgeschlagene Autokorrelationsfunktionen sind in Anhang C mit ihren entsprechenden Korrelationslängen angegeben.

Die Information über die Korrelationslänge ist z. B. für die Planung der Baugrunduntersuchung hilfreich. Wenn unkorrelierte Baugrundeigenschaften von unterschiedlichen Proben entnommen werden sollen, ist die Entfernung der Erkundungsstellen größer als die Korrelationslänge festzulegen. Wenn hingegen der Zusammenhang zwischen den Ergebnissen aus Feld- und Laborversuchen ermittelt werden soll, sind die Erkundungsstellen innerhalb der Korrelationslänge zu wählen (Vanmarcke 1977a, 1978).

Die Korrelationslänge ist von der Art der Ablagerung abhängig und in vertikaler Richtung geringer als in horizontaler Richtung. Das bedeutet, dass die geotechnischen Kenngrößen stärker in vertikaler als in horizontaler Richtung schwanken. In Anhang C ist eine Zusammenstellung über Korrelationslängen für unterschiedliche Baugrundeigenschaften und geotechnische Kenngrößen von unterschiedlichen Autoren zu finden. Diese zeigen keinen eindeutigen Trend dazu, welche Baugrundeigenschaft oder geotechnische Kenngröße die größte bzw. kleinste Korrelationslänge hat. Fenton & Vanmarcke (1991) stellen fest, dass die Korrelationslänge weniger von der betrachteten Baugrundeigenschaft oder der geotechnischen Kenngröße als vom geologischen Entstehungsprozesses der Baugrundschichten abhängt. In Schneider & Schneider (2013) werden daher Spannbreiten sowie empfohlene Werte angegeben, die im Allgemeinen für alle Baugrundeigenschaften und geotechnischen Kenngrößen gelten (siehe Tabelle 4.5).

Tabelle 4.5: Typische Spannbreite für die Korrelationslängen und empfohlene Werte nach Schneider & Schneider (2013)

	Korrelationslänge [m]		**Literaturquelle**
	$\theta_{u,v}$	$\theta_{u,h}$	
Typische Spannbreite	1 - 6	40 - 60	Phoon & Kulhawy (1999a)
	2 - 6	20 - 80	El-Ramly et al. (2003)
Empfohlene Werte	2	50	Schneider & Schneider (2013)

Basierend auf dieser Erkenntnis kann die Korrelationslänge anhand von preisgünstigen Feldversuchen, wie SPT- oder CPT-Versuche ermittelt werden. Die Korrelationslänge darf für alle Baugrundeigenschaften oder geotechnischen Kenngrößen des betrachteten Baugrundbereiches gelten. In Vanmarcke (1977a), Wickremesinghe & Campanella (1993), Jones et al. (2002) und

Pieczyńska-Kozłowska (2015) werden einige Vorgehensweisen für die Bestimmung der Korrelationslänge vorgestellt. In Anhang C ist beispielsweise die Vorgehensweise nach Jones et al. (2002) kurz erläutert.

Einfluss der räumlichen Mittelung der Baugrundeigenschaften auf die Variabilität

Die stochastische Beschreibung der Variabilität des Baugrunds erfolgt anhand von Histogrammen, Variationskoeffizienten, Verteilungsfunktionen u. a., die auf den Ergebnissen von Labor- und/oder Feldversuchen basieren. Die ermittelten geotechnischen Kenngrößen beziehen sich dabei auf „punktuelle" Stellen und kleine Probevolumen. Für die geotechnische Bemessung sind aber die räumlich gemittelten geotechnischen Kenngrößen erforderlich (Vanmarcke, 1977a; Tang, 1984 und Beacher& Christian, 2003), wie z. B. die gemittelte Scherfestigkeit in der Bruchfläche für die Grundbruchberechnung oder die gemittelte Wichte im Bodenkeil für die Erddruckberechnung. Daher sind die im Labor bei kleinem Bodenvolumen ermittelten geotechnischen Kenngrößen („punktuelle Kenngrößen") für ein großes Bodenvolumen nicht repräsentativ, die sich z. B. im zu betrachtenden Grenzzustand einstellen werden (Vanmarcke, 1977a).

In Bild 4.5 ist die Variabilität des Baugrunds mit punktuellen und gemittelten Kenngrößen für eine Dimension dargestellt. Es ist deutlich zu erkennen, dass die Schwankung der Kenngröße durch ihre Mittelung mit der gewählten Längen D (nunmehr Mittelungslänge genannt) kleiner wird und die sich aus der Mittelung ergebenden Kenngrößen dem Mittelwert annähern. Der Variationskoeffizient bzw. die Standardabweichung der gemittelten Kenngröße ist kleiner als die der punktuellen Kenngröße. Die sich ergebende Verteilung der gemittelten Kenngröße ist daher schmaler und der Unsicherheitsgrad demzufolge kleiner.

Nach Vanmarcke (1977a) sind für die Bemessung die Extremwerte (das Maximum bzw. das Minimum) der gemittelten Kenngrößenzugrunde zu legen. Er merkt hierbei an, dass es zu konservativ sei, den gemittelten Kenngrößen die Standardabweichung bzw. den Variationskoeffizienten der punktuellen Kenngrößen zuzuweisen, da eine Abminderung dieser stochastischen Parameter durch die Mittelung nicht berücksichtigt wird. Die Abminderung durch die Mittelung gilt auch für zwei („Mittelungsfläche") und drei („Mittelungsvolumen") Dimensionen.

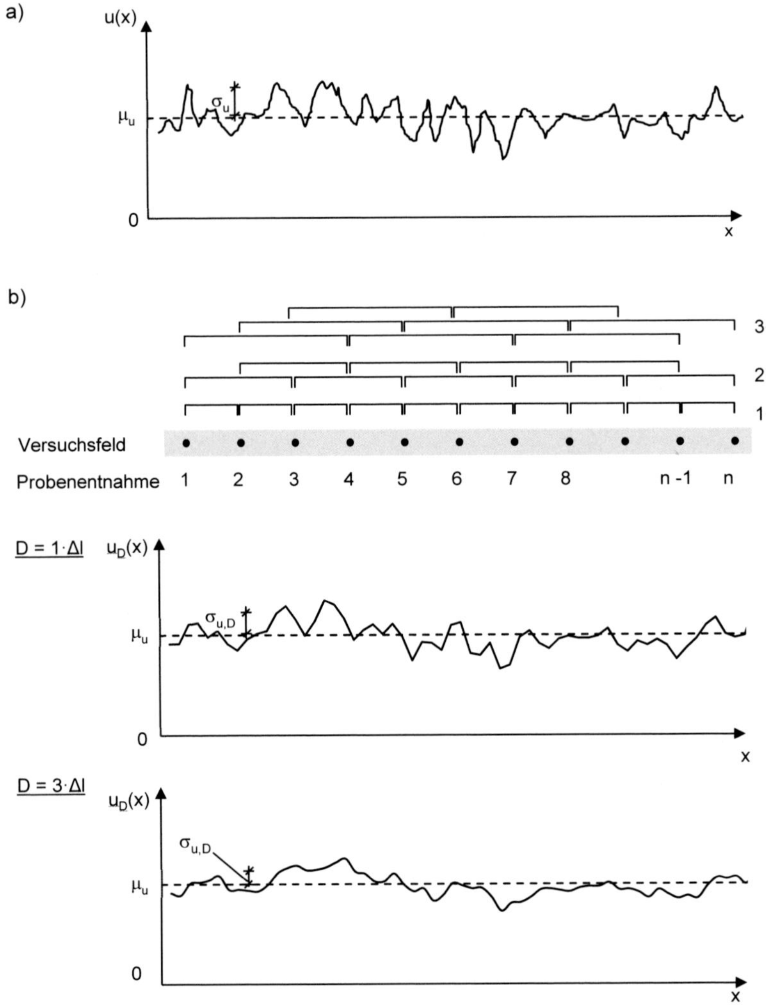

mit: Δl = Abstand zwischen den Proben, D = Mittelungslänge

Bild 4.5: a) Punktuelle Kenngröße im Baugrund, b) gemittelte Kenngröße für eine Dimension in Anlehnung an Vanmarcke (1978) und Böckmann (2012)

Um die Abminderung der Standardabweichung bzw. des Variationskoeffizienten durch die Mittelung darzustellen, hat Vanmarcke (1977a, 1978, 1984) den Reduktionsfaktor Γ_u bzw. die Varianzfunktion Γ_u^2 eingeführt. Diese geben das Verhältnis zwischen der Standardabweichung bzw. der Varianz der gemittelten Kenngröße und der punktuellen Kenngröße in Abhängigkeit der Mittelungslänge, -fläche oder -volumen an. Für eine Dimension gilt:

$$\Gamma_u(D) = \frac{\sigma_{u,D}}{\sigma_u} \tag{4.7}$$

$$\Gamma_u^2(D) = \frac{\sigma_{u,D}^2}{\sigma_u^2} \tag{4.8}$$

mit:

D	Mittelungslänge
$\sigma_{u,D}$	Standardabweichung der gemittelten Kenngröße
σ_u	Standardabweichung der punktuellen Kenngröße
$\sigma_{u,D}^2$	Varianz der gemittelten Kenngröße
σ_u^2	Varianz der punktuellen Kenngröße

Nach Vanmarcke (1984) kann ein Zusammenhang zwischen der Autokorrelationsfunktion ρ_u und der Varianzfunktion Γ_u^2 wie folgt formuliert werden:

$$\Gamma_u^2(D) = \frac{1}{D^2}\int_0^D\int_0^D \rho_u(r_1 - r_2)\, dr_1 dr_2 = \frac{2}{D}\int_0^D \left(1 - \frac{r}{D}\right)\cdot \rho_u(r)\, dr \tag{4.9}$$

mit

D	Mittelungslänge
ρ_u	Autokorrelationsfunktion
r	äquidistante Entfernung zwischen r_1 und r_2
r_1	Entfernung zur Stelle 1
r_2	Entfernung zur Stelle 2

Durch diesen Zusammenhang lässt sich für unterschiedliche Autokorrelationsfunktionen die entsprechende Varianzfunktion $\Gamma_u^2(D)$ sowie die entsprechende Funktion des Reduktionsfaktors $\Gamma_u(D)$ (Wurzel der Varianzfunktion) ableiten (siehe Anhang C). Bei allen Funktionen ist die Korrelationslänge θ_u einer der Eingabeparameter. In Vanmarcke (1977a) ist für eine Dimension folgende vereinfachte Formel in Abhängigkeit von θ_u vorgeschlagen:

$$\begin{aligned} \Gamma_u^2(D) &= 1{,}0 && \text{für } D \leq \theta_u \\ \Gamma_u^2(D) &= \frac{\theta_u}{D} && \text{für } D > \theta_u \end{aligned} \tag{4.10}$$

Die Funktion in Gl. (4.10) ist eine gute Abschätzung für kleine und große Werte von D, die meistens auf der sicheren Seite liegt. In Bild 4.6 werden neben der Funktion aus Gl. (4.10) auch zwei weitere Vorschläge aus Vanmarcke (1984) für die Funktion des Reduktionsfaktors sowie zusätzlich Daten von Schlagzahl und Spitzenwiderstand für zwei Beispiele aus Vanmarcke (1977a) dargestellt. Es ist dabei deutlich zu erkennen, dass für die Schlagzahl die Funktion nach Gl. (4.10) und für den Spitzenwiderstand eher die Funktionen des Typs I und II eine gute Übereinstimmung mit den Daten erzielen. Für niedrige D/θ_u-Werte ist der Unterschied zwischen Gl. (4.10) und den anderen Funktionen größer. Mit steigendem D/θ_u-Wert konvergieren alle Funktionen gegen null.

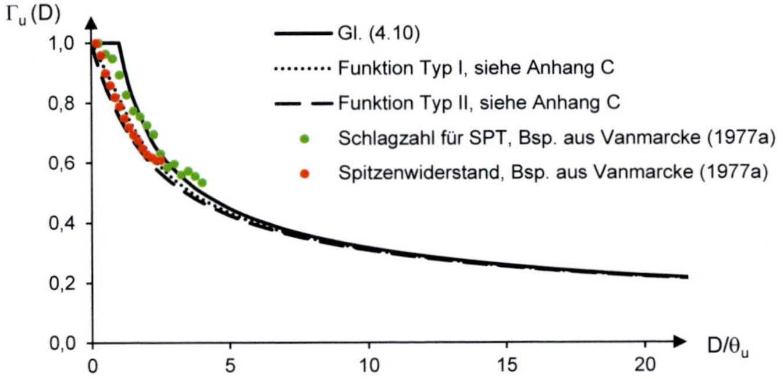

Bild 4.6: Darstellung von unterschiedlichen Funktionen für den Reduktionsfaktor Γ_u in Abhängigkeit von D/θ_u in Anlehnung an Vanmacke (1977a, 1984)

Bei zwei Dimensionen (x, y) oder drei Dimensionen (x, y, z) wird analog zu einer Dimension vorgegangen. Basierend auf Gl. (4.7) ergibt sich dann die reduzierte Standardabweichung für drei Dimensionen wie folgt:

$$\sigma_{u,V}=\Gamma_u\left(D_x, D_y, D_z\right) \cdot \sigma_u \tag{4.11}$$

Nach Schneider & Schneider (2013) und Vanmarcke (1977a, 1978) lässt sich der Reduktionsfaktor näherungsweise als die Multiplikation der Reduktionsfaktoren in jede Richtung beschreiben:

$$\Gamma_u\left(D_x, D_y, D_z\right) = \Gamma_u(D_x) \cdot \Gamma_u\left(D_y\right) \cdot \Gamma_u(D_z) \tag{4.12}$$

Es folgt dann für die reduzierte Standardabweichung:

$$\sigma_{u,V} = \Gamma_u(D_x) \cdot \Gamma_u\left(D_y\right) \cdot \Gamma_u(D_z) \cdot \sigma_u \tag{4.13}$$

4.2.4.2 Messfehler

Die natürliche Variabilität des Baugrunds und mögliche Messfehler tragen zur Streuung der gemessenen geotechnischen Kenngröße bzw. Baugrundeigenschaften bei. Man unterscheidet zwischen zufälligen und systematischen Messfehlern (Baecher 1983, 1984).

Der zufällige Messfehler

Der zufällige Messfehler wird als eine normalverteilte, unabhängige Streuung modelliert, die den Mittelwert μ_e gleich null und überall die gleiche Standardabweichung σ_e aufweist (Baecher, 1984). Nach von Soos (1983) und Phoon & Kulhawy (1999a) entstehen zufällige Messfehler durch Ungenauigkeiten der Messgeräte, die Verwendung unterschiedlicher Messsysteme und -geräte, mangelnde Sorgfalt des Ausführenden beim Ablesen der Werte, bei der Probeentnahme oder bei der Versuchsdurchführung sowie durch zufällige Effekte.

Die gemessenen Kenngrößen bzw. Eigenschaften unter Berücksichtigung zufälliger Messfehler lassen sich wie folgt beschreiben:

$$u_{m,i} = u_i + e_i \tag{4.14}$$

$$u_{m,i} = t_i + w_i + e_i \tag{4.15}$$

mit:

$u_{m,i}$	gemessene geotechnische Kenngröße an der Stelle i
u_i	geotechnische Kenngröße an der Stelle i (siehe Gl. (4.1))
e_i	zufälliger Messfehler an der Stelle i
t_i	Trend an der Stelle i
w_i	Abweichung vom Trend an der Stelle i

Die gesamte Variabilität der gemessenen Kenngrößen (in Form der Varianz σ^2, der Standardabweichung σ oder des Variationskoeffizienten V) ergibt sich aus der natürlichen Variabilität und der Streuung infolge des zufälligen Messfehlers:

$$\sigma_{u,m}^2 = \sigma_w^2 + \sigma_e^2 \tag{4.16}$$

$$\sigma_{u,m} = \sqrt{\sigma_w^2 + \sigma_e^2} \tag{4.17}$$

$$V_{u,m} = \sqrt{V_w^2 + V_e^2} \tag{4.18}$$

Im Labor kann der zufällige Messfehler durch die Analyse der Streuung der Ergebnisse bei wiederholter Bestimmung derselben geotechnischen Kenngröße an den gleichen Proben durch denselben Laboranten (Wiederholversuche) ermittelt werden (Von Soos, 1983; Phoon &Kulhawy, 1999a). Solche Untersuchungen wurden in den 60ziger und 70ziger Jahren in unterschiedlichen Laboren (sogenannte Ringanalysen) weltweit durchgeführt (siehe z. B. Minty et al., 1979). Die Ergebnisse dieser Untersuchungen für einige im Labor ermittelte geotechnische Kenngrößen sind in Phoon & Kulhawy (1999a) in Form des Variationskoeffizienten zusammengefasst (siehe Anhang D). Phoon & Kulhawy (1999a) erläutern dazu, dass bei den Untersuchungen die meisten Variationskoeffizienten des gesamten Messfehlers für den effektiven Reibungswinkel φ' und die Kohäsion c_u des undränierten Bodens unter 20 % lagen. Darüberliegende Werte, z. B. für die Kohäsion des undränierten Bodens, können auf unterschiedliche Arten der Vorbereitung von Versuchsproben seitens der verschiedenen Ausführenden zurückgeführt werden. Beim

Reibungswinkel lassen sich z. B. große Unterschiede der Variationskoeffizienten durch die Linearisierung der Fließkurve bei unterschiedlichen Konsolidierungsspannungen erklären (Singh & Lee, 1970). Aus diesen Gründen schlagen Phoon & Kulhawy (1999a) vor, dass der Variationskoeffizient des zufälligen Messfehlers für die Versuche zur Ermittlung des effektiven Reibungswinkels und der Kohäsion des undränierten Bodens zwischen 5 % und 15 % liegt.

Der Variationskoeffizient des gesamten zufälligen Messfehlers von Feldversuchen setzt sich nach Orchant et al. (1988) aus den Variationskoeffizienten „Variabilität der Geräte" ($V_{Gerät}$), „Einfluss des Versuchsverfahrens sowie des Ausführenden" ($V_{Versuch}$) und „Zufall" (V_{Zufall}) zusammen:

$$V_{e,gesamt} = \sqrt{V_{Gerät}^2 + V_{Versuch}^2 + V_{Zufall}^2} \tag{4.19}$$

In Anhang D werden die Ergebnisse der Untersuchungen von Orchant et al. (1988) für übliche Feldversuche zusammengefasst. Wegen der begrenzten Anzahl an Daten und einer damit verbundenen beschränkten Beurteilung bei der Ermittlung der Variationskoeffizienten, werden von den Autoren nur mögliche Spannbreiten für den zufälligen Messfehler der Feldversuche angegeben. Diese liegen für die betrachteten Feldversuche zwischen 5 % und 45 %.

Der systematische Messfehler

Der systematische Messfehler (hier mit b bezeichnet) wird z. B. durch die individuelle Interpretation der Versuchsvorschrift seitens des Versuchsdurchführenden oder des beauftragten Labors, durch besondere Angewohnheiten, durch falsch oder nicht kalibrierte Geräte oder durch die Beeinträchtigung der Probe bei der Probenentnahme verursacht (von Soos, 1983; Baecher & Christian, 2003). Letzteres hat nach von Soos (1983) einen zufälligen Anteil, der schon im Kapitel „der zufällige Messfehler" erläutert wurde, und einen systematischen Anteil, der den jeweiligen Bohr- bzw. Entnahmeverfahren anhaftet.

Der systematische Messfehler verzerrt den „wahren" Messwert und ist vom zufälligen Messfehler unabhängig. Er wird meistens als unbekannt, mit einem Mittelwert μ_b und einer Standardabweichung σ_b, angenommen. Von Soos (1983) und Castrup (2004) modellieren den systematischen Fehler als eine unabhängige Variable, die zu den anderen Parametern addiert wird. Für die Modellierung der zufälligen und systematischen Fehler ergeben sich im Allgemeinen folgende Gleichungen:

$$u_{m,i} = u_i + b_i + e_i = t_i + w_i + b_i + e_i \quad \text{siehe Gl. (4.15)} \tag{4.20}$$

$$\sigma_{u,m}^2 = \sigma_w^2 + \sigma_b^2 + \sigma_e^2 \tag{4.21}$$

In von Soos (1983) wird zudem darauf hingewiesen, dass sich der systematische Messfehler durch Mittelung der Ergebnisse der Wiederholversuche (siehe Kapitel „der zufällige Messfehler") nicht verkleinern lässt. Daher ist der „wahre" Mittelwert der geotechnischen Kenngrößen um den Mittelwert des systematischen Fehlers μ_b verzerrt. Die Standardabweichung σ_b ist dagegen für eine große Anzahl an Wiederholungen sehr gering, sodass sie zur Vereinfachung vernachlässigt werden kann:

$$\mu_{u,m} = \mu_u + \mu_b \quad (4.22)$$

$$\sigma_{u,m}^2 = \sigma_w^2 + \sigma_e^2 \quad (4.23)$$

Von Soos (1983) merkt zudem an, dass der laborbedingte systematische Messfehler unter Berücksichtigung der Ergebnisse der Wiederholversuche von unterschiedlichen Laboren (Ringanalysen) als zufällig erscheinen kann. Der Mittelwert μ_b tendiert dann bei einer großen Anzahl an Laboren zu null, sodass der Mittelwert der gemessenen geotechnischen Kenngröße lediglich dem Mittelwert der „wahren" geotechnischen Kenngröße bei der Modellierung entspricht. Die Standardabweichung des systematischen Fehlers ist dabei ungleich null und die Standardabweichung der gemessenen geotechnischen Kenngrößen kann dann basierend auf Gl. (4.21) ermittelt werden, wobei die Standardabweichungen des zufälligen (σ_e) und des systematischen Messfehlers (σ_b) meistens nicht getrennt voneinander betrachtet werden können.

4.2.4.3 Unsicherheit bei der Ableitung geotechnischer Kenngrößen

Geotechnische Kenngrößen werden aus den Ergebnissen von Feldversuchen oder von Laborversuchen abgeleitet, wenn sie nicht direkt messbar sind. Bei den Laborversuchen können Unsicherheiten infolge von Vereinfachungen des wahren Bodenverhaltens im verwendeten Modell entstehen. Ein Beispiel dafür ist das lineare Bruchkriterium nach Mohr-Coulomb zur Ermittlung des Reibungswinkels und der Kohäsion aus den Bruchspannungen. Es ist bekannt, dass das Bruchkriterium im niedrigen Spannungsbereich (z. B. kleiner als 50 kN/m^2) für nichtbindige Böden keine Gerade, sondern eine Kurve ist. Der ermittelte Reibungswinkel in diesem Fall ist nur eine grobe Annährung. Für größere Spannungsbereiche ist hingegen das lineare Bruchkriterium eine sehr gute Approximation. Diese Unsicherheit aus der Ableitung der Kenngrößen von Laborversuchen ist implizit in den Modellen zur Berechnung der geotechnischen Einwirkungen (z. B. des aktiven Erddrucks) oder der Baugrundwiderstände (z. B. des Grundbruchwiderstands) enthalten, da diese Modelle basierend auf den im Labor ermittelten Kenngrößen entwickelt wurden. Sie wird daher bei der Modellunsicherheit berücksichtigt (siehe Kapitel 4.3).

Grobe Fehler bei der Ableitung geotechnischer Kenngrößen im Labor, wie z. B. eines falschen Ablesens des Spannungsbereichs bei der Ermittlung des E-Moduls aus einem Ödometerversuch, werden in dieser Arbeit als menschlicher Faktor eingestuft und in Kapitel 4.4 behandelt.

Im Rahmen dieses Kapitels wird hauptsächlich diejenige Unsicherheit erläutert, die entsteht, wenn eine geotechnische Kenngröße aus den Messergebnissen von Feldversuchen abgeleitet wird. Für die Ableitung geotechnischer Kenngrößen aus Feldversuchen wurden unzählige Korrelations- bzw. Transformationsmodelle aus Regressionsanalysen entwickelt, die einen mittleren Zusammenhang der in situ gemessenen Kenngrößen und der im Labor ermittelten geotechnischen Kenngröße aufzeigen. Die Unsicherheit aus der Transformation ist in Bild 4.7 dargestellt. Hier wird die Transformationsunsicherheit ε mit dem Mittelwert μ_ε gleich null und der Standardabweichung σ_ε modelliert (Phoon & Kulhawy, 1999b).

Das Modell für die Beschreibung der abgeleiteten geotechnischen Kenngröße und der damit verbundenen Unsicherheiten ergibt sich in Anlehnung an Phoon & Kulhawy (1999b) und Gl. (4.20) wie folgt:

$$u_{a,i} = T\left(u_{m,i}, \varepsilon_i\right) = T\left(t_i + w_i + b_i + e_i,\ \varepsilon_i\right) \tag{4.24}$$

mit:

$u_{a,i}$ abgeleitete geotechnische Kenngröße an der Stelle i

ε_i Transformationsunsicherheit für die geotechnische Kenngröße an der Stelle i

$T(\cdot)$ Transformationsmodell

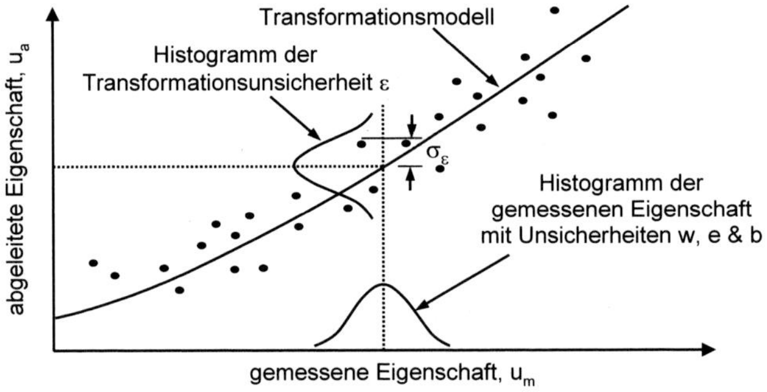

Bild 4.7: Probabilistische Darstellung des Transformationsmodells (Korrelationsmodells) in Anlehnung an Phoon & Kulhawy (1999b)

Um den Mittelwert und die Varianz der abgeleiteten geotechnischen Kenngrößen zu ermitteln, ist nach Phoon & Kulhawy (1999b) in Anlehnung an Benjamin & Cornell (1970) die Gleichung (4.24) um den Mittelwert von w, e und ε mithilfe einer Taylorreihe zu linearisieren. Daraus ergeben sich folgende Gleichungen:

$$u_{a,i} \approx T\left(t + b,\ 0\right) + w\left.\frac{dT}{dw}\right|_{(t+b,\ 0)} + e\left.\frac{dT}{de}\right|_{(t+b,\ 0)} + \varepsilon\left.\frac{dT}{d\varepsilon}\right|_{(t+b,\ 0)} \tag{4.25}$$

$$\mu_{u,a} \approx T(t + b,\ 0) \tag{4.26}$$

$$\sigma_{u,a}^2 \approx \left(\frac{dT}{dw}\right)^2 \sigma_w^2 + \left(\frac{dT}{de}\right)^2 \sigma_e^2 + \left(\frac{dT}{d\varepsilon}\right)^2 \sigma_\varepsilon^2 \tag{4.27}$$

Mit Hilfe dieser Gleichungen können die Standardabweichung und der Variationskoeffizient für jegliche Transformationsmodelle ermittelt werden. Es wird dabei deutlich, dass die Transformationsunsicherheit vom verwendeten Modell abhängig ist.

In Phoon & Kulhawy (1999b) sind Ergebnisse von Untersuchungen zum Transformationsmodell zusammengefasst, bei dem lediglich die Korrelation zwischen den im Labor ermittelten geotechnischen Kenngrößen und den Ergebnissen eines üblichen Feldversuches (SPT, CPT, FVT, etc.) berücksichtigt wurde. Die gesamten Variationskoeffizienten beinhalten die Effekte der natürlichen Variabilität des Bodens, des Messfehlers und der Transformationsunsicherheit und sind in Anhang E zusammengefasst.

4.2.4.4 Die statistische Unsicherheit

Die geotechnischen Kenngrößen und ihre statistischen Parameter werden in der Praxis hauptsächlich aus einer stichprobenartigen Baugrunduntersuchung ermittelt. Dabei wird meistens nur eine geringe Anzahl an Erkundungsdaten gewonnen, sodass die geschätzten Kenngrößen oder ihre geschätzten statistischen Parameter mit Unsicherheiten infolge der beschränkten Datenanzahl behaftet sind. Diese Art von epistemischer Unsicherheit wird statistische Unsicherheit genannt. Sie ist systematisch und kann mit zunehmender Anzahl an Daten verringert werden.

Die Unsicherheit der geschätzten statistischen Parameter (mit „^" gekennzeichnet) wird in Form einer von der Datenanzahl n abhängigen Standardabweichung dargestellt. Für normalverteilte Kenngrößen ergeben sich folgende Standardabweichungen für den geschätzten Mittelwert und die geschätzte Varianz der gemessenen Kenngröße (Ahn & Fessler, 2003; Mašín, 2015):

$$\sigma_s\left(\hat{\mu}_{u,m}\right) = \frac{\hat{\sigma}_{u,m}}{\sqrt{n_{u,m}}} \tag{4.28}$$

$$\sigma_s\left(\hat{\sigma}^2_{u,m}\right) = \hat{\sigma}^2_{u,m}\sqrt{\frac{2}{n_{u,m}-1}} \tag{4.29}$$

mit:

$\sigma_s(\cdot)$	Standardabweichung des geschätzten Parameters (statistische Unsicherheit)
$\hat{\mu}_{u,m}$	geschätzter Mittelwert der gemessenen Kenngröße
$\hat{\sigma}_{u,m}$	geschätzte Standardabweichung der gemessenen Kenngröße
$\hat{\sigma}^2_{u,m}$	geschätzte Varianz der gemessenen Kenngröße
$n_{u,m}$	Anzahl der Daten der gemessenen Kenngröße

In Mašín (2015) wurde die Auswirkung der statistischen Unsicherheit und des zufälligen Messfehlers auf geotechnische Anwendungen untersucht. Für die statistische Unsicherheit der geschätzten Standardabweichung $\hat{\sigma}_w$ wird basierend auf der Untersuchung folgende Gleichung vorgeschlagen:

$$\sigma_s(\hat{\sigma}_w) = \sqrt{-\hat{\sigma}^2_w + \sqrt{\hat{\sigma}^4_w + \frac{\sigma_s^2(\hat{\sigma}^2_w)}{2}}} \tag{4.30}$$

wobei

$$\hat{\sigma}^2_w = \hat{\sigma}^2_{u,m} - \hat{\sigma}^2_e \tag{4.31}$$

$$\sigma_s^2(\hat{\sigma}^2_w) = \frac{2\left(\hat{\sigma}^2_{u,m}\right)^2}{n_{u,m}-1} + \frac{2\left(\hat{\sigma}^2_e\right)^2}{n_e-1} \tag{4.32}$$

mit:

$\widehat{\sigma}_w^2$ geschätzte Varianz der natürlichen Variabilität der geotechnischen Kenngröße

$\widehat{\sigma}_e^2$ geschätzte Varianz des zufälligen Messfehlers

n_e Anzahl der Daten für die Ermittlung des zufälligen Messfehlers

Um die statistische Unsicherheit bei probabilistischen Berechnungen berücksichtigen zu können, sind nach Mašín (2015) der Mittelwert $\mu_{u,m}$ und die Standardabweichung σ_w selbst als zufällige Variablen mit den Mittelwerten $\hat{\mu}_{u,m}$ und $\widehat{\sigma}_w$ sowie die Standardabweichungen $\sigma_s(\hat{\mu}_{u,m})$ und $\sigma_s(\widehat{\sigma}_w)$ zu modellieren.

Wenn aus der Baugrunduntersuchung nur ein Wert der geotechnischen Kenngröße X_n für die Bemessung geschätzt wird, kann die statistische Unsicherheit für normalverteilte Kenngrößen anhand des Terms k_n berücksichtigt werden (siehe auch Kapitel 5.3.3):

$$X_n = \hat{\mu}_{u,m} \pm \widehat{\sigma}_{u,m} \cdot k_n \tag{4.33}$$

Der Term k_n ist ein statistischer Koeffizient, der von dem Faktor t der Student-Verteilung, der Datenanzahl $n_{u,m}$ und dem gewünschten Vertrauensbereich α abhängt. Wenn die geschätzte geotechnische Kenngröße für eine Wahrscheinlichkeit von 95 % z. B. nicht schlechter als der Mittelwert sein soll, d. h. dass der Mittelwert (50%-Fraktile) mit einem Vertrauensbereich von 95 % geschätzt wird, ergibt sich folgender k_n – Wert:

$$k_{n,50\%} = t_{(n_{u,m}-1)}^{95\%} \cdot \sqrt{\frac{1}{n_{u,m}}} \tag{4.34}$$

mit:

$t_{(n_{u,m}-1)}^{95\%}$ Faktor der Student-Verteilung für einen Vertrauensbereich von 95 % und $(n_{u,m} - 1)$ Freiheitsgrade

4.2.4.5 Die Unsicherheit bei der Festlegung der geotechnischen Kenngrößen für die Bemessung

In Abhängigkeit davon, welches Konzept für die geotechnische Bemessung verwendet wird, sind unterschiedliche Parameter als Eingangsgrößen erforderlich. Bei probabilistischen Berechnungen werden für die geotechnischen Kenngrößen meistens der Mittelwert, die Standardabweichung (oder der Variationskoeffizient) und in einigen Fällen der Verteilungstyp verwendet. Wie in Kapitel 4.2.4.1 erläutert wird, können verschiedene Verteilungstypen für die Beschreibung der Variabilität der geotechnischen Kenngröße herangezogen werden. Daher ist die Auswahl des Verteilungstyps mit Unsicherheiten verbunden. Falls mehrere Verteilungstypen das Histogramm der Erkundungsergebnisse gut abbilden können, wird hier die Auswahl eines konservativen Verteilungstyps vorgeschlagen.

Bei dem Teilsicherheitskonzept (siehe Kapitel 2) ist nur ein Wert für die geotechnische Kenngröße als Eingangsgröße erforderlich. Hierzu werden unterschiedliche Modelle bzw. Vorgehensweisen zur Festlegung der geotechnischen Kenngrößen verwendet, sodass sich dementsprechend unterschiedliche Werte ergeben können. Z. B. können beim Teilsicherheitskonzept statistische Methoden, nationale Verfahren, Tabellen mit Erfahrungswerten etc. verwendet werden (siehe Kapitel 5.3). Welcher der damit ermittelten Werte ein sicherer und gleichzeitig wirtschaftlicher Wert ist und somit als zuverlässig für die Bemessung angenommen werden kann, lässt sich nicht eindeutig feststellen. Dies führt eine gewisse Unsicherheit in die Bemessung ein, die nur durch die Festlegung einheitlicher Modelle oder Vorgehensweisen beseitigt werden kann.

Ein Beispiel für die Unsicherheit bei der Festlegung der charakteristischen Werte der geotechnischen Kenngrößen wird in Schuppener (1999) vorgestellt. Bei einer Umfrage wurden 90 deutschen Geotechniker die Aufgabe gestellt, aus vier vorgegebenen Ergebnissen von Scherversuchen die charakteristischen[1] Werte der Scherparameter für eine Einschnittsböschung im Geschiebemergel zu ermitteln. Obwohl allen Teilnehmern dieselben Grunddaten zur Verfügung gestellt wurden, wiesen die ermittelten charakteristischen Werte der Scherparameter (Reibungswinkel und Kohäsion) eine große Streuung auf. So betrug z. B. die Differenz zwischen dem niedrigsten ($\varphi_k = 25°$) und dem höchsten ($\varphi_k = 35°$) charakteristischen Reibungswinkel zehn Grad! Diese große Streubreite führte dazu, dass die tatsächliche Gesamtstandsicherheit der Böschung für einige Geotechniker gewährleistet war, für andere wiederum nicht, obwohl es sich um die gleiche Böschung mit derselben Scherfestigkeit handelte.

4.3 Unsicherheiten bei der Berechnung der Einwirkungen, Beanspruchungen und Widerstände

4.3.1 Die Modellunsicherheit

Die Modellunsicherheit ergibt sich aus der Idealisierung der Realität mithilfe der verwendeten Berechnungsmodelle. Nach Ditlevsen (1983) entsteht sie durch die begrenzte Anzahl der berücksichtigten Variablen im Modell, die Vereinfachungen der mathematischen Formulierung und das mangelnde Wissen über die Interaktion der Variablen. Somit tragen Vereinfachungen bei der Auswahl der Form und Lage der Bruchfläche, bei der Modellierung ebener und räumlicher Spannungszustände sowie der Spannungsumlagerungen, bei der Modellierung statischer und dynamischer Belastungen, etc. zur Modellunsicherheit bei.

Die Modellunsicherheit wird in der Praxis stochastisch als eine Zufallsvariable M mit meistens einer Normalverteilung oder einer logarithmischen Normalverteilung modelliert. Um die „wahren“ Ergebnisse zu bekommen, werden die berechneten Ergebnisse X mit der Variable M multipliziert (Ronold & Bjerager, 1992):

$$Z = M \cdot X \tag{4.35}$$

[1] In prEN 1997-1 wird der Begriff repräsentative geotechnische Kenngröße verwendet.

mit:

Z wahre Ergebnisse
M Variable zur Berücksichtigung der Modellunsicherheit
X Berechnungsergebnisse des Modells

In Böckmann (2012) wurden probabilistische Untersuchungen durchgeführt, bei denen die Modellunsicherheit als eine normalverteilte Variable mit einem Mittelwert μ_M von 1,0 und Variationskoeffizienten zwischen 2 % und 20 % modelliert wurde. In JCSS-PMC-III wird ebenfalls ein Mittelwert von 1,0, jedoch für eine logarithmische Normalverteilung der Modellunsicherheit vorgeschlagen. Im konstruktiven Bereich wird für den Variationskoeffizienten der Schnittgröße 5 % (Normalkraft in Rahmen), 10 % (Biegemomente in Rahmen, Normal- und Querkräfte in Platten) oder 20 % (Biegemomente in Platten) empfohlen.

Für die unterschiedlichen geotechnischen Berechnungsmodelle werden in JCSS-PMC-III die in Tabelle 4.6 zusammengefassten Mittelwerte und Variationskoeffizienten empfohlen.

Tabelle 4.6: Empfehlungen für die stochastischen Parameter der Modellunsicherheit in Anlehnung an JCSS-PMC-III

Art des geotechnischen Problems	Typ des Berechnungsmodells	Mittelwert	Variations-koeffizient [%]
Standsicherheit von Böschungen und Dämmen	Modell mit kreisförmiger Gleitfuge (z. B. Bishop, Spencer, etc.), 2D FEM		
Homogener Boden		1,1	4,5
Inhomogener Boden		1,1	9,1
Standsicherheit von Stützbauwerken (Spundwände)	Brinch Hansen, Blum, Bettungsmodulverfahren (elastisch/plastisch)	1,0	10
Flächengründungen			
Standsicherheit:			
Homogener Boden	Brinch Hansen	1,0	15
Inhomogener Boden		1,0	20
Setzungen: (Prognose)		1,0	20 – 30
Pfahlgründungen (Bohrpfähle)	Deterministische Bemessung basiert auf CPT-Ergebnissen		
Spitzenwiderstand		1,0	25
Mantelreibung		1,0	15
Setzungen von Böschungen und Dämmen (Prognose)	-	1,0	20

4.3.2 Geometrische Unsicherheiten

Als geometrische Unsicherheiten werden in dieser Arbeit Unsicherheiten bei der Festlegung von Schichtgrenzen im Baugrundmodell und geometrische Abweichungen der Bauteile definiert.

Unsicherheiten bei der Festlegung der Baugrundschichten entstehen, da aus der stichprobenartigen Baugrunderkundung nur Ergebnisse der Bohrsäulen und Sondierdiagramme zur Verfügung stehen, mit denen danach ein Baugrundmodell mit Schichtgrenzen der Homogenbereiche ausgearbeitet werden muss. Die Schichtfolge ist nur in den Erkundungsstellen bekannt, sodass zwischen den Stellen interpoliert werden muss, um einen vollständigen Schichtenverlauf zu erhalten. Quellen dieser Unsicherheiten sind die beschränkte Anzahl von Erkundungsstellen, die eigene Interpretation der Ergebnisse der Baugrunderkundung sowie die Genauigkeit des verwendeten Interpolationsmodells. Eine Reduzierung dieser Unsicherheiten kann nur durch eine Erhöhung der Erkundungsstellen und durch die Erstellung des Baugrundmodells durch erfahrene Fachleute erreicht werden.

Geometrische Abweichungen der Bauteile entstehen aus den Imperfektionen bei ihrer Herstellung. In Kapitel 4.2.1 werden sie als Teilursache für die Streuung der Größe der ständigen Einwirkungen aus Eigengewicht berücksichtigt. Hier hingegen werden sie als Abweichungen zwischen den gebauten und berechneten Bauteilabmessungen definiert. Diese Abweichungen können einen Einfluss sowohl auf der Einwirkungs- als auch auf der Widerstandsseite haben.

Die geometrischen Abweichungen der Bauteile können analog zu anderen Unsicherheiten als eine Zufallsvariable mit einem Mittelwert μ_{Ge} von 1,0 und einem Variationskoeffizient V_{Ge} größer 0 modelliert werden. Eine Normalverteilung kann zur Beschreibung der geometrischen Abweichungen, z. B. für Bauteile des Hochbaus (Hansen, 2004; Maaß, 1978) oder für Stahlbeton-Schlitzwänden (Böckmann, 2012), verwendet werden.

Einige Regelwerke wie prEN 1997-3 berücksichtigen bei der Bemessung ein Vorhaltemaß zu den Nennwerten der geometrischen Abmessungen, um mögliche geometrische Abweichungen abzudecken. Diese können z. B. bei der Herstellung von Flachgründungen 10 cm betragen.

4.4 Der menschliche Faktor

Unter dem „menschlichen Faktor“ wird der Mensch als Sicherheitsrisiko und demzufolge als Quelle der Unsicherheit verstanden. In diesem Zusammenhang wird oft der Begriff „menschlicher Fehler“ (engl. *human error*) benutzt. Viele Autoren (z. B. Sowers, 1993 oder Melchers, 1983) haben den Zusammenhang zwischen menschlichen Fehlern und dem Versagen des Bauwerks untersucht. Der menschliche Fehler wird dann als eine ungünstige Auswirkung auf die Bemessung definiert, der zu einer geringeren Qualität bzw. Zuverlässigkeit des Bauwerks als die erforderliche führt (SSC-378, 1994).

Menschliche Fehler entstehen bei durchgeführten oder unterlassenen Aktionen und können in jeder Phase eines geotechnischen Projekts (Planung, Bemessung, Bauausführung oder Inbetriebnahme) auftreten. Nach den Analysen von Sowers (1993) und Tarnawski (2013) über das

Versagen geotechnischer Bauwerke entstehen menschliche Fehler meistens bei der Planung und Bemessung des Bauwerks.

Basierend auf den Arbeiten von Melchers (1983) und Sowers (1993) können menschliche Fehler in vier Kategorien zusammengefasst werden, die sich aber überschneiden können:

- Fehler bei der Durchführung,
- Fehler wegen Nichtbeachtung des aktuellen Wissensstands,
- Fehler wegen hohes Arbeitsdrucks und
- Fehler bei der Kommunikation und Zusammenarbeit.

Gründe für Fehler bei der Durchführung können Unterlassungen, fehlende Erfahrung oder mangelnder Wissensstand sein. Unterlassungen kommen in der Praxis meistens vor, um Zeit oder Geld zu sparen. Ein Beispiel dazu ist die Planung und Durchführung einer vermeintlich günstigen Baugrunderkundung, die nicht den Anforderungen des Projektes entspricht (Sowers, 1993).

In den Untersuchungen von Melchers (1983) über menschliche Fehler bei der Planung und Bemessung konnte aufgezeigt werden, dass Studierende mit mangelndem Wissensstand und wenig Erfahrung mit den Bemessungsverfahren und Normen öfter Fehler begingen. Die Wahrscheinlichkeit menschlicher Fehler bei der Planung und Bemessung lag in einer Größenordnung von 1 %.

Fehler bei der Durchführung können durch die Kontrolle der ausgeführten Arbeiten, wie z. B. nach dem Vier-Augen-Prinzip (siehe Katzenbach et al., 2015), reduziert werden. Die Kontrolle kann durch eine Eigenüberwachung, die Überwachung der eigenen Organisation oder die Überwachung einer unabhängigen Drittstelle durchgeführt werden.

In Sowers (1993) wird außerdem erläutert, dass ca. ein Drittel der menschlichen Fehler durch die Nichtbeachtung des aktuellen Wissensstands verursacht werden. Hierbei fehlen dem Ingenieur die vertieften Fachkenntnisse in einem bestimmten Bereich oder ihm fehlen die breiteren Fachkenntnisse, um den Zusammenhang zwischen den interdisziplinären Bereichen zu verstehen. In beiden Fällen werden Entscheidungen ohne den erforderlichen Wissensstand getroffen. Sowers (1993) erklärt, dass die Nichtbeachtung des erforderlichen Wissensstands auf die Arroganz oder die Intoleranz gegenüber anderen Standpunkten sowie auf die fehlende Weiterbildung und fehlende Kenntnisse neuer Entwicklungen zurückzuführen ist. Ebenfalls zu dieser Kategorie zählen Fehler infolge des blinden Vertrauens in die Berechnungsmodelle oder geotechnische bzw. numerische Programme, ohne die Randbedingungen und Grenzen der analytischen bzw. numerischen Modelle zu kennen und zu verstehen.

Eine Verringerung menschlicher Fehler kann durch eine ständige Weiterbildung der Ingenieure erreicht werden. Außerdem sollten Ingenieure nur in dem Fachbereich tätig bzw. für Aufgaben zuständig sein, für die sie qualifiziert sind (Sowers, 1993).

Ein hoher Arbeitsdruck ist einer der üblichen Ursachen für menschliche Fehler. Der Druck auf die Ingenieure kann vom Arbeitgeber, dem Kunden, der Öffentlichkeit, den Bauarbeitern, Politikern, Rechtsanwälten, Arbeitskollegen, der Familie und von sich selbst kommen. Ein gewisser Druck ist für die optimale Leistung des Ingenieurs erforderlich. Ein hoher Druck über dem Optimum führt jedoch zu einer Abnahme der Leistung und zu Fehlern (SSC-378; Sowers, 1993).

Fehler infolge eines hohen Arbeitsdrucks und bei der Kommunikation und Zusammenarbeit bilden nach den Untersuchungen von Sowers (1993) den größten Anteil an menschlichen Fehlern. Kommunikationsfehler werden auf lexikalische Unschärfen, fehlende Information, absichtliche Fehlkommunikation oder Missverständnisse zurückgeführt. Lexikalische Unschärfen sind durch linguistische Variablen gekennzeichnet, die eine ungenaue oder subjektive Beurteilung in die Wertung einbeziehen. Z. B. ist der Begriff „steifer“ Ton ungenau definiert oder die Bausubstanz kann subjektiv als „sehr gut“, „gut“, „befriedigend“, „weniger gut“ oder „schlecht“ eingestuft werden (Baecher & Christian, 2003; Möller et al., 2000). Dies kann zu unterschiedlichen Klassifizierungen des Baugrunds oder des Baustoffs führen und demzufolge zu unterschiedlichen Bemessungen.

Darüber hinaus entsteht eine mangelhafte Zusammenarbeit, wenn die Kommunikation und Koordination zwischen den Beteiligten fehlerhaft ist oder schlichtweg fehlt. In Sowers (1993) wird das Versagen des Teton-Dammes als Beispiel für eine mangelhafte Zusammenarbeit dargestellt. In diesem Fall waren die Planer des Dammes vor der Planung nicht vor Ort und wurden in die Änderungen während der Bauausführung nicht involviert. Gründe dafür waren die Ersparnis von Reisekosten sowie die Entscheidung, den Ingenieuren vor Ort mehr Entscheidungskompetenz zu geben. Somit durften die Ingenieure vor Ort die Planung und die Konstruktion selbst verändern.

Bei der Modellierung des menschlichen Faktors kann nur die Auswirkung der menschlichen Fehler wie z. B. eine Abminderung des Widerstands oder eine Erhöhung der Belastung abgebildet werden. Aus den Arbeiten im konstruktiven Bereich von Melchers (1983) und Lind (1983) wird der menschliche Faktor bzw. der menschliche Fehler als Zufallsvariable modelliert. Im Prinzip kann der menschlichen Fehler bei jedem Parameter berücksichtigt werden. In Melchers (1983) wurden z. B. unterschiedliche Variablen bei den Widerständen und den Beanspruchungen berücksichtigt. Hingegen setzte Lind (1983) nur eine Variable bei den Widerständen an.

In Melchers (1983) wurde zudem der menschliche Fehler als eine normalverteilte Zufallsvariable mit einem Mittelwert gleich eins und einem Variationskoeffizienten von 5 % für den Widerstand und von 7 % für die Belastung modelliert. Da der Mittelwert eins beträgt, werden auch günstige Einflüsse des menschlichen Fehlers auf die Belastung und den Widerstand berücksichtigt.

Die in Melchers (1983) und Lind (1983) vorgestellten Modelle wurden zunächst für den konstruktiven Hochbau entwickelt. Sie können auch in der Geotechnik implementiert werden, um den Einfluss des menschlichen Fehlers auf die geotechnische Bemessung zu untersuchen.

5 Methoden zur Bestimmung charakteristischer und repräsentativer Parameter

Für das Teilsicherheitskonzept werden charakteristische bzw. repräsentative Werte benötigt, die mit Teilsicherheitsbeiwerten beaufschlagt werden, um Bemessungswerte zu erhalten und damit die geotechnische Bemessung durchführen zu können. Nachfolgend wird die Ermittlung der charakteristischen und repräsentativen Werte der Einwirkungen sowie der repräsentativen Werte der geotechnischen Kenngrößen näher erläutert.

5.1 Charakteristische und repräsentative Werte der Einwirkungen

Nach den allgemeinen Regeln für die Tragwerksplanung aus prEN 1990 kann der charakteristische Wert einer Einwirkung als Nennwert oder mit Bezug auf eine statistische Verteilung bestimmt werden. Wenn eine statistische Verteilung zugrunde gelegt wird, entspricht der charakteristische Wert einem Fraktilwert der Verteilung.

Bei der Auswahl des Fraktilwerts werden Kriterien wie die Streuung der Einwirkung oder die Empfindlichkeit des Bauwerks auf eine Veränderung der Einwirkung hin berücksichtigt. Wenn z. B. die Streuung der Einwirkung gering ist, wird hauptsächlich der 50 % - Fraktilwert (Mittelwert) der Verteilung als charakteristischer Wert festgelegt. Das ist nach prEN 1990 bei ständigen Einwirkungen mit geringem Variationskoeffizienten (z. B. im Bereich von 5 % bis 10 % je nach Tragwerkstyp) der Fall oder wenn sich die ständige Einwirkung während der geplanten Nutzungszeit nicht signifikant verändert.

Wenn die Streuung der Einwirkung groß ist oder wenn das Tragwerk sehr empfindlich auf eine Veränderung der Einwirkungen reagiert, werden als charakteristischer Wert obere oder untere Werte herangezogen. Bei ständigen Einwirkungen darf nach prEN 1990 als unterer Wert der 5 % - Fraktilwert und als oberer Wert der 95 % - Fraktilwert festgelegt werden. Bei den veränderlichen Einwirkungen wird der obere oder untere Wert so festgelegt, dass er für einen bestimmten Bezugszeitraum eine vorgegebene Wahrscheinlichkeit nicht über- oder unterschreitet. Für Umwelteinwirkungen wie Windlast oder Schneelast wird häufig der 98 % - Fraktilwert einer Extremwertverteilung als oberer Wert festgelegt, was einer mittleren Wiederkehrperiode von 50 Jahren entspricht.

In Tabelle 5.1 werden Beispiele für die Fraktile zur Festlegung der charakteristischen Werte für unterschiedliche Arten von Einwirkungen angegeben.

Der repräsentative Wert einer Einwirkung ist ein Wert, der für den Nachweis eines Grenzzustandes verwendet wird. Für die ständigen Einwirkungen entspricht er dem charakteristischen Wert. Der repräsentative Wert der veränderlichen Einwirkungen ist entweder der charakteristische Wert oder er ergibt sich aus der Multiplikation des charakteristischen Wertes mit einem Kombinationsbeiwert ψ.

Tabelle 5.1: Beispiele für Fraktile zur Festlegung des charakteristischen Werts verschiedener Einwirkungen

Einwirkung	Fraktil	Literaturquelle
Nutzlasten im Hochbau	95 % - 99 %[a]	Voigt (2014)
Nutzlasten von Kaimauerkonstruktionen	95 % / 98 %[b]	Böckmann (2012)
Verkehrseinwirkungen	98 % / 99,9 %[c]	Braml & Wurzer (2012)
Wasserdruck (Wasserstand)	99 %[d]	Kunz (2014)

[a] Die Spannbreite ergibt sich aus der Zusammenstellung in Voigt (2014)

[b] Angenommene Fraktile im Rahmen der Untersuchungen

[c] 99,9 % nach DIN EN 1991-2 und 98 % nach DIN-Fachbericht 101

[d] Nach DIN 19702 festgelegtes Fraktil für eine geplante Nutzungsdauer von 100 Jahren

5.2 Repräsentative Werte geotechnischer Kenngrößen

In der aktuellen DIN EN 1997-1 wird der Begriff „charakteristischer Wert“ der geotechnischen Kenngröße verwendet, um den Wert zu bezeichnen, der in die Grenzzustandsgleichung als geotechnische Kenngröße anzusetzen ist. Dieser Begriff wird in prEN 1997-1 durch die Bezeichnung „repräsentativer Wert“ der geotechnischen Kenngröße ersetzt.

5.2.1 Definition nach prEN 1997-1

Nach prEN 1997-1 sind die repräsentativen Werte für geotechnische Kenngrößen anhand der Ergebnisse aus abgeleiteten Werten von Labor- und Feldversuchen festzulegen. Diese sind dazu durch örtliche oder allgemeine Erfahrungen mit dem vorhandenen Baugrund (z. B. aus früheren Projekten, einschlägigen Quellen etc.) zu ergänzen. Der repräsentative Wert der geotechnischen Kenngröße X_{rep} wird als derjenige Wert definiert, der im Grenzzustand wirkt. Dieser kann der Mittelwert, ein oberer oder unterer Wert sein. Er ergibt sich aus der Multiplikation des Umrechnungsbeiwerts η mit dem Nennwert X_{nom} oder einem charakteristischen Wert X_k:

$$X_{rep} = \eta \cdot X_{nom} \tag{5.1}$$

$$X_{rep} = \eta \cdot X_k \tag{5.2}$$

Der Umrechnungsbeiwert berücksichtigt Feuchtigkeits- und Temperaturauswirkungen, die Auswirkungen der Maßstabseffekte, der Alterung, der Anisotropie oder des Spannungszustandes. Der Nennwert einer geotechnischen Kenngröße ist nach prEN 1997-1 als eine vorsichtige Schätzung desjenigen Wertes festzulegen, der im Grenzzustand wirkt. Der charakteristische Wert der geotechnischen Kenngröße wird hingegen als ein statistisch festgelegter Wert für einen

Vertrauensbereich von 95 % definiert, der im Grenzzustand für eine vorgegebene Wahrscheinlichkeit nicht erreicht wird. Der charakteristische Wert ist bezogen auf die Verteilung der geotechnischen Kenngröße wie folgt festzulegen:

- Für einen Mittelwert: eine Schätzung des 50%- Fraktilwerts,
- Für einen unteren Wert: eine Schätzung des 5%- Fraktilwerts,
- Für einen oberen Wert: eine Schätzung des 95%- Fraktilwerts.

Nach der Definition in prEN 1997-1 entspricht der repräsentative Wert dem Wert der geotechnischen Kenngröße im betrachteten Grenzzustand. Da es in der Geotechnik aber unterschiedliche Grenzzustände gibt, kann es auch unterschiedliche repräsentative Werte für eine geotechnische Kenngröße geben. Zudem ist der repräsentative Wert lediglich eine Schätzung, da die im Grenzzustand tatsächlich wirkende geotechnische Kenngröße aufgrund der beschränkten Information zum Baugrundverhalten infolge nur einer stichpunktartigen Baugrunduntersuchung, der unvollständigen Kenntnis der Streuung der geotechnischen Kenngröße usw. praktisch unbekannt ist. Die Schätzung muss daher vor allem konservativ sein.

Wegen der natürlichen Variabilität des Baugrunds (siehe Kapitel 4.2.4.1) streut die geotechnische Kenngröße auch innerhalb eines homogenen Baugrundbereichs. Im Grenzzustand können daher die „weicheren“ durch die „festeren“ Bereiche ausgeglichen werden, sodass die im Grenzzustand wirkende geotechnische Kenngröße einer über dem betreffenden Baugrundbereich gemittelten Kenngröße entspricht. Der betreffende Baugrundbereich im Grenzzustand ist nur eine Teilmenge der „Grundgesamtheit“[1] des als homogen definierten Baugrundbereichs. Die gemittelte Kenngröße im Grenzzustand entspricht daher meistens nicht dem Mittelwert der Grundgesamtheit (Lo & Li, 2007). Dies wird schematisch in Bild 5.1 anhand eines Beispiels für den Grenzzustand „Gleiten“ zweier unterschiedlich großer Fundamente dargestellt. Hierbei entsprechen die Gleitfugen (= Fundamentsohle) dem betroffenen Baugrundbereich im Grenzzustand. Dabei stellt die rote Linie einen über der Gleitfuge gemittelten Reibungswinkel φ_{mittel} und die schwarze durchgehende Linie den Mittelwert der Grundgesamtheit $\mu_{\varphi,G}$ dar.

Bei der Baugrunderkundung werden einer großen Fläche des Baugrunds nur stichpunktartige Proben entnommen. Im stochastischen Sinne ist dies mit einer zufälligen Auswahl von Werten der Grundgesamtheit vergleichbar. Außerdem ist das in den Labor- und Feldversuchen erfasste Baugrundvolumen kleiner als der im Grenzzustand maßgebende Baugrundbereich. Der repräsentative Wert ist daher als ein vorsichtiger Schätzwert des berechneten Mittelwerts aus den Proben festzulegen, wenn im erkundeten Baugrundbereich ein großer Bereich im Grenzzustand betroffen ist oder das Bauwerk steif genug ist, um Lasten aus weicheren in festeren Bereiche des Baugrunds umlagern zu können. Ein typisches Beispiel ist im ersten Fall eine Schnittböschung (Schuppener, 2011), im zweiten Fall eine Pfahlgründung (Frank et al., 2004). In der Fachliteratur

[1] Unter Grundgesamtheit wird hier die Menge aller geotechnischen Kenngrößen verstanden, die im ganzen homogenen Baugrundbereich vorhanden sind.

(siehe z. B. Schuppener, 2011) wird in solchen Fällen der repräsentative Wert als „globaler" repräsentativer[1] Wert bezeichnet.

Wenn im erkundeten Baugrundbereich ein kleiner Bereich im Grenzzustand betroffen ist oder das Bauwerk nicht die Fähigkeit hat, Lasten im Baugrund umzulagern, ist der repräsentative Wert als ein vorsichtig gewählter unterer Wert festzulegen (in Bild 5.1 als minimaler Wert gewählt). In diesem Fall wird der repräsentative Wert als „lokaler" repräsentativer[1] Wert bezeichnet.

Der Unterschied zwischen dem globalen und lokalen Wert ist für eine Baugrunderkundung mit 6 Proben (B1 bis B6 und schwarze Kreise) schematisch in Bild 5.1 dargestellt. Dabei wird gezeigt, dass die Art des repräsentativen Werts („global" oder „lokal") von der Größe der Gleitfuge, d. h. vom betroffenen Baugrundbereich im Grenzzustand, abhängig ist. Außerdem werden die Werte $\varphi_{rep,lokal}$ und $\varphi_{rep,global}$ wegen der beschränkten Probenanzahl konservativer festgelegt als der gemittelte Reibungswinkel φ_{mittel} im jeweiligen Fall (rote Linien).

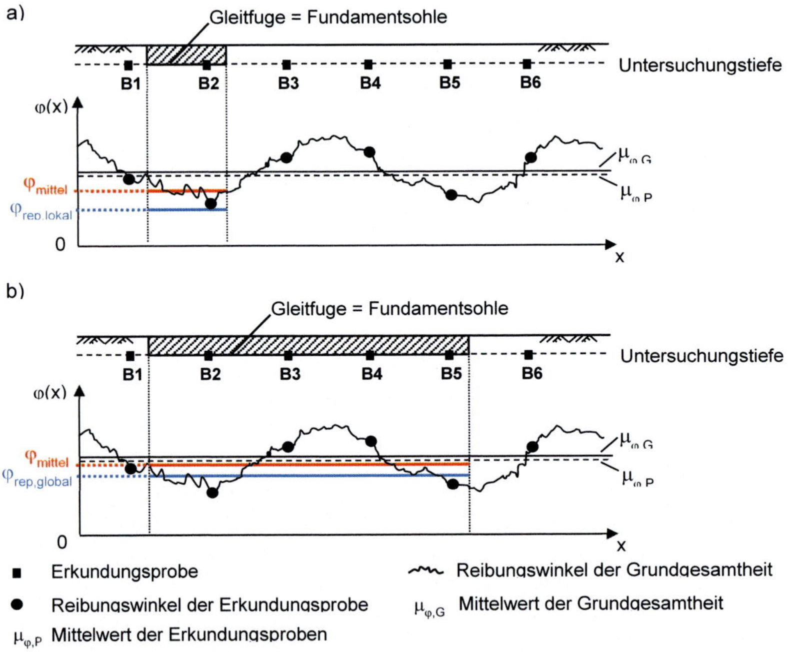

Bild 5.1: Repräsentativer Wert am Beispiel des Grenzzustands Gleiten: a) lokaler repräsentativer Wert, b) globaler repräsentativer Wert

---

[1] Der Begriff wurde nach der Bezeichnung in prEN 1997-1 angepasst. In der Fachliteratur als charakteristischer Wert bezeichnet.

Wie hier erläutert wurde, sind auch für einen homogenen Baugrundbereich unterschiedliche repräsentativen Werte derselben Kenngrößen möglich, welche vom Grenzzustand, dem davon betroffenen Baugrundbereich, der Steifigkeit der Struktur u. a. abhängig sind.

5.2.2 Einflussfaktoren bei der Festlegung der repräsentativen Werte geotechnischer Kenngrößen

Bei der Festlegung der repräsentativen Werte müssen nach 4.3.2(2) prEN 1997-1 folgende Aspekte berücksichtigt werden:

- geologische und andere Hintergrundinformationen wie die Werte aus früheren Projekten,
- die Streuung der gemessenen Eigenschaft,
- die Unsicherheit infolge des Umfangs (Art und Anzahl) und der Qualität der Feld- und Laboruntersuchung,
- die Ausdehnung des Baugrundbereichs, der für das Verhalten des geotechnischen Bauwerks im betrachteten Grenzzustand maßgebend ist.

Die Streuung der gemessenen geotechnischen Kenngröße enthält den Messfehler und die natürliche Variabilität der „punktuellen" Eigenschaft (siehe Kapitel 4.2.4.1). Zur Festlegung des repräsentativen Wertes werden jedoch unter Berücksichtigung des betreffenden Baugrundbereichs im betrachteten Grenzzustand gemittelte geotechnische Kenngrößen benötigt, da diese eher den im Grenzzustand wirkenden geotechnischen Kenngröße entsprechen (siehe Kapitel 5.2.1). Die gemittelten Kenngrößen können z. B. anhand des Reduktionsfaktors nach Vanmarcke (1978, 1984) ermittelt werden, der sich aus der Korrelationslänge und der Geometrie des Versagenskörpers im Grenzzustand ergibt (siehe Kapitel 6.2). In dieser Hinsicht zeigt Bild 5.2 exemplarisch, dass sich die Streuung der gemessenen Werte verringert, da sich die gemittelten Werte dem Mittelwert der Kenngröße annähern. Durch eine konservative Berücksichtigung der Mittelung der geotechnischen Kenngrößen können wirtschaftliche, repräsentative Werte ohne Sicherheitseinbuße ermittelt werden.

Bild 5.2: Einfluss der Mittelung auf die Variabilität des Baugrunds

Auch eine Mittelung der geotechnischen Kenngrößen kann in Betracht kommen, wenn das Bauwerk Lasten aus weicheren in festere Bereiche umlagern kann. Hierzu ist es erforderlich, die Bauwerk-Interaktion sowie die Bauwerksteifigkeit zu kennen.

Weitere wichtige Einflussfaktoren bei der Festlegung der repräsentativen Werte sind der Umfang der Baugrunduntersuchung sowie die vergleichbare Erfahrung. Im Allgemeinen ist eine große Anzahl an Versuchsergebnissen in regelmäßigen Abständen gewünscht, um die statistische Unsicherheit zu reduzieren und die Repräsentativität der Kenngröße im Grenzzustand zu erhöhen. So kann eine zuverlässige Abschätzung der repräsentativen Werte durchgeführt werden. Nach prEN 1997-1 sind auch die vorhandene Erfahrung sowie Vorkenntnisse, z. B. in Form von Werten aus früheren Projekten, örtlicher Erfahrung mit dem Baugrund usw., zu berücksichtigen. Generell gilt: Je mehr Erfahrung vorhanden ist, desto geringer ist die erforderliche Anzahl an Versuchen. Z. B. wird in den Anhängen P und Q von DIN EN 1997-2 eine Mindestanzahl von Laborversuchen zur Bestimmung der Scherfestigkeit und der Steifigkeit des Baugrunds in Abhängigkeit von der vergleichbaren Erfahrung und der Variabilität des Baugrunds empfohlen. Bei der vergleichbaren Erfahrung werden drei Klassen unterschieden, die in Tabelle 5.2 definiert werden.

Tabelle 5.2: Definition der drei Erfahrungsklassen in Anlehnung an Schuppener (1998)

Vergleichbare Erfahrung	Definition
Keine Erfahrungen	Wenn keinerlei weitere zuverlässige Versuchsergebnisse oder andere Erfahrungen vorliegen.
Mittlere Erfahrungen	Wenn Ergebnisse von ähnlichen Böden vorliegen oder die Versuchsergebnisse mit den Angaben aus Fachbüchern u. ä. übereinstimmen.
Umfangreiche Erfahrungen	Wenn statistische Auswertungen und/oder publizierte Korrelationen oder Versuchsergebnisse der gleichen Bodenart aus unmittelbarer Umgebung vorliegen.

In DIN EN 1997-2 wird der Grad der Variabilität des Baugrunds über den Korrelationskoeffizienten der Regressionskurve für die Mohr'sche Umhüllende für den Reibungswinkel und über das Verhältnis max c_u / min c_u für die Kohäsion des undränierten Bodens berücksichtigt. Die Variabilität des Baugrunds kann aber auch anders berücksichtigt werden. Sie wird z. B. in Schuppener (1998) über dem Schwankungsbereich des Reibungswinkels dargestellt. In dem Beitrag sind die Ergebnisse einer Umfrage unter Geotechnikern zum erforderlichen Umfang von Scherversuchen für eine bindige Bodenschicht dargestellt. Die Versuchsergebnisse sind für die Standsicherheitsberechnung einer Böschung zu verwenden. Die Ergebnisse der Umfrage spiegeln die in der Praxis übliche Mindestanzahl an Versuchen und zeigen deutlich, dass die Meinungen teilweise weit auseinandergehen. Die Mittelwerte der Ergebnisse stimmen aber mit den Empfehlungen in DIN EN 1997-2 überein (siehe die Tabellen 5.3 und 5.4), obwohl die Kategorisierung für den Grad der Variabilität unterschiedlich ist.

Tabelle 5.3: Direkte Scherversuche, empfohlene Mindestanzahl von Versuchen, die in einer Bodenschicht nach DIN EN 1997-2 zu untersuchen sind

Empfohlene Anzahl von Versuchen[a]			
Korrelationskoeffizient der Regressionskurve für die Mohr'sche Umhüllende	**Vergleichbare Erfahrung**		
	keine	**mittlere**	**umfangreiche**
Korrelationskoeffizient < 0,95	4	3	2
0,95 ≤ Korrelationskoeffizient < 0,98	3	2	2
Korrelationskoeffizient ≥ 0,98	2	2	1[b]

[a] Ein Versuch entspricht einem Satz von 3 Einzelversuchen.
[b] Ein Versuch und Klassifikationsversuche reichen aus, um die Übereinstimmung mit der vergleichbaren Erfahrung zu belegen. Wenn die Versuchsergebnisse nicht mit den vorliegenden Erfahrungen übereinstimmen, sind zusätzliche Versuche durchzuführen.

Tabelle 5.4: Umfrageergebnis zur Mindestzahl von Versuchen zur Ermittlung der dränierten Scherparameter φ' und c' mit Scherversuchen, Mittelwerte und Extremwerte (in Klammern) nach Schuppener (1998)

Homogenität	**Erfahrungen**		
	keine	**begrenzt**	**groß**
Schwankungsbereich des Reibungswinkels $\Delta\varphi > \pm 2°$	5,3 (2 - 10)	3,3 (0 - 8)	1,7 (0 - 4)
Schwankungsbereich des Reibungswinkels $\Delta\varphi < \pm 2°$	3,5 (0 - 8)	2,3 (0 - 5)	0,8 (0 - 3)
Schwankungsbereich des Reibungswinkels $\Delta\varphi < \pm 1°$	2,5 (0 - 5)	1,4 (0 - 3)	0,8 (0 - 2)

Die Werte in DIN EN 1997-2 stellen nur eine Empfehlung dar. Wenn die Versuchsergebnisse nicht mit den Erfahrungen übereinstimmen, sollten mehr Versuche durchgeführt werden. Die Anzahl der Laborversuche kann aber vermindert werden, wenn die Scherfestigkeit zusätzlich durch Feldversuche wie z. B. den Flügelscherversuch ermittelt wird (P.1.1, DIN EN 1997-2). Allerdings ist zu berücksichtigen, dass die aus den Ergebnissen der Feldversuche abgeleitete geotechnische Kenngröße mit der Unsicherheit des Korrelationsmodells behaftet ist (siehe „Transformationsunsicherheit" in Kapitel 4.2.4.3).

Bei der Wahl der Laborversuche ist zu beachten, dass die ausgewählten Versuche das Baugrundverhalten in situ adäquat abbilden können. Außerdem muss sich das Spannungsniveau im Versuch nach der zu erwartenden Belastung des Baugrunds richten.

Nach 4.3.2(2) prEN 1997-1 sind bei der Festlegung der repräsentativen Werte explizit die statistische Unsicherheit und die Unsicherheit infolge der natürlichen Variabilität des Baugrunds zu berücksichtigen. Nicht explizit in der Norm berücksichtigt, sind die negative Auswirkung von möglichen Messfehlern, die Transformationsunsicherheit bei der Umrechnung von Ergebnissen der Feldversuche auf geotechnische Kenngrößen, die Unsicherheit des verwendeten Festlegungsmodells oder mögliche menschliche Fehler. Unklar ist, ob der geotechnische Sachverständige diese bei der Festlegung des repräsentativen Wertes berücksichtigt oder nicht.

5.3 Verfahren zur Festlegung der repräsentativen geotechnischen Kenngrößen

5.3.1 Verfahren aus Schweden

Nach prEN 1990 ist bei der Ermittlung der repräsentativen Werte bzw. der Bemessungswerte der Baustoffe ein Umrechnungsbeiwert η zu berücksichtigen. In Schweden wurde daher für die geotechnische Bemessung ein Verfahren entwickelt, um den repräsentativen Wert aus den Werten von Labor- und Feldversuchen und einem Umrechnungsbeiwert η zu ermitteln. Der Umrechnungsbeiwert η berücksichtigt hierbei die Unsicherheiten des Baugrunds und des Bauwerks und ergibt sich in Anlehnung an den IEG Rapport 2:2008 und die Definition in prEN 1997-1 wie folgt:

$$X_{rep} = \eta \cdot \overline{X} \tag{5.3}$$

mit:

X_{rep} repräsentativer Wert der geotechnischen Kenngröße

η Umrechnungsbeiwert, der die Unsicherheiten des Baugrunds und des Bauwerks berücksichtigt

$\overline{X}$ geschätzter Mittelwert der abgeleiteten Werte

Der Umrechnungsbeiwert η ergibt sich aus acht „Beiwerten" η_1, η_2, …, η_8, die die in Tabelle 5.5 zusammengefassten Einflussfaktoren berücksichtigen. Er ergibt sich im Allgemeinen aus der Multiplikation aller Beiwerte (siehe Gl. (5.4)).

Nach IEG Rapport 2:2008 ist es zweckmäßig die Beiwerte in Anlehnung an die Hauptgruppen z. B. in $\eta_{(1,2,3,4)}$, $\eta_{(5,6)}$, η_7 und η_8 zusammenzufassen. Der Umrechnungsbeiwert η ergibt sich dann nach Gl. (5.5).

$$\eta = \eta_1 \cdot \eta_2 \cdot \eta_3 \cdot \eta_4 \cdot \eta_5 \cdot \eta_6 \cdot \eta_7 \cdot \eta_8 \tag{5.4}$$

$$\eta = \eta_{(1,\,2,\,3,\,4)} \cdot \eta_{(5,6)} \cdot \eta_7 \cdot \eta_8 \tag{5.5}$$

In Abhängigkeit von dem Typ und der Form des geotechnischen Bauwerks, den Bodenverhältnissen (dränierter oder undränierter Zustand) und der Variabilität des Bodens können sich unterschiedliche Gruppierungen sowie unterschiedliche Werte für die Beiwerte ergeben. Für Böschungen und Hänge, Flächengründungen, Pfahlgründungen und Stützkonstruktionen ergibt sich der Umrechnungsbeiwert aus folgenden unterschiedlichen Hauptgruppen:

- Böschungen und Hänge: $\eta_{(1,2)}$, η_3, $\eta_{(4,5,6,7)}$, η_8
- Flachgründungen: $\eta_{(1,2,3,4)}$, $\eta_{(5,6)}$, $\eta_{(7,8)}$
- Pfahlgründungen: $\eta_{(1,2)}$, η_3, η_4, η_5, η_6, η_7, η_8
- Stützkonstruktionen: $\eta_{(1,2,3,4)}$, $\eta_{(5,6)}$, η_7, η_8

Tabelle 5.5: Beiwerte nach IEG Rapport 2:2008 für die Ermittlung des charakteristischen Werts der geotechnischen Kenngrößen

Hauptgruppe	Beiwert	Einfluss
Baugrund-eigenschaften	η_1	Die natürliche Variabilität des Baugrunds (definiert in Form des Variationskoeffizienten)
	η_2	Die Anzahl der unabhängigen Untersuchungsproben
	η_3	Unsicherheiten bei der Bestimmung der Bodeneigenschaften
	η_4	Die Entfernung zur Untersuchungsstelle
Geometrie und Struktur	η_5	Die Ausdehnung des Baugrundbereichs, der das geotechnische Verhalten im betrachteten Grenzzustand bestimmt.
	η_6	Die Fähigkeit des geotechnischen Bauwerks, Lasten aus weicheren in festere Bereiche des Baugrunds umzulagern.
Weitere Einflüsse	η_7	Die Art des Bruchmechanismus (spröder oder duktiler Bruch)
	η_8	Die Bedeutung des Parameters bei der Bemessung im Vergleich zu anderen Parametern

Tabelle 5.6 zeigt eine Gegenüberstellung der Beiwerte für Stützkonstruktionen, Pfahl- und Flächengründungen. Anders als bei den anderen Bauwerkstypen, haben bei Flächengründungen die Form und die Bodenverhältnisse einen Einfluss auf die Wahl der Beiwerte.

In normalen Fällen, bei denen die Baugrunduntersuchung eine gute Qualität und einen entsprechenden Umfang aufweist, liegt der Beiwert $\eta_{(1,2,3,4)}$ für Stützkonstruktionen und Flächengründungen nahe bei 1,0. Werte im unteren Bereich der Spannbreite werden gewählt, wenn z. B. nur wenige Erkundungsproben vorhanden sind, die Ergebnisse der Labor- und Feldversuchen stark streuen, der Versuchstyp nicht repräsentativ für die gesuchte geotechnische Kenngröße ist oder die Ergebnisse nicht mit der vergleichbaren Erfahrung übereinstimmen. Werte im oberen Bereich der Spannbreite dürfen hingegen angesetzt werden, wenn die gemessene Variabilität des Baugrunds gering ist, die Ergebnisse mit der vergleichbaren Erfahrung übereinstimmen, die Qualität der Baugrunduntersuchung geeignet ist und sich die Erkundungsstellen im geplanten Bereich des Bauwerks befinden.

Im Vergleich dazu wird die Hauptgruppe Bodeneigenschaft bei den Pfahlgründungen von dem Beiwert $\eta_{(1,2)}$ dominiert. Dieser lässt sich in Abhängigkeit von dem Variationskoeffizienten (Variabilität des Baugrunds) und der Anzahl der Proben nach Gl. (5.6) ermitteln. Je kleiner der Variationskoeffizient und höher die Anzahl der Proben, desto höhere Werte ergeben sich für $\eta_{(1,2)}$.

$$\eta_{(1,\,2)} = e^{-V_x/\sqrt{n}} \tag{5.6}$$

mit:

n Anzahl der unabhängigen Proben
V_x Variationskoeffizient der Baugrundeigenschaft

Tabelle 5.6: Beiwerte aus IEG Rapport 7:2008, IEG Rapport 8:2008 und IEG Rapport 2:2009 für Stützkonstruktionen, Pfahl- und Flächengründungen

<table>
<tr><th rowspan="3">Beiwert</th><th rowspan="3">Pfahlgründung</th><th rowspan="3">Stützkonstruktion</th><th colspan="4">Flächengründung</th></tr>
<tr><th colspan="2">undräniert</th><th colspan="2">dräniert</th></tr>
<tr><th>Quadrat / Rechteck</th><th>Streifen</th><th>Quadrat / Rechteck</th><th>Streifen</th></tr>
<tr><td>η_1</td><td rowspan="2">0,78 – 1,0[a]</td><td rowspan="4">0,6 – 1,05</td><td rowspan="4">0,7 – 1,05</td><td rowspan="4">0,7 – 1,05</td><td rowspan="4">0,8 – 1,1</td><td rowspan="4">0,8 – 1,1</td></tr>
<tr><td>η_2</td></tr>
<tr><td>η_3</td><td>1,0</td></tr>
<tr><td>η_4</td><td>≤ 1,0[b]</td></tr>
<tr><td>η_5</td><td>1,0</td><td rowspan="2">0,85 – 1,15</td><td rowspan="2">0,9 – 1,0</td><td rowspan="2">1,0</td><td rowspan="2">0,9 – 1,0</td><td rowspan="2">1,0</td></tr>
<tr><td>η_6</td><td>1,0 – 1,1</td></tr>
<tr><td>η_7</td><td>≤ 1,0[c]</td><td>1,0</td><td rowspan="2">1,0</td><td rowspan="2">1,0</td><td rowspan="2">1,1</td><td rowspan="2">1,1</td></tr>
<tr><td>η_8</td><td>≥ 1,0[d]</td><td>1,0 – 1,15</td></tr>
</table>

[a] Die Spannbreite ergibt sich aus den niedrigsten Werten der Kurven in Anhang F und dem Grenzwert für $V \approx 0$ und $n \rightarrow \infty$

[b] Werte < 1,0, wenn die Entfernung der Erkundungsstellen größer als das Doppelte der Knicklänge ist.

[c] Werte < 1,0, bei Fällen mit einer höheren Gefahr für einen Sprödbruch. Z. B. für Rohrpfähle ohne Verfüllung.

[d] Werte > 1,0 für Holzpfähle, da ein höherer Sicherheitsfaktor auf der Materialseite angesetzt wird.

Bei der Ermittlung von $\eta_{(1,2)}$ wird nach IEG Rapport 8:2008 der Variationskoeffizient als „bekannt" angenommen, was Vorkenntnisse der Verteilung und der stochastischen Parameter des untersuchten Baugrunds voraussetzt. Bei Böschungen und Hängen wird der Beiwert $\eta_{(1,2)}$ auch in Abhängigkeit von der Bodenart, dem Variationskoeffizienten und der Anzahl der Proben ermittelt.

Bei Pfahl- und Flächengründungen werden Werte für $\eta_{(5,6)}$ gleich oder größer 1,0 angesetzt, wenn im Grenzzustand ein globales Versagen betrachtet wird und das geotechnische Bauwerk Lasten von weicheren in feste Baugrundbereiche umlagern kann. Bei Pfahlgründungen wird $\eta_5 = 1{,}0$ angenommen, der Wert für η_6 beträgt 1,1 für Pfahlgruppen oder wenn das Bauwerk Lasten im Baugrund umlagern kann. Ein Wert von 1,0 wird z. B. für Einzelpfähle angesetzt.

Normalerweise wird für η_7, η_8 bzw. $\eta_{(7,8)}$ der Wert 1,0 angesetzt, da meistens angenommen wird, dass der Baugrund durch einen duktilen Bruch versagt. Bei einem hohen Porenwasserdruck im geschichteten Boden oder einem „Quick-Ton“ ist aber ein Sprödbruch zu erwarten, sodass ein Wert < 1,0 anzusetzen ist. Werte > 1,0 sind möglich, wenn die geotechnische Kenngröße einen geringeren Einfluss auf das Versagen hat. Ein Beispiel dafür ist der geringere Einfluss des Reibungswinkels eines nichtbindigen Bodens auf das Versagen einer Stützkonstruktion, wenn sie durch überwiegend hohe Wasserdrücke belastet wird (IEG Rapport 2:2009).

Die Beiwerte für Böschungen und Hänge hängen u. a. von der Art des Labors- und Feldversuchs und der Ausdehnung des Baugrundbereichs im Grenzzustand ab. Für die Beiwerte wird an dieser Stelle auf IEG Rapport 6:2008 verwiesen.

Für die Wichte des Bodens wird immer ein Umrechnungsbeiwert η von 1,0 angesetzt. Bei guten Baugrundverhältnissen und einer sorgfältigen und umfangreichen Baugrunduntersuchung können sich grundsätzlich Umrechnungsbeiwerte η größer eins ergeben. Für Pfahlgründungen wird nach IEG Rapport 8:2008 aber gefordert, eine Bewertung der Auswirkungen eines repräsentativen Wertes über dem geschätzten Mittelwert durchzuführen, bevor er für die Bemessung verwendet wird. Auch wenn der Wert zu niedrig (z. B. weniger als 0,7) ist, sollte eine Bewertung des repräsentativen Wertes erfolgen. Bei Flächengründungen bzw. Stützkonstruktionen werden die maximalen Werte für den Umrechnungsfaktor dennoch auf 1,10 und 1,20 begrenzt.

Diese Möglichkeit, repräsentative geotechnische Kenngrößen höher als den geschätzten Mittelwert zu ermitteln, kann ein Grund dafür sein, warum in Schweden das Nachweisverfahren MFA mit Abminderung der geotechnischen Kenngrößen eher verwendet wird als die anderen Nachweisverfahren, die die Baugrundwiderstände abmindern.

5.3.2 Vergleichbare Erfahrung

Die bisher gewonnenen Erfahrungen sind als vereinfachte Faustregeln oder Erfahrungswerte in Fachbücher und Empfehlungen eingeflossen. Diese Erfahrungen können nach der neuen Definition in prEN 1997-1 für die Festlegung des Nennwerts X_{nom} der geotechnischen Kenngröße verwendet werden. Da in der Praxis die Einflüsse des Umrechnungsfaktors allerdings schon bei der Festlegung des Nennwerts berücksichtigt werden, wird η = 1,0 angesetzt, sodass der repräsentative Wert dem Nennwert entspricht.

Gl. (5.7) zeigt exemplarisch eine Faustregel für die Bestimmung des Peak-Reibungswinkels für Quarzsande und Kiese nach BS 8002 in Abhängigkeit von der Kornform (engl. *angularity*), der Form der Körnungslinie (engl. *grading*) und der Ergebnisse von SPT-Versuchen (in Anlehnung an Bond & Harris 2008).

$$\varphi' = 30° + \underbrace{\begin{pmatrix} 0°, \text{ rounded} \\ 2°, \text{ sub-angular} \\ 4°, \text{ angular} \end{pmatrix}}_{\text{Angularity}} + \underbrace{\begin{pmatrix} 0°, \text{ uniform} \\ 2°, \text{ moderate grading} \\ 4°, \text{ well-graded} \end{pmatrix}}_{\text{Grading}} + \underbrace{\begin{pmatrix} 0°, N < 10 \\ 2°, N = 20 \\ 6°, N = 40 \\ 9°, N = 60 \end{pmatrix}}_{\text{SPT}} \tag{5.7}$$

Erfahrungswerte für die repräsentativen geotechnischen Kenngrößen werden z. B. in der EAU (Empfehlungen des Arbeitsausschusses „Ufereinfassungen“ Häfen und Wasserstraßen) vorgeschlagen. Diese sind hauptsächlich konservative mittlere Erfahrungswerte. Im Falle eines Projekts in der geotechnischen Kategorie 1 (siehe Kapitel 2.2.4) sind Erfahrungswerte ausreichend, wenn eine vereinfachte Bemessung mit empirischen Regeln oder vereinfachte Nachweise verwendet werden.

5.3.3 Statistische Verfahren

prEN 1997-1 schreibt die Anwendung von statistischen Verfahren zur Ermittlung der charakteristischen Werte der geotechnischen Kenngrößen vor, der mit dem Umrechnungsbeiwert η zu multiplizieren ist, um den repräsentativen Wert zu erhalten. Da in der Praxis bei der Ermittlung des charakteristischen Werts die Einflüsse des Umrechnungsbeiwerts berücksichtigt werden, ist $\eta = 1{,}0$ anzusetzen und der repräsentative Wert entspricht dem charakteristischen Wert:

$$X_{rep} = \eta \cdot X_k = 1{,}0 \cdot X_k = X_k \tag{5.8}$$

Nach prEN 1997-1 ist der charakteristische bzw. repräsentative Wert wie folgt zu ermitteln:

$$X_{rep} = X_k = \hat{\mu}_x \pm \hat{\sigma}_x \cdot k_n = \hat{\mu}_x \cdot \left(1 \pm \hat{V}_x \cdot k_n\right) \tag{5.9}$$

mit:

$\hat{\mu}_x$	arithmetischer Mittelwert aus n Versuchswerten der geotechnischen Kenngröße
$\hat{\sigma}_x$	Standardabweichung aus n Versuchswerten
$\hat{V}_x$	Variationskoeffizient ($\hat{\sigma}_x / \hat{\mu}_x$)
k_n	statistischer Koeffizient, der von der Anzahl n der Versuchswerte abhängig ist

Statistische Verfahren sind ungeeignet, wenn nur wenige Versuchsdaten für die Berechnung zur Verfügung stehen. Wenn eine ausreichende Anzahl an Versuchsdaten oder Vorinformationen (z. B. Vorkenntnisse bzw. regionale Erfahrung) vorhanden sind, können statistische Verfahren als Werkzeug für eine zuverlässige Festlegung des repräsentativen Wertes verwendet werden.

Die statistischen Verfahren in der Fachliteratur unterscheiden, ob ein Trend und/oder Vorinformationen vorhanden sind. Die Formel in prEN 1997-1 und ihre statistischen Koeffizienten k_n basieren darauf, dass kein Trend zwischen den Versuchsergebnissen vorhanden ist. Diese werden näher in Kapitel 5.3.3.1 erläutert. Die Weiterentwicklung zur Berücksichtigung eines Trends und anderer Einflüsse (Vorinformationen, Messfehler, Reduktionsfaktor u. a.) werden in den darauffolgenden Kapiteln behandelt.

Die zu erläuternden Verfahren setzen grundsätzlich voraus, dass die geotechnischen Kenngrößen normalverteilt sind. Der Ansatz einer logarithmischen Normalverteilung, der in einigen Fällen besser zu den physikalischen Eigenschaften der Kenngröße (z. B. für die Kohäsion) passt, wird in Kapitel 5.3.3.5 erläutert.

5.3.3.1 Kein Trend vorhanden

Für den Fall, dass kein Trend aus den Versuchsergebnissen zu erkennen ist, werden alle Versuchswerte als unabhängig und zufällig betrachtet. In prEN 1997-1 wird ein Vertrauensbereich von 95 % für die statistischen Verfahren festgelegt. Das bedeutet für die Ermittlung des repräsentativen Werts als Mittelwert, dass der tatsächliche Mittelwert mit einer Wahrscheinlichkeit von 95 % nicht schlechter ist als der geschätzte repräsentative Wert. Die Schätzung des repräsentativen Werts als Mittelwert kann als globaler repräsentativer Wert bezeichnet werden (siehe Kapitel 5.2.1). Er lässt sich für einen unbekannten Variationskoeffizienten (bzw. eine unbekannte Standardabweichung) wie folgt ermitteln (Hanisch & Struck, 1985; Bauduin, 2001):

$$x_{rep,global} = \hat{\mu}_x - \hat{\sigma}_x \cdot k_n = \hat{\mu}_x - \hat{\sigma}_x \cdot t_{(n-1)}^{95\%} \cdot \sqrt{\frac{1}{n}} = \hat{\mu}_x \cdot \left(1 - \hat{V}_x \cdot t_{(n-1)}^{95\%} \cdot \sqrt{\frac{1}{n}} \right) \tag{5.10}$$

mit:

$x_{rep,global}$ globaler repräsentativer Wert der geotechnischen Kenngröße

$t_{(n-1)}^{95\%}$ Faktor der Student-Verteilung für (n − 1) Freiheitsgrade und 95 % Vertrauensbereich

Untere oder obere Werte für den repräsentativen Wert können als lokale repräsentative Werte bezeichnet werden. Hierbei ist ein Wert so zu schätzen, dass die Wahrscheinlichkeit 5 % (für untere Werte) bzw. 95% (für obere Werte) beträgt, einen ungünstigeren Wert im Baugrund zu finden. In dieser Hinsicht wird die geschätzte 5 % - Fraktile bzw. 95 %-Fraktile gewählt. Der lokale repräsentative Wert lässt sich für einen unbekannten Variationskoeffizienten wie folgt berechnen (Hanisch & Struck, 1985; Bauduin, 2001):

$$x_{rep,lokal} = \hat{\mu}_x \mp \hat{\sigma}_x \cdot k_n = \hat{\mu}_x \mp \hat{\sigma}_x \cdot t_{(n-1)}^{95\%} \cdot \sqrt{1 + \frac{1}{n}} = \hat{\mu}_x \cdot \left(1 \mp \hat{V}_x \cdot t_{(n-1)}^{95\%} \cdot \sqrt{1 + \frac{1}{n}} \right) \tag{5.11}$$

Die Ausdrücke $t_{(n-1)}^{95\%} \cdot \sqrt{1/n}$ und $t_{(n-1)}^{95\%} \cdot \sqrt{1 + 1/n}$ entsprechen dem statistischen Koeffizient k_n (Bond & Harris, 2008).

Mit den Gleichungen (5.10) und (5.11) werden für unbekannte Variationskoeffizienten bei wenigen Versuchswerten sehr konservative repräsentative Werte berechnet. Für eine geringe Anzahl n = 3 ergeben sich hohe k_n-Werte von 1,69 für $x_{rep,global}$ bzw. 3,37 für $x_{rep,lokal}$ (siehe Anhang G). Nach Schneider (1997) sind reine statistische Verfahren erst für eine Anzahl n > 10 geeignet. In der Praxis ist aber so eine hohe Anzahl an Versuchswerten sehr selten.

prEN 1997-1 gibt für den Fall von bekannten oder angenommenen Variationskoeffizienten einen festen Wert für den Faktor der Student-Verteilung $t_{(n-1)}^{95\%}$ von 1,64, d. h. die Anzahl n ist gleich unendlich. Der Einfluss der Anzahl n für diesen Fall ist nur in den Ausdrücken $\sqrt{1/n}$ und $\sqrt{1 + 1/n}$ vorhanden.

5.3.3.2 Trend vorhanden

Wenn ein Trend aus Versuchsergebnissen bzw. ein Zusammenhang zwischen zwei Parametern, z. B. durch die Auswertung von Regressionsanalysen erkennbar ist, werden hauptsächlich multivariate statistische Verfahren verwendet. Mit diesen wird der Vertrauensbereich einer linearen Regressionskurve für den Mittelwert oder für ein Fraktil berechnet. Für zwei Variablen X und Z ergibt sich der repräsentative Wert x_{rep} wie folgt (Bauduin, 2001; Bond & Harris, 2008):

Globaler repräsentativer Wert (Mittelwert bzw. 50%-Fraktil):

$$x_{rep,global} = \hat{\mu}_x + b\cdot(z-\hat{\mu}_z) - \hat{\sigma}_e\cdot\sqrt{\left[\frac{1}{n}+\frac{(z-\hat{\mu}_z)^2}{\sum_{i=1}^{n}(z_i-\hat{\mu}_z)^2}\right]}\cdot t_{(n-2)}^{95\%} \tag{5.12}$$

Lokaler repräsentativer Wert (5%-Fraktil bzw. 95%-Fraktil):

$$x_{rep,lokal} = \hat{\mu}_x + b\cdot(z-\hat{\mu}_z) \mp \hat{\sigma}_e\cdot\sqrt{\left[1+\frac{1}{n}+\frac{(z-\hat{\mu}_z)^2}{\sum_{i=1}^{n}(z_i-\hat{\mu}_z)^2}\right]}\cdot t_{(n-2)}^{95\%} \tag{5.13}$$

wobei

$$b = \frac{\sum_{i=1}^{n}(x_i-\hat{\mu}_x)\cdot(z_i-\hat{\mu}_z)}{\sum_{i=1}^{n}(z_i-\hat{\mu}_z)^2} \tag{5.14}$$

$$\hat{\sigma}_e = \sqrt{\frac{1}{n-2}\cdot\sum_{i=1}^{n}\left[(x_i-\hat{\mu}_x)-b\cdot(z_i-\hat{\mu}_z)\right]^2} \tag{5.15}$$

mit:

$\hat{\mu}_x, \hat{\mu}_z$ Mittelwert von X bzw. Z
z Wert der Variable Z, für die der repräsentative Wert gesucht wird
b Regressionsparameter
$\hat{\sigma}_e$ Standardschätzfehler (Vergleichbar zur Standardabweichung in 5.3.3.1)

Bei den Gleichungen (5.12) und (5.13) ist anzumerken, dass der Faktor der Student-Verteilung für n - 2 Freiheitsgrade anzusetzen ist. Dies führt dazu, dass die berechneten repräsentativen Werte einer hyperbolischen Funktion folgen. Der Unterschied zwischen der linearen Regressionsgeraden und der Funktion für die repräsentativen Werte ist im Schwerpunkt der Messdaten am kleinsten. Beide Funktionen gehen aber zum Anfang und Ende hin auseinander. Daher ist die Funktion für die repräsentativen Werte im maßgebenden Bereich zu linearisieren (Bauduin, 2001). Um diese Problematik zu vermeiden, wird in Bond (2011) eine einfache Vorgehensweise mit folgenden Schritten empfohlen.

- Ermittlung einer Trendlinie t_x (bzw. Trendgerade) anhand einer Regressionsanalyse
- Ermittlung der Residuen (Abweichung zwischen der Trendlinie und jedem Datenpunkt)
- Berechnung der Standardabweichung σ_{Res} der Residuen
- Ermittlung des statistischen Koeffizienten k_n für $x_{rep,global}$ oder $x_{rep,lokal}$
- Darstellung der repräsentativen Linie anhand des Ausdrucks $x_{rep} = t_x \mp k_n \cdot \sigma_{Res}$ (analog zu Kapitel 5.3.3.1)

Bei dieser Vorgehensweise entspricht die repräsentative Linie einer parallelen Verschiebung der Trendgerade, wie in Bild 5.3 als rote gestrichelte Linie für $x_{rep,global}$ dargestellt wird. Die Methode nach Gl. (5.12) wird ebenfalls dargestellt. Dabei ist deutlich zu erkennen, dass die Linie nach Gl. (5.12) mit der repräsentativen Linie nach Bond (2011) im Schwerpunkt übereinstimmt. Jedoch, ergeben sich, wie erwartet, nah zur Oberfläche und in einer Tiefe von ca. 19 m große Unterschiede.

Die in diesem Kapitel vorgestellten Verfahren sind für die Festlegung von repräsentativen Werten für spannungs- bzw. tiefenabhängiger Kenngrößen, wie der Kohäsion des undränierten Bodens c_u oder des Steifemoduls E, geeignet. Sie können auch für die Ermittlung der Scherfestigkeit des dränierten Bodens aus den Bruchspannungen von Rahmenscher- oder Triaxialversuchen verwendet werden. Hierbei werden die repräsentativen Linien für die Wertepaare der Spannungen τ - σ oder p‘ - q im Bruchzustand ermittelt, um darauf basierend die Scherfestigkeitsparameter φ‘ und c‘ zu bestimmen. Dadurch kann ihre bekannte negative Korrelation berücksichtigt werden. Bei einer getrennten Festlegung von φ‘ und c‘ geht dieser günstige Umstand verloren (Bauduin, 2001).

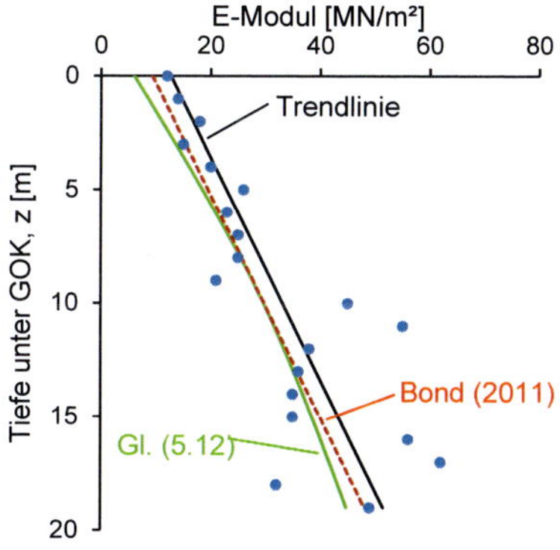

Bild 5.3: Repräsentative Linien nach Bond (2011) und nach Gl. (5.12) für $x_{rep,global}$ am Beispiel des E-Moduls über die Tiefe, Daten aus Bauduin (2001)

Bei der Verwendung der Vorgehensweise von Bond (2011) können Problemen entstehen, wenn sich bei der Verschiebung der repräsentativen Linie negative Scherspannungen τ oder negative deviatorische Spannungen q ergeben. In diesem Fall ist die Verwendung der Gleichungen (5.12) und (5.13) mit einer Linearisierung der Kurven im maßgebenden Spannungsbereich geeignet. Eine Methode für die Linearisierung wird z. B. in Fellin et al. (2009) gezeigt. In Kapitel 6.6 wird eine weitere Methode basierend auf einer logarithmischen Normalverteilung der Parameter vorgestellt.

5.3.3.3 Mit Vorinformation und/oder regionaler Erfahrung

Die in den vorherigen Kapiteln erläuterten Verfahren erfordern eine große Anzahl an Versuchswerten, die bei einer Baugrunduntersuchung nicht üblich oder aus wirtschaftlichen Gründen nicht vorhanden ist. Daher werden Vorinformationen (A-priori-Informationen) über den Baugrund oder die regionale Erfahrung für die Festlegung repräsentativer Werte herangezogen, die bei der Ermittlung des Mittelwerts und der Standardabweichung bzw. des Variationskoeffizienten berücksichtigt werden.

Wenn Vorinformationen oder regionale Erfahrung vorliegen, kann der Variationskoeffizient als bekannt angenommen werden. In diesem Fall ist in Gl. (5.10) und (5.11) der bekannte Variationskoeffizient und für den $t_{(n-1)}^{95\%}$-Faktor der Wert 1,645 ($n \approx \infty$) anzusetzen.

Des Weiteren gibt es Verfahren, die auf dem Satz von Bayes basieren (siehe Anhang H). Mit diesen Verfahren können durch die Ergebnisse der Baugrunderkundung sowohl der Mittelwert als auch die Standardabweichung bzw. der Variationskoeffizient aus Vorinformationen oder regionaler Erfahrung aktualisiert werden. Einige Autoren wie Miranda et al. (2009), Wang et al. (2010) und Wang et. al (2016) haben in ihren Arbeiten gezeigt, wie der Bayessche Satz zur Aktualisierung der stochastischen Parameter von Böden verwendet werden kann. Jedoch ist der Rechenaufwand sehr hoch und somit in der Praxis nicht anwendbar. Daher wurden analytische Lösungen entwickelt, die auf der Annahme einer Normalverteilung beruhen.

In Zhang et al. (2004) wird z. B. eine analytische Lösung vorgestellt, die auf einem Ansatz von Ang & Tan (1975) basiert. Bei diesem Ansatz wird die aus globalen Datenbanken stammende Vorinformation mit den Daten aus regionalen bzw. lokalen Datenbanken aktualisiert. Bei den Daten aus regionalen bzw. lokalen Datenbanken kann es sich z. B. um die stochastischen Parameter der Ergebnisse der Baugrunduntersuchung benachbarter Grundstücke und/oder des eigenen Untersuchungsgebiets handeln, während die Vorinformationen der Literatur und einschlägiger Quellen entnommen werden können. Der aktualisierte Mittelwert und die aktualisierte Standardabweichung ergeben sich zu:

$$\hat{\mu}_x^* = \frac{\hat{\mu}_G \cdot \hat{\sigma}_R^2 + \hat{\mu}_R \cdot \hat{\sigma}_G^2}{\hat{\sigma}_R^2 + \hat{\sigma}_G^2} \tag{5.16}$$

$$\hat{\sigma}_x^* = \sqrt{\frac{\hat{\sigma}_R^2 \cdot \hat{\sigma}_G^2}{\hat{\sigma}_R^2 + \hat{\sigma}_G^2}} \tag{5.17}$$

mit:

$\hat{\mu}_x^*$	A-posteriori-Mittelwert bzw. aktualisierter Mittelwert
$\hat{\sigma}_x^*$	A-posteriori-Standardabweichung bzw. aktualisierte Standardabweichung
$\hat{\mu}_G$	A-priori-Mittelwert bzw. Mittelwert aus globalen Datenbanken
$\hat{\mu}_R$	Mittelwert aus regionalen bzw. lokalen Datenbanken
$\hat{\sigma}_G^2$	A-priori-Varianz bzw. Varianz aus globalen Datenbanken
$\hat{\sigma}_R^2$	Varianz aus regionalen bzw. lokalen Datenbanken

Basierend auf den Arbeiten von Schneider (1997), Zhang et al. (2004) und Straub & Papaioannou (2015) ergibt sich eine analytische Lösung, bei der die stochastischen Parameter aus Vorinformationen oder regionaler Erfahrung anhand der Ergebnisse der Baugrunduntersuchung aktualisiert werden:

$$\hat{\mu}_{\mu}^{*} = \frac{\hat{\mu} + \frac{\hat{\mu}_{priori}}{n} \cdot \left(\frac{\hat{\sigma}}{\hat{\sigma}_{\mu,priori}}\right)^{2}}{1 + \frac{1}{n} \cdot \left(\frac{\hat{\sigma}}{\hat{\sigma}_{\mu,priori}}\right)^{2}} \tag{5.18}$$

$$\hat{\sigma}_{\mu}^{*} = \hat{\sigma} \cdot \sqrt{\frac{1}{n + \left(\frac{\hat{\sigma}}{\hat{\sigma}_{\mu,priori}}\right)^{2}}} \tag{5.19}$$

$$\hat{\mu}_{x}^{*} = \hat{\mu}_{\mu}^{*} \tag{5.20}$$

$$\hat{\sigma}_{x}^{*} = \sqrt{\hat{\sigma}_{\mu}^{*2} + \hat{\sigma}^{2}} = \hat{\sigma} \cdot \sqrt{\frac{1}{n + \left(\frac{\hat{\sigma}}{\hat{\sigma}_{\mu,priori}}\right)^{2}} + 1} \tag{5.21}$$

$$\hat{V}_{x}^{*} = \frac{\hat{\sigma}_{x}^{*}}{\hat{\mu}_{x}^{*}} \tag{5.22}$$

mit:

$\hat{\mu}_{\mu}^{*}$	A-posteriori-Mittelwert des Mittelwerts
$\hat{\mu}_{x}^{*}$	A-posteriori-Mittelwert bzw. aktualisierter Mittelwert
$\hat{\sigma}_{\mu}^{*}$	A-posteriori-Standardabweichung des Mittelwerts
$\hat{\sigma}_{x}^{*}$	A-posteriori-Standardabweichung bzw. aktualisierte Standardabweichung
$\hat{V}_{x}^{*}$	A-posteriori-Variationskoeffizient bzw. Aktualisierter Variationskoeffizient
$\hat{\mu}_{priori}$	A-priori-Mittelwert (z.B. aus Vorprojekten)
$\hat{\sigma}_{\mu,priori}$	A-priori-Standardabweichung des Mittelwerts (z.B. aus Vorprojekten)
$\hat{\mu}$	berechneter Mittelwert aus n Versuchswerten
$\hat{\sigma}$	berechnete Standardabweichung aus n Versuchswerten
n	Anzahl der Versuchswerte

Hierfür erfolgt zunächst eine Aktualisierung des Mittelwerts und der Standardabweichung des Mittelwerts (siehe Gl. (5.18) und Gl. (5.19)), um anschließend die stochastischen Parameter der geotechnischen Kenngröße (Gl. (5.20) bis Gl. (5.22)) aktualisieren zu können. Der Mittelwert und die Standardabweichung der geotechnischen Kenngröße werden dabei als zwei unabhängige Variablen betrachtet. Nach Schneider (1997) und Bond & Harris (2008) darf die A-priori-Standardabweichung des Mittelwerts mit der Standardabweichung der geotechnischen Kenngröße gleichgesetzt werden. Zudem wird vorgeschlagen, zur Aktualisierung des Mittelwerts Gl. (5.18) und zur Aktualisierung der Standardabweichung Gl. (5.19) zu verwenden, obwohl Gl. (5.19) nur die Standardabweichung des Mittelwerts und nicht die gesamte Standardabweichung enthält. Im Rahmen dieser Arbeit wird hingegen auf der sicheren Seite empfohlen, für die A-priori-Standardabweichung des Mittelwerts die Formel $\widehat{\sigma}_{priori}/\sqrt{n}$ (siehe Gl. (4.28)) sowie die aktualisierten Werte der geotechnischen Kenngröße nach Gl. (5.20) und (5.21) zu verwenden.

Die festgelegten A-priori-Werte aus Vorinformationen oder regionaler Erfahrung erfordern Daten aus anderen Projekten, Datenbanken, usw. sowie eine vertiefte Kenntnis des hydraulisch-mechanischen Verhaltens des Baugrunds. Daher obliegt ihre Festlegung einem Sachverständigen für Geotechnik.

5.3.3.4 Berücksichtigung weiterer Einflussfaktoren

Die bisher beschriebenen Verfahren zeigen, dass bei der Festlegung repräsentativer Werte lediglich die natürliche Variabilität über den Variationskoeffizienten (oder die Standardabweichung) bzw. die statistische Unsicherheit über den t-Faktor oder den k_n-Wert enthalten ist. Damit eine vorsichtige Festlegung der repräsentativen Werte erfolgt, sollen auch die restlichen in Kapitel 4.2.4 erläuterten Unsicherheiten berücksichtigt werden. Diese können in Form von Variationskoeffizienten in die Gleichung einfließen. Der günstige Einfluss der Mittelung der geotechnischen Kenngrößen sollte auch über den Reduktionsfaktor Γ_u nach Vanmarcke (1978, 1984) einbezogen werden. Hierfür soll in Anlehnung an das additive Model nach Tang (1984) und Phoon & Kulhawy (1999a, 1999b) ein totaler Variationskoeffizient V_{Total} verwendet werden, der alle relevante Unsicherheiten beinhaltet (Schneider & Fitz, 2011; Schneider & Schneider, 2013):

$$V_{Total} = \sqrt{\Gamma_u^2 \cdot V_w^2 + V_{Stat}^2 + V_e^2 + V_{Trans}^2} \tag{5.23}$$

mit:

- Γ_u Reduktionsfaktor (siehe Kapitel 4.2.4.1)
- V_w Variationskoeffizient der natürlichen Variabilität (siehe Kapitel 4.2.4.1)
- V_{Stat} Variationskoeffizient der statistischen Unsicherheit (siehe Kapitel 4.2.4.4)
- V_e Variationskoeffizient des Messfehlers (siehe Kapitel 4.2.4.2)
- V_{Trans} Variationskoeffizient der Transformationsunsicherheit (siehe Kapitel 4.2.4.3)

Der Variationskoeffizient des Messfehlers V_e beinhaltet die systematischen und zufälligen Anteile des Messfehlers. Der Variationskoeffizient der statistischen Unsicherheit V_{Stat} berücksichtigt die Unsicherheit des Mittelwerts und kann in Abhängigkeit von V_w in Anlehnung an Gl. (4.28) dargestellt werden. Es ergibt sich dann folgende Gleichung für V_{Total}:

$$V_{Total} = \sqrt{\Gamma_u^2 \cdot V_w^2 + \frac{V_w^2}{n} + V_e^2 + V_{Trans}^2} = \sqrt{\left(\Gamma_u^2 + \frac{1}{n}\right) \cdot V_w^2 + V_e^2 + V_{Trans}^2} \tag{5.24}$$

Des Weiteren verursacht der systematische Messfehler eine Verzerrung des Mittelwerts um μ_b (siehe Kapitel 4.2.4.2), der aus praktischen Gründen hier als Anteil δ des Mittelwerts $\hat{\mu}$ dargestellt werden kann. Der totale Mittelwert μ_{Total} ergibt sich zu

$$\mu_{Total} = \hat{\mu} + \mu_b = \hat{\mu} + \delta \cdot \hat{\mu} = \hat{\mu} \cdot (1 + \delta) = \hat{\mu} \cdot b \tag{5.25}$$

mit:

μ_{Total} totaler Mittelwert
$\hat{\mu}$ berechneter Mittelwert aus n Versuchswerten
μ_b Mittelwert des systematischen Messfehlers
δ Faktor zum Ausdruck des systematischen Fehlers als Anteil des Mittelwerts $\hat{\mu}$
b Faktor zum Ausdruck der Verzerrung des Mittelwerts

Die allgemeine Gleichung, die alle für die Ermittlung der repräsentativen geotechnischen Kenngrößen relevanten Unsicherheiten und Faktoren berücksichtigt, ergibt sich zu

$$x_{rep} = \mu_{Total} \cdot \left(1 - t_{(n-1)}^{\alpha} \cdot V_{Total}\right) \tag{5.26}$$

$$x_{rep} = \hat{\mu} \cdot b \cdot \left(1 - t_{(n-1)}^{\alpha} \cdot \sqrt{\left(\Gamma_u^2 + \frac{1}{n}\right) \cdot V_w^2 + V_e^2 + V_{Trans}^2}\right) \tag{5.27}$$

mit:

α Vertrauensniveau bzw. t-Fraktil, z. B. 95 %

Gl. (5.26) und Gl. (5.27) gelten für die Schätzung des repräsentativen Werts als Mittelwert oder unterer Wert. Diese Fälle sind für die geotechnischen Bemessung maßgebend und werden daher weiter in dieser Arbeit verfolgt. Für die Schätzung des repräsentativen Werts als oberer Wert wird das „-" Zeichen vor dem t-Faktor durch ein „+" Zeichen ersetzt.

In den Arbeiten von Schneider & Fitz (2011) und Schneider & Schneider (2013) wird zur Vereinfachung angenommen, dass die Messfehler vernachlässigt werden können, da die nach Normen wie die Eurocodes, ISO-Normen oder DIN-Normen durchgeführten Feld- und Laborversuche ausreichend genau sind. Somit werden $b = 1{,}0$ und $V_e = 0$ angesetzt. Außerdem wird argumentiert, dass durch die Anwendung etablierter Transformationsmodelle die Unsicherheit auf vernachlässigbar kleine Werte reduziert werden kann. Es wird daher $V_{Trans} = 0$ angenommen. Durch diese Annahmen und für einen Vertrauensbereich von 95 % vereinfacht sich Gl. (5.27) zu

$$x_{rep} = \hat{\mu} \cdot \left(1 - t_{(n-1)}^{95\%} \cdot V_w \cdot \sqrt{\left(\Gamma_u^2 + \frac{1}{n}\right)}\right) \tag{5.28}$$

Der Reduktionsfaktor Γ_u zur Berücksichtigung der Mittelung der geotechnischen Kenngrößen hängt für die einfache Betrachtung einer Dimension von der Korrelationslänge θ_u und von der Mittelungslänge D ab. Letzteres entspricht der Geometrie des Versagensbereichs im

Grenzzustand. Wenn die Korrelationslänge sehr klein ist, d. h. die Werte der geotechnischen Kenngröße stark um den Trend bzw. den Mittelwert schwanken und das Verhältnis D zu θ_u sehr groß ist ($D/\theta_u \rightarrow \infty$), tendiert der Reduktionsfaktor Γ_u gegen 0. Der Ausdruck unter der Wurzel hat dann den Grenzwert 1/n und Gl. (5.28) entspricht der für den globalen repräsentativen Wert angegebenen Gl. (5.10).

Wenn hingegen die Korrelationslänge sehr groß ist, d. h. die Werte der geotechnischen Kenngröße schwach um den Trend bzw. den Mittelwert schwanken und das Verhältnis D zu θ_u sehr klein ist ($D/\theta_u \rightarrow 0$), tendiert der Reduktionsfaktor Γ_u gegen 1. Es ergibt sich unter der Wurzel der Grenzwert 1 + 1/n und Gl. (5.28) entspricht der für den lokalen repräsentativen Wert angegebenen Gl. (5.11). Da die Grenzwerte $D/\theta_u = \infty$ und $D/\theta_u = 0$ jedoch nicht realistisch sind, sind die Gleichungen (5.10).und (5.11) als Grenzwerte zu betrachten, die entweder zu einem unsicheren oder unwirtschaftlichen repräsentativen Wert führen können. Ob der repräsentative Wert eher zu einem lokalen oder einem globalen Wert tendiert, wird durch den Reduktionsfaktor Γ_u bestimmt.

Für zwei oder drei Dimensionen werden Korrelationsflächen bzw. -volumen und dementsprechend Mittelungsflächen bzw. -volumen verwendet.

In einigen Arbeiten, wie in denen von Lo & Li (2007), Schneider & Schneider (2013) oder Orr (2015), wird die Verwendung des Reduktionsfaktors Γ_u bei der Ermittlung des repräsentativen Wertes vorgeschlagen. Somit werden im statistischen Modell die Variabilität des Baugrunds über die Korrelationslänge und der Grenzzustand über die Mittelungslänge (bzw. die Geometrie des Versagensbereichs, siehe Kapitel 6.2) berücksichtigt. Des Weiteren ist nur eine Gleichung für den repräsentativen Wert erforderlich und eine Unterscheidung zwischen einem globalen oder lokalen repräsentativen Wert entfällt.

Wenn Vorinformationen oder regionale Erfahrung für die Festlegung der repräsentativen Werte herangezogen werden, entsprechen zunächst die „totalen“ Werte μ_{Total}, V_{Total} bzw. die daraus abgeleitete Standardabweichung σ_{Total} den in Gl. (5.18) bis (5.22) als „berechnet“ gekennzeichneten Werten. Die danach ermittelten A-posteriori-Werte sind in Gl. (5.26) als neue „totalen“ Werte einzusetzen.

5.3.3.5 Verwendung der logarithmischen Normalverteilung

Die davor beschriebenen statistischen Verfahren gelten unter der Annahme, dass die geotechnischen Kenngrößen normalverteilt sind. Jedoch passt eine logarithmische Normalverteilung in einigen Fällen besser zu den physikalischen Eigenschaften der Kenngröße. Nach Schneider & Schneider (2013) soll zudem eine logarithmische Normalverteilung verwendet werden, wenn der Variationskoeffizient größer oder gleich 30 % ist.

Um die davor erläuterten Gleichungen verwenden zu können, muss zunächst der Logarithmus der Kenngröße berechnet werden. Diese neuen Werte sind dann für die Ermittlung der repräsentativen Werte zugrunde zu legen. Eine Rückrechnung ist jedoch danach erforderlich (Bauduin, 2001). Um den Aufwand für die Berechnung des Logarithmus und die Rückrechnung einzusparen, kann der repräsentative Wert direkt aus dem Mittelwert μ_{Total} und dem Variationskoeffizienten V_{Total} mithilfe der folgenden Gleichungen ermittelt werden (Schneider & Schneider, 2013):

$$\lambda = ln(\mu_{Total}) - \frac{\varsigma^2}{2} \tag{5.29}$$

$$\varsigma = \sqrt{ln(1 + V_{Total}^2)} \tag{5.30}$$

$$x_{rep} = e^{\lambda - t_{(n-1)}^{\alpha} \cdot \varsigma} \tag{5.31}$$

mit:

λ Mittelwert der logarithmischen Normalverteilung

ς Standardabweichung der logarithmischen Normalverteilung

6 Modell zur Ermittlung repräsentativer Werte geotechnischer Kenngrößen

Mit den in Kapitel 5.3.3 vorgestellten statistischen Verfahren können die unterschiedlichen Unsicherheiten bei der Ermittlung der repräsentativen Werte modelliert werden. Das in dieser Arbeit erarbeitete Modell beruht daher auf einem statistischen Modell. Hierfür wurden zunächst unterschiedliche Varianten für die Ermittlung der repräsentativen Werte der geotechnischen Kenngrößen anhand von Vergleichsrechnungen untersucht, um anschließend die geeignetste Variante zu empfehlen.

6.1 Allgemeines Modell

Das gewählte allgemeine Modell basiert auf dem in Kapitel 5.3.3.4 vorgestellten statistischen Modell, das alle relevanten Unsicherheiten der geotechnischen Kenngrößen über Variationskoeffizienten und den t-Faktor der Student-Verteilung sowie den Einfluss der Mittelung der geotechnischen Kenngrößen über den Reduktionsfaktor Γ_u berücksichtigt. Zusätzlich wird einheitlich eine logarithmische Normalverteilung für die Kenngrößen (siehe Kapitel 5.3.3.5) angenommen, die die Variabilität der Kohäsion in geeigneter Weise beschreibt und die Variabilität des Reibungswinkels auf der sicheren Seite modelliert.

In Anlehnung an Bauduin (2001) und nach der neuen Begriffsdefinition in prEN 1997-1 wird vorgeschlagen, der repräsentative Wert aus dem Mittelwert der abgeleiteten Werte mit einem Faktor ξ zu multiplizieren, bei dem die Unsicherheiten sowie die Mittelung der Kenngröße berücksichtigt werden. Bei Zugrundelegung einer logarithmischen Normalverteilung entspricht der Faktor ξ einer Exponentialfunktion:

$$
\begin{aligned}
x_{rep} &= e^{\lambda - t^{\alpha}_{(n-1)} \cdot \varsigma} = e^{ln(\mu_{Total}) - \varsigma^2/2 - t^{\alpha}_{(n-1)} \cdot \varsigma} = \frac{e^{ln(\mu_{Total})}}{e^{\varsigma^2/2 + t^{\alpha}_{(n-1)} \cdot \varsigma}} \\
&= \mu_{Total} \cdot \frac{1}{e^{\varsigma^2/2 + t^{\alpha}_{(n-1)} \cdot \varsigma}} = \mu_{Total} \cdot \xi
\end{aligned}
\tag{6.1}
$$

$$
\Rightarrow \xi = \frac{1}{e^{\varsigma^2/2 + t^{\alpha}_{(n-1)} \cdot \varsigma}} \tag{6.2}
$$

$$
\text{mit} \quad \varsigma = \sqrt{ln(1 + V^2_{Total})} \qquad \text{(siehe Gl. (5.30))}
$$

Der Mittelwert μ_{Total} beinhaltet den systematischen Messfehler. Der Variationskoeffizient V_{Total} berücksichtigt die natürliche Variabilität der Kenngröße, die statistische Unsicherheit, den systematischen und zufälligen Messfehler und ggf. die Transformationsunsicherheit. Bei

Feldversuchen sind für V_{Total} alle diese Unsicherheiten zu berücksichtigen (siehe Gl. (6.4)), während bei Laborversuchen die Transformationsunsicherheit entfällt (siehe Gl. (6.3)).

Im Rahmen der Untersuchung wird bei den Feldversuchen nur der Flügelscherversuch zur Ermittlung der undränierten Scherfestigkeit in situ berücksichtigt. Wegen seines einfachen Transformationsmodells kann – wie in Gl.(6.4) dargestellt – einfach der Variationskoeffizient V_{Trans} zu den anderen Variationskoeffizienten addiert werden, um V_{Total} zu erhalten. Die Berechnung von V_{Total} für jegliche Transformationsmodelle ist in Kapitel 4.2.4.3 erläutert.

Laborversuche:

$$V_{Total} = \sqrt{\left(\Gamma_u^2 + \frac{1}{n}\right) \cdot V_w^2 + V_e^2} \quad (6.3)$$

Feldversuche:

$$V_{Total} = \sqrt{\left(\Gamma_u^2 + \frac{1}{n}\right) \cdot V_w^2 + V_e^2 + V_{Trans}^2} \quad (6.4)$$

Da die Labor- und Feldversuche durch akkreditierte Einrichtungen oder Unternehmen nach den aktuellen Normen durchgeführt werden, wird davon ausgegangen, dass die Versuchsausstattung kalibriert ist und der Messfehler sehr gering ist. Daher wird für den Mittelwert μ_{Total} der berechnete Mittelwert $\hat{\mu}$ (keine Verzerrung aus einem systematischen Messfehler) und für den Variationskoeffizienten des Messfehlers ein unterer Wert der möglichen Spannbreite des Messfehlers eingesetzt. Für die Ermittlung der Scherfestigkeit im Labor wird daher ein Variationskoeffizient V_e von 5 % und für die undränierte Scherfestigkeit in situ ein Wert von 10 % (siehe Kapitel 4.2.4.2) gewählt.

Wegen etablierter Transformationsmodelle ist die Transformationsunsicherheit vernachlässigbar klein (Schneider & Schneider, 2013). Um auf der sicheren Seite zu liegen, wird jedoch für V_{Trans} beim Flügelscherversuch ein unterer Wert von 7,5 % eingesetzt.

6.2 Reduktionsfaktor

Über den Reduktionsfaktor Γ_u wird der günstige Einfluss der Mittelung der geotechnischen Kenngröße im Raum berücksichtigt. Wie bereits in Kapitel 4.2.4.1 erläutert wurde, ergibt sich dieser vereinfachend nach Vanmarcke (1977a, 1978) und Schneider & Schneider (2013) aus der Multiplikation der Reduktionsfaktoren in jeder Richtung. Der Reduktionsfaktor ist vom Verhältnis der Mittelungslänge D_i zur Korrelationslänge $\theta_{u,i}$ abhängig, wobei die Mittelungslängen den Abmessungen der Bruchkörper in die jeweiligen Richtungen im wirkenden Grenzzustand entsprechen. Auf diese Weise wird der Grenzzustand bei der Ermittlung der repräsentativen Kenngrößen direkt berücksichtigt. In Bild 6.1 wird exemplarisch die Festlegung der Mittelungslängen für verschiedene Grenzzustände und Bauwerkstypen dargestellt.

Die Korrelationslänge wird in horizontaler und vertikaler Richtung ($\theta_{u,h}$ und $\theta_{u,v}$) angegeben, sodass sich die Verhältnisse $D_{x,h}/\theta_{u,h}$, $D_{y,h}/\theta_{u,h}$ und $D_{z,v}/\theta_{u,v}$ als Eingangsgröße für die Berechnung der jeweiligen Reduktionsfaktoren ergeben. Für die Korrelationslängen wird empfohlen, die Werte $\theta_{u,h}$ = 50 m und $\theta_{u,v}$ = 2 m nach Schneider &Schneider (2013) anzusetzen (siehe Kapitel 4.2.4.1).

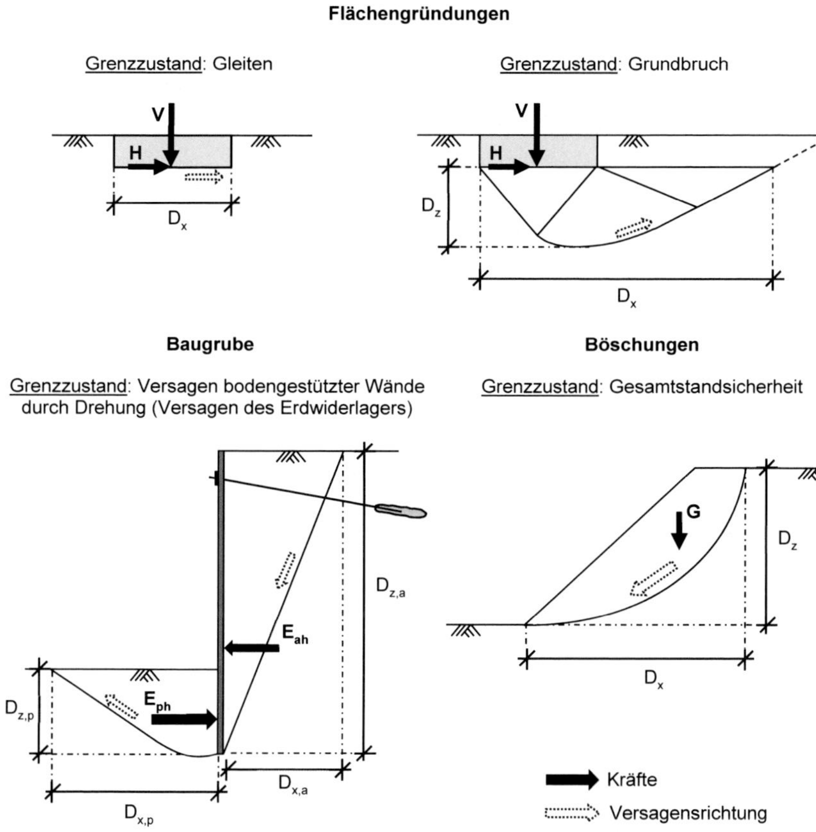

Bild 6.1: Mittelungslänge für verschiedene Grenzzustände und Bauwerkstypen

Die Größe der Reduktionsfaktoren hängt neben den Verhältnissen D_i zu $\theta_{u,i}$ von der verwendeten Funktion des Reduktionsfaktors ab. In Anlehnung an Orr (2015) wird empfohlen, den Funktionstyp I (dreiecksförmige Funktion) aus Anhang C zu verwenden.

Im Allgemeinen ergeben sich in horizontaler Richtung höhere Reduktionsfaktoren als in vertikaler Richtung, da die horizontalen Korrelationslängen größer sind. Diese Erkenntnis lässt sich auf die Grenzzustände übertragen. Z. B. ist der Reduktionsfaktor Γ_u für den Grenzzustand Gleiten mit hauptsächlich horizontalen Mittelungslängen hoch und nah zu eins. Die natürliche „punktuelle" Variabilität der geotechnischen Kenngrößen wird kaum reduziert und der repräsentative Wert der Kenngröße ist daher konservativer als z. B. für den Grenzzustand Grundbruch, für den horizontale und vertikale Reduktionsfaktoren berechnet werden.

Sehr niedrige Werte des Reduktionsfaktors deuten auf ein Versagen mit einem großen Bodenvolumen hin, das nach Dasaka (2005) sehr selten auftritt. In Böschungsberechnungen von Vanmarcke (1977b) wurde festgestellt, dass sich für die vorgegebene Geometrie der Versagensfläche die höchste Versagenswahrscheinlichkeit bei einer Länge des Bruchkörpers gleich der horizontalen Korrelationslänge ergab. Ebenfalls wurde bei Berechnungen von Winkelstützwänden in Fenton et al. (2005) gefunden, dass eine Korrelationslänge gleich der Höhe der Winkelstützwand dem kritischsten Fall für die Berechnung des aktiven Erddrucks entsprach. In beiden Fällen ergaben sich Verhältnisse $D_i/\theta_{u,i}$ nahezu 1,0, was in Abhängigkeit der verwendeten Funktionen zu einem Reduktionsfaktor zwischen 0,75 und 1,0 führt. Die Berechnungen dieser Autoren wurden nur für ausgewählte geotechnische Beispiele mit bestimmten Randbedingungen durchgeführt. Daher lässt sich nicht eine allgemeine Aussage über den kritischen Bereich der Reduktionsfaktoren machen, die eher für die Bemessung relevant sind. Aus diesem Grund wird im Rahmen der Untersuchungen der Reduktionsfaktor innerhalb der möglichen Spannbreite, d. h. zwischen 0 und 1,0, variiert.

6.3 Untersuchungsmethodik und Parameter

6.3.1 Untersuchte Modelle

Zur Erarbeitung eines einheitlichen Modells wurden basierend auf dem allgemeinen Modell aus Kapitel 6.1 die Grundvarianten A und B konzipiert, die sich in der Berücksichtigung der Anzahl n der Versuchswerte im t-Faktor unterscheiden:

- Variante A: $t^{\alpha}_{(n-1)}$ vom Vertrauensbereich α und der Anzahl n der Versuchswerte abhängig
- Variante B: t^{α}_{∞} vom Vertrauensbereich α abhängig, aber für eine unendliche Anzahl n der Versuchswerte ($n \approx \infty$) berechnet

Des Weiteren können auch Vorinformationen oder die Erfahrung des geotechnischen Sachverständigen in den Modellen berücksichtigt werden. Dabei wird basierend auf dem Bayesschen Satz der Mittelwert, die Standardabweichung sowie der Variationskoeffizient aktualisiert. Im Rahmen der Untersuchung werden zwei Methoden – Bayes 1 und Bayes 2 – untersucht:

Bayes 1:

- Nach Gleichungen (5.16) und (5.17)
- Berechnung des Mittelwertes und der Varianz der Versuchswerte
- Festlegung von A-priori-Mittelwert und A-priori-Varianz
- Aktualisierung der stochastischen Parameter (Mittelwert und Standardabweichung) erfolgt anteilig in Abhängigkeit der Varianzen („a-priori“ und „berechnet“)

Bayes 2:

- Basiert auf den Gleichungen (5.18) bis (5.22)
- Berechnung des Mittelwertes und der Varianz der abgeleiteten Werte
- Festlegung von A-priori-Mittelwert und A-priori-Varianz
- Aktualisierung der stochastischen Parameter (Mittelwert und Standardabweichung) erfolgt unter Berücksichtigung der statistischen Unsicherheit des Mittelwerts ($\sigma/\sqrt{n}$) und der Anzahl n

Bei der Methode Bayes 2 wird zudem die Anzahl n der abgeleiteten Werte in der aktualisierten Standardabweichung berücksichtigt. Die Auswirkung der A-priori-Parameter auf die aktualisierte Standardabweichung nimmt dabei mit steigender Anzahl n ab. Die Methode Bayes 1 hingegen gibt den berechneten und den A-priori-Werten dieselbe Gewichtung, wobei der Auswirkung einer intensiveren Baugrunduntersuchung nicht Rechnung getragen wird.

Im Rahmen der Untersuchung wurden außerdem unterschiedliche Vorgehensweisen bei der Behandlung der Unsicherheiten und ihre Handhabung im Variationskoeffizient V_{Total} berücksichtigt. Zunächst wird kurz auf die Vorgehensweise bei der Untersuchung, die durchgeführte Simulation und die Berücksichtigung der Unsicherheiten eingegangen.

Bei der Untersuchung werden aus einer vordefinierten fiktiven Grundgesamtheit zufällig Werte für die Versuchswerte generiert. Hierbei liegt der Grundgesamtheit eine logarithmische Normalverteilung zugrunde, dessen Variationskoeffizienten für den Fall der Laborversuche die natürliche Variabilität der Kenngröße V_w sowie der Messfehler V_e und für den Fall der Feldversuche neben diesen Unsicherheiten zusätzlich die Transformationsunsicherheit V_{Trans} berücksichtigt. Somit wird eine Grundgesamtheit simuliert, die die Unsicherheiten von der Baugrunderkundung bis hin zur Ermittlung der Versuchswerte berücksichtigt.

In Bild 6.2 werden exemplarisch für eine logarithmische Normalverteilung drei Varianten mit unterschiedlich berücksichtigten Unsicherheiten dargestellt.

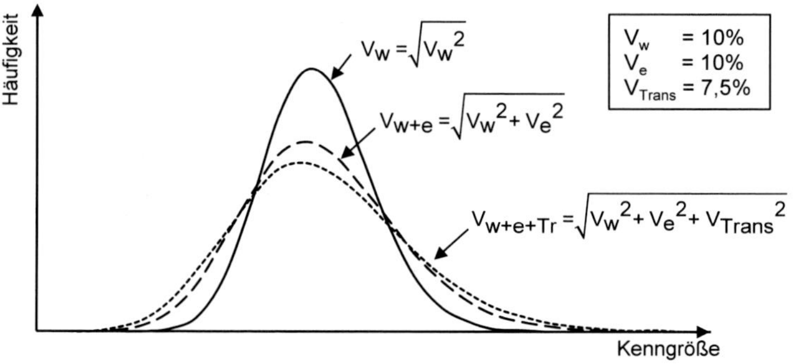

Bild 6.2: Verteilungen der Grundgesamtheit unter Berücksichtigung der natürlichen Variabilität V_w, des Messfehlers V_e und der Transformationsunsicherheit V_{Trans}

Zudem wird in Bild 6.2 gezeigt, dass mit der Berücksichtigung von mehr Unsicherheiten die Verteilung der Grundgesamtheit flacher wird, sodass die Streuung der Werte höher wird. Bei den zufällig generierten Werten, sowie in der Realität, ist es nicht möglich, den Anteil der natürlichen Variabilität von dem des Messfehlers und ggf. der Transformationsunsicherheit zu trennen. Diese drei Unsicherheiten sind in den zufällig generierten Werten vermischt.

Um aus den abgeleiteten Werten den repräsentativen Wert der geotechnischen Kenngröße nach Gl. (6.1) zu ermitteln, wurden drei mögliche Vorgehensweisen untersucht. Diese unterscheiden sich darin, wie mit den Unsicherheiten in Form von Variationskoeffizienten umgegangen wird.

Vorgehensweise 1:

- Nur einen Variationskoeffizienten V_{w+e} bzw. $V_{w+e+Trans}$ aus den Versuchswerten ermitteln
- Der Variationskoeffizient multipliziert den Term $\left(\Gamma_u^2 + \frac{1}{n}\right)$ in Gl.(6.3) bzw. (6.4)

Vorgehensweise 2:

- Nur einen Variationskoeffizienten V_{w+e} bzw. $V_{w+e+Trans}$ aus den Versuchswerten ermitteln
- Der Variationskoeffizient multipliziert den Term $\left(\Gamma_u^2 + \frac{1}{n}\right)$ in Gl.(6.3) bzw. (6.4)
- Ein Mindestwert wird für V_{w+e} bzw. $V_{w+e+Trans}$ eingeführt, der der unteren Grenze der natürlichen Variabilität der Kenngröße entspricht

Vorgehensweise 3:

- Variationskoeffizient V_{w+e} bzw. $V_{w+e+Trans}$ aus den Versuchswerten berechnen
- Anteil V_e^2 bzw. $V_e^2 + V_{Trans}^2$ abziehen, um den „reinen“ Variationskoeffizienten der natürlichen Variabilität $V_{w,rein}$ zu erhalten
- Berücksichtigung von V_e (5 % bzw. 10 %) bzw. V_{Trans} (7,5 %) in V_{Total}
- Ein Mindestwert wird für $V_{w,rein}$ eingeführt, der der unteren Grenze der natürlichen Variabilität der Kenngröße entspricht

In Tabelle 6.1 werden die wichtigsten Unterschiede der drei Vorgehensweisen zusammengefasst. In Abhängigkeit der unterschiedlichen Grundvarianten und Vorgehensweisen bei der Behandlung der Unsicherheiten sowie der Möglichkeiten der Aktualisierung ergeben sich insgesamt 18 Modelle (siehe Tabelle 6.2).

Tabelle 6.1: Zusammenfassung der untersuchten Vorgehensweisen

Vorgehensweise	Mindestwert $V_{w+e(+Tr)}$ oder V_w	Berechnung von V_{Total}
1	-	$V_{Total}=\sqrt{\left(\Gamma_u^2+\frac{1}{n}\right)\cdot V_{w+e(+Tr)}^2}$
2	$min\{V_{w,min};\ V_{w+e(+Tr)}\}$	$V_{Total}=\sqrt{\left(\Gamma_u^2+\frac{1}{n}\right)\cdot V_{w+e(+Tr)}^2}$
3	$min\{V_{w,min};\ V_{w,rein}\}$	$V_{Total}=\sqrt{\left(\Gamma_u^2+\frac{1}{n}\right)\cdot V_{w,rein}^2+V_e^2\left(+V_{Trans}^2\right)}$

Tabelle 6.2: Zusammenfassung der untersuchten Modelle

Aktualisierung	Grundvariante	Vorgehensweise		
		1	2	3
keine	A	A1	A2	A3
	B	B1	B2	B3
Bayes 1	A	A1 – Bayes 1	A2 – Bayes 1	A3 – Bayes 1
	B	B1 – Bayes 1	B2 – Bayes 1	B3 – Bayes 1
Bayes 2	A	A1 – Bayes 2	A2 – Bayes 2	A3 – Bayes 2
	B	B1 – Bayes 2	B2 – Bayes 2	B3 – Bayes 2

6.3.2 Parameter

Im Rahmen der Untersuchung wurden Vergleichsrechnungen mit Variation der mittleren Werte sowie des Variationskoeffizienten der Kenngrößen, des Reduktionsfaktors und der Anzahl n der Versuchswerte durchgeführt. Die untersuchten mittleren Werte und die Variationskoeffizienten der Kenngrößen wurden aus den in der Fachliteratur üblichen vorgegebenen Spannbreiten (siehe Kapitel 4.2.4.1 und Engel, 2012) gewählt. Dabei wurden jeweils die unteren und oberen Werte sowie ein mittlerer Wert der Spannbreite für die Untersuchung festgelegt.

Bei der undränierten Scherfestigkeit wurden in Anlehnung an Phoon et al. (1995) die mittleren Werte und die Variationskoeffizienten in Abhängigkeit des Laborversuchs gewählt. Die Variationskoeffizienten des Messfehlers und ggf. der Transformationsunsicherheit wurden nicht variiert und wiesen die in Kapitel 6.1 angegebenen Werte auf.

Folgende Werte für die geotechnischen Kenngrößen wurden untersucht:

Mittlere Werte:

- Reibungswinkel φ'_{mittel}: 20, 30, 40 [°]
- Kohäsion des dränierten Bodens c'_{mittel}: 5, 30, 60 [kN/m²]
- Kohäsion des undränierten Bodens $c_{u,mittel}$: 10, 200, 400 [kN/m²] [1]
  150, 400, 700 [kN/m²] [2]
- Kohäsion des undränierten Bodens $c_{u,FVT^{3},mittel}$: 5, 150, 400 [kN/m²]

Variationskoeffizient:

- Reibungswinkel $V_{w,\varphi'}$: 5, 10, 15 [%]
- Kohäsion des dränierten Bodens $V_{w,c'}$: 10, 30, 50 [%]
- Kohäsion des undränierten Bodens $V_{w,cu}$: 10, 30, 50 [%] [1]
  20, 30, 40 [%] [2]
- Kohäsion des undränierten Bodens $V_{w,cu,FVT}$: 10, 25, 40 [%]

Basierend auf der in Kruse (2003) angegebenen Spannbreite für die Anzahl n der Versuchswerte (bzw. der Erkundungsproben) wurden als maximalen Werte 5 und 10 gewählt. Darüber hinaus wurden Simulationen mit n gleich 3 durchgeführt, um die Auswirkung einer in der Praxis üblichen gering umfänglichen Baugrunderkundung auf die Ermittlung der repräsentativen Werte zu untersuchen.

Des Weiteren wurde in den Simulationen der Reduktionsfaktor zwischen 0 und 1,0 in 0,25 Schritten variiert. Dabei wurden Ungenauigkeiten bei der Festlegung des Reduktionsfaktors sowie ein möglicher menschlicher Faktor bei der Berechnung von V_{Total} bzw. des Faktors ξ berücksichtigt, die sowohl günstig oder ungünstig wirken können. In dieser Hinsicht wurde der Reduktionsfaktor zufällig in einem Bereich von ± 0,05 um den gewählten Wert variiert. Die Variation lag einer Gleichverteilung[4] zugrunde.

Bei der Aktualisierung der stochastischen Parameter mit den Modellen Bayes 1 und Bayes 2 wurden ebenfalls Ungenauigkeiten des geotechnischen Sachverständigen bei der Abschätzung der mittleren A-priori-Kenngrößen, der Standardabweichung und des Variationskoeffizienten berücksichtigt. Daher wurde ein Schwankungsbereich bei der Generierung der A-priori-Werte festgelegt, die in Abhängigkeit der Art und Größe des Parameters zwischen ± 5 % und ± 15 % um den untersuchten Wert betrug. Dieser Schwankungsbereich setzt nach Meinung des Autors voraus, dass mittlere bis umfangreiche Erfahrungen mit der Bodenart vorliegen.

In Tabelle 6.3 sind die untersuchten Schwankungsbereiche für die zufällige Generierung der A-priori-Parameter zusammengefasst.

---

[1] Für UU-Triaxialversuche und einaxiale Druckversuche
[2] Für CU-Triaxialversuche
[3] FVT = Flügelscherversuch
[4] Bei einer Gleichverteilung haben alle Werte dieselbe Eintrittswahrscheinlichkeit.

Tabelle 6.3: Zusammenfassung der Schwankungsbereiche zur Generierung der zufälligen A-priori-Werte für die Aktualisierung der stochastischen Parameter

Parameter	Untersuchte Werte	Schwankungsbereich
$V_{w,i}$	5 – 15 [%]	± 2 [%]
	20 – 50 [%]	± 2,5 [%]
φ'_{mittel}	20 – 40 [°]	± 2 [°]
c'_{mittel}	5 [kN/m²]	± 2 [kN/m²]
	30; 60 [kN/m²]	± 2,5 [kN/m²]
$c_{u,mittel}$ und $c_{u,FVT,mittel}$	5; 10 [kN/m²]	± 2 [kN/m²]
	150 [kN/m²]	± 10 [kN/m²]
	400; 700 [kN/m²]	± 20 [kN/m²]

6.3.3 Berechnungsablauf und Vergleichsgrößen

Im Rahmen der Untersuchung wurden Monte-Carlo-Simulationen durchgeführt, um den Prozess der Ermittlung der repräsentativen Werte geotechnischer Kenngrößen aufgrund zufälliger Erkundungsergebnisse (zufällige Versuchswerte) abzubilden. Hierfür wurde eine Grundgesamtheit für ein homogenes Zufallsfeld vordefiniert, die die natürliche Variabilität der geotechnischen Kenngrößen im erkundeten Baugrundbereich und die bei der Baugrunduntersuchung vorhandenen Unsicherheiten beinhaltet. Darauf basierend wurde eine Anzahl n von Werten zufällig generiert, mit denen der repräsentative Wert in Abhängigkeit der untersuchten Variante (siehe Kapitel 6.3.1) ermittelt wurde. Dieser Simulationsschritt wurde 10.000-mal wiederholt, um eine zuverlässige Verteilung der berechneten repräsentativen Werte zu erhalten. Im Kapitel 6.3.4 wird näheres zur erforderlichen Anzahl der Simulationen erläutert.

In prEN 1997-1 wird für den repräsentativen Wert vorgeschrieben, dass die rechnerische Wahrscheinlichkeit für einen ungünstigeren Wert nicht größer als 5 % sein darf bzw. der Vertrauensbereich 95 % betragen soll. In dieser Hinsicht entspricht diese 5 % Wahrscheinlichkeit der 5 % - Fraktile der Grundgesamtheit der natürlichen Variabilität ($G_{w,red}$) für gemittelte Kenngrößen (mit $\sigma_{w,red} = \sigma_w \cdot \Gamma_u$). Für die Bemessung ist dann nur diese Fraktil relevant. Die anderen Unsicherheiten verzerren nur die natürliche Variabilität und sind im Baugrund nicht vorhanden. Mit den zu untersuchenden Modellen wird angestrebt, dass die ermittelten repräsentativen Werte der 5 % - Fraktile der Grundgesamtheit der natürlichen Variabilität für gemittelte Kenngrößen entsprechen oder nur geringfügig um sie schwanken.

Bild 6.3 zeigt exemplarisch die Verteilungen der Grundgesamtheiten $G_{w,red}$ (reine natürliche Variabilität) und $G_{w+e,red}$ (etwas verzerrt durch den Messfehler) für eine Anzahl n von 10, einen mittleren Reibungswinkel φ_{mittel} von 30°, Variationskoeffizienten V_w von 10 % und V_e von 5 % und einen Reduktionsfaktor Γ_u von 1,0 sowie die daraus resultierende Verteilung X_{rep} der repräsentativen Werte für die Variante B2 – Bayes 2 (siehe Tabelle 6.2). Die berechnete Verteilung

X_{rep} ist immer schmaler als die der Grundgesamtheiten $G_{w,red}$ und $G_{w+e,red}$ und weist meistens einen Mittelwert und einen Median[1] um die 5 % - Fraktile von $G_{w,red}$ auf.

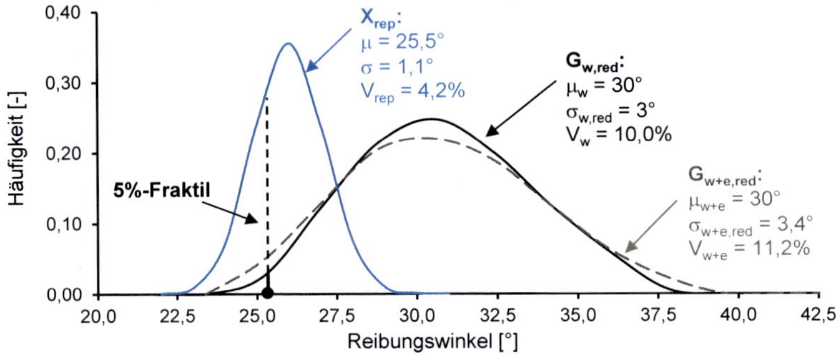

Bild 6.3: Verteilungen nach einer Berechnung mit 10.000 Simulationen für n =10, φ_{mittel} = 30°, V_w = 10%, V_e = 5% und Γ_u = 1,0

Um einheitlich die Simulationsergebnisse der unterschiedlichen Kenngrößen auswerten zu können, wurden die repräsentativen Werte der geotechnischen Kenngrößen durch den Zielwert (5 % - Fraktile von $G_{w,red}$) normiert. Bild 6.4 zeigt exemplarisch die normierte Verteilung für das Beispiel aus Bild 6.3.

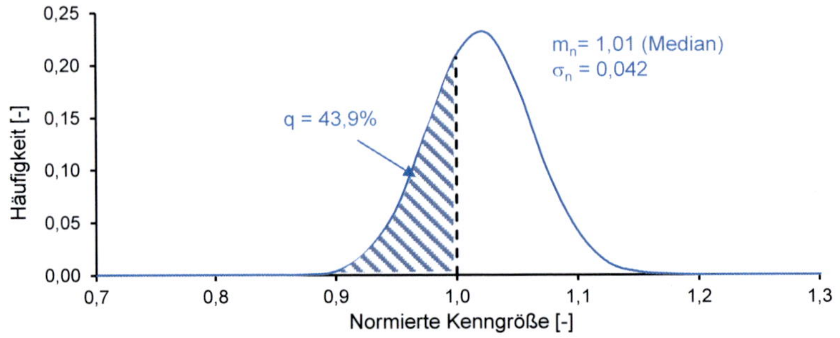

Bild 6.4: Normierte Verteilung der berechneten repräsentativen Werte für n =10, φ_{mittel} = 30°, V_w = 10%, V_e = 5% und Γ_u = 1,0

Für die Auswertung der Simulationen mit den unterschiedlichen Varianten wurden als Vergleichsgrößen für die Genauigkeit der Varianten der Median m_n und die Standardabweichung σ_n der normierten Verteilungen berechnet. Darüber hinaus wurde die Wahrscheinlichkeit q der

[1] Der Median entspricht der 50%-Fraktile und kann als „Schwerpunkt" der Verteilung betrachtet werden. Bei Normalverteilungen entspricht er dem Mittelwert, während er bei logarithmischen Normalverteilungen vom Mittelwert abweicht.

Werte unter der 5 % - Fraktile (entspricht der schraffierten Fläche der Verteilung in Bild 6.4) ermittelt, die als Vergleichsgröße für die Sicherheit der Varianten dient.

Wie die Verteilung X_{rep} zeigt, können die berechneten repräsentativen Kenngrößen größer als der Zielwert sein und somit auf der unsicheren Seite liegen. Bei den Simulationen wurde daher der Einfluss einer Abminderung der repräsentativen Werte durch unterschiedliche Teilsicherheitsbeiwerten γ_m auf die Wahrscheinlichkeit q untersucht. Näheres dazu wird in Kapitel 8.5.3 erläutert.

6.3.4 Erforderliche Anzahl der Simulationen

Um die erforderliche Anzahl der Simulationen für eine ausreichende Genauigkeit der Ergebnisse festzulegen, wurden zehn Berechnungen mit 100, 1.000, 10.000 und 100.000 Simulationen für die Varianten A1 und B1 mit der ungünstigsten Anzahl $n = 3$ und für folgende Fälle mit oberen Werten der mittleren Werte der geotechnischen Kenngröße und der Variationskoeffizienten durchgeführt:

- Fall 1: $\varphi_{mittel} = 40°$, $V_w = 15\%$
- Fall 2: $c_{u,mittel} = 400$ kN/m², $V_w = 50\%$
- Fall 3: $c_{u,mittel} = 700$ kN/m², $V_w = 40\%$

Der resultierende Variationskoeffizient bzw. die resultierende Standardabweichung des Medians (V_{m_n} bzw. σ_{m_n}) und der Standardabweichung (V_{σ_n} bzw. σ_{σ_n}) der normierten Kenngrößen wurde für jeden betrachteten Fall und jede Variante ermittelt. Der berechnete Variationskoeffizient der Standardabweichung dient als „Ungenauigkeitsparameter" für die Abwägung und wird weiter als $V_{Ungenauigkeit}$ bezeichnet. Von den drei untersuchten Fällen ist Fall 2 mit dem größten V_w am ungünstigsten. In Bild 6.5 werden der Variationskoeffizient $V_{Ungenauigkeit}$ und der Zeitaufwand $t_{Aufwand}$ in Abhängigkeit der Anzahl der Simulationen N für die Standardabweichung der normierten Kenngröße dargestellt. Für eine Anzahl von 10.000 Simulationen ergibt sich ein Variationskoeffizient (bzw. Ungenauigkeit) von ca. 1,2 % und ein Zeitaufwand von ca. 22,5 s. Für eine Anzahl der Simulationen von 100.000 ergibt sich keine nennenswerte Verringerung des Variationskoeffizienten, während die Berechnungszeit exponentiell zunimmt.

Die absoluten Werte der Standardabweichung der Ungenauigkeit (V_{σ_n}) zeigen, dass für 10.000 Berechnungen der Median und die Standardabweichung der normierten Kenngröße in einem Bereich von $\pm$ 0,01 schwanken können. Diese Ungenauigkeit wird bei der Abwägung der Ergebnisse unter Berücksichtigung der Berechnungszeit als angemessen angesehen. Daher wurden im Rahmen der Untersuchung 10.000 Simulationen pro Berechnung durchgeführt.

Die Ungenauigkeit für Simulationen mit $n > 3$ und $V_w < 50\%$ ist deutlich geringer. Für Fall 1 mit $V_w = 15$ % schwankte z. B. die Standardabweichung ca. $\pm$ 0,002.

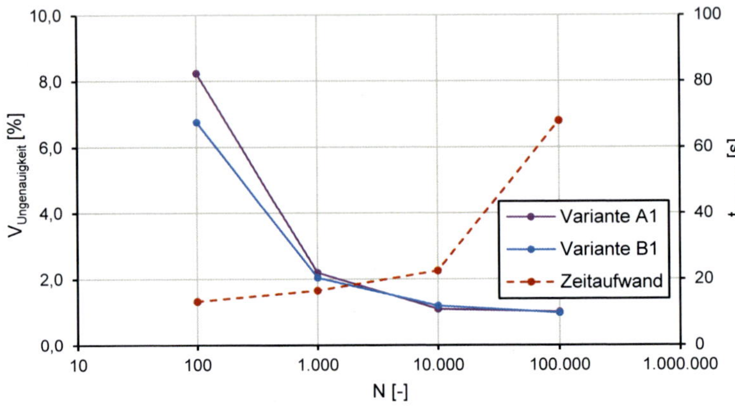

Bild 6.5: Ungenauigkeit $V_{Ungenauigkeit}$ und Zeitaufwand $t_{Aufwand}$ für unterschiedliche Anzahl von Simulationen (logarithmische Darstellung), Fall 2

6.4 Berücksichtigung der unterschiedlichen Streuung der Kenngrößen

In (5) 5.2.2 prEN 1997-1 wird gefordert, dass die größere natürliche Variabilität der Kohäsion c' im Vergleich zum Reibungswinkel φ' bei der Ermittlung der repräsentativen Werte berücksichtigt wird. Diese natürliche Unsicherheit soll nicht durch einen höheren Teilsicherheitsbeiwert als für tan φ' abgedeckt werden.

In diesem Sinne wurde für die Berechnungen von φ' ein t-Faktor mit einem Vertrauensbereich α von 95 % gemäß (6) 4.3.2 prEN 1997-1 berücksichtigt, während für c' und c_u aufgrund ihrer größeren Variabilität höhere Vertrauensbereiche α festgelegt wurden. Höhere Vertrauensbereiche haben größere t-Faktoren zur Folge und somit eine größere Entfernung vom Mittelwert bei der Berechnung der repräsentativen Werte.

Welcher Vertrauensbereich für c' geeignet ist, wurde anhand der Ergebnisse von Vergleichsrechnungen für zwei bindige Böden mit den Parameterkombinationen $\varphi'_{mittel} = 20°$ und $c'_{mittel} = 60$ kN/m² sowie $\varphi'_{mittel} = 30°$ und $c'_{mittel} = 5$ kN/m², Reduktionsfaktoren Γ_u von 0 und 1,0, die höchsten Variationskoeffizienten und die Varianten A1 und B1 festgelegt. Die Böden wurden so gewählt, dass sie mögliche extreme Werte für φ' und c' sowie ihre negative Korrelation berücksichtigten.

Da bei der Faktorisierung mit dem Teilsicherheitsbeiwert γ_m dasselbe Sicherheitsniveau für φ' und c' erreicht werden soll, wurde der Vertrauensbereich α für c' so angepasst, dass sich eine ähnliche Wahrscheinlichkeit q nach Faktorisierung mit γ_m wie bei φ' ergab.

In Tabelle 6.4 sind die Ergebnisse der besten Anpassung für α für drei Teilsicherheitsbeiwerte ($\gamma_{m,1} = 1,05$, $\gamma_{m,2} = 1,10$ und $\gamma_{m,3} = 1,15$, siehe Kapitel 8.5.3) zusammengefasst. Es ergeben sich für die beste Anpassung unterschiedliche Vertrauensbereiche α, die zwischen 97,0% und 99,8% liegen. Auf der sicheren Seite wurde ein hoher Vertrauensbereich von 99,0% gewählt, mit dem die Zuverlässigkeitsberechnungen in Kapitel 8 durchgeführt wurden. Die Berechnungsergebnisse (siehe Kapitel 6.5.2) haben gezeigt, dass dieser Vertrauensbereich ausreichend war, um das geforderte Zuverlässigkeitsniveau erreichen zu können.

Tabelle 6.4: Zusammenfassung der Vertrauensbereiche α für die beste Anpassung

Γ_u	φ'_{mittel}	c'_{mittel}	Variante	Vertrauensbereich α für die beste Anpassung		
				$\gamma_{m,1}$=1,05	$\gamma_{m,2}$=1,10	$\gamma_{m,3}$=1,15
0,0	20	60	A1	97,0%	98,0%	99,0%
0,0	20	60	B1	97,5%	98,5%	99,5%
0,0	30	5	A2	97,0%	98,0%	98,5%
0,0	30	5	B2	98,0%	99,0%	99,5%
1,0	20	60	A1	97,0%	98,5%	99,0%
1,0	20	60	B1	98,0%	99,3%	99,8%
1,0	30	5	A2	97,0%	98,0%	98,5%
1,0	30	5	B2	98,0%	99,0%	99,6%

Für die Kohäsion c_u des Bodens im undränierten Zustand wurde zunächst ein Vertrauensbereich α von 99,0% festgelegt. Die Zuverlässigkeitsberechnungen haben jedoch gezeigt, dass für diesen Vertrauensbereich und die in den Normen üblichen Teilsicherheitsbeiwerte γ_m für c_u nicht das geforderte Zuverlässigkeitsniveau erreicht werden konnte. Es wurde daher der Vertrauensbereich iterativ erhöht, bis die geforderte Zuverlässigkeit bei einem Vertrauensbereich von 99,7% erzielt wurde. Tabelle 6.5 zeigt die Vertrauensbereiche und die entsprechenden t-Faktoren für $n \approx \infty$, die im Rahmen der Berechnungen in diesem Kapitel sowie in den Zuverlässigkeitsberechnungen in Kapitel 8 verwendet wurden.

Tabelle 6.5: Vertrauensbereiche und t-Faktoren für $n \approx \infty$ für die Grundvarianten A und B

Geotechnische Kenngröße	Vertrauensbereich α	t_∞^α - Faktor
Reibungswinkel φ'	95,0%	1,645
Kohäsion des dränierten Bodens c'	99,0%	2,326
Kohäsion des undränierten Bodens c_u	99,7%	2,748

6.5 Kein Trend der geotechnischen Kenngröße vorhanden

6.5.1 Auswertungskriterien

Im Rahmen der Berechnungen wurden zunächst die Vergleichsgrößen Median m_n und Standardabweichung σ_n der normierten Kenngrößen sowie die Wahrscheinlichkeit q für die jeweiligen Modelle ermittelt. Die Auswertung der untersuchten Modelle erfolgte anschließend mithilfe der Vergleichsgrößen anhand folgender festgelegter Kriterien:

- Unabhängigkeit der Größe der geotechnischen Parameter vom untersuchten Modell
- Einfluss der Anzahl n der abgeleiteten Werte auf die Vergleichsgrößen
- Genauigkeit des Modells
- Sicherheitsniveau des Modells

Geeignete Modelle für die Praxis müssen wegen der geforderten Allgemeinheit von der Größe der betrachteten geotechnischen Kenngröße unabhängig sein. D. h. müssen die Genauigkeit und Sicherheit des Modells sowohl für niedrige als auch höhere Werte der geotechnischen Kenngröße gleich oder nahezu gleich sein. Darüber hinaus soll die Anzahl n der abgeleiteten Werte einen möglichst geringen Einfluss auf die Vergleichsgrößen haben, da in der Praxis die Anzahl der Erkundungsproben bzw. Versuchswerte von Projekt zum Projekt wegen der unterschiedlichen Projektanforderungen unterschiedlich ist.

Die Genauigkeit wird in Form der Entfernung des Medianes m_n zum Zielwert und der Größe der Standardabweichung σ_n bewertet. In dieser Hinsicht sind Modelle mit $m_n \approx 1{,}0$ und kleinen σ_n genauer, da die berechneten repräsentativen Werte vom Zielwert nicht signifikant abweichen.

Die Größe der Wahrscheinlichkeit q gibt Auskunft über das mit dem Modell verbundene Sicherheitsniveau. Modelle mit höheren Wahrscheinlichkeiten q haben eine niedrige Wahrscheinlichkeit, repräsentative Werte über dem Zielwert zu berechnen. Sie werden daher als sicherer eingestuft als die anderen Modelle.

Des Weiteren soll das vorzuschlagende Modell kein hochkomplexes Modell sein. Es soll für die Praxis leicht zu handhaben sein und gleichzeitig genaue und sichere repräsentative Werte liefern.

6.5.2 Ergebnisse für die im Labor ermittelte Scherfestigkeit

Zunächst werden die Ergebnisse der im Labor ermittelten Scherfestigkeitsparameter im dränierten Zustand φ‘ und c‘ sowie im undränierten Zustand c_u erläutert. Im Allgemeinen ergeben sich bei den Parametervariationen unterschiedliche absolute Werte, jedoch weisen die Ergebnisse dieselbe Tendenz auf. Der maßgebende Fall ergibt sich für eine kleinere Anzahl n der abgeleiteten Werte, einen Reduktionsfaktor gleich eins, große mittlere Kenngrößen und höhere Variationskoeffizienten, da dabei die Ergebnisse der untersuchten Modelle stärker voneinander abweichen. In diesem Sinne wird hierbei verstärkt auf die Ergebnisse für die undränierte Scherfestigkeit c_u mit den maximalen Werten $c_{u,mittel}$ = 400 kN/m² und V_w = 50 % eingegangen. Der Fall mit $c_{u,mittel}$ = 700 kN/m² und V_w = 40 % hat zwar eine größere mittlere Kohäsion, ergibt aber wegen des geringeren Variationskoeffizienten günstigere Ergebnisse und ist somit nicht als maßgebender Fall zu betrachten.

Bild 6.6 zeigt die Ergebnisse der Modelle mit den Grundvarianten A (lila Linien) und B (hellblaue Linien) sowie die Vorgehensweisen 1 bis 3 in Abhängigkeit der Anzahl n der Versuchswerte für den höchsten bzw. niedrigsten Variationskoeffizienten V_w von 50 % bzw. 10 %. Für beide Fälle wird gezeigt, dass im Allgemeinen die Genauigkeit und die Sicherheit in Form der Wahrscheinlichkeit q mit zunehmender Anzahl n zunimmt.

Des Weiteren sind für V_w = 10 % – wie erwartet – die Ergebnisse genauer und sicherer als für V_w = 50 %. Für V_w = 50 % gibt es kaum einen Unterschied zwischen den Vorgehensweisen 1 bis 3, während für V_w = 10 % – wegen der Einführung eines Mindestwerts für den Variationskoeffizienten in den Vorgehensweisen 2 und 3 – die Ergebnisse für die Vorgehensweise 1 (A1 und B1) etwas unsicherer und ungenauer sind.

Die Genauigkeit (Median m_n und Standardabweichung σ_n) der Modelle A1 bis A3 ist stärker abhängig von der Anzahl n und meistens niedriger als die der Modelle B1 bis B3, was die Modelle A1 bis A3 ungenauer und somit unwirtschaftlicher macht.

Im Allgemeinen ist das Sicherheitsniveau in Form der Wahrscheinlichkeit q für die Modelle A1 bis A3 etwas höher als für die Modelle B1 bis B3. Für geringere Variationskoeffizienten wie V_w = 10 % ist der Unterschied im Sicherheitsniveau sehr gering. Jedoch nimmt er mit steigendem Variationskoeffizient zu. Für V_w = 50 % sind die Unterschiede am größten, aber es wird dabei gezeigt, dass sich die höheren Wahrscheinlichkeiten q für die Modelle A1 bis A3 aus dem niedrigeren Medianen (größere Ungenauigkeit auf der sicheren Seite des Zielwerts) ergeben.

Zwischen den Modellen B1 bis B3 ergeben sich identische Wahrscheinlichkeiten q für V_w = 50 %. Für V_w = 10 % werden für die Modelle B2 und B3 hohe Wahrscheinlichkeiten q bei Beibehaltung einer hohen Genauigkeit erreicht, während das Modell B1 deutlich niedrigere Wahrscheinlichkeiten q aufweist.

Die Abhängigkeit von der Größe der geotechnischen Kenngröße wird in Bild 6.7 für die undränierte Scherfestigkeit c_u und den Reibungswinkel φ‘ bei einer niedrigen Anzahl n von 3 dargestellt. Es wird durch den parallelen bzw. nahezu parallelen Verlauf der Kurven gezeigt, dass die Größe der geotechnischen Kenngröße keinen oder nur geringen Einfluss auf die Genauigkeit und das Sicherheitsniveau der Modelle hat. Des Weiteren ergeben sich bei der Genauigkeit und dem Sicherheitsniveau vergleichbare Ergebnisse zu Bild 6.6. Hierbei wird ebenfalls gezeigt, dass die Modelle A1 bis A3 im Allgemeinen höhere Wahrscheinlichkeiten q aufweisen. Jedoch sind sie ungenauer bzw. unwirtschaftlicher als die anderen Modelle.

Bei Abwägung der Kriterien Wirtschaftlichkeit und Sicherheit werden die Modelle B2 und B3 als geeignete Modelle eingestuft. Bei der weiteren Erläuterung der Ergebnisse werden daher lediglich diese berücksichtigt. Die anderen Modelle sind zu ungenau bzw. zu unwirtschaftlich oder etwas unsicherer.

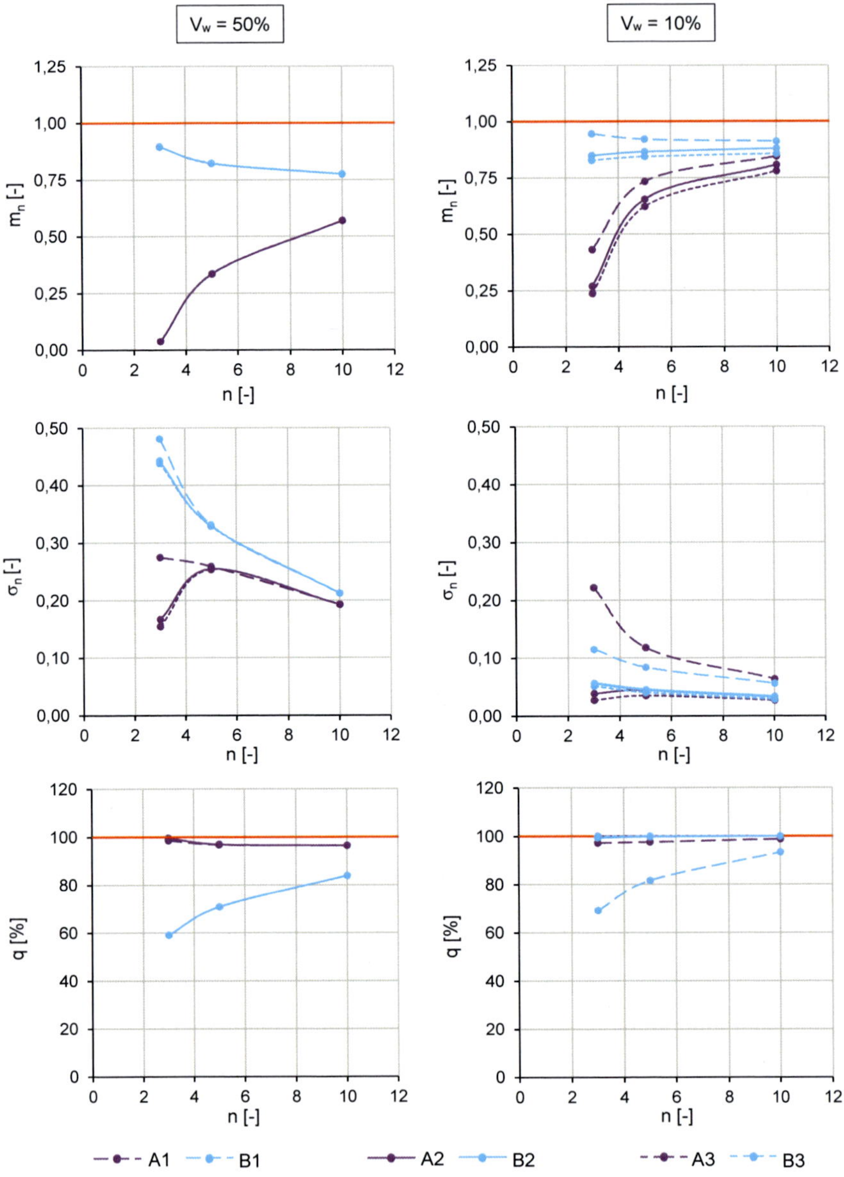

Bild 6.6: Ergebnisse für $c_{u,mittel}$ = 400 kN/m², V_w = 50% und V_w = 10% und Γ_u = 1,0

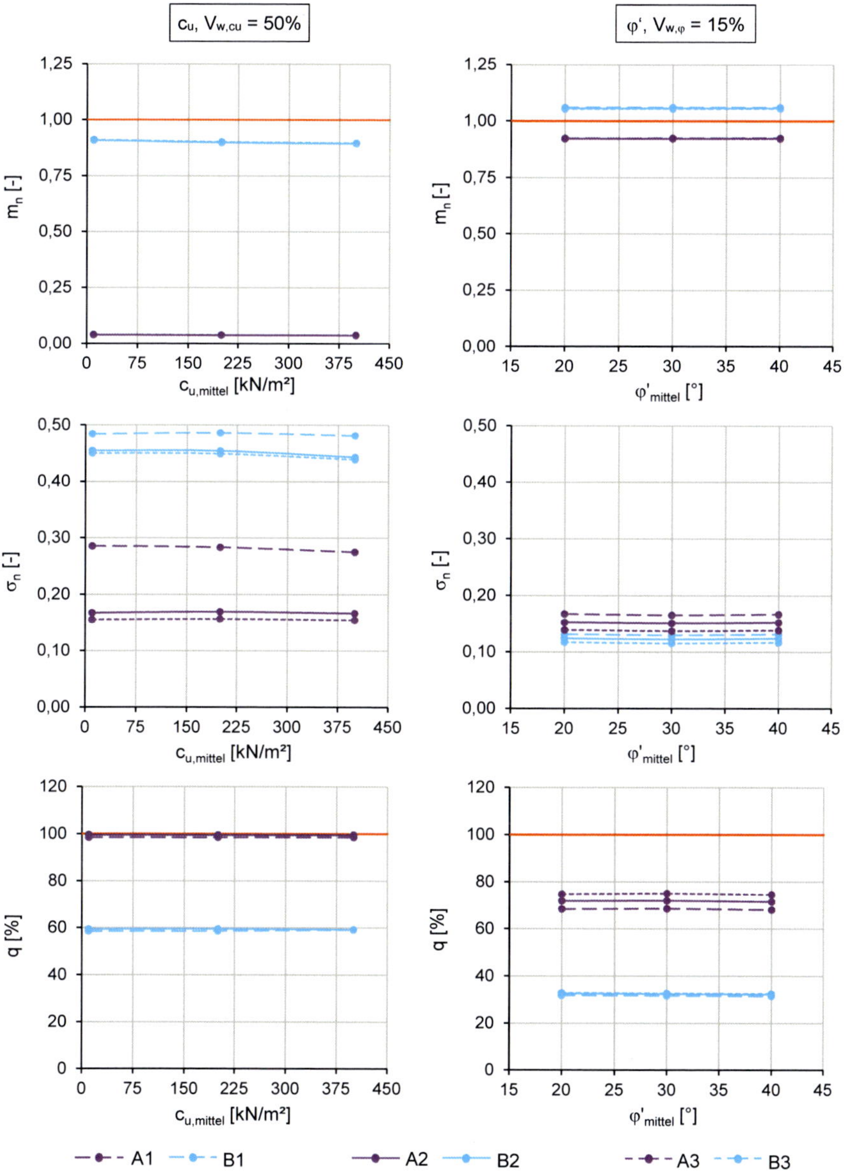

Bild 6.7: Ergebnisse für n = 3, c_u und φ‘, $V_{w,\varphi}$ = 15%, $V_{w,cu}$ = 50% und Γ_u = 1,0

Die Bilder 6.8 und 6.9 zeigen die Ergebnisse für die Modelle B2 und B3 ohne und mit Aktualisierung der stochastischen Parameter mit den Methoden Bayes 1 (hellere Kurven) und Bayes 2 (dunklere Kurven). Mit der Methode Bayes 1 können zwar die Standardabweichungen σ_n reduziert werden, jedoch entfernen sich die Mediane vom Zielwert auf der unsicheren Seite und somit sinkt das Sicherheitsniveau. Bei einer Aktualisierung der stochastischen Parameter mit der Methode Bayes 2 ergibt sich ein höheres Sicherheitsniveau sowie vergleichbare Genauigkeiten wie mit den Modellen B2 und B3 ohne Aktualisierung der Parameter.

In Bild 6.9 wird zudem der Einfluss des Reduktionsfaktors und des Variationskoeffizienten auf die Genauigkeit und das Sicherheitsniveau dargestellt. Mit abnehmenden Reduktionsfaktoren verringert sich die Standardabweichung σ_n. Die Mediane entfernen sich jedoch auf der sicheren Seite vom Zielwert. Es ergeben sich dadurch höhere Wahrscheinlichkeiten q und somit ein höheres Sicherheitsniveau.

Mit abnehmenden Variationskoeffizienten werden die Genauigkeit und das Sicherheitsniveau höher. Für die undränierte Scherfestigkeit c_u mit einem Variationskoeffizienten von 10% liegen z. B. fast alle berechneten repräsentativen Werte unterhalb des Zielwertes, sodass sich Wahrscheinlichkeiten q von ca. 100% ergeben. Der Median beträgt ca. 80% und die Standardabweichung ca. 4,5% vom Zielwert.

Die Modelle mit Vorgehensweise 3 liefern für eine große Kenngröße von 400 kN/m² mit hohem Variationskoeffizienten von 50% Ergebnisse mit kaum höherer Genauigkeit oder Sicherheit als Modelle mit Vorgehensweise 2. Allerdings ergeben sich für kleine Reduktionsfaktoren höhere Sicherheitsniveaus für die Vorgehensweise 3, wenn kleinere Beträge der Kenngröße – wie Reibungswinkel zwischen 20° und 40° – mit geringen Variationskoeffizienten zwischen 5% und 15 % betrachtet werden. Dies ist z. B. in Bild 6.10 für einen Reibungswinkel von 40° dargestellt. Die Erhöhung des Sicherheitsniveaus beträgt für diesen Fall maximal ca. 16%, die durch entsprechende Anpassung der Teilsicherheitsbeiwerte γ_m auch erzielt werden kann (siehe Kapitel 8.5.3).

Die hier vorgestellten Ergebnisse entsprechen der ungünstigsten Randbedingung von n gleich 3. Für eine größere Anzahl n – z. B. 5 oder 10 – ergeben sich höhere Genauigkeiten und Sicherheitsniveaus.

Unter Berücksichtigung des zusätzlichen Berechnungsaufwands bei der Vorgehensweise 3, der Unterschiede in der Genauigkeit und dem Sicherheitsniveau werden die Modelle B2 und B2-Bayes 2 (mit Aktualisierung der stochastischen Parameter) aus den untersuchten Modellen als geeignet für die Ermittlung der repräsentativen Werte von der im Labor ermittelten Scherfestigkeit eingestuft.

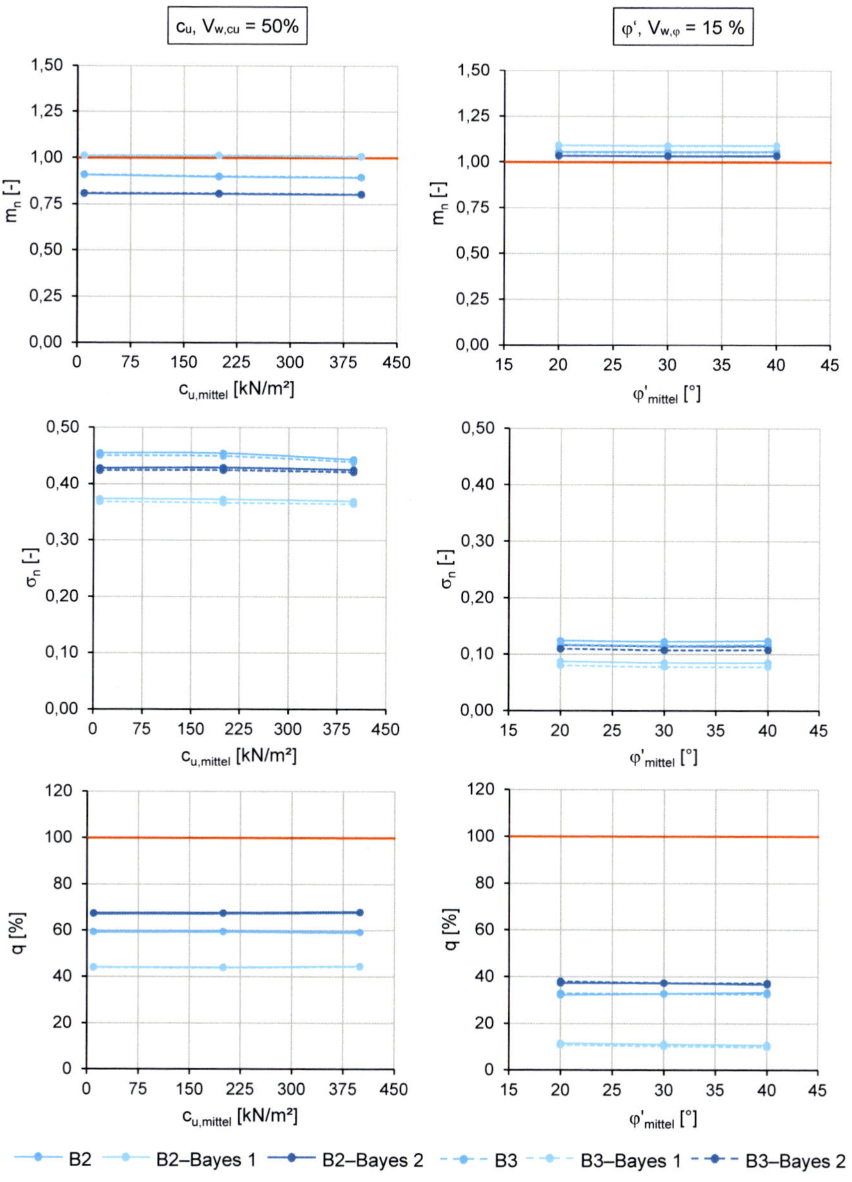

Bild 6.8: Ergebnisse für Grundvariante B, n = 3, c_u und φ', $V_{w,\varphi}$ = 15 %, $V_{w,cu}$ = 50 % und Γ_u = 1,0

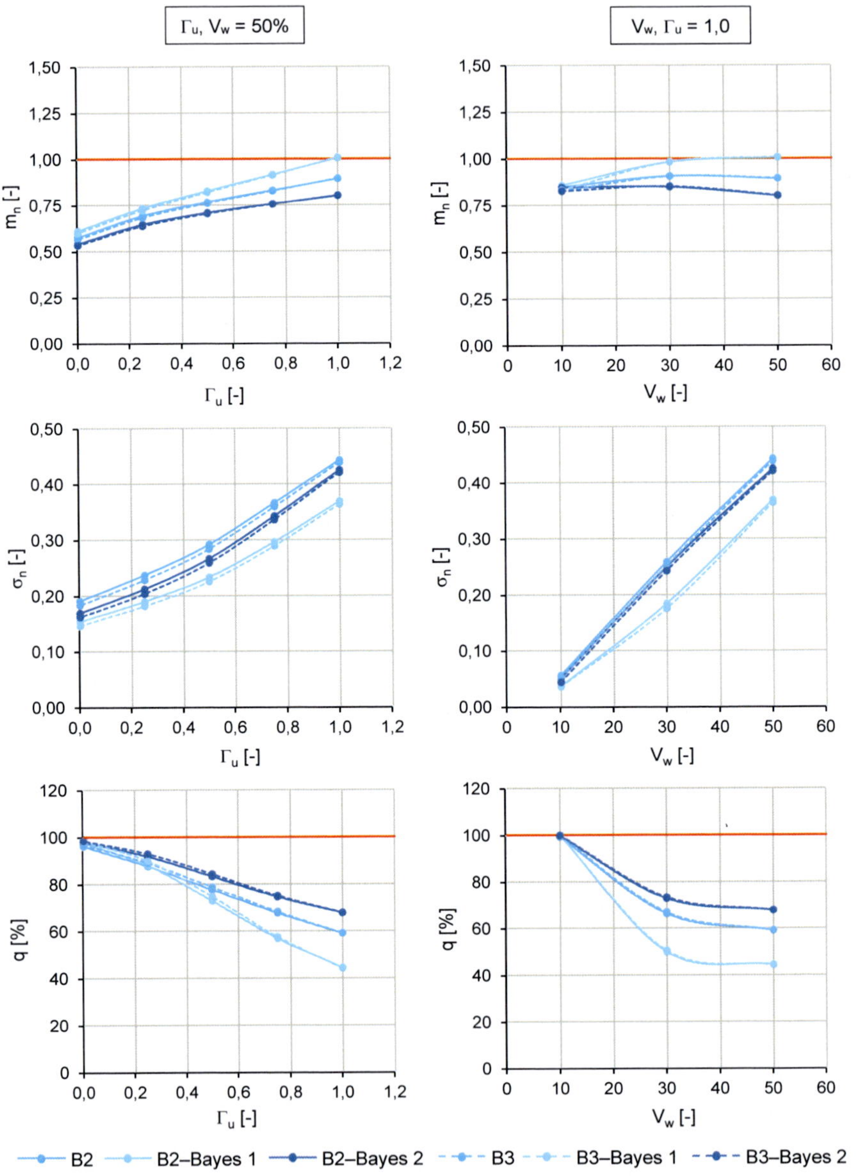

Bild 6.9: Ergebnisse für Grundvariante B, $n = 3$, $c_{u,mittel} = 400$ kN/m², $V_{w,} = 50$ % bzw. $\Gamma_u = 1{,}0$

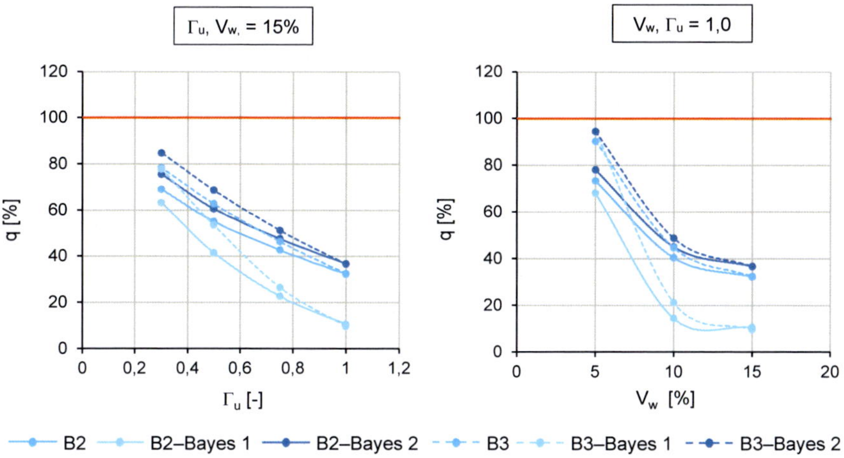

Bild 6.10: Wahrscheinlichkeit q für Variante B, n = 3, φ'_{mittel} = 40°, $V_{w,}$ = 15 % bzw. Γ_u = 1,0

6.5.3 Ergebnisse für die in situ ermittelte Scherfestigkeit

Bei der Ermittlung der in situ ermittelten Scherfestigkeit wird in den Modellen zusätzlich die Unsicherheit aus dem Transformationsmodell berücksichtigt. Die Ergebnisse für die in situ ermittelte Scherfestigkeit $c_{u,FVT}$ sind vergleichbar mit den Ergebnissen der im Labor ermittelten Scherfestigkeit c_u, wie in Bild 6.11 für den Median, die Standardabweichung und die Wahrscheinlichkeit q gezeigt wird. In den Bildern 6.12 und 6.13 wird die Wahrscheinlichkeit q für eine Variation der Anzahl n, der Scherfestigkeit $c_{u,FVT}$, des Reduktionsfaktors und des Variationskoeffizienten dargestellt.

Unterschiedlich sind die etwas geringeren Wahrscheinlichkeiten q für die Modelle mit der Vorgehensweise 3 beim Vergleich der Anzahl n und der Größe der Kenngröße. Für eine Variation des Reduktionsfaktors und des Variationskoeffizienten ergeben sich hingegen größere Wahrscheinlichkeiten q, wenn der Reduktionsfaktor kleiner eins und der Variationskoeffizient kleiner 40% sind. Der Verlauf der Kurven ist zudem ähnlich wie in Kapitel 6.5.2. Die Abweichung zu den Modellen mit der Vorgehensweise 2 ist allerdings kleiner als in Bild 6.10 für den Reibungswinkel mit relativ kleinen Beträgen der Kenngröße und geringen Variationskoeffizienten.

Wegen der vergleichbaren Ergebnisse zu denen in Kapitel 6.5.2 und der geringeren bzw. nicht vorhandenen Verbesserung der Genauigkeit und des Sicherheitsniveaus der Modelle mit der Vorgehensweise 3, werden ebenfalls die Modelle B2 und B2-Bayes 2 für die Ermittlung der repräsentativen Werte der in situ ermittelte Scherfestigkeit als geeignet eingestuft.

Weitere Ergebnisse sowohl der im Labor als auch in situ ermittelten Scherfestigkeit sind in Anhang I zu finden.

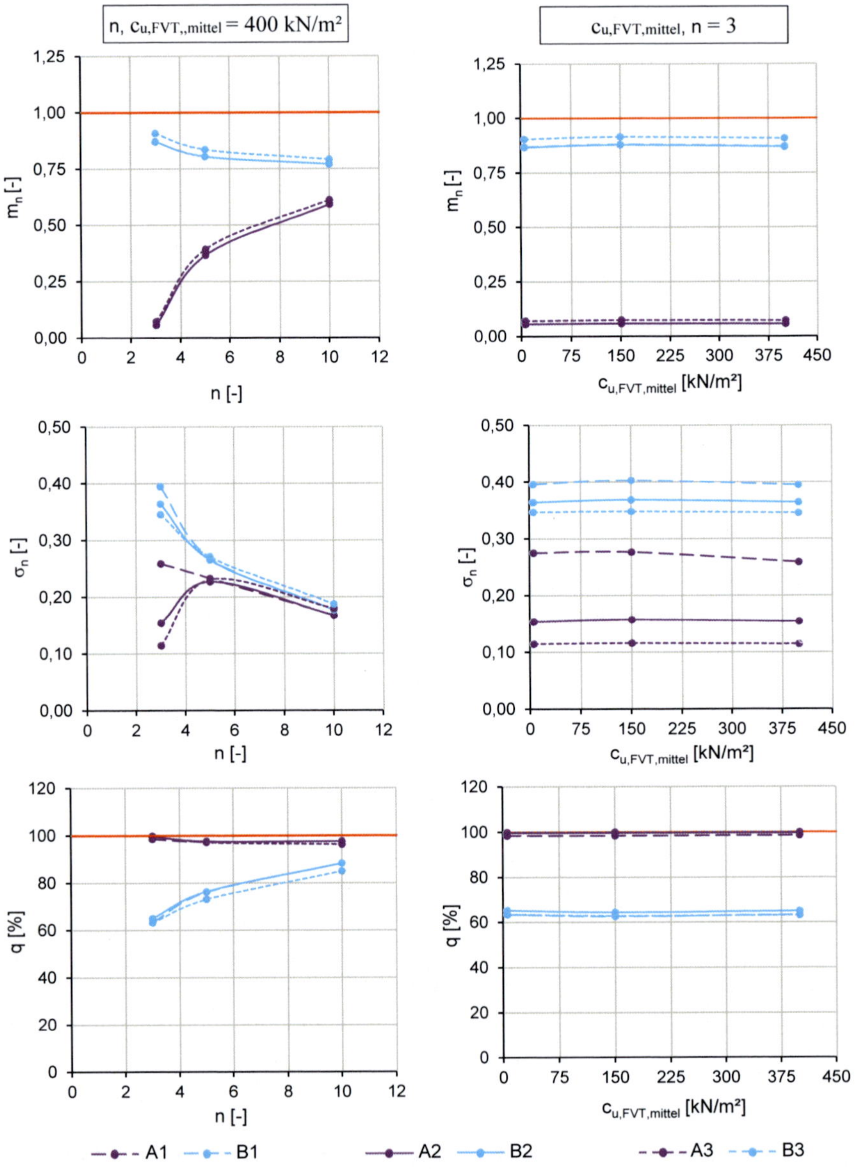

Bild 6.11: Wahrscheinlichkeit q für V_w = 40%, Γ_u = 1,0, $c_{u,FVT,,mittel}$ = 400 kN/m² bzw. n = 3

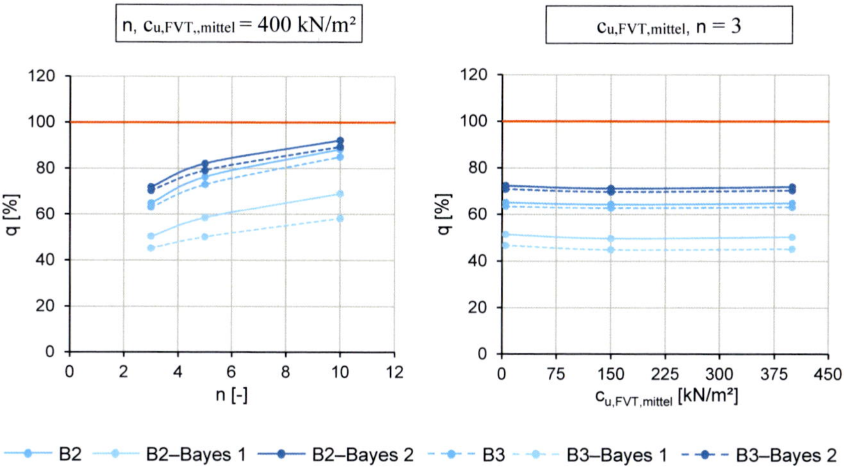

Bild 6.12: Wahrscheinlichkeit q für Grundvariante B, V_w = 40%, Γ_u = 1,0, $c_{u,FVT,,mittel}$ = 400 kN/m² bzw. n = 3

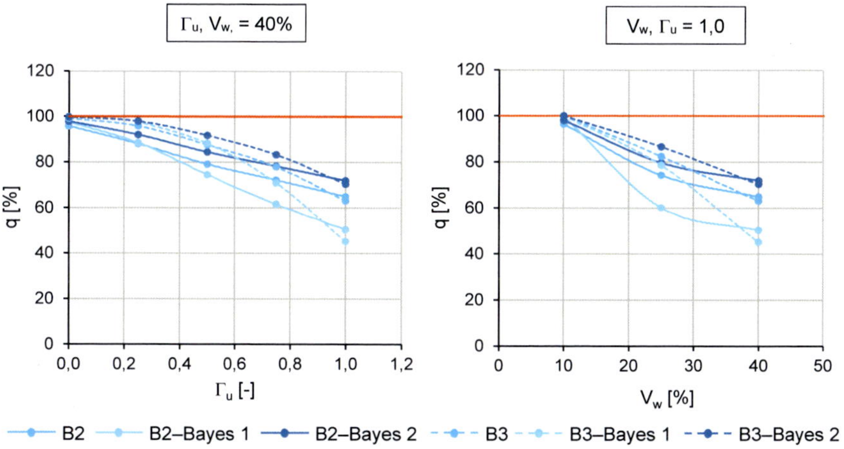

Bild 6.13: Wahrscheinlichkeit q für Grundvariante B, n = 3, $c_{u,FVT,,mittel}$ = 400 kN/m², V_w = 40% bzw. Γ_u = 1,0

6.6 Trend der geotechnischen Kenngröße vorhanden

Die bisher vorgestellten Modelle wurden für den Fall konzipiert, dass kein Trend aus den Versuchswerten zu identifizieren ist. Die Scherfestigkeit c_u des undränierten Bodens kann jedoch wegen des Konsolidierungsprozesses tiefenabhängig sein, sodass ein Trend mit der Tiefe erkennbar ist. In diesem Fall wird die in Bond (2011) vorgestellte Vorgehensweise mit Zugrundelegung der Modelle B2 (und ggf. B2-Bayes 2) vorgeschlagen. Hierbei wird in Anlehnung an Bond (2011) zunächst eine Trendlinie $t_x(z)$ der Versuchswerte und des Parameters Z – z. B. kann Z die Tiefe sein – anhand einer Regressionsanalyse ermittelt. Danach werden die Abweichungen zwischen der Trendlinie und jedem Datenpunkt, die sogenannten Residuen, berechnet. In Abhängigkeit, ob eine Normalverteilung oder eine logarithmische Normalverteilung zugrunde gelegt wird, wird entweder die Standardabweichung $\sigma_{Res,w+e(+Tr)}$ oder der Variationskoeffizient $V_{Res,w+e(+Tr)}$ der berechneten Residuen sowie die zugehörigen totalen Werte $\sigma_{Res,Total}$ oder $V_{Res,Total}$ gebildet. In $\sigma_{Res,w+e(+Tr)}$ oder $V_{Res,w+e(+Tr)}$ sind in Anlehnung an das Modell B2 die natürliche Variabilität der Kenngröße, der Messfehler und ggf. die Transformationsunsicherheit enthalten, da die abgeleiteten Werte und dementsprechend die Residuen mit diesen Unsicherheiten behaftet sind. $\sigma_{Res,Total}$ und $V_{Res,Total}$ werden wie folgt ermittelt:

$$\sigma_{Res,Total} = \sqrt{\left(\Gamma_u^2 + \frac{1}{n}\right) \cdot \sigma_{Res,\ w+e(+Tr)}^2} \tag{6.5}$$

$$V_{Res,Total} = \sqrt{\left(\Gamma_u^2 + \frac{1}{n}\right) \cdot V_{Res,\ w+e(+Tr)}^2} \tag{6.6}$$

Die repräsentative Linie ergibt sich für die Zugrundelegung einer Normalverteilung oder einer logarithmischen Normalverteilung wie folgt:

Normalverteilung:

$$x_{rep}(z) = t_x(z) - t_\infty^\alpha \cdot \sigma_{Res,Total} \tag{6.7}$$

Logarithmische Normalverteilung:

$$x_{rep}(z) = e^{\lambda(z) - t_{(n-1)}^\alpha \cdot \varsigma} \tag{6.8}$$

mit: $\lambda(z) = ln(t_x(z)) - \varsigma^2/2$

$$\varsigma = \sqrt{ln(1 + V_{Res,Total}^2)}$$

Für den Faktor t_∞^α ist der Wert 1,645 anzusetzen, der nach prEN 1997-1 einem Vertrauensbereich α von 95 % entspricht. Durch die Darstellung der repräsentativen Linie werden zusätzliche Kenntnisse der repräsentativen Werte im Raum – z. B. Werte der Scherfestigkeit in anderen Tiefen – gewonnen. Zudem sind die Unsicherheiten infolge einer größeren Streuung der Scherfestigkeit c_u bereits in der repräsentativen Linie enthalten. Die in Kapitel 6.4 angegebenen unterschiedlichen Vertrauensbereiche zur Berücksichtigung der höheren Streuung der Kohäsion gelten nur, wenn kein Trend zu identifizieren ist.

Welche der beiden vorgeschlagenen Verteilungen besser geeignet ist, kann anhand eines Beispiels für die Scherfestigkeit c_u des undränierten marinen Tons von Singapur aus Bond & Harris (2008) erläutert werden. In Bild 6.14 werden die Ergebnisse von 35 Flügelscherversuchen und 40 UU-Triaxialversuchen über die Tiefe mit entsprechenden Grenzen gezeigt, die einen möglichen Bereich der Streuung der Scherfestigkeit über die Tiefe darstellen. Es ist erkennbar, dass die Streuung mit der Tiefe zunimmt und ein kegelförmiger Ausbreitungsbereich entsteht. Der Ausbreitungsbereich ist größer, je höher der Variationskoeffizient V_{Res} ist.

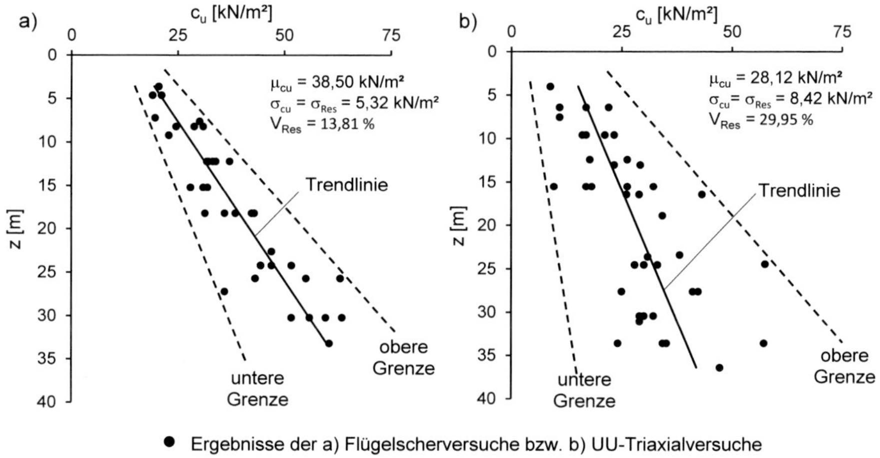

Bild 6.14: Scherfestigkeit c_u des undränierten marinen Tons von Singapur, a) Flügelscherversuche, b) UU-Triaxialversuche, in Anlehnung an Bond & Harris (2008)

In Bild 6.15 werden neben der Trendlinie und den unteren bzw. oberen Grenzen für beide Fälle auch die repräsentativen Linien für eine Normalverteilung (N, rote Linie) und eine logarithmische Normalverteilung (LN, blaue Linie) mit einem Reduktionsfaktor Γ_u im oberen Bereich von 0,7 dargestellt. Die repräsentativen Linien unter Zugrundelegung einer Normalverteilung stellen eine parallele Verschiebung der Trendlinie dar. Die repräsentativen Linien unter Zugrundelegung einer logarithmischen Normalverteilung spiegelt hingegen das Verhalten der Variabilität der Scherfestigkeit über die Tiefe wider. In dieser Hinsicht wird die Entfernung zur Trendlinie im unteren Bereich größer als im oberen Bereich. Dadurch wird die mit der Tiefe zunehmende Streuung berücksichtigt.

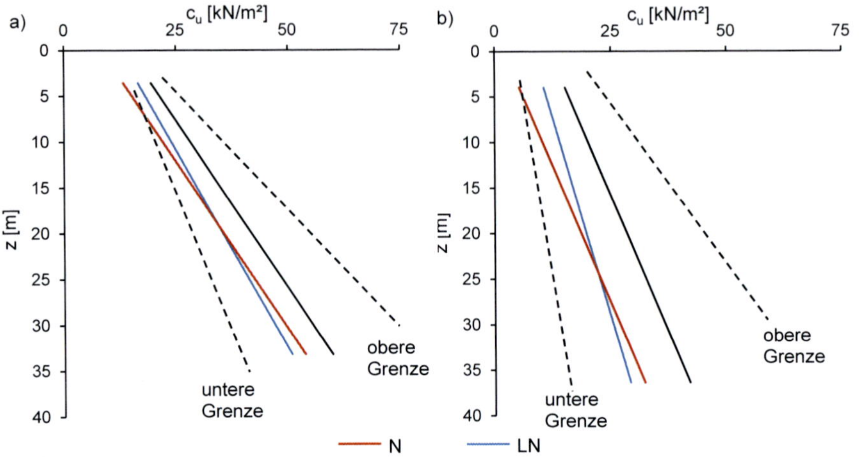

Bild 6.15: Repräsentativen Linien der Scherfestigkeit c_u unter Zugrundelegung einer Normalverteilung (N) und einer logarithmischen Normalverteilung (LN), a) Flügelscherversuche, b) UU-Triaxialversuche

In Bild 6.16 werden Extremfälle mit einem Reduktionsfaktor von 1,0 und 0,3 dargestellt, um den Einfluss des Reduktionsfaktors auf die repräsentativen Linien zu untersuchen. Mit einem Reduktionsfaktor von 0,3 sind die repräsentativen Linien näher zur Trendlinie. Wenn der Reduktionsfaktor 1,0 beträgt, ergeben sich für die repräsentativen Linien unter Zugrundelegung einer Normalverteilung sehr konservative Werte. Für den Fall der UU-Triaxialversuche liegt sogar ein Teil der Linie nah an der Oberfläche im negativen Bereich, was physikalisch nicht möglich ist. Die repräsentativen Linien unter Zugrundelegung einer logarithmischen Normalverteilung weisen immer positive Werte auf und liegen meistens im Ausbreitungsbereich.

Bild 6.17 zeigt die Ergebnisse für unterschiedliche V_{Res} (unterschiedliche Variabilitäten). Dabei wurde dieselbe Trendlinie angenommen und hohe sowie niedrige Variationskoeffizienten wurden in Anlehnung an die Extremwerte aus Kapitel 6.3.2 für die Scherfestigkeit des undränierten Bodens untersucht. Bei den hohen Variationskoeffizienten ergeben sich unter Zugrundelegung einer Normalverteilung sehr konservative repräsentative Linien mit teilweise physikalisch unmöglichen Werten. Die repräsentativen Linien unter Zugrundelegung einer logarithmischen Normalverteilung zeigen dagegen realistischere Werte. Bei geringeren Variationskoeffizienten werden die Unterschiede zwischen den repräsentativen Linien kleiner.

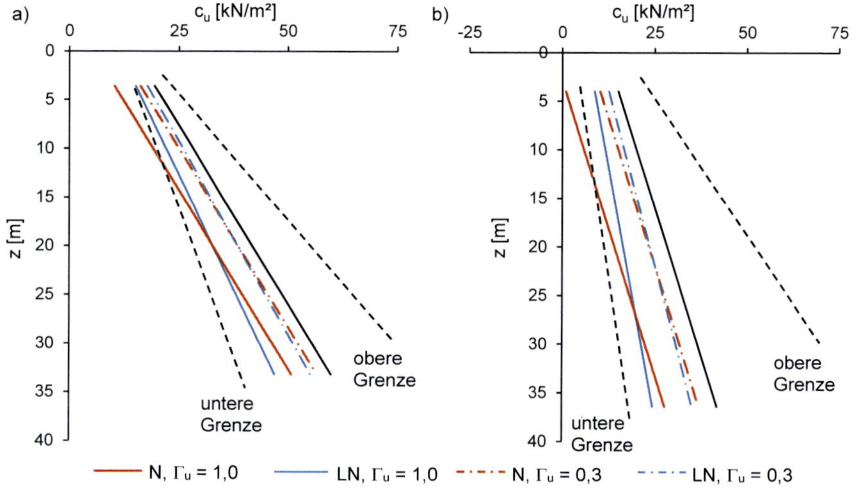

Bild 6.16: Repräsentative Linien unter Zugrundelegung einer Normalverteilung (N) und einer logarithmischen Normalverteilung (LN) für Γ_u = 1,0 und 0,3, a) Flügelscherversuche, b) UU-Triaxialversuche

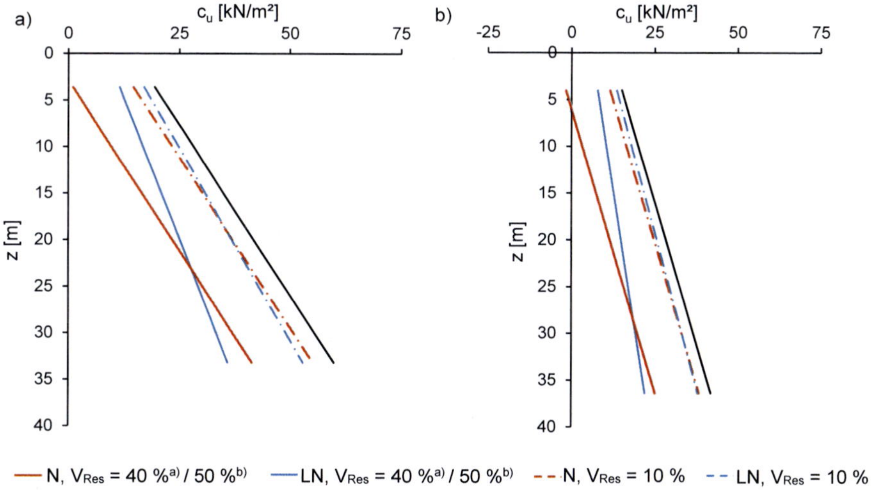

Bild 6.17: Repräsentative Linien unter Zugrundelegung einer Normalverteilung (N) und einer logarithmischen Normalverteilung (LN) für Γ_u = 0,7 und
a) Flügelscherversuche: V_{Res} = 40% und 10%
b) UU-Triaxialversuche): V_{Res} = 50% und 10 %

Aus den Ergebnissen des vorgestellten Beispiels folgt, dass eine logarithmische Normalverteilung für die Darstellung der repräsentativen Linien der Scherfestigkeit des undränierten Bodens zugrunde gelegt werden sollte.

Bei den effektiven Scherfestigkeitsparameter φ‘ und c‘ wird keine Abhängigkeit von der Tiefe oder der Überlagerungsspannung berücksichtigt. Die bekannte negative Korrelation zwischen φ‘ und c‘ stellt einen günstigen Trend zwischen beiden Parametern dar. Er kann nur berücksichtigt werden, wenn die repräsentativen Werte von φ‘ und c‘ aus den Bruchspannungen von Rahmenscher- oder Triaxialversuche ermittelt werden (siehe Kapitel 5.3.3.2). Um auf der sicheren Seite zu sein, wird weiter eine getrennte Ermittlung der repräsentativen Werte für φ‘ und c‘ empfohlen.

Für die Scherfestigkeit des Bodens wird im Rahmen dieser Arbeit für den Fall eines Trends nur die Scherfestigkeit c_u des undränierten Bodens berücksichtigt, deren repräsentative Linie unter Zugrundelegung einer logarithmischen Normalverteilung nach Gl. (6.8) ermittelt werden kann. Für andere tiefen- oder spannungsabhängige geotechnische Kenngrößen (wie z. B. der Spitzenwiderstand oder der E-Modul) ist zu überprüfen, ob die Zugrundelegung einer logarithmischen Normalverteilung ebenfalls für die Ermittlung der repräsentativen Linien geeignet ist.

6.7 Der Spezialfall der Bodenwichte

Die untersuchten Modelle zur Ermittlung der repräsentativen Werte geotechnischer Kenngrößen beruhen auf (3) 4.3.2 prEN 1997-1, die die Berechnung der repräsentativen Werte als untere bzw. obere Werte erlaubt. Diese sind niedriger bzw. höher als der wahrscheinlichste Wert (Mittelwert). Für die Scherfestigkeitsparameter sind in der Regel die unteren Werte maßgebend. Für die Bodenwichte kann dagegen ein unterer oder ein oberer Wert maßgebend sein. Dies hängt davon ab, was für einen Grenzzustand vorhanden ist und ob mit den Bodenwichten eine günstige bzw. ungünstige Einwirkung oder ein Baugrundwiderstand ermittelt wird. In Bild 6.18 ist diese Problematik dargestellt.

Darüber hinaus können im selben Grenzzustand untere und obere Werte maßgebend sein. Z. B sind für die Berechnung des Erddrucks im Grenzzustand des Versagens bodengestützter Wände durch Drehung (Versagen des Erdwiderlagers) bei Baugrubenwänden aus sicherheitstechnischer Sicht ein oberer Wert für den aktiven Erddruck und ein unterer Wert für den passiven Erddruck maßgebend. Aus physikalischer Sicht kann dieselbe Bodenmasse nicht gleichzeitig zwei unterschiedliche Werte der Bodenwichte aufweisen, nur weil eine Wand sie trennt.

In der Praxis wird mit dieser Problematik vereinfachend durch die Festlegung des Mittelwerts der Bodenwichte als repräsentativer Wert umgegangen. Diese Vereinfachung wird dadurch unterstützt, dass die natürliche Variabilität der Bodenwichte mit Variationskoeffizienten zwischen 1 % bis 10 % sehr gering ist und dass der Variationskoeffizient des Messfehlers von 1 % bis 2 % praktisch vernachlässigbar ist. Die Werte der Bodenwichte streuen daher kaum um den Mittelwert. Die unteren oder oberen Werte liegen dann sehr nah am Mittelwert.

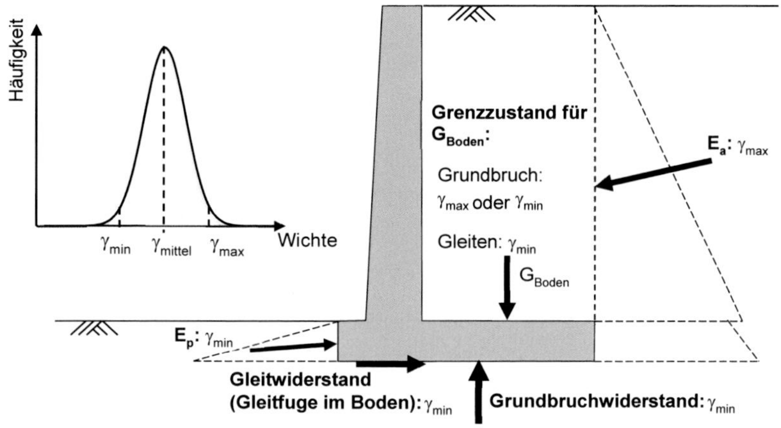

Bild 6.18: Problematik der Zweideutigkeit des charakteristischen Werts der Bodenwichte

Die durch die unteren und oberen Werte erreichte Sicherheit des repräsentativen Werts wird indirekt durch die Teilsicherheitsbeiwerte γ_G für ständige Einwirkungen und γ_R für Baugrundwiderstände abgedeckt.

Aufgrund der erläuterten Gründe ist es nicht notwendig Vergleichsrechnungen – wie im Fall der Scherfestigkeitsparameter – durchzuführen, um ein optimales Modell für die Ermittlung der repräsentativen Werte der Bodenwichte zu finden. Für die Ermittlung des repräsentativen Werts der Bodenwichte wird eher die aktuell praktizierte Vorgehensweise der Berechnung des Mittelwerts vorgeschlagen. Um die Einheitlichkeit des Modells für die Ermittlung repräsentativer Werte von geotechnischen Kenngrößen beizubehalten, kann für die Bodenwichte dasselbe Modell wie für die Scherfestigkeit mit einem totalen Variationskoeffizient V_{Total} von 0 vorgeschlagen werden. Hierbei ergibt sich unter Verwendung von Gl. (6.1) immer der Mittelwert als repräsentativer Wert.

Diese Vorgehensweise für die Ermittlung des repräsentativen Werts der Wichte ist für den Grenzzustand des Baugrundversagens (GEO) geeignet. Für andere Grenzzustände wie den hydraulischen Grundbruch (HYD) oder den Verlust der Lagesicherheit infolge Hebungen durch Wasserdruck (UPL) kann es zweckmäßiger sein, untere Werte zu wählen.

7 Unsicherheit geotechnischer Berechnungsmodelle

7.1 Definition der Modellunsicherheit und ihre Modellierung

Die Modellunsicherheit ist eine epistemische Unsicherheit, die aus der Idealisierung und Vereinfachung der Realität durch die Berechnungsmodelle entsteht. Nach Lacasse & Nadim (1997) soll die Abschätzung der Modellunsicherheit auf Basis von Expertenmeinungen, Vergleichen zwischen Modellversuchen und Berechnungen, relevanten Fallstudien von „Prototypen" oder anderen Modellversuchen, sowie der Auswertung von Ergebnissen aus der Literatur oder ingenieurmäßigen Beurteilungen erfolgen. Meistens wird die Modellunsicherheit durch den Vergleich zwischen Modellversuchen und Berechnungen bestimmt, bei denen das Verhältnis zwischen gemessenen Werten und berechneten Werten gebildet wird. In der Literatur wird dieses Verhältnis auch als Modellfaktor M bezeichnet[1].

Wie in Kapitel 4.3.1 bereits erläutert, lässt sich der Modellfaktor als eine stochastische Zufallsvariable mit einem Mittelwert μ_M und einer Standardabweichung σ_M bzw. einem Variationskoeffizienten V_M modellieren. Zudem ist ein Verteilungstyp für den Modellfaktor anzunehmen, der die Histogramme des Modellfaktors am besten widerspiegelt.

Durch die stochastischen Parameter des Modellfaktors kann die Modellunsicherheit quantifiziert und Aussagen über die Unsicherheit des verwendeten Berechnungsmodells gemacht werden. Der Mittelwert des Modellfaktors gibt an, ob das Modell eine systematische Abweichung aufweist. Der Variationskoeffizient oder die Standardabweichung stellen ein Maß für die zufälligen Abweichungen bzw. für die Unsicherheit des Modells dar (Schulze, 1982). Berechnungsmodelle mit $\mu_M = 1{,}0$ und kleinen V_M oder σ_M sind als genaue Modelle einzustufen. Ungenaue Berechnungsmodelle ergeben sich für $\mu_M \neq 1{,}0$ und große Werte von V_M oder σ_M.

Da der Modellfaktor nur für das betrachtete Modell gilt, sind für unterschiedliche Berechnungsmodelle desselben Baugrundwiderstands oder derselben geotechnischen Einwirkung unterschiedliche Modellfaktoren zu bestimmen. Die Zuverlässigkeitsberechnungen im Rahmen dieser Arbeit basieren daher nur auf den in Deutschland üblichen geotechnischen Berechnungsmodellen bzw. -ansätzen sowie auf ihren jeweiligen Modellfaktoren. Diese Berechnungsmodelle bzw. -ansätze werden nachfolgend kurz erläutert.

[1] In prEN 1997-1 wird unter Modellfaktor ein Faktor verstanden, mit dem Unsicherheiten abgedeckt werden, die durch die Verwendung eines anderen Modells als des Referenzmodells entstehen. Im Rahmen dieser Arbeit wird als Modellfaktor das Verhältnis zwischen gemessenen Werten und berechneten Werten berücksichtigt.

7.2 Geotechnische Berechnungsmodelle und -ansätze im Grenzzustand GEO

Im Rahmen dieser Arbeit wurde lediglich auf Berechnungsmodelle für die Ermittlung geotechnischer Einwirkungen und Baugrundwiderstände im Grenzzustand des Baugrundversagens eingegangen. Modelle für die Berechnung der Gesamtstandsicherheit von Böschungen oder Hängen sind nicht Gegenstand dieser Arbeit (siehe Kapitel 3.3). Zudem wurde für die Bemessung von eingespannten Wänden der Berechnungsansatz von Blum (1931) verwendet.

7.2.1 Geotechnische Einwirkungen

Zu den wichtigsten, geotechnischen Einwirkungen zählen der aktive Erddruck, der erhöhte aktive Erddruck und der Erdruhedruck, die in Deutschland nach DIN 4085 berechnet werden. Das Prinzip des Berechnungsmodells basiert auf der Berechnung des resultierenden Erddrucks e aus der effektiven Normalspannung und der Schubspannung auf eine Bauwerkswand. Der Erddruck e wirkt unter einer Neigung δ (Erddruckneigungswinkel oder Wandreibungswinkel) auf die Bauwerkswand und lässt sich in den horizontalen Erddruck (e_h) und den vertikalen Erddruck (e_v) einteilen. Der horizontale Erddruck ergibt sich aus der Multiplikation der vertikalen effektiven Auflastspannung σ_v' mit dem Erddruckbeiwert K. Der vertikale Erddruck wird unter Berücksichtigung des Wandreibungswinkels δ und des Wandneigungswinkels α errechnet. Nach diesem Prinzip können in jeder Tiefe entlang der Bauwerkswand die vertikalen und horizontalen Erddrücke (e_v und e_h) berechnet werden. Durch Integration der Erddrücke ergibt sich die resultierende Erddruckkraft E.

Bei der Ermittlung der Erddrücke e gilt das Superpositionsprinzip. Generell wird hierbei zwischen den Anteilen aus Bodeneigengewicht e_g, Kohäsion e_c und Lasten e_p unterschieden:

$$e_{gesamt} = e_g + e_c + e_p \tag{7.1}$$

Der aktive Erddruck stellt sich ein, wenn das Bauwerk nachgiebig ist und sich verformen kann. Bei der Modellvorstellung bildet sich ein Erddruckkeil, der auf eine Gleitfläche rutscht und auf das Bauwerk drückt. Beim aktiven Erddruck wird dabei in DIN 4085 von einer ebenen Gleitfläche nach Coulomb ausgegangen (siehe Bild 7.1).

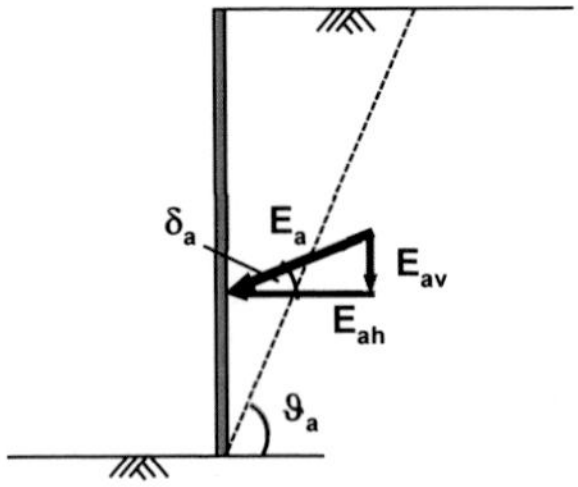

Bild 7.1: Ebene Gleitfläche nach Coulomb (α=β=0), aktive Erddruckkraft E_a und Wandreibungswinkel δ_a für den aktiven Erddruck

Die Kohäsion hat einen günstigen Einfluss auf den Erddruck, da sie in der Gleitfläche als Widerstand gegen den abrutschenden Gleitkeil agiert. In Gleichung (7.1) hat somit der Anteil e_c eine mindernde Wirkung und weist daher immer ein negatives „-“ Vorzeichen auf.

Auf die Größe des aktiven Erddrucks haben auch die geometrischen Parameter Wandneigungswinkel α und Geländeneigungswinkel β Einfluss. Im Erddruckbeiwert K werden diese Einflüsse berücksichtigt. Exemplarisch errechnet sich der Erddruckbeiwert K_{agh} für den aktiven Erddruck infolge des Bodeneigengewichts unter Berücksichtigung der genannten Parameter wie folgt:

$$K_{agh} = \left[\frac{\cos(\varphi - \alpha)}{\cos\alpha \cdot \left(1 + \sqrt{\frac{\sin(\varphi + \delta_a) \cdot \sin(\varphi - \beta)}{\cos(\alpha - \beta) \cdot \cos(\alpha + \delta_a)}} \right)} \right]^2 \tag{7.2}$$

Für den Erddruckanteil e_p gibt DIN 4085 Formeln für die Berechnung des Erddrucks aus großflächigen Gleichlasten sowie vertikalen und horizontalen Linien- und Streifenlasten an. Diese Formeln verfolgen dasselbe Prinzip. Die vorhandene vertikale Belastung wird über einen Beiwert in den horizontalen Erddruck umgerechnet. Für die detaillierten Formeln wird an dieser Stelle auf DIN 4085 verwiesen.

Des Weiteren gibt DIN 4085 an, wie die Erddruckverteilung infolge des Bodeneigengewichts auf die Bauwerkswand in Abhängigkeit von der Wandbewegung sowie der entsprechende Angriffspunkt der Erddruckkraft zu berücksichtigen sind. Hierzu ist anzumerken, dass die Größe der Erddruckkraft trotz unterschiedlicher Erddruckverteilungen annähernd gleich bleibt. Zudem ist die Erddruckverteilung infolge großflächiger Gleichlasten, vertikaler und horizontaler Linien- und Streifenlasten unabhängig von der Wandbewegung.

Das beschriebene Berechnungsmodell gilt für die ebene Berechnung des aktiven Erddrucks. Ein Berechnungsmodell für den räumlichen Fall wird ebenfalls in DIN 4085 angegeben. Dieses basiert auf der Berechnung des aktiven horizontalen Erddrucks im ebenen Fall für die drei Anteile (aus Bodeneigengewicht e_g, Kohäsion e_c und Lasten e_p), die jeweils mit einem Formbeiwert μ_{ah} multipliziert und dadurch vermindert werden. Dieser Formbeiwert enthält die geometrischen Parameter für den Einfluss des räumlichen Spannungszustandes:

$$e^r_{ah} = \mu_{agh} \cdot e_{agh} + \mu_{ach} \cdot e_{ach} + \mu_{aph} \cdot e_{aph} \tag{7.3}$$

$$\mu_{ach} = 1 \quad \text{(auf der sicheren Seite liegend)} \tag{7.4}$$

$$\mu_{agh} = \mu_{aph} = 1 - \frac{2}{\pi} \cdot \arctan\left(\widehat{\varphi} - \frac{z}{h}\right) \tag{7.5}$$

$$\widehat{\varphi} = \frac{\varphi \cdot h}{2 \cdot b} \tag{7.6}$$

mit:

φ	Reibungswinkel im Bogenmaß [rad]
b	Bauteilbreite [m]
h	Höhe [m]
z	Tiefe für die Berechnung der Erddruckordinate [m]

Neben dem aktiven Erddruck ist der Erdruhedruck ebenfalls wichtig für die Bemessung von Bauwerken. Dieser wird bei unnachgiebigen Bauwerken mit annähernd keiner Verformung angesetzt. Abweichend von Gl. (7.1) ist der Anteil e_c infolge der Kohäsion beim Erdruhedruck nicht vorhanden, sodass nur die Anteile infolge des Bodeneigengewichts und der Lasten nach DIN 4085 zu berechnen sind. Der horizontale Erdruhedruck lässt sich ebenfalls über die Multiplikation der vertikalen Spannung mit dem Beiwert K_{0g} ermitteln. Dieser ergibt sich für ein waagerechtes Gelände und einen unvorbelasteten Boden wie folgt:

$$K_{0g} = K_{0gh} = 1 - \sin \varphi \tag{7.7}$$

Die Einflüsse einer geologischen Vorbelastung oder eines geneigten Geländes lassen sich über die Erddruckbeiwerte K_{0c}[1] und $K_{0gh,\beta}$ ermitteln:

$$K_{0c} = K_{0gh} \cdot \left(\frac{\sigma_v'}{\sigma_z'}\right)^{0,5} \tag{7.8}$$

$$K_{0gh,\beta(=\varphi)} = \cos^2 \varphi \tag{7.9}$$

mit:

σ_v'	maximale frühere effektive Vertikalspannung [kN/m²]
σ_z'	maximale aktuelle effektive Vertikalspannung [kN/m²]

Im Fall der Vorbelastung ist der Erddruckbeiwert K_{0gh} durch K_{0c} zu ersetzen. Bei geneigtem Gelände $0 < \beta < \varphi$ darf zwischen Gl. (7.7) und Gl. (7.9) interpoliert werden.

Großflächige Gleichlasten werden dem Bodeneigengewicht $(\gamma \cdot z)$ hinzuaddiert und mit dem Erddruckbeiwert K_{0g} multipliziert. Der Erdruhedruck infolge von Punkt-, Linien- und Streifenlasten lässt sich nach der Theorie der Spannungsverteilung im elastischen Halbraum und nach der Theorie von Fröhlich (1934) ermitteln.

Des Weiteren stellt sich ein erhöhter aktiver Erddruck ein, wenn die Bewegung der Bauwerkswand nicht für die volle Aktivierung des aktiven Erddrucks ausreicht. Die Werte des erhöhten aktiven Erddrucks lassen sich daher aus einem Anteil aus dem Erdruhedruck und dem aktiven Erddruck ermitteln. Die Größe der entsprechenden Anteile kann nach DIN 4085 in Abhängigkeit von der Nachgiebigkeit des Bauwerks und der Vorspannung der Stützelemente ermittelt werden.

[1] Die Buchstabe c in K_{0c} steht für die englische Bezeichnung *overconsolidated*.

Darüber hinaus werden in DIN 4085 Berechnungsmodelle für den Erddruck aus dynamischer Einwirkung, den Verdichtungserddruck und den Silodruck angegeben, die an dieser Stelle nicht weiter erläutert werden. Für weitergehende Informationen dazu wird auf DIN 4085 verwiesen.

Das erläuterte Berechnungsmodell gilt sowohl für Scherfestigkeitsparameter im dränierten Zustand (φ‘, c‘) als auch für Scherfestigkeitsparameter im undränierten Zustand (φ_u, c_u).

7.2.2 Baugrundwiderstände

7.2.2.1 Der passive Erddruck

Der passive Erddruck stellt den Widerstand des Erdreichs (Erdwiderstand) gegen eine wirkende Belastung dar. Im Rahmen dieser Arbeit wurde der passive Erddruck nach DIN 4085 berechnet. Das Prinzip des Berechnungsmodells entspricht dem für den aktiven Erddruck, d. h. der horizontale passive Erddruck ergibt sich aus der Multiplikation der vertikalen Spannung mit dem Erddruckbeiwert K_{ph}. Es werden ebenfalls die Anteile aus Bodeneigengewicht, Kohäsion und Lasten berücksichtigt, die superponiert werden dürfen. Somit gilt die allgemeine Gleichung (7.1) auch für den passiven Erddruck. Im Gegensatz zum aktiven Erddruck hat die Kohäsion eine erhöhende Wirkung auf den Erddruck, sodass in Gleichung (7.1) der Anteil e_c immer ein positives „+“ Vorzeichen hat.

Das Modell in DIN 4085 zur Berechnung des passiven Erddrucks basiert auf dem Bruchmechanismus nach Sokolovsky/Pregl (Pregl, 2002) mit gekrümmter Gleitfläche (siehe Bild 7.2).

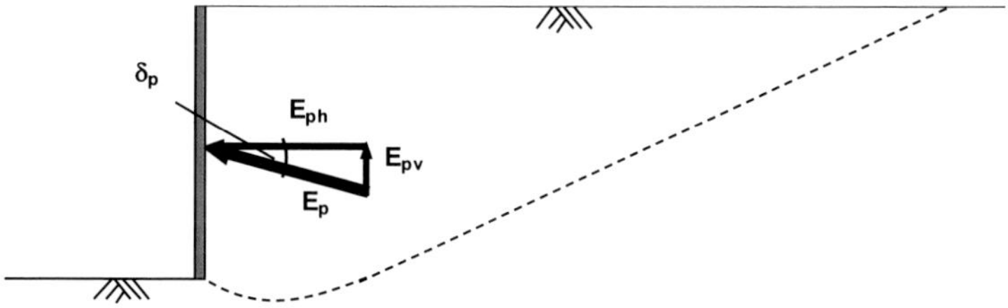

Bild 7.2: Gleitflächenausbildung nach DIN 4085 (Pregl, 2002), passive Erddruckkraft E_p und Wandreibungswinkel δ_p für den passiven Erddruck

Die Einflüsse des Wandreibungswinkels δ, des Geländeneigungswinkels β und des Wandneigungswinkels α werden im Erddruckbeiwert K_{ph} über die Faktoren i, g und t berücksichtigt. Exemplarisch ergibt sich der Erddruckbeiwert K_{pgh} für den passiven Erddruck infolge Bodeneigengewichts wie folgt:

$$K_{pgh} = \cos(\delta_a + \alpha) \cdot K_{pg,0} \cdot i_{pg} \cdot g_{pg} \cdot t_{pg} \tag{7.10}$$

$$K_{pg,0} = \tan^2\left(45° + \frac{\varphi}{2}\right) = \frac{1 + \sin\varphi}{1 - \sin\varphi} \tag{7.11}$$

$$i_{pg} = \left(1 - 0{,}53 \cdot \delta_p\right)^{(0{,}26\ +5{,}96 \cdot \varphi)} \qquad (\text{für } \delta_p \leq 0) \qquad (7.12)$$

$$g_{pg} = (1\ +\ 0{,}35 \cdot \beta)^{(0{,}42\ +8{,}15 \cdot \varphi)} \qquad (\text{für } \beta > 0) \qquad (7.13)$$

$$t_{pg} = (1\ + 0{,}72 \cdot \alpha \cdot \tan\varphi)^{(-3{,}51\ +1{,}03 \cdot \varphi)} \qquad (\text{für } \alpha \leq 0) \qquad (7.14)$$

Die Formeln für die Berechnung der Erddruckbeiwerte K_{pch} für die Kohäsion und K_{pph} für großflächige Gleichlasten mit ihren entsprechenden Faktoren i, g und t sind in DIN 4085 erläutert.

Wie die Erddruckverteilung auf die Bauwerkswand und die Angriffspunkte der Erddruckkraft anzunehmen sind, wird in DIN 4085 in Abhängigkeit von der Wandbewegungsart vorgegeben. Dabei ergeben sich nicht nur unterschiedliche Verteilungen und Angriffspunkte, sondern es ändert sich auch die Größe der passiven Erddruckkraft. Demzufolge ergibt sich die maximale passive Erddruckkraft bei einer parallelen Bewegung der Bauwerkswand, während die minimale passive Erddruckkraft bei einer Drehung um den Wandfuß entsteht.

Des Weiteren kann nach DIN 4085 ebenfalls ein passiver Erddruck für den räumlichen Fall berechnet werden. Das Berechnungsmodell ist analog zum räumlichen aktiven Erddruck. Zunächst wird der passive Erddruck für den ebenen Fall berechnet, der danach mit einem Formbeiwert μ_{ph} multipliziert wird. Exemplarisch für den Anteil aus Bodeneigengewicht ergibt sich der räumliche passive Erddruck wie folgt:

$$E^{r}_{pgh} = \frac{1}{2} \cdot \gamma \cdot h^2 \cdot K_{pgh} \cdot \mu^{(res)}_{pgh} \qquad (7.15)$$

$$\mu^{(res)}_{pgh} = 0{,}55 \cdot (1 + 2 \cdot \tan\varphi) \cdot \sqrt{\frac{h}{b}} \qquad (\text{für } b \leq 0{,}3h) \qquad (7.16)$$

$$\mu^{(res)}_{pgh} = 1 + 0{,}6 \cdot \frac{h}{b} \cdot \tan\varphi \qquad (\text{für } b \geq 0{,}3h) \qquad (7.17)$$

mit:

b	Breite der Wand (bei Bohlträgern z. B. die Flanschbreite) [m]
h	Höhe der Wand bzw. Einbindetiefe des Bohlträgers [m]

Die Formeln der anderen Erddruckanteile (Kohäsion und großflächige Gleichlasten) sind detailliert in DIN 4085 erläutert. Das beschriebene Berechnungsmodell gilt sowohl für Scherfestigkeitsparameter im dränierten Zustand (φ‘, c‘) als auch für Scherfestigkeitsparameter im undränierten Zustand (φ_u, c_u).

7.2.2.2 Der Gleitwiderstand

Das im Rahmen der Arbeit verwendete Berechnungsmodell für den Gleitwiderstand entspricht dem Modell in prEN 1997-3 ergänzt durch die Regelungen in DIN 1054.

Der Gleitwiderstand ergibt sich für den konsolidierten Zustand aus den Reibungskräften F und der Kohäsion c in der Gleitfläche sowie ggf. aus einer Bodenreaktion B an der Stirnseite des Bauwerks.

Wie in Bild 7.3 dargestellt, wird die Kohäsion nur angesetzt, wenn die Gleitfläche im Boden verläuft.

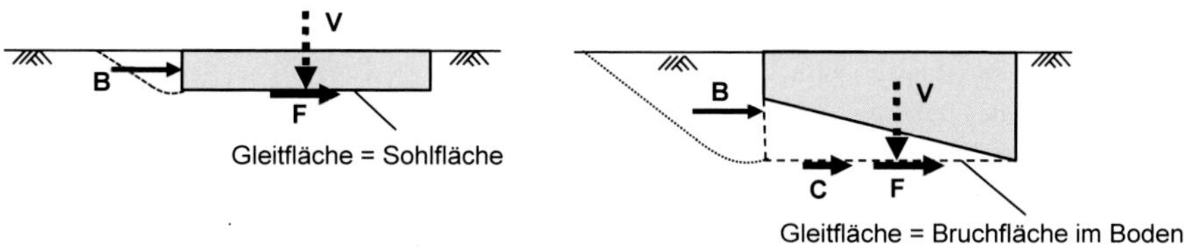

Bild 7.3: Gleitflächenausbildung

Der Reibungsanteil ergibt sich aus der vertikalen Belastung V multipliziert mit dem Tangens des Sohlreibungswinkels δ_s. Für den Sohlreibungswinkel δ_s darf nach DIN 1054 bei Ortbetonfundamenten der effektive Reibungswinkel des Bodens φ‘ und bei glatten Fertigteilfundamenten ohne Mörtelbett 2/3·φ‘ angesetzt werden. Der Anteil aus der Kohäsion ergibt sich aus der Multiplikation der Fläche A mit der in der Gleitfläche wirkenden effektive Kohäsion c‘. Als Bodenreaktion B darf nach DIN 1054 ein Erdwiderstand (passiver Erddruck) allerdings nur mit einem Erddruckneigungswinkel von null ($E_{pgh,\delta p=0}$) angesetzt werden. Der Gleitwiderstand R ergibt sich dann wie folgt:

Gleitfläche zwischen Boden und Bauwerk:

$$R = V \cdot \tan \delta_s + E_{p,\delta_p=0} \tag{7.18}$$

Gleitfläche im Boden:

$$R = V \cdot \tan \varphi' + A \cdot c' + E_{p,\delta_p=0} \tag{7.19}$$

mit:

V	normale zur Gleitfläche wirkende Last [kN bzw. kN/m]
δ_s	Sohlreibungswinkel [°]
A	wirkende Fläche von c [m²]
φ‘	effektiver Reibungswinkel [°]
c'	effektive Kohäsion in der Gleitfläche [kN/m²]
$E_{pgh,\delta p=0}$	Erdwiderstand für einen Erddruckneigungswinkel von null [kN bzw. kN/m]

Für einen unkonsolidierten Zustand ergibt sich der Gleitwiderstand aus der wirkenden Kohäsion c_u im undrainierten Zustand in der Fläche A. Als Fläche A ist auf der sicheren Seite die effektive Fläche A‘ anzusetzen, mit der die Außenmittigkeit der resultierenden Einwirkung berücksichtigt wird. Für den undrainierten Zustand ergibt sich der Gleitwiderstand wie folgt:

$$R = A' \cdot c_u + E_{p,\delta_p=0} \tag{7.20}$$

wobei:

$$A' = a' \cdot b' = (a - 2 \cdot e_a) \cdot (b - 2 \cdot e_b) \quad (7.21)$$

mit:

a	Länge des Bauwerks [m]
b	Breite des Bauwerks [m]
e_a	Exzentrizität in a-Richtung [m]
e_b	Exzentrizität in b-Richtung [m]

7.2.2.3 Der Grundbruchwiderstand

Unter einem Grundbruchwiderstand wird im Allgemeinen ein Baugrundwiderstand gegen ein globales Scherversagen unter dem Gründungskörper verstanden, wobei sich eine Scherfuge bis zur Oberfläche einstellt (siehe Bild 7.4). Er wird im Rahmen dieser Arbeit nach DIN 4017 berechnet.

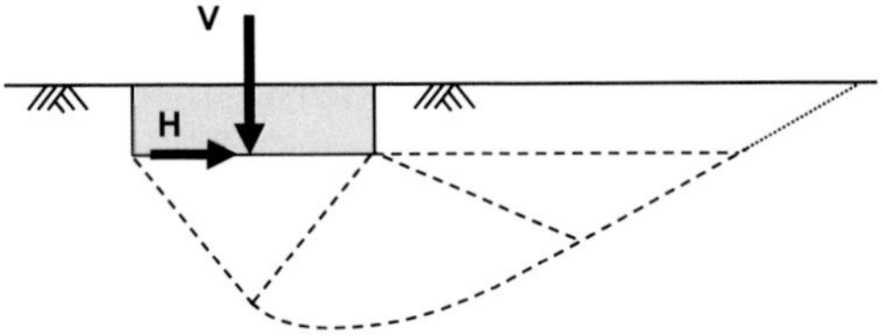

Bild 7.4: Gleitfläche für den Grundbruch

Auch das lokale Scherversagen (örtliches Fließen) sowie das Stanz-Scherversagen werden als Grundbrucharten bezeichnet. Sie treten bei lockergelagerten Böden oder bei undränierten bindigen Böden unterhalb eines dicht gelagerten Bodens ein. Diese Arten des Grundbruchs sind allerdings nicht Bestandteil dieser Arbeit und werden daher hier nicht weiter erläutert. Das globale Scherversagen – im weiteren Verlauf Grundbruch genannt – tritt eher bei einer dichten Lagerung des Bodens auf. In DIN 4017 werden für die Verwendung der Grundbruchformel Voraussetzungen für die Lagerungsdichte bei nichtbindigen Böden bzw. die Konsistenz bei bindigen Böden sowie andere Randbedingungen genannt.

Die Grundbruchformel in DIN 4017 ist ein Näherungsberechnungsmodell, das aus der Plastizitätstheorie und aus Versuchsergebnissen abgeleitet wurde und für starre Fundamente gilt. Das Berechnungsmodell berücksichtigt nicht die Interaktion mit benachbarten Fundamenten, vernachlässigt auf der sicheren Seite die Reibung an den Stirnseiten des Fundaments und zwischen Boden und Auflast in Höhe der Fundamentsohle. Das Berechnungsmodell wurde zunächst für Streifenfundamente mit einer mittigen Belastung konzipiert. Einflüsse wie die Fundamentform, die Geländeneigung, die Lastneigung, etc. werden über Korrekturbeiwerte berücksichtigt.

Der Grundbruchwiderstand wird nach DIN 4017 wie folgt berechnet:

$$R_n = a' \cdot b' \cdot \left(\gamma_2 \cdot b' \cdot N_b + \gamma_1 \cdot d \cdot N_d + c \cdot N_c\right) \qquad (7.22)$$

wobei

$$N_b = N_{b0} \cdot \nu_b \cdot i_b \cdot \lambda_b \cdot \xi_b \qquad (7.23)$$

$$N_d = N_{d0} \cdot \nu_d \cdot i_d \cdot \lambda_d \cdot \xi_d \qquad (7.24)$$

$$N_c = N_{c0} \cdot \nu_c \cdot i_c \cdot \lambda_c \cdot \xi_c \qquad (7.25)$$

mit:

a'	Länge der rechnerischen Grundfläche [m]
b'	Breite der rechnerischen Grundfläche [m]
c	Kohäsion des Bodens [kN/m²]
d	Einbindetiefe des Fundaments [m]
γ_1	Bodenwichte oberhalb der Fundamentsohle [kN/m³]
γ_2	Bodenwichte unterhalb der Fundamentsohle [kN/m³]
N_{b0}, N_{d0}, N_{c0}	Tragfähigkeitsbeiwerte [-]
ν_b, ν_d, ν_c	Formbeiwerte [-]
i_b, i_d, i_c	Lastneigungsbeiwerte [-]
$\lambda_b, \lambda_d, \lambda_c$	Geländeneigungsbeiwerte [-]
ξ_b, ξ_d, ξ_c	Sohlneigungsbeiwerte [-]

In Gl. (7.22) ist deutlich zu sehen, dass das Berechnungsmodell aus den Anteilen der Reibung infolge des Bodeneigengewichts des Gleitkörpers (Index b), aus der Auflast in Höhe der Fundamentsohle (Index d) und der Kohäsion in der Gleitfläche (Index c) besteht. Diese bilden durch Superposition eine dreigliedrige Formel in Anlehnung an Terzaghi (1943).

Für den Tragfähigkeitsbeiwert N_{b0} gibt es eine empirische Formel nach Muhs (1971), die aus Großversuchen der DEGEBO[1] mit nichtbindigen Böden abgeleitet wurde. Die Tragfähigkeitsbeiwerte N_{d0} bzw. N_{c0} wurden von Prandtl (1920) bzw. Caquot & Kérisel (1956) analytisch hergeleitet. Die Tragfähigkeitsbeiwerte für den drainierten Zustand (konsolidierte Verhältnisse) ergeben sich aus:

$$N_{b0} = (N_{d0} - 1) \cdot \tan \varphi \qquad (7.26)$$

$$N_{d0} = \tan^2\left(45° + \frac{\varphi}{2}\right) \cdot e^{\pi \cdot \tan \varphi} \qquad (7.27)$$

$$N_{c0} = (N_{d0} - 1)/\tan \varphi \qquad (7.28)$$

Für den undrainierten Zustand (unkonsolidierte Verhältnisse) verschwindet der Anteil aus der Reibung, N_{d0} ist dann gleich eins und N_{c0} beträgt π+2 (~5,14).

[1] Deutsche Gesellschaft für Bodenmechanik

Die Korrekturbeiwerte basieren auf den Forschungsarbeiten unterschiedlicher Wissenschaftler. Zu der Entwicklung der Lastneigungsbeiwerte haben z. B. die Arbeiten von Muhs & Weiß (1972), Böttger (1980), Haubrichs (1993) u. a. beigetragen. Die aktuellen Beiwerte in DIN 4017 sind jedoch eine Modifizierung der Beiwerte von Vesić (1975). Die Formbeiwerte wurden aus den Forschungsergebnissen von Großversuchen von Weiß (1970, 1973) abgeleitet. Den Sohlneigungs- und Geländeneigungsbeiwerten liegen die Forschungsarbeiten von Pregl (1985) zugrunde. Exemplarisch werden hier nur die Formbeiwerte nach DIN 4017 für einen drainierten Zustand gezeigt. Für die Gleichungen der anderen Korrekturbeiwerte wird auf DIN 4017 verwiesen.

Streifenfundament:

$$\nu_b = \nu_d = \nu_c = 1{,}0 \tag{7.29}$$

Rechteck:

$$\nu_b = 1 - 0{,}3 \cdot \frac{b'}{a'} \tag{7.30}$$

$$\nu_d = 1 + \frac{b'}{a'} \cdot \sin\varphi \tag{7.31}$$

$$\nu_c = \frac{(\nu_d \cdot N_{d0} - 1)}{N_{d0} - 1} \tag{7.32}$$

Quadrat/Kreis:

$$\nu_b = 0{,}7 \tag{7.33}$$

$$\nu_d = 1 + \sin\varphi \tag{7.34}$$

$$\nu_c = \frac{(\nu_d \cdot N_{d0} - 1)}{N_{d0} - 1} \tag{7.35}$$

Des Weiteren gibt DIN 4017 die Möglichkeit, den Einfluss einer Berme auf den Grundbruchwiderstand zu berücksichtigen. Hierfür wird eine Ersatzeinbindetiefe d‘ in Abhängigkeit von der Geländeneigung β und der Bermenbreite s ermittelt. Der Grundbruchwiderstand ist dann für d‘ zu berechnen. Es wird gefordert, eine Vergleichsrechnung mit β = 0 und d‘ = d durchzuführen. Der niedrigere Wert des Grundbruchwiderstands ist dann für die Bemessung maßgebend.

7.3 Berechnungsansatz nach Blum für eingespannte Wände

Der Berechnungsansatz nach Blum (1931) wurde für eingespannte Spundwände konzipiert, wobei die aktivierten horizontalen Erddrücke (aktiv und passiv) unterhalb des theoretischen Wandfußpunkts und die zu einer Dreiecksfläche ergänzten Spannungen S_1 (Anteil auf der rechten Seite in Bild 7.5) in einer rechnerischen horizontalen Ersatzkraft C_h zusammengefasst werden (siehe Bild 7.5).

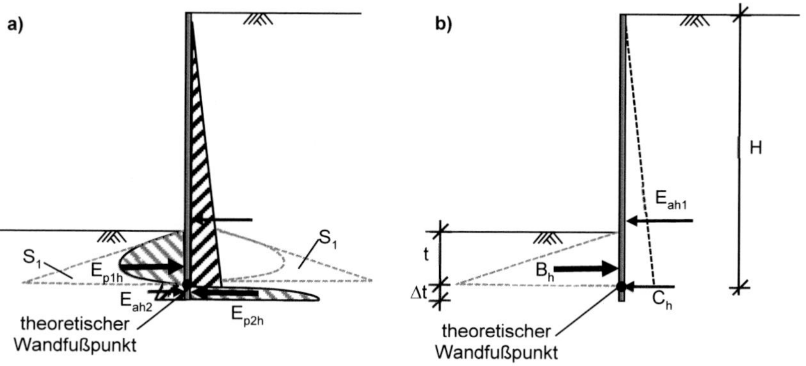

Bild 7.5: a) Erddruckverteilung, b) vereinfachtes System nach Blum

Die rechnerische Einbindetiefe t lässt sich aus Gleichgewichtsbedingungen am theoretischen Wandfußpunkt (Punkt, in dem die Ersatzkraft C_h angreift) ermitteln. Der erforderliche Zuschlag der Einbindetiefe Δt für die in C_h zusammengefassten Kräfte, die aber notwendig sind, um eine Einspannung zu erreichen, lässt sich nach Lackner (1950) ermitteln:

$$\Delta t \geq \frac{C_{h,d}}{2 \cdot \gamma \cdot H \cdot K_{ph}} > \frac{\frac{\tau}{100} \cdot t}{10} \tag{7.36}$$

mit:

$C_{h,d}$ Bemessungswert der horizontalen Ersatzkraft [kN/m]
K_{ph} Erddruckbeiwert für den passiven Erddruck [-]
H Abstand zwischen GOK und theoretischem Wandfußpunkt [m]
γ Bodenwichte [kN/m³]
τ Einspanngrad der Spundwand am Fußlager [-]
t rechnerische Einbindetiefe

Für eine volle Einspannung der Wände darf nach EAU der Zuschlag der Einbindetiefe vereinfachend wie folgt ermittelt werden:

$$\Delta t = \frac{1}{5} \cdot t \tag{7.37}$$

7.4 Statistische Auswertung der Modellunsicherheit

7.4.1 Vorgehensweise

Für die statistische Auswertung der Modellunsicherheit wurde zunächst eine ausführliche Literaturrecherche über klein- und großmaßstäbliche Versuche für die Ermittlung des aktiven

Erddrucks, des erhöhten aktiven Erddrucks, des Erdruhedrucks, des passiven Erddrucks, des Gleitwiderstands und des Grundbruchwiderstands sowie für die Berechnung der Lage des Schwerpunkts der Erddruckkräfte und für die Berechnung der Einbindetiefe volleingespannter Wände durchgeführt.

Bei der Literaturrecherche wurde darauf geachtet, dass die Versuche unter gleichen Randbedingungen und mit gut kalibrierten Messgeräten durchgeführt wurden. Damit wurden andere Unsicherheiten – z. B. aus der Variabilität des Bodens, dem Messfehler, usw. – ausgeschlossen, bzw. insofern dies nicht möglich war, auf ein vernachlässigbares Niveau reduziert. Auf diese Weise blieb nur die Modellunsicherheit und ggf. ein sehr geringer Anteil der anderen Unsicherheiten in den Versuchsergebnissen erhalten.

Des Weiteren wurde bei der Auswahl der Versuche berücksichtigt, dass unterschiedliche Parameter bei den Versuchen untersucht werden konnten. Somit ist die aus der statistischen Auswertung ermittelte Modellunsicherheit allgemeingültig für das Berechnungsmodell. In diesem Zusammenhang wurden z. B. für den Erddruck Versuche mit nichtbindigen als auch mit bindigen Böden, für den Grundbruch Versuche mit zentrischer sowie exzentrischer Belastung, mit unterschiedlichen Fundamentformen oder mit geneigter Sohlfläche gewählt. In Anhang J sind die Literaturquellen der im Rahmen dieser Arbeit berücksichtigten Versuche zu finden.

Bei der statistischen Auswertung wurde für jedes Versuchsergebnis der Modellfaktor M gebildet. Hierbei wurde das Verhältnis des in dem durchgeführten Versuch gemessenen Wertes zu dem nach dem untersuchten Berechnungsmodell berechneten Wert ermittelt. Der berechnete Wert wurde für die gleichen Randbedingungen und mit den gleichen Baugrundparametern wie in dem durchgeführten Versuch ermittelt. Aus den ermittelten Modellfaktoren wurden der Mittelwert μ_M, die Standardabweichung σ_M und der Variationskoeffizient V_M gebildet. Zudem wurde ein Histogramm erstellt, um eine Annahme für die Verteilungsdichtefunktion daraus ableiten zu können. Es wurde dabei das Ziel verfolgt, eine ausreichende Anzahl an Werten über 100 für den Modellfaktor zu haben, um die statistische Unsicherheit auf einem vernachlässigbaren Niveau zu halten. In wenigen Fällen war dies nicht möglich, sodass diese Ergebnisse mit Vorsicht zu betrachten sind. Zudem ist anzumerken, dass in der durchgeführten Untersuchung die statistische Unsicherheit bei Werten über 10 kaum einen Einfluss auf den Mittelwert (Variationskoeffizient für den Mittelwert von ca. 3 %) hat. Sie hat eher einen signifikanten Einfluss auf die Standardabweichung bzw. den Variationskoeffizienten.

Berechnungsmodelle der geotechnischen Einwirkungen mit $\mu_M < 1{,}0$ bzw. der Baugrundwiderstände mit $\mu_M > 1{,}0$ werden als konservativ angesehen, weil im Durchschnitt die gemessene Einwirkung unter dem berechneten Wert bzw. der gemessene Baugrundwiderstand über dem berechneten Wert liegt. Generell deuten große Standardabweichungen bzw. Variationskoeffizienten (z. B. größer als 30 %) auf ungenaue Modelle hin.

7.4.2 Ergebnisse

In Bild 7.6 sind die Histogramme und die statistischen Parameter der Modellfaktoren für die geotechnischen Einwirkungen: aktiver Erddruck, erhöhter aktiver Erddruck und Erdruhedruck dargestellt. Bei allen liegt der Mittelwert unter eins und der Variationskoeffizient unter 15 %, was auf ein eher konservatives, sicheres Berechnungsmodell in DIN 4085 hindeutet.

Der Mittelwert des aktiven Erddrucks und des Erdruhedrucks ist gleich und nur der Variationskoeffizient unterscheidet sich um 1,5 %, d. h. der Modellfaktor ist für beide Erddruckarten vergleichbar. Für den erhöhten aktiven Erddruck ergeben sich im Vergleich zum aktiven Erddruck und Erdruhedruck hinsichtlich der Modellunsicherheit günstigere Ergebnisse. Eigentlich sollte der Modellfaktor des erhöhten aktiven Erddrucks in der Größenordnung des aktiven Erddrucks bzw. des Erdruhdrucks liegen, da sich der erhöhte aktive Erddruck zwischen dem aktiven Erddruck und dem Erdruhedruck einstellt. Die abweichenden Ergebnisse lassen sich dadurch erklären, dass der tatsächliche Anteil des aktiven Erddrucks und Erdruhedrucks nicht identifizierbar ist. Es wurden daher Anteile für die berechneten Werte gewählt, die zu einer guten Anpassung an die gemessene Größe führte. Aus diesem Grund und da die Anzahl der Werte für die statistische Auswertung niedrig ist, werden die Ergebnisse für den erhöhten aktiven Erddruck als nicht repräsentativ angesehen und im Rahmen dieser Arbeit nicht weiter berücksichtigt.

Aufgrund der sehr ähnlichen Ergebnisse für den aktiven Erddruck und den Erdruhedruck, lassen sich einheitliche statistische Parameter für die geotechnische Einwirkung „Erddruck" vorschlagen. Dieser ist auf Bild 7.6 d) als „allgemeiner Erddruck" dargestellt und enthält sowohl die Werte für den aktiven Erddruck als auch für den Erdruhedruck. Der Mittelwert beträgt hierbei 0,981 und der Variationskoeffizient 13,5 %.

Überdies wurde untersucht, welcher Verteilungstyp besser zu den Histogrammen passt. Für alle untersuchten Erddruckarten ergab sich die beste Annäherung durch eine Weibull-Verteilung.

Bild 7.7 zeigt die Histogramme und die statistischen Parameter der Modellfaktoren für die untersuchten Baugrundwiderstände: passiver Erddruck oder Erdwiderstand (eben und räumlich), Gleiten und Grundbruch. Im Allgemeinen sind die untersuchten Berechnungsmodelle von DIN 4085 für den passiven Erddruck, prEN 1997-3 für den Gleitwiderstand und DIN 4017 für den Grundbruchwiderstand als konservativ einzustufen, da der Mittelwert der Modellfaktoren über eins liegt. Über den Variationskoeffizienten lässt sich keine allgemeingültige Aussage machen, da er vom Baugrundwiderstandstyp abhängt.

Während für den Gleitwiderstand ein niedriger Variationskoeffizient von 11,3 % ermittelt wurde, ergibt sich für den Grundbruchwiderstand ein hoher Variationskoeffizient von 26,6 %. Dieser liegt etwas über dem berechneten Wert in früheren wissenschaftlichen Arbeiten wie z. B. in Sturm (1987), der eine statistische Auswertung der DEGEBO-Großversuche durchgeführt hat. In dieser Arbeit liegt der Variationskoeffizient bei 20 %. Dies ist darauf zurückzuführen, dass die Ergebnisse in Sturm (1987) nur den Einfluss der Fundamentform und der Lastneigung beinhalten, während im Rahmen der vorliegenden statistischen Auswertung zusätzlich auch der Einfluss der

Sohlneigung berücksichtigt wurde. Der ermittelte Mittelwert von 1,375 entspricht allerdings dem berechneten Mittelwert der DEGEBO-Großversuche.

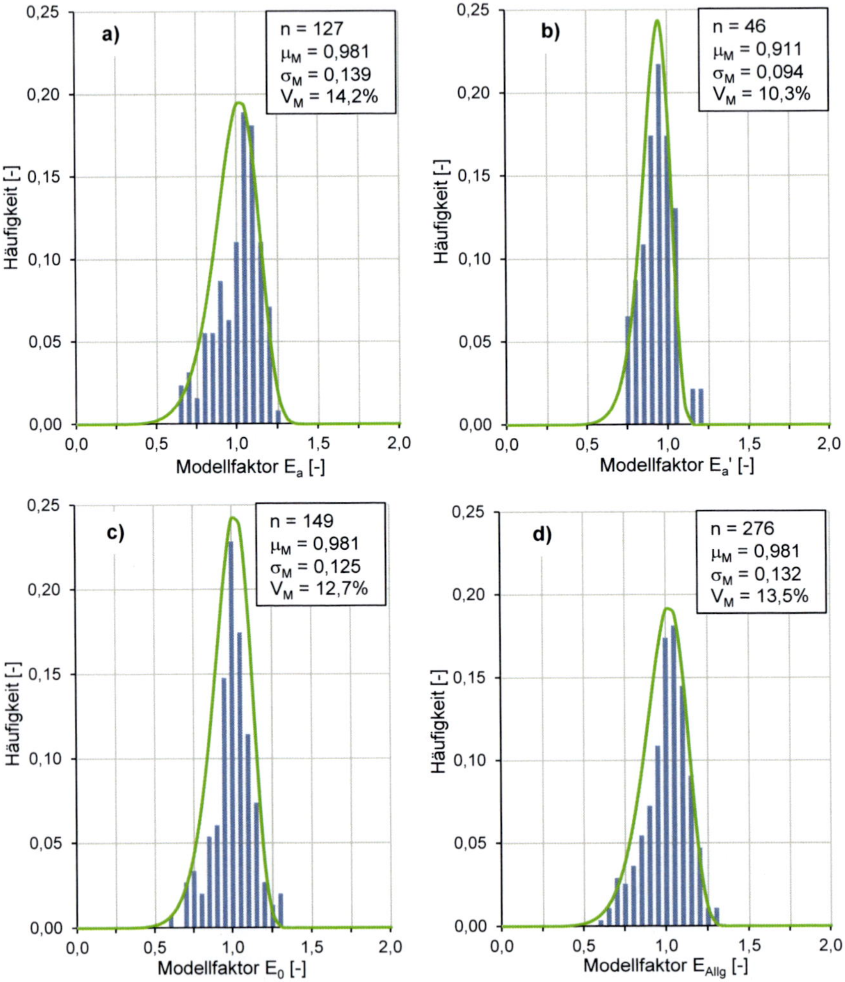

Bild 7.6: Auswertung der Modellunsicherheit für den
a) aktiven Erddruck E_a,
b) erhöhten aktiven Erddruck E_a‘,
c) Erdruhedruck E_0 und
d) allgemeinen Erddruck E_{Allg}
mit entsprechender Annäherung durch eine Weibull-Verteilung (grüne Linie)

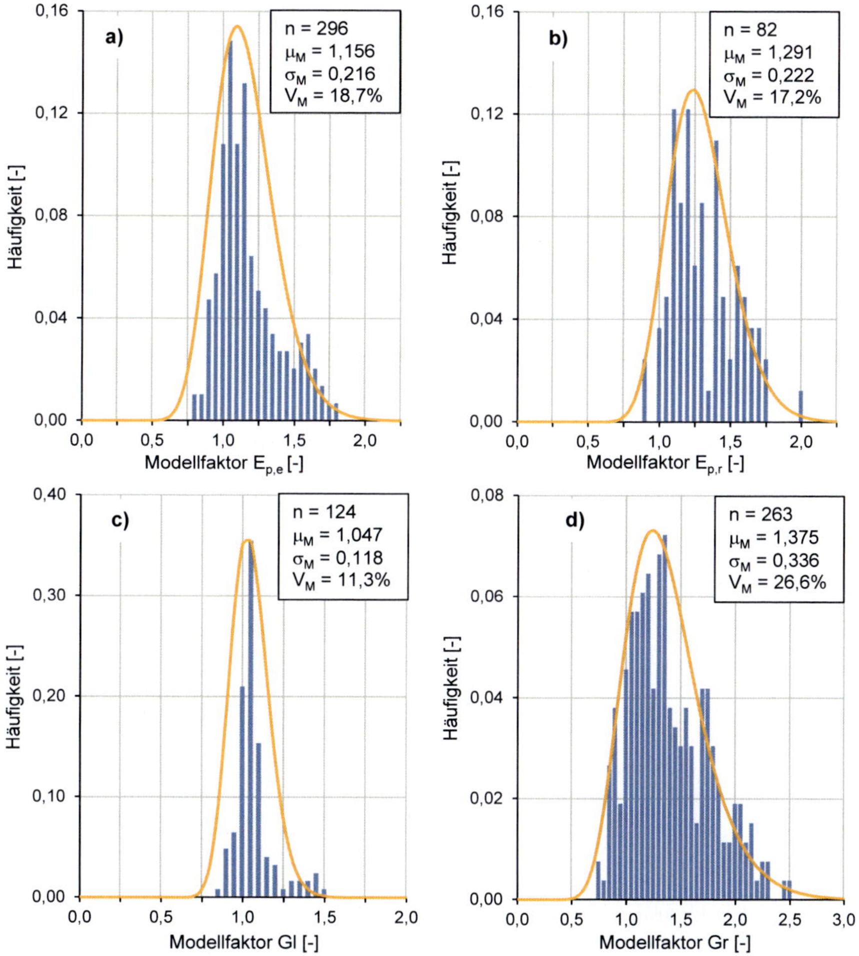

Bild 7.7: Auswertung der Modellunsicherheit für den
a) passiven ebenen Erddruck $E_{p,e}$,
b) passiven räumlichen Erddruck $E_{p,r}$,
c) Gleitwiderstand Gl und
d) Grundbruchwiderstand Gr
mit entsprechender Annäherung durch eine logarithmische Normalverteilung

Die Variationskoeffizienten des passiven Erddrucks für den ebenen und den räumlichen Fall sind ähnlich und liegen in der Größenordnung von 17 - 19 %. Ein signifikanter Unterschied liegt in den Mittelwerten. Während für den ebenen Fall der Mittelwert 1,156 beträgt, wurde für den räumlichen Fall ein Mittelwert von 1,291 ermittelt. Das deutet darauf hin, dass das Berechnungsmodell in DIN 4085 für den räumlichen Fall konservativer ist.

Im Allgemeinen können die ermittelten statistischen Parameter als repräsentativ und allgemeingültig angesehen werden, da in den gewählten Versuchen unterschiedliche Randbedingungen untersucht wurden und aufgrund der hohen Anzahl an Werten bei der statistischen Auswertung eine sehr niedrige statistische Unsicherheit vorhanden ist.

Zudem wurde aufgezeigt, dass mit einer logarithmischen Normalverteilung die beste Anpassung zu den Histogrammen bei allen untersuchten Baugrundwiderstandstypen erzielt werden konnte.

Neben der Größe der Einwirkungen sowie der Widerstände sind geometrische Größen und Berechnungsansätze mit Unsicherheiten behaftet, die als Modellunsicherheiten eingestuft werden können. Im Rahmen der Untersuchung der Modellunsicherheit wurde daher für die Lage des Schwerpunktes bzw. des Hebelarms der Erddruckkräfte sowie für die Ermittlung der erforderlichen Einbindetiefe volleingespannter Wände mit dem Berechnungsansatz nach Blum (1931) und der Empfehlung der EAU ebenfalls eine statistische Auswertung durchgeführt.

Bei der Berechnung der Modellfaktoren der Hebelarme der Erddruckkräfte ist zu unterscheiden, ob der Bezugspunkt an der Unterkante (UK) oder der Oberkante (OK) des Bauteils liegt. Ein Bezugspunkt an der Unterkante liegt z. B. bei der aktiven Erddruckkraft für die Berechnung der Exzentrizität von Flächengründungen vor. Ein Bezugspunkt an der Oberkante liegt hingegen bei der passiven Erddruckkraft für die Berechnung von frei aufgelagerten Wänden vor.

In Tabelle 7.1 sind die Ergebnisse für die Hebelarme der unterschiedlichen Erddruckarten zusammengefasst. Es ist deutlich zu sehen, dass für den aktiven Erddruck, den erhöhten aktiven Erddruck und den Erdruhedruck die berechneten Werte geringfügig von den Werten aus den Versuchen abweichen. Hierbei sind die Mittelwerte nahezu eins und die Variationskoeffizienten liegen zwischen 5 % und 11 %. Da die Anzahl der Werte für diese Erddruckarten zu niedrig ist, wurde analog zur Größe der Erddruckkraft ein allgemeiner Fall (E_{Allg}) mit den genannten Erddruckarten statistisch ausgewertet. Dabei lagen über 100 Werte für die Auswertung vor. Somit können die Ergebnisse als repräsentativ für den Hebelarm der Erddruckkraft angesehen werden.

Für den Hebelarm der passiven Erddruckkraft deutet die statistische Auswertung darauf hin, dass das Berechnungsmodell stärker von der Realität abweicht als das Berechnungsmodell für die anderen Erddruckarten. Für den Hebelarm der passiven Erddruckkraft liegt der Mittelwert zwischen 0,935 und 1,113 und der Variationskoeffizient zwischen 12,0 % und 17,1 %.

Unabhängig vom Bezugspunkt und der Erddruckart ergab sich die beste Anpassung zu den Histogrammen mit einer logarithmischen Normalverteilung.

Tabelle 7.1: Statistische Auswertung der Modellfaktoren für den Hebelarm der Erddruckkraft

			Einwirkung				Widerstand
			E_a	E_a'	E_0	E_{Allg}	E_p
bezogen auf UK	Verteilung	[-]	Log.-Normal	Log.-Normal	Log.-Normal	Log.-Normal	Log.-Normal
	Anzahl	[-]	46	48	13	107	153
	μ	[-]	0,994	0,990	1,056	1,000	1,113
	σ	[-]	0,105	0,105	0,100	0,107	0,190
	V	[%]	10,6%	10,6%	9,5%	10,7%	17,1%
bezogen auf OK	Verteilung	[-]	Log.-Normal	Log.-Normal	Log.-Normal	Log.-Normal	Log.-Normal
	Anzahl	[-]	46	48	15	109	154
	μ	[-]	1,004	1,009	0,954	0,999	0,935
	σ	[-]	0,054	0,062	0,067	0,062	0,112
	V	[%]	5,4%	6,1%	7,0%	6,2%	12,0%

Für die statistische Auswertung des Berechnungsansatzes der erforderlichen Einbindetiefe volleingespannter Wände nach Blum zusammen mit der Empfehlung nach EAU standen nur wenige Werte zur Verfügung. Bei der Auswertung konnte die Modellunsicherheit aus dem Berechnungsmodell der Erddrücke nicht bereinigt werden. Die Ergebnisse in Tabelle 7.2 geben daher eine konservative Tendenz an, in welcher Größenordnung die Modellunsicherheit des Berechnungsansatzes bzw. der EAU-Empfehlung liegt. Wie für die Widerstände deutet der Mittelwert über eins auf einen konservativen Ansatz bzw. eine konservative Empfehlung hin. Der Variationskoeffizient unter 10 % zeigt außerdem an, dass die Ungenauigkeit eher niedrig ist.

Tabelle 7.2: Statistische Auswertung der Modellfaktoren für die Einbindetiefe t mit voller Einspannung nach Blum und mit der Empfehlung nach EAU

Verteilung	[-]	Log.-Normal
Anzahl	[-]	34
μ	[-]	1,086
σ	[-]	0,100
V	[%]	9,24%

8 Zuverlässigkeitsuntersuchung zur Bestimmung von Teilsicherheitsbeiwerten

Im Rahmen dieses Kapitels werden zunächst die verwendeten Zuverlässigkeitsmethoden vorgestellt. Anschließend werden der Zielwert der Zuverlässigkeit sowie die Vorgehensweise bei den Berechnungen, die zu variierenden Parameter u. a. erläutert.

8.1 Verwendete Zuverlässigkeitsmethoden

8.1.1 Allgemeine Zuverlässigkeitsmethoden

Den auf der Zuverlässigkeitstheorie basierenden Methoden lassen sich drei Stufen zuordnen, die sich in ihrer Komplexität und Genauigkeit unterscheiden:

- Stufe I: semi-probabilistische Methoden
- Stufe II: Methoden mit probabilistischer Näherung
- Stufe III: vollständig probabilistische Methoden

Zur Stufe I gehört das Teilsicherheitskonzept, das die Grundlage in vielen Bemessungsnormen darstellt und auf der Verwendung von Teilsicherheitsbeiwerten bei unterschiedlichen Parametern beruht. Zur Kalibrierung der Teilsicherheitsbeiwerte können die Zuverlässigkeitsmethoden der Stufe II und III verwendet werden, die nachfolgend erläutert werden.

8.1.1.1 Stufe II: Methoden mit probabilistischer Näherung

Im Vergleich zu den Konzepten mit Sicherheitsfaktoren werden bei den probabilistischen Konzepten die Unsicherheiten nicht über Sicherheitsfaktoren abgedeckt, sondern sie werden explizit bei der Abbildung der Parameter als Zufallsvariablen berücksichtigt.

Die Sicherheit wird bei diesen Methoden über die Versagenswahrscheinlichkeit oder den Zuverlässigkeitsindex ausgedrückt. Dabei ist die Vorgabe, einen höheren Zuverlässigkeitsindex bzw. eine niedrigere Versagenswahrscheinlichkeit zu erreichen als diejenigen, die für die Bemessung gefordert wird.

In der Stufe II werden keine exakten probabilistischen Berechnungen durchgeführt, sondern anhand der stochastischen Parameter und der angenommenen Verteilungen die Versagenswahrscheinlichkeit oder der Zuverlässigkeitsindex ermittelt. Nachfolgend werden die Zuverlässigkeitsmethoden der ersten und zweiten Ordnung näher erläutert, die hauptsächlich in Stufe II verwendet werden. Andere Zuverlässigkeitsmethoden der Stufe II werden in Anhang K vorgestellt.

Die Zuverlässigkeitsmethoden erster Ordnung (engl. *first order reliability method, FORM*) und zweiter Ordnung (engl. *second order realiability method, SORM*) unterscheiden sich darin, ob die Grenzzustandsgleichung durch eine Funktion erster oder zweiter Ordnung approximiert wird.

Die FORM-Methode basiert auf der von Hasofer & Lind (1974) entwickelten Methode, bei der die Zufallsvariablen X_i in dimensionslose Variablen U_i analog zu Gl. (2.8) transformiert werden:

$$U_i = \frac{X_i - \mu_{X_i}}{\sigma_{X_i}} \tag{8.1}$$

Der Mittelwert von U_i ist gleich null und ihre Standardabweichung beträgt immer eins. Es entsteht ein standardisierter Raum und der Zuverlässigkeitsindex entspricht dem kleinsten Abstand vom Ursprung bis zum Bemessungspunkt B* auf der Grenzzustandsgleichung $g(u_i) = 0$ (siehe Bild 8.1, Darstellung für zwei Zufallsvariablen). Der Zuverlässigkeitsindex β erhält somit eine geometrische Definition:

$$B^* = (u_1^*, u_2^*, \ldots, u_n^*) \qquad \text{(Bemessungspunkt)} \tag{8.2}$$

$$\beta = \overrightarrow{0B^*} = \min_{g=0}\left(\sqrt{u_1^{*2} + u_2^{*2}, \ldots, u_n^{*2}}\right) \tag{8.3}$$

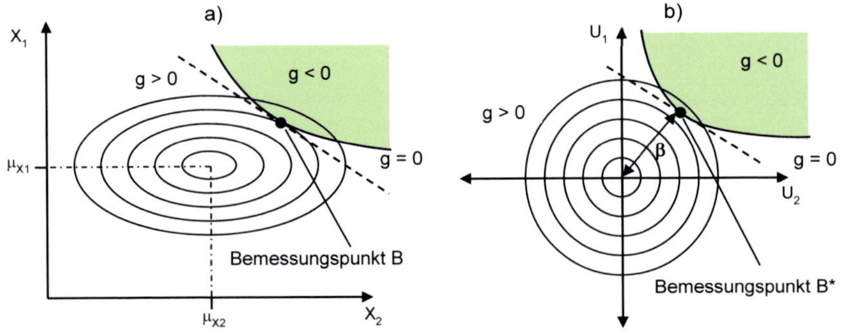

Bild 8.1: Darstellung für zwei Zufallsvariablen im a) Original- und b) Standardraum, in Anlehnung an Russelli (2008)

Um den Bemessungspunkt B* im Standardraum bzw. den kleinsten Abstand zwischen dem Ursprung und der Grenzzustandsgleichung g = 0 zu finden, können unterschiedliche Methoden wie eine Taylorreihe oder der lagrangesche Multiplikatoransatz verwendet werden. Eine häufig angesetzte Methode ist der Rackwitz-Fießler-Algorithmus, bei dem die Bestimmung des Bemessungspunktes iterativ erfolgt. Die Berechnung verläuft in folgenden Schritten (Baecher & Christian, 2003; Fischer, 1999):

1. Wahl eines Bemessungspunktes B im Originalraum mit $x_i = (x_1, x_2, \ldots, x_n)$ und Umrechnung in den Punkt B* im Standardraum mit $u_i^* = (u_1^*, u_2^*, \ldots, u_n^*)$
2. Berechnung des Wertes der Grenzzustandsgleichung und der Ableitung im Bemessungspunkt B*

$$h(B^*) = g(B) \tag{8.4}$$

mit h = Grenzzustandsgleichung im Standardraum

$$\left.\frac{dh}{du_i}\right|_{u_i=B^*} = \left.\frac{dg}{dx_i}\right|_{x_i=B} \cdot \frac{dx_i}{du_i} = \left.\frac{dg}{dx_i}\right|_{x_i=B} \cdot \sigma_{X_i} \tag{8.5}$$

3. Berechnung der Koeffizienten α_i im Bemessungspunkt B*, auch als Wichtungsfaktoren oder Sensibilitätsfaktoren bekannt.

$$\alpha_i = \frac{\left.\frac{dh}{du_i}\right|_{u_i=B^*}}{\sqrt{\sum_{i=1}^{n}\left(\left.\frac{dh}{du_i}\right|_{u_i=B^*}\right)^2}} \tag{8.6}$$

4. Berechnung des neuen Bemessungspunkts B mit $x_i = \mu_{x_i} - \alpha_i \cdot \sigma_{X_i} \cdot \beta$
5. Einsetzen der neuen Werte für x_i in $g(x_1, x_2, \ldots, x_n) = 0$ und Auflösen nach β
6. Berechnung des neuen Bemessungspunkts B* mit dem neuen β sowie mit $u_i^* = -\alpha_i \cdot \beta$
7. Wiederholung der Schritte 3 bis 6 bis die Berechnung konvergiert

$$\beta^{k+1} \approx \beta^k \tag{8.7}$$

Für unabhängige normalverteilte Zufallsvariablen und lineare Grenzzustandsgleichungen kann anhand von dem mit der FORM-Methode ermittelten Zuverlässigkeitsindex β die Versagenswahrscheinlichkeit p_f ermittelt werden. Die Methode kann auch für korrelierte und nicht normalverteilte Zufallsvariablen angewendet werden. Hierfür können zur Berücksichtigung der Korrelation zwischen den Zufallsvariablen verschiedene Methoden wie das Cholesky-Verfahren mit Zerlegung der Korrelationsmatrix oder das Verfahren nach Low & Tang (1997) genutzt werden. Zur Berücksichtigung andere Verteilungstypen als die Normalverteilung kann die Rosenblatt-Transformation (Rosenblatt, 1952) verwendet werden (Baecher & Christian, 2003).

Für zwei Zufallsvariablen entspricht die Versagenswahrscheinlichkeit der Fläche der Verbundverteilungsdichte im Versagensbereich (z. B. grüne Fläche in Bild 8.2). Für lineare Grenzzustandsgleichungen ist die Berechnung der Versagenswahrscheinlichkeit anhand des berechneten Zuverlässigkeitsindexes exakt, da bei der FORM-Methode die Grenzzustandsgleichung durch eine Funktion erster Ordnung approximiert wird (siehe a) in Bild 8.2 und Anhang K).

Bei nichtlinearen Grenzzustandsfunktionen ist die berechnete Versagenswahrscheinlichkeit nur eine Näherung und sie kann in Abhängigkeit der Form der Grenzzustandsgleichung über- oder unterschätzt werden (siehe b) in Bild 8.2). Für solche Fälle wurde daher die Zuverlässigkeitsmethode zweiter Ordnung oder SORM-Methode entwickelt, um die Genauigkeit der Berechnung der Versagenswahrscheinlichkeit zu erhöhen. In Der Kiureghian et al. (1987) wird beispielhaft eine Methode für eine Approximation zweiter Ordnung der Grenzzustandsgleichung vorgestellt.

In der Geotechnik ist die Verwendung der SORM-Methode für die Zuverlässigkeitsberechnung nicht verbreitet.

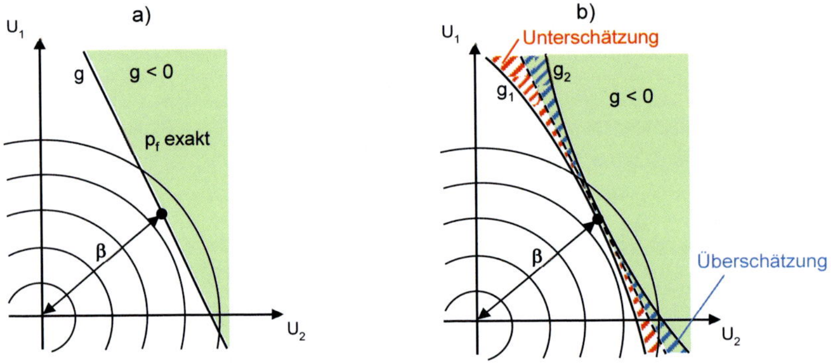

Bild 8.2: Einfluss der Form der Grenzzustandsgleichung auf die Versagenswahrscheinlichkeit: a) linear, p_f exakt, b) nichtlinear, p_f unter- bzw. überschätzt

8.1.1.2 Stufe III: vollständig probabilistische Methoden

Im Vergleich zu den Methoden der Stufe II wird in der Berechnung statt einer Approximation die genaue mathematische Formulierung der Grenzzustandsgleichung verwendet. Eine typische Methode der Stufe III ist die Monte Carlo Simulation, die nach den weltberühmten Casinos in Monte Carlo benannt wurde und in den letzten Jahren dank leistungsfähigerer Rechner häufiger angewendet wird (Fenton & Griffiths, 2008). Diese Methode wird hauptsächlich bei der Zuverlässigkeitsanalyse von komplexen geotechnischen Problemen verwendet.

Bei der Monte Carlo Simulation (MCS) wird eine große Anzahl einzelner Auswertungen der Grenzzustandsgleichung $g(X_i)$ berechnet. Dabei werden jeder Variable X_i zufällige Realisationen x_{ik} zugewiesen, die einer vorgegebenen Verteilungsdichte bzw. Verteilungsfunktion zugrunde liegen (Schneider, 1995).

Die zufälligen Realisationen x_{ik} werden durch einen Zufallszahlgenerator erzeugt. Dieser generiert Zufallszahlen a_{ik} zwischen 0 und 1, die als Werte der Summenkurve der Variable X_i oder der Verteilungsfunktion $F_{Xi}(x_i)$ berücksichtigt werden. Daraus ergeben sich die Realisationen durch Transformation, wie in Bild 8.3 gezeigt wird (Schneider, 1995). Für unterschiedliche Verfahren zur Generierung von Zufallszahlen wird auf Baecher & Christian (2003), Fenton & Griffiths (2008) und Honjo (2008) verwiesen.

Die Auswahl der Verteilungsdichte bzw. Verteilungsfunktion für die Variablen erfolgt anhand von Rohdaten oder Histogrammen und ihre Eignung wird durch Anpassungstests (engl. *goodness of fit tests*) wie den χ^2-Test überprüft (Fenton & Griffiths, 2008).

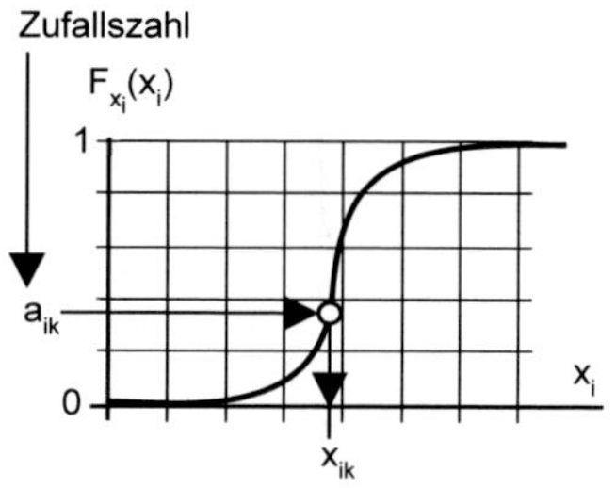

Bild 8.3: Erzeugung von zufälligen Realisationen x_{ik} anhand von Zufallszahlen (in Anlehnung an Schneider, 1995)

Ziel einer Monte Carlo Simulation ist die Versagenswahrscheinlichkeit aus allen Auswertungen der Grenzzustandsgleichung zu ermitteln. Dafür werden alle Versagensfälle n_f, d. h. wenn $g(X_i) < 0$ ist, gezählt und durch die gesamte Anzahl der Simulationen n dividiert. Die Versagenswahrscheinlichkeit lässt sich wie folgt abschätzen:

$$\hat{p}_f = \frac{n_f}{n} \tag{8.8}$$

Der Fehler der abgeschätzten Versagenswahrscheinlichkeit hängt von der Gesamtzahl der Simulationen n ab. Je größer n ist, desto kleiner ist der Fehler. Phoon (2008) schlägt vor, die erforderliche Anzahl n in Abhängigkeit des zu erwartenden Variationskoeffizienten der Versagenswahrscheinlichkeit zu ermitteln. Für kleine Versagenswahrscheinlichkeiten (z. B. $p_f \approx 10^{-4}$) und einen geringen Variationskoeffizienten V_{p_f} von 30 % ergibt sich folgende Faustregel:

$$n = \frac{(1 - p_f)}{p_f \cdot V_{p_f}^2} \approx \frac{1}{p_f \cdot (0{,}3)^2} \approx \frac{10}{p_f} \tag{8.9}$$

Nach der Faustregel werden z. B. 100.000 Simulationen für eine Versagenswahrscheinlichkeit von $1 \cdot 10^{-4}$ gebraucht. Wenn nicht 30 % sondern kleinere Variationskoeffizienten in Gl. (8.9) eingesetzt werden, kann der Fehlerbereich verringert werden. Für einen geforderten Variationskoeffizienten von 10 % und eine Versagenswahrscheinlichkeit von $1 \cdot 10^{-4}$ werden 1.000.000 Simulationen gebraucht.

Mit der aktuellen Zunahme der Leistungsfähigkeit der Rechner kann die Anzahl an Simulationen für einfache und normale Problemstellungen problemlos im Millionenbereich liegen. Wenn komplexe Situationen mit vielen Zufallsvariablen vorhanden sind, können die Rechner schnell an ihre Grenze kommen. Um diese Problematik zu überwinden, wurden Monte Carlo Methoden mit Adaptive-Importance-Sampling entwickelt. Hierfür werden zunächst „zufällig" Eingabeparameter als A-priori-Werte über den Versagensbereich gewählt. Aus den berechneten Ergebnissen und unter Berücksichtigung des Zielkriteriums (Versagensbereichs) wird der Auswahlbereich der nächsten Eingabeparameter festgelegt. Somit ist eine kleinere Anzahl an Simulationen erforderlich, um sehr kleine Versagenswahrscheinlichkeiten bzw. hohe Zuverlässigkeitsindizes zu berechnen. Sowohl der Rechenaufwand als auch der Fehler der abgeschätzten Versagenswahrscheinlichkeit können reduziert werden.

8.1.2 Zuverlässigkeitsprogramm und verwendete Methoden

Die Zuverlässigkeitsberechnungen wurden im Rahmen der Forschungsarbeit mit dem probabilistischen Programm COMREL, Version 9 – des Softwarepakets Strurel – der Firma RCP GmbH durchgeführt. Mit dem Programm können Berechnungen mit Methoden der Stufe II (probabilistische Näherung) und der Stufe III (vollständig probabilistische Methoden) durchgeführt werden. In Probeberechnungen wurden die Zuverlässigkeitsmethoden erster (FORM) und zweiter (SORM) Ordnung, eine reine Monte-Carlo-Simulation (MCS) und eine Monte-Carlo-Simulation mit Adaptive-Importance-Sampling (MCS-AIS) untersucht.

Die berechneten Zuverlässigkeitsindexe von SORM und MCS-AIS waren gleich oder nahezu gleich. Die Zuverlässigkeitsindizes von FORM waren immer höher als die von SORM, sodass mit FORM die Versagenswahrscheinlichkeit unterschätzt wurde.

Die Ergebnisse von MCS schwankten um den Wert von SORM, da der Variationskoeffizient der Ergebnisse zu hoch war. Um genauere Ergebnisse erzielen zu können, wäre eine Anzahl an Simulationen größer als die im Programm zulässige maximale Anzahl von einer Million erforderlich. Des Weiteren war der Zeitaufwand für eine Berechnung mit MCS deutlich höher.

Aus diesen Gründen wurden die Zuverlässigkeitsberechnungen mit der Methode SORM durchgeführt. Der Vorteil von SORM gegenüber MCS-AIS war der geringere Zeitaufwand bei der Berechnung. Nur in wenigen Fällen, mit sehr ungünstigen stochastischen Parametern für die Variablen, mit denen das Programm mit der SORM-Methode nicht die Berechnung durchführen konnte, wurde als Berechnungsmethode MCS-AIS verwendet.

8.2 Zielwert der Zuverlässigkeit

Im Rahmen der Zuverlässigkeitsberechnungen ist für die Kalibrierung der Teilsicherheitsbeiwerte ein Zielwert für den Zuverlässigkeitsindex festzulegen. In der aktuellen deutschen Fassung von EN 1990 (DIN EN 1990) werden hierfür Zielwerte für den Zuverlässigkeitsindex β in Abhängigkeit der Schadenfolgeklassen (CC) definiert. Nach den Eurocodes muss in der Regel eine Tragwerksbemessung zu einem Zuverlässigkeitsindex von mindestens 4,7 ($p_f \approx 10^{-6}$) für einen Bezugszeitraum von einem Jahr führen. Dies entspricht einer Schadensfolgeklasse CC2 für mittlere Folgen für Menschenleben und beträchtliche wirtschaftliche, soziale und umweltbeeinträchtigende Folgen.

In JCSS-PMC-I wird hingegen ein Zuverlässigkeitsindex von 4,2 ($p_f \approx 10^{-5}$) für eine mäßige Schadensfolge und normale relative Sicherheitsmaßnahmenkosten für einen Bezugszeitraum von einem Jahr angegeben. Bei der mäßigen Schadensfolge werden mittlere Folgen für Menschenleben sowie beträchtliche wirtschaftliche Folgen berücksichtigt. Diese Klassifizierung ist der Schadensfolgeklasse CC2 in DIN EN 1990 äquivalent.

Der um 0,5 höhere Zielwert von DIN EN 1990 scheint konservativer zu sein. Das lässt sich dadurch erklären, dass dieser Zielwert in der Arbeit des NABau-Ausschusses „Sicherheit von Bauwerken" von 1981 festgelegt wurde, als im Bereich des Bauwesens die Zuverlässigkeitsmethoden und die Abbildung der Unsicherheiten anhand von Modellen erst am Anfang der Entwicklung waren. Nach Meinung des Autors war dieser Aspekt dem NABau-Ausschusses bewusst, sodass eine „Zuverlässigkeitsreserve" im Zielwert enthalten ist.

JCSS-PMC-I hingegen wurde als ein Regelwerk für die probabilistische Berechnung bzw. Bemessung nach der Zuverlässigkeitstheorie entwickelt. In dieser Hinsicht werden die Unsicherheiten genauer in den Modellen für die Einwirkungen und Widerstände abgebildet. Daher enthält der empfohlene Zielwert nach Meinung des Autors keine „Zuverlässigkeitsreserve".

Da im Rahmen der vorliegenden Arbeit Zuverlässigkeitsberechnungen mit der Modellierung sämtlicher Unsicherheiten als Variablen durchgeführt werden, wird für die Festlegung des Zielwerts des Zuverlässigkeitsindexes β_{Ziel} der empfohlene Wert aus JCSS-PMC-I angenommen.

Der Zuverlässigkeitsindex ist allerdings keine konstante Vorgabe. Er ist von dem Bezugszeitraum abhängig und kann im Allgemeinen nach Gleichung (8.10) ausgedrückt werden. Tabelle 8.1 zeigt beispielhaft die mit dieser Formel berechneten Zuverlässigkeitsindizes für unterschiedliche Bezugszeiträume für den Zielwert nach DIN EN 1990 und nach JCSS-PMC-I.

$$\Phi(\beta_n) = [\Phi(\beta_1)]^n \tag{8.10}$$

mit:

Φ	kumulative Verteilungsfunktion für die Standardnormalverteilung
β_1	Zuverlässigkeitsindex für einen Bezugszeitraum von einem Jahr
β_n	Zuverlässigkeitsindex für einen Bezugszeitraum von n Jahren

Tabelle 8.1: Zuverlässigkeitsindex β in Abhängigkeit des Bezugszeitraums für den Zielwert nach DIN EN 1990 für CC2 und nach JCSS-PMC-I

p_f	**Bezugszeitraum [a]**					
	1	**5**	**10**	**25**	**50**	**100**
DIN EN 1990, $\approx 10^{-6}$	4,75	4,42	4,27	4,06	3,89	3,72
JCSS-PMC-I, $\approx 10^{-5}$	4,27	3,89	3,72	3,48	3,29	3,09

Die Extremwerte der veränderlichen Einwirkungen ändern sich in Abhängigkeit des Bezugszeitraums, wobei für einen Bezugszeitraum von einem Jahr die Extremwerte der Einwirkung kleiner als für 50 Jahren sind. Das erklärt den höheren Zuverlässigkeitsindex für einen Bezugszeitraum von einem Jahr.

Als Bezugszeitraum für die Zuverlässigkeitsbetrachtung wird i.d.R. die Nutzungsdauer des Bauwerks festgelegt (Böckmann, 2012). Die stochastischen Parameter der veränderlichen Einwirkungen müssen dabei auf den gleichen Bezugszeitraum wie der Zuverlässigkeitsindex β bezogen sein. Z. B. führten Schmidt & Six (2007) und Voigt (2014) Zuverlässigkeitsuntersuchungen von Bauteilen für einen Zielwert β_{Ziel} von 4,7 durch, weil die von ihnen berücksichtigten Nutzlasten nach DIN EN 1991-1 für einen Bezugszeitraum von einem Jahr galten. Hingegen berücksichtigte Böckmann (2012) bei ihren Zuverlässigkeitsberechnungen von Ufereinfassungen aus Stahlbeton-Schlitzwänden einen Zielwert β_{Ziel} von 3,8, weil die maßgebliche veränderliche Belastung aus dem Wasserdruck infolge Tidehoch- und Tideniedrigwasser für einen Zeitraum von 50 Jahren prognostiziert wurde.

Im Rahmen der Zuverlässigkeitsberechnungen wird als Nutzungsdauer ein üblicher Zeitraum von 50 Jahren angenommen. Das ergibt nach Tabelle 8.1 einen Zielwert des Zuverlässigkeitsindexes β_{Ziel} von 3,3. Es ist anzumerken, dass die Teilsicherheitsbeiwerte im Rahmen der Forschungsarbeit nur für eine Schadensfolgeklasse CC2 und einer ständigen Bemessungssituation BS-P kalibriert werden. Eine Differenzierung des Zuverlässigkeitsniveaus über andere Schadensfolgeklassen – wie in den skandinavischen Ländern –oder Bemessungssituationen – wie in Deutschland oder Österreich –ist nicht Gegenstand dieser Arbeit (siehe Kapitel 3.4).

8.3 Ablauf der Zuverlässigkeitsberechnungen

In der Regel werden Zuverlässigkeitsberechnungen in der Geotechnik für eine vorgegebene Geometrie (z. B. Fundamentgröße) mit bestimmten unabhängigen Zufallsvariablen (z. B. für die geotechnischen Kenngrößen, die Einwirkungen, die Baugrundwiderstände, etc.) durchgeführt. Hierbei muss die geometrische Größe angepasst werden, bis das gewünschte Zuverlässigkeitsniveau erreicht wurde. Somit handelt es sich um einen iterativen Prozess.

Basierend auf dieser Vorgehensweise wurde in der Vergangenheit versucht, unter Verwendung der Zuverlässigkeitsmethode FORM, aus den Sensitivitätsfaktoren (siehe Kapitel 8.1.1.1) Teilsicherheitsbeiwerte abzuleiten. Dabei müssen die repräsentativen Werte der Zufallsvariablen bekannt sein, was tatsächlich für die geotechnischen Kenngrößen nicht zutrifft. Die repräsentativen Werte der geotechnischen Kenngrößen hängen – wie bereits in Kapitel 5.2 erläutert – von dem Grenzzustand, der Anzahl der verfügbaren Daten, dem Ermittlungsmodell etc. ab. Oft wurde daher der Mittelwert als repräsentativer Wert angenommen, was zu sehr großen Teilsicherheitsbeiwerten geführt hat, die nicht mit den bewährten empirischen Werten aus den Normen übereinstimmen.

Bei dieser Vorgehensweise wird der Denkfehler gemacht, die Geometrie als unabhängige Variable zu behandeln, obgleich sie tatsächlich das Ergebnis der Bemessung ist und daher stark von den repräsentativen Werten, den Teilsicherheitsbeiwerten und den Berechnungsmodellen abhängt.

In diesem Sinne werden die Berechnungen im Rahmen der vorliegenden Arbeit als Zuverlässigkeitsberechnungen für den geotechnischen Bemessungsprozess bezeichnet. Hierbei werden die geometrischen Größen – z. B. die Fundamentbreite oder die Einbindetiefe – in Abhängigkeit der zufälligen Versuchswerte für die Scherfestigkeit, der Einflüsse des verwendeten Ermittlungsmodells der repräsentativen Werte und der verwendeten Teilsicherheitsbeiwerte ermittelt und als Zufallsvariable mit den stochastischen Parametern μ_a und σ_a berücksichtigt. Somit wird der Bemessungsprozess direkt in der geometrischen Größe berücksichtigt. Der berechnete Zuverlässigkeitsindex ist ein Index für die geotechnische Bemessung des Bauwerks.

Die verwendete Vorgehensweise für die Berechnungen ist schematisch in Bild 8.4 dargestellt.

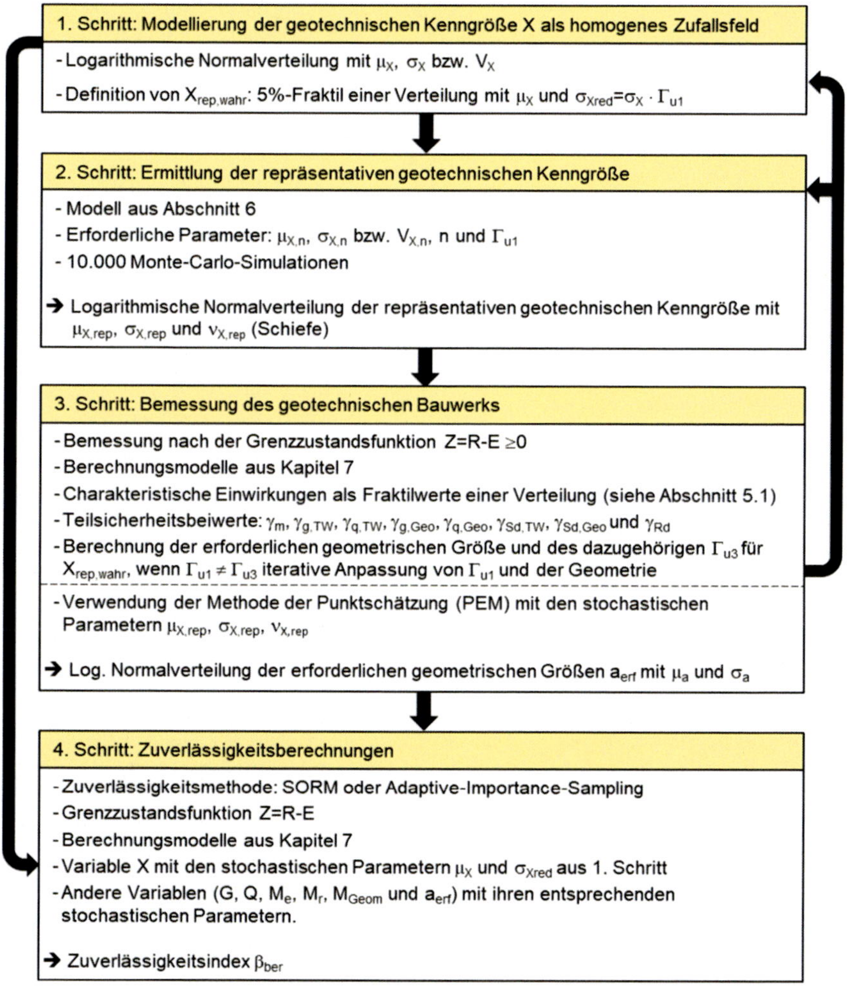

Bild 8.4: Vorgehensweise für die Zuverlässigkeitsberechnungen

Im ersten Schritt werden die geotechnischen Kenngrößen X eines Baugrundbereiches als homogenes Zufallsfeld für eine logarithmische Normalverteilung mit den stochastischen Parametern μ_X, σ_X bzw. V_X modelliert (analog zu Kapitel 6.3.3). Basierend darauf kann der für das Zufallsfeld „wahre" repräsentative Wert $X_{rep,wahr}$ der geotechnischen Kenngröße als das 5 % - Fraktil einer reduzierten logarithmischen Normalverteilung mit $\sigma_{X,red} = \sigma_X \cdot \Gamma_{ul}$ festgelegt werden. Für den Reduktionsfaktor Γ_{ul} wird dabei eine Annahme für den zu untersuchenden Grenzzustand getroffen. $X_{rep,wahr}$ ist der anzustrebende Wert für die repräsentative geotechnische Kenngröße.

Das homogene Zufallsfeld mit der logarithmischen Normalverteilung dient der Ermittlung der repräsentativen Werte im zweiten Schritt, während die reduzierte logarithmische Normalverteilung mit ihren stochastischen Parametern als Eingangsgröße für die Zuverlässigkeitsberechnungen im vierten Schritt dient (siehe Bild 8.5).

Im zweiten Schritt werden die repräsentativen geotechnischen Kenngrößen unter Verwendung des Modells aus Kapitel 6 mit einer Anzahl n der angenommenen Versuchswerte, den stochastischen Parametern und dem angenommen Reduktionsfaktor Γ_{ul} aus dem ersten Schritt ermittelt. Dabei werden zufällig aus dem Zufallsfeld n Werte ausgewählt. Um die Unsicherheit der Zufälligkeit zu berücksichtigen, wurden 10.000 Monte-Carlo-Simulationen durchgeführt. Dies führt zu 10.000 repräsentativen Werten, die um den repräsentativen Wert $X_{rep,wahr}$ streuen und aus denen sich eine Verteilung mit den stochastischen Parametern μ_{Xrep}, σ_{Xrep} und v_{Xrep} ergibt (siehe Bild 8.5).

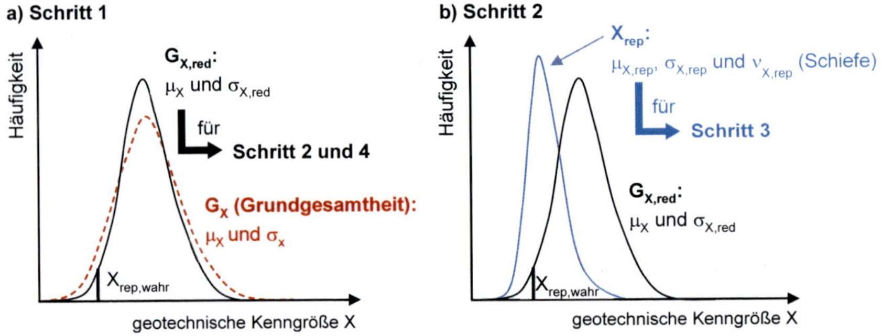

Bild 8.5: Schematische Darstellung der Verteilungen für die geoteschnische Kenngröße X im a) Schritt 1 und b) Schritt 2

Im dritten Schritt erfolgt die Berechnung der erforderlichen Geometrie für $X_{rep,wahr}$ unter Verwendung der Berechnungsmodelle aus Kapitel 7. Für die zu untersuchenden Grenzzustände und Teilsicherheitsbeiwerte wird das vorgeschlagene einheitliche Nachweisverfahren MRFA aus Kapitel 3 mit K-Faktoren gleich 1,0 (Schadensfolgeklasse CC2 und einer Bemessungssituation BS-P) verwendet. Hierbei werden die charakteristischen Einwirkungen des Tragwerks als Fraktilwerte einer vorgegebenen Verteilung ermittelt, während die repräsentativen geotechnischen Einwirkungen anhand der Berechnungsmodelle aus Kapitel 7 berechnet werden.

Bevor die erforderlichen geometrischen Größen basierend auf der Verteilung der repräsentativen geotechnischen Kenngrößen aus Schritt 2 berechnet werden, wird die Annahme für Γ_{u1} überprüft. Da Γ_{u1} von der Geometrie des Bauwerks abhängt, wird die erforderliche geometrische Größe für $X_{rep,wahr}$ und der zugehörige Reduktionsfaktor Γ_{u3} berechnet. Wenn Γ_{u3} nicht mit Γ_{u1} übereinstimmt, wird der im Schritt 1 angenommene Wert für Γ_{u1} angepasst bis der Unterschied zwischen beiden Werten kleiner oder gleich 0,01 beträgt.

Basierend auf der logarithmischen Normalverteilung der repräsentativen geotechnischen Kenngrößen werden die erforderlichen geometrischen Größen a_{erf} berechnet. Daraus ergibt sich auch eine logarithmische Normalverteilung[1] der erforderlichen geometrischen Größen mit den stochastischen Parametern μ_a und σ_a. Da die Berechnungen einen unverhältnismäßig großen Zeitaufwand in Anspruch genommen haben, wurden μ_a und σ_a mithilfe der Methode der Punktschätzung (PEM) ermittelt. Eine ausführliche Erläuterung der PEM-Methode ist in Anhang K zu finden.

Im vierten Schritt wird der Zuverlässigkeitsindex β_{ber} anhand der Zuverlässigkeitsmethode SORM (Stufe II) oder der Methode Adaptive-Importance-Sampling (Stufe III) berechnet. Hierfür werden die geotechnischen Kenngrößen X, die ständigen Einwirkungen G, die veränderlichen Einwirkungen Q und die erforderliche Geometrie a_{erf} als Variablen mit ihren entsprechenden Verteilungen und stochastischen Parametern abgebildet. Darüber hinaus werden die Unsicherheiten der Berechnungsmodelle als Variable m_i berücksichtigt.

Die dritten und vierten Rechenschritte werden für unterschiedliche Kombinationen von Teilsicherheitsbeiwerten wiederholt. Dabei ergeben sich Zuverlässigkeitsindizes in Abhängigkeit der Teilsicherheitsbeiwerte. Die optimale Kombination von Teilsicherheitsbeiwerten ergibt einen Zuverlässigkeitsindex β_{ber}, der gleich oder größer als der Zielwert β_{Ziel} ist.

Hierfür werden zur Ermittlung der optimalen Kombination der Teilsicherheitsbeiwerte Diagramme erstellt, bei denen der Teilsicherheitsbeiwert der Modellunsicherheit der Baugrundwiderstände gegen den berechneten Zuverlässigkeitsindex aufgetragen wird. Die anderen Teilsicherheitsbeiwerte werden im Diagramm als konstant berücksichtigt. Für eine andere Kombination ändern sich die konstanten Teilsicherheitsbeiwerte. Bild 8.6 zeigt exemplarisch eine optimale Kombination der Teilsicherheitsbeiwerte für den Grenzzustand Grundbruch eines Stützenfundaments und für die dort angegebenen Randbedingungen sowie konstanten Teilsicherheitsbeiwerte. Hieraus ergibt sich die optimale Kombination für einen Teilsicherheitsbeiwert $\gamma_{R,v}$ von 1,25.

Im Rahmen der Zuverlässigkeitsuntersuchungen wurde die optimale Kombination von Teilsicherheitsbeiwerten für unterschiedliche Randbedingungen ermittelt, um allgemeingültige

[1] In einer Voruntersuchung wurde für die zu untersuchenden Grenzzustände und Bauwerke und für ausgewählte Randbedingungen die erforderliche geometrische Größe für 10.000 repräsentative geotechnische Kenngrößen berechnet. Aus dem sich ergebenden Histogramm konnte die beste Anpassung durch eine logarithmische Normalverteilung erzielt werden.

Teilsicherheitsbeiwerte empfehlen zu können. Hierfür wurden für unterschiedliche geotechnische Bauwerke und Grenzzustände die feste Geometrie (z. B. die Wandhöhe einer Winkelstützwand), die Einwirkungen und ihre Variabilität sowie die geotechnischen Kenngrößen und ihre Variabilität variiert.

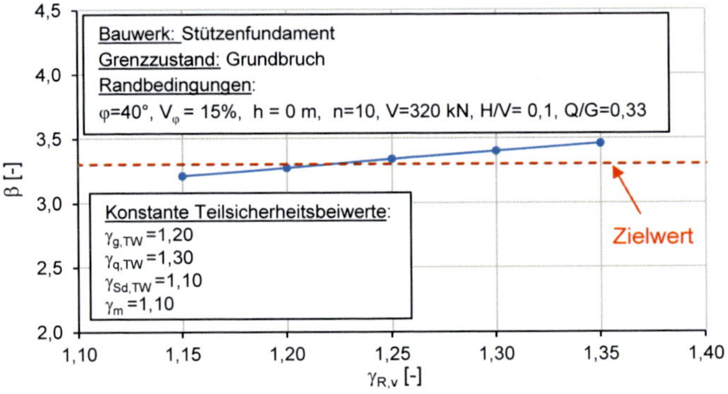

Bild 8.6: Beispiel für die Bestimmung der optimalen Teilsicherheitsbeiwerte

8.4 Variabilität der geotechnischen Kenngrößen und Reduktionsfaktor

Die Variabilität der geotechnischen Kenngrößen hat einen signifikanten Einfluss auf die Bemessung und die Zuverlässigkeitsberechnungen. Daher wird basierend auf Kapitel 4.2.4.1 eine Einstufung der Variabilität der Scherfestigkeitsparameter vorgenommen, die für die Parametervariation im Rahmen der Zuverlässigkeitsberechnungen verwendet wurde. Die Einstufung ist in Tabelle 8.2 zusammengefasst, wobei die Variabilität durch den Variationskoeffizienten angegeben wird.

Tabelle 8.2: Einstufung für die Variabilität der Scherfestigkeitsparameter im Rahmen der Zuverlässigkeitsberechnungen

Variabilität	nichtbindig	bindig	
	V_φ	V_{cu}	V_φ / V_c
hoch	15 %	50 %	15 % / 50 %
mittel	10 %	30 %	10 % / 30 %
niedrig	5 %	10 %	5 % / 10 %

Es ist anzumerken, dass die in der Tabelle vorgegebenen Werte obere Grenzwerte sind. Z. B. liegt der Variationskoeffizient des Reibungswinkels für einen nichtbindigen Boden mit hoher Variabilität zwischen 10 % und 15 %. Für bindige konsolidierte Böden werden Variationskoeffizienten getrennt für den Reibungswinkel und die Kohäsion angegeben. Wenn die Variabilität des Reibungswinkels und der Kohäsion zu unterschiedlichen Stufen gehören, ist auf der sicheren

Seite die größte Stufe des jeweiligen Parameters maßgebend. Z. B. beträgt der Variationskoeffizient des Reibungswinkels 15 % aber derjenige der Kohäsion 10 %, somit wird die Variabilität des Bodens als hoch eingestuft.

Im Rahmen der Zuverlässigkeitsberechnungen wurde außerdem untersucht, wie aufwendig die Baugrunduntersuchung für die jeweilige Variabilität sein muss. Hierfür wurden in Anlehnung an die Untersuchungen in Kapitel 6 eine Anzahl n der Erkundungsproben bzw. Versuchswerte von 3, 5 und 10 gewählt. Außerdem wurden Vorinformationen bzw. die Erfahrung des geotechnischen Sachverständigen mit der Bodenart über A-priori-Werte (siehe Modell aus Kapitel 6) bei der Ermittlung der repräsentativen Werte berücksichtigt. Es wurde analog zu den Untersuchungen in Kapitel 6 ein menschlicher Faktor angenommen, sodass die A-priori-Werte um den „tatsächlichen" Wert schwanken. Für die Schwankungsbereiche wurden die Angaben aus Tabelle 6.3 verwendet.

Im Vergleich zu den Scherfestigkeitsparametern streut die Wichte um ihren Mittelwert geringfügig. Diese Tatsache wurde bei der Bemessung im dritten Schritt durch die Verwendung des Mittelwerts als repräsentativer Wert berücksichtigt (siehe Kapitel 6.7). Allerdings wurde ein mittlerer Variationskoeffizient von 5 % in den Zuverlässigkeitsberechnungen angesetzt, um die tatsächlich vorhandene Streuung zu berücksichtigen.

Neben der Variabilität der geotechnischen Kenngröße ist der Reduktionsfaktor für die Ermittlung der repräsentativen Werte von Bedeutung, da durch den Reduktionsfaktor der Grenzzustand berücksichtigt wird (siehe Kapitel 6.2). Neben der Mittelungslänge D_i und der Korrelationslänge $\theta_{u,i}$ ist eine Berechnungsfunktion erforderlich. Für die Berechnung von Γ_{u3} im dritten Schritt wurden die empfohlenen Werte für die Korrelationslänge $\theta_{u,i}$ nach Schneider & Schneider (2013) und die dreiecksförmige Funktion des Typs I nach Vanmarcke (1984) aus Anhang C verwendet.

Im Rahmen der Zuverlässigkeitsberechnungen wurde analog zu Kapitel 6 ein menschlicher Faktor bei der Auswahl des Reduktionsfaktors berücksichtigt. Hierbei wurde eine Streuung des Reduktionsfaktors in einem Bereich von $\pm 0{,}05$ vom angenommen Reduktionsfaktor berücksichtigt.

8.5 Teilsicherheitsbeiwerte für die Untersuchung

Um die optimale Kombination von Teilsicherheitsbeiwerten finden zu können, die sowohl zu einer sicheren als auch zu einer wirtschaftlichen Bemessung führt, wurden die Teilsicherheitsbeiwerte innerhalb einer Spannbreite variiert. Nachfolgend wird kurz erläutert, wie die Spannbreiten der jeweiligen Teilsicherheitsbeiwerte festgelegt wurden und in welchen Schritten die Variation erfolgt ist.

8.5.1 Einwirkungen

8.5.1.1 Einwirkungen aus dem Tragwerk

Im Rahmen der Zuverlässigkeitsberechnungen werden auf der Einwirkungsseite lediglich die Teilsicherheitsbeiwerte für die geotechnischen Einwirkungen variiert. Die Teilsicherheitsbeiwerte $\gamma_{i,TW}$ für die Einwirkungen aus dem Tragwerk sind bereits in verschiedenen wissenschaftlichen Arbeiten untersucht worden. Statt sich hier tiefergehend mit ihnen zu beschäftigen, wird lediglich ein Satz von Beiwerten vorgeschlagen. Für die Auswahl der Teilsicherheitsbeiwerte $\gamma_{g,TW}$ und $\gamma_{q,TW}$ wird auf Pottharst (1977) und die Arbeit des NABau-Ausschusses „Sicherheit von Bauwerken“ von 1981 zurückgegriffen. Diese Arbeiten unterscheiden zwischen Teilsicherheitsbeiwerten für die Einwirkungen $\gamma_{i,TW}$ und für die Modellunsicherheit $\gamma_{Sd,TW}$. Während Pottharst (1977) Teilsicherheitsbeiwerte $\gamma_{g,TW}$ von 1,20 bis 1,25 und $\gamma_{q,TW}$ von 1,40 vorschlägt, wird vom NABau-Ausschuss ein Teilsicherheitsbeiwert $\gamma_{g,TW} = \gamma_{q,TW}$ von 1,30 empfohlen. Für die Zuverlässigkeitsberechnungen werden daher folgende Teilsicherheitsbeiwerte angenommen:

$\gamma_{g,TW} = 1{,}20$ und $\gamma_{q,TW} = 1{,}30$

Es ist anzumerken, dass $\gamma_{Sd,TW}$ größer 1,0 gewählt wird (siehe Kapitel 8.5.2) und dass die Teilsicherheitsbeiwerte für ungünstig wirkende Einwirkungen gelten. Wenn sie günstig wirken, wird $\gamma_{g,TW} = 1{,}0$ und $\gamma_{q,TW} = 0{,}0$ angesetzt.

8.5.1.2 Geotechnische Einwirkungen

Unter Berücksichtigung der Vereinfachung $\gamma_F = \gamma_f \cdot \gamma_{Sd}$ aus prEN 1990 wird basierend auf $\gamma_{G,GEO} = 1{,}0$ und $\gamma_{Q,GEO} = 1{,}30$ für den Grenzzustand GEO, Bemessungsfall DC3 (siehe Kapitel 2.2.7 und Anhang A) die Spannbreite für die Teilsicherheitsbeiwerte $\gamma_{g,GEO}$, $\gamma_{q,GEO}$ und $\gamma_{Sd,GEO}$ umgerechnet.

Für $\gamma_{g,GEO}$ wird 1,0 angesetzt, da die Unsicherheit der ständigen geotechnischen Einwirkungen hauptsächlich aus der Variabilität der Scherfestigkeitsparameter und des Berechnungsmodells entsteht.

Für $\gamma_{q,GEO}$ werden unter Berücksichtigung der Werte für $\gamma_{Sd,GEO}$ in Kapitel 8.5.2 Werte zwischen 1,04 und 1,18 berechnet. In Kapitel 2.3 wurde jedoch gezeigt, dass eine Faktorisierung der veränderlichen geotechnischen Einwirkungen keinen signifikanten Einfluss auf die Bemessung hat. Aus diesem Grund wird für $\gamma_{q,GEO}$ zunächst ein mittlerer Wert von 1,10 angesetzt. Falls im Rahmen der Zuverlässigkeitsberechnungen eine Anpassung des Teilsicherheitsbeiwerts notwendig ist, wird der Wert auf 1,15 erhöht oder ggf. auch auf 1,05 verringert.

8.5.2 Modellunsicherheit der Einwirkungen bzw. Beanspruchungen

8.5.2.1 Beanspruchungen aus den Einwirkungen aus dem Tragwerk

Für die Modellunsicherheit $\gamma_{Sd,TW}$ der Einwirkungen aus dem Tragwerk wird lediglich auf die Arbeit des NABau-Ausschusses „Sicherheit von Bauwerken“ von 1981 zurückgegriffen, da Pottharst (1977) empfiehlt, die Modellunsicherheit bereits in den Teilsicherheitsbeiwerten $\gamma_{g,TW}$ und $\gamma_{q,TW}$ zu berücksichtigen.

In der Arbeit des NABau-Ausschusses „Sicherheit von Bauwerken“ wird vorgeschlagen einen Teilsicherheitsbeiwert $\gamma_{Sd,TW}$ zwischen 1,0 und 1,2 zu wählen. Es wird in der Regel ein mittlerer Wert von 1,1 empfohlen. Im Rahmen der Zuverlässigkeitsberechnungen wird dieser Empfehlung gefolgt und ein Teilsicherheitsbeiwert $\gamma_{Sd,TW}$ von 1,1 gewählt.

8.5.2.2 Beanspruchungen aus den geotechnischen Einwirkungen

Die im Rahmen der Zuverlässigkeitsberechnungen untersuchten Teilsicherheitsbeiwerte $\gamma_{Sd,GEO}$ basieren auf der statistischen Auswertung der Modellunsicherheit in Kapitel 7.4. Die Bilder 8.7 und 8.8 erläutern die Festlegung der Teilsicherheitsbeiwerte. In Bild 8.7 wird exemplarisch für den aktiven Erddruck gezeigt, dass der Teilsicherheitsbeiwert $\gamma_{Sd,GEO}$ einer Erhöhung des Modellfaktors entspricht, um die Modellunsicherheit abzudecken. Die hier gezeigte Erhöhung beispielsweise um 1,2 vergrößert den „sicheren“ Bereich, in dem der tatsächliche Erddruck kleiner als der berechnete Erddruck ist.

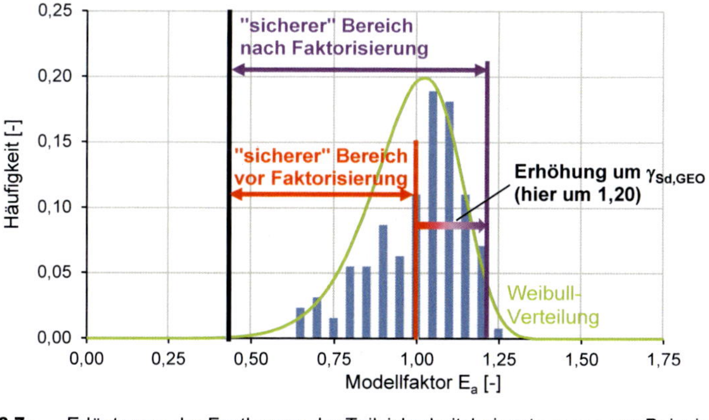

Bild 8.7: Erläuterung der Festlegung der Teilsicherheitsbeiwerte $\gamma_{Sd,GEO}$ am Beispiel des aktiven Erddrucks

Die Grenze des „sicheren“ Bereiches kann mit der Annäherung des Modellfaktors durch eine Weibull-Verteilung als Wahrscheinlichkeit ausgedrückt werden, die dem Fraktil der Verteilung entspricht. In Bild 8.8 wird der Zusammenhang zwischen dem Teilsicherheitsbeiwert $\gamma_{Sd,GEO}$ und dem Fraktil der Verteilung bzw. der Wahrscheinlichkeit für den sicheren Bereich dargestellt. Hier wird gezeigt, dass sich für einen Teilsicherheitsbeiwert von 1,2 ein Fraktil von 97 % ergibt.

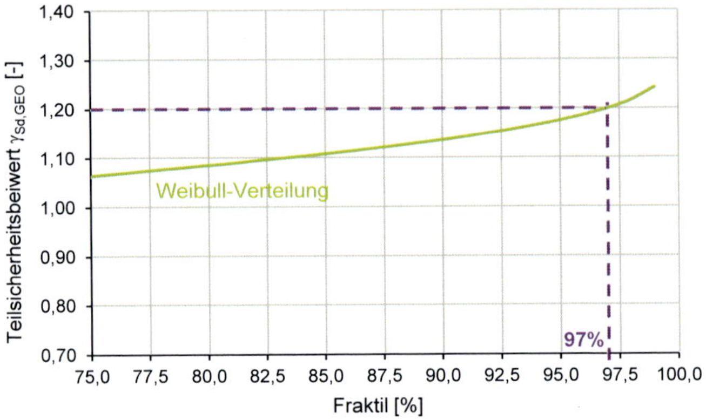

Bild 8.8: Teilsicherheitsbeiwert $\gamma_{Sd,GEO}$ in Abhängigkeit vom Fraktilwert am Beispiel des aktiven Erddrucks

In Tabelle 8.3 werden Fraktile zwischen 90 % und 97,5 % und die sich ergebenden Teilsicherheitsbeiwerte für den aktiven Erddruck E_a, den Erdruhedruck E_0 und den „allgemeinen Erddruck“ E_{Allg} (siehe Kapitel 7.4.2) zusammengefasst. Dabei ist zu sehen, dass sich ähnliche Teilsicherheitsbeiwerte für die unterschiedlichen untersuchten geotechnischen Einwirkungen ergeben. Basierend auf dem „allgemeinen Erddruck“, der die statistische Auswertung des aktiven Erddrucks und des Erdruhedrucks beinhaltet, wurden die in Tabelle 8.4 zusammengefassten Teilsicherheitsbeiwerte für die Zuverlässigkeitsberechnungen festgelegt.

Tabelle 8.3: Fraktile und Teilsicherheitsbeiwerte für E_a, E_0 und E_{Allg}

Fraktil	E_a	E_0	E_{Allg}
90,0%	1,14	1,13	1,12
95,0%	1,18	1,16	1,16
97,5%	1,21	1,19	1,20

Tabelle 8.4: Teilsicherheitsbeiwerte $\gamma_{Sd,GEO}$ für die Zuverlässigkeitsberechnungen

Teilsicherheitsbeiwert	Fraktil	Wert
γ_{Sd,GEO_1}	92,0%	1,15
γ_{Sd,GEO_2}	97,5%	1,20
γ_{Sd,GEO_3}	99,5%	1,25

8.5.3 Geotechnische Kenngrößen

Der Teilsicherheitsbeiwert γ_m dient hauptsächlich dazu, ungünstige Abweichungen von der repräsentativen Kenngröße abzudecken. Bei den Untersuchungen zur Festlegung eines Modells zur Ermittlung der repräsentativen Werte (siehe Kapitel 6) wurde gezeigt, dass sich eine Verteilung X_{rep} der repräsentativen Werte ergibt, deren Werte vom Zielwert (5 % - Fraktil von $G_{w,red}$) abweichen (siehe blaue Kurve in Bild 8.9). Ein Teil der Verteilung liegt unterhalb des Zielwerts und wird als „sicher“ bezeichnet. Dieser „sichere“ Anteil entspricht der Wahrscheinlichkeit q_{rep} (siehe Kapitel 6.5.1). Der Anteil oberhalb des Zielwerts, der ungünstig abweicht, ist durch Faktorisierung mit γ_m zu reduzieren. Dabei verschiebt sich die Verteilung X_{rep} auf die sichere Seite und nach Faktorisierung ergibt sich ein größerer Anteil q_d unterhalb des Zielwerts (siehe grüne Kurve X_d in Bild 8.9).

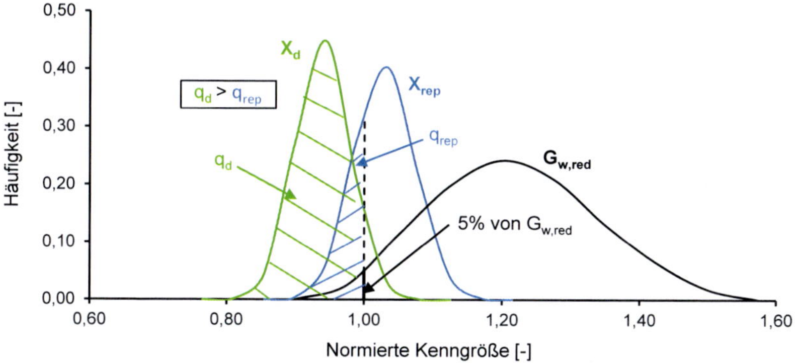

Bild 8.9: Verteilungen $G_{w,red}$, X_{rep} und X_d für n=10 sowie der Einfluss der Faktorisierung von X_{rep} mit γ_m

Für die Zuverlässigkeitsuntersuchungen wurden Teilsicherheitsbeiwerte γ_m meistens niedriger als die empfohlenen Werte für γ_M in prEN 1997-1 gewählt, da die Beiwerte in prEN 1997-1 nicht nur eine günstige Abweichung des repräsentativen Werts von der im Grenzzustand wirkenden Kenngröße, sondern auch eine Unsicherheit des Modells berücksichtigen. Für die dränierten Scherfestigkeitsparameter wurden daher Teilsicherheitsbeiwerte zwischen 1,05 und 1,15 und für die undränierte Scherfestigkeit Teilsicherheitsbeiwerte zwischen 1,10 und 1,40 gewählt. Die Teilsicherheitsbeiwerte wurden dabei in 0,05 Schritten variiert.

Es ist anzumerken, dass die Wahrscheinlichkeit q_d auch von der Anzahl n abhängig ist. Mit einer höheren Anzahl n wird die in Kapitel 3.3 erläuterte „Grundunsicherheit“ niedriger. D. h., es ist ein niedriger Teilsicherheitsbeiwert γ_m notwendig, um dieselbe Wahrscheinlichkeit q_d zu erhalten. Diese Zusammenhänge sind in Bild 8.10 exemplarisch für einen Reibungswinkel von 40° mit einem Variationskoeffizienten von 15 % und einem Reduktionsfaktor von 1,0 dargestellt.

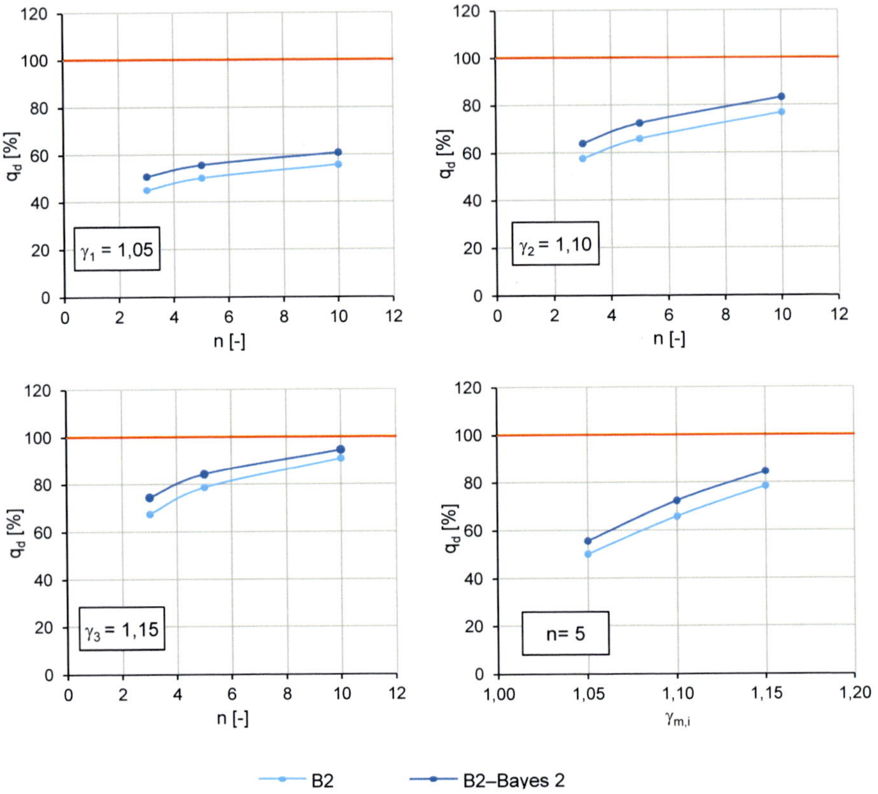

Bild 8.10: Wahrscheinlichkeit q_d für Variante B2 (siehe Kapitel 6), φ'_{mittel} = 40°, $V_{w,\varphi}$ = 15 %, Γ_u = 1,0

8.5.4 Modellunsicherheit der Baugrundwiderstände

Analog zu Kapitel 8.5.2.2 ergeben sich die Teilsicherheitsbeiwerte $\gamma_{R,i}$ für die Modellunsicherheit der Baugrundwiderstände aus der statistischen Auswertung der Modellunsicherheit in Kapitel 7.4. Exemplarisch für den Grundbruchwiderstand mit dränierten Bodenparametern wird in Bild 8.11 gezeigt, dass sich der „sichere“ Bereich bei einer Abminderung des Modellfaktors um $\gamma_{R,v}$ vergrößert. Dabei wird der berechnete Grundbruchwiderstand kleiner als der tatsächliche Grundbruchwiderstand.

Die beste Annährung wurde durch eine logarithmische Normalverteilung erzielt, wobei der sichere Bereich dem Fraktil der Verteilung entspricht. In Bild 8.12 wird exemplarisch der Zusammenhang zwischen dem Teilsicherheitsbeiwert $\gamma_{R,v}$ und dem Fraktil der logarithmischen Normalverteilung dargestellt. Hier wird gezeigt, dass sich für einen Teilsicherheitsbeiwert von 1,25 ein Fraktil von 2,5 % ergibt.

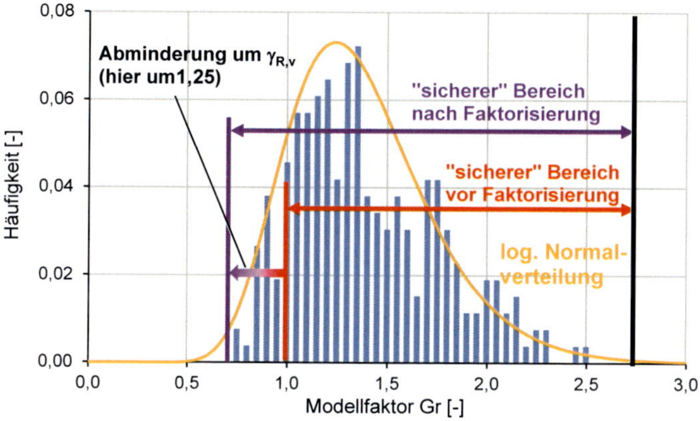

Bild 8.11: Erläuterung der Festlegung der Teilsicherheitsbeiwerte $\gamma_{R,i}$ am Beispiel des Grundbruchwiderstands mit dränierten Bodenparametern

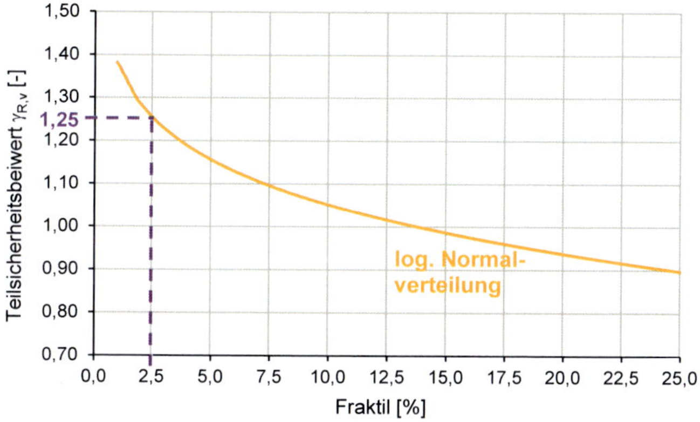

Bild 8.12: Teilsicherheitsbeiwert $\gamma_{R,v}$ in Abhängigkeit vom Fraktilwert am Beispiel des Grundbruchwiderstands mit dränierten Bodenparametern

Basierend auf der anhand des Beispiels des Grundbruchwiderstands dargestellten Vorgehensweise wurden Spannbreiten für die Teilsicherheitsbeiwerte des Erdwiderstands und des Gleitwiderstands festgelegt. In Tabelle 8.5 werden Fraktile zwischen 2,5 % und 15,0 % und die sich ergebenden Teilsicherheitsbeiwerte für die untersuchten Baugrundwiderstände zusammengefasst. Die in den Zuverlässigkeitsberechnungen untersuchten Teilsicherheitsbeiwerte weichen etwas von diesen Werten ab und sind in Tabelle 8.6 zusammengefasst. Es ist anzumerken, dass diese Werte für dränierte Bodenparameter gelten.

Tabelle 8.5: Fraktile und Teilsicherheitsbeiwerte für den ebenen Erdwiderstand (passiven Erddruck) $E_{p,e}$, den Gleitwiderstand Gl und den Grundbruchwiderstand Gr

Fraktil	$E_{p,e}$	Gl	Gr
2,5%	1,26	1,20	1,26
5,0%	1,19	1,16	1,16
10,0%	1,12	1,11	1,05
15,0%	1,06	1,08	0,99[a]

[a] Da der Wert kleiner 1,0 beträgt, ist dieses Fraktil für die Festlegung des Teilsicherheitsbeiwerts nicht geeignet.

Tabelle 8.6: Teilsicherheitsbeiwerte $\gamma_{R,i}$ für die Zuverlässigkeitsberechnungen mit dränierten Bodenparametern

Teilsicherheitsbeiwert	$E_{p,e}$		Gl		Gr	
	Fraktil	Wert	Fraktil	Wert	Fraktil	Wert
γ_{R,i_1}	11,5%	1,10	36,0%	1,00	5,25%	1,15
γ_{R,i_2}	7,5%	1,15	21,0%	1,05	3,7%	1,20
γ_{R,i_3}	4,5%	1,20	11,0%	1,10	2,6%	1,25
γ_{R,i_4}	3,0%	1,25	5,5%	1,15	1,8%	1,30
γ_{R,i_5}	1,75%	1,30	2,5%	1,20	1,25%	1,35

Für undränierte Bodenparameter gab es wenige bis keine brauchbaren Versuchsergebnisse für eine statistische Auswertung des Modellfaktors. Aus diesem Grund wurde für die Festlegung der Teilsicherheitsbeiwerte des Gleitwiderstands und des Grundbruchwiderstands für undränierte Bodenparameter in Anlehnung an die Empfehlungen in JCSS-PMC-III ebenfalls eine logarithmische Normalverteilung und konservative stochastischen Parameter angenommen. Diese sind in Tabelle 8.7 zusammengefasst.

Tabelle 8.7: Verteilung und stochastische Parameter für den Gleitwiderstand Gl_u und Grundbruchwidertand Gr_u mit undränierten Bodenparametern

	Gl_u	Gr_u
Verteilung	Log.-Normal	Log- Normal
μ	1,000	1,000
σ	0,050	0,150
V	5,0%	15,0%

Basierend auf den Angaben aus Tabelle 8.7 wurden die in Tabelle 8.8 zusammengefassten Teilsicherheitsbeiwerte für undränierte Bodenparameter festgelegt.

Tabelle 8.8: Teilsicherheitsbeiwerte $\gamma_{R,i}$ für die Zuverlässigkeitsberechnungen mit undränierten Bodenparametern

Teilsicherheitsbeiwert	Gl_u		Gr_u	
	Fraktil	**Wert**	**Fraktil**	**Wert**
γ_{R,i_1}	50,00%	1,00	19,00%	1,15
γ_{R,i_2}	17,00%	1,05	12,50%	1,20
γ_{R,i_3}	3,00%	1,10	7,50%	1,25
γ_{R,i_4}	0,25%	1,15	4,50%	1,30
γ_{R,i_5}	0,01%	1,20	2,6%	1,35

In Kapitel 7.4 werden auch die Modellfaktoren für den Berechnungsansatz von Blum für eingespannte Wände und für den Hebelarm des Erddrucks statistisch ausgewertet. Es wird jedoch kein Teilsicherheitsbeiwert für die Unsicherheiten dieser Berechnungsmodelle definiert, sondern diese Unsicherheiten werden eher durch die Teilsicherheitsbeiwerte für die Modellunsicherheit der Beanspruchungen bzw. der Baugrundwiderstände abgedeckt. Im Rahmen der Zuverlässigkeitsberechnungen werden jedoch die Hebelarme und die Modellunsicherheit des Berechnungsansatzes von Blum berücksichtigt und als Zufallsvariablen modelliert.

8.6 Grenzzustandsfunktionen für die Zuverlässigkeitsberechnungen

Um die Zuverlässigkeit mit der Zuverlässigkeitsmethode zweiter Ordnung (SORM) oder mit der Monte-Carlo-Simulation mit Adaptive-Importance-Sampling (MCS-AIS) berechnen zu können, wurde eine Grenzzustandsfunktion g der Form

$$g(M_r, M_e, R, E) = M_r \cdot R(X_i, Y_i) - M_e \cdot E(X_j, Y_j) \tag{8.11}$$

für alle untersuchten Grenzzustände – Gleiten, Grundbruch und Versagen bodengestützter Wände (Versagen des Erdwiderlagers) – und Bauwerkstypen definiert. Die Funktionen für den Baugrundwiderstand und die Beanspruchungen hängen von den Variablen X_i bzw. X_j und von den Parametern Y_i bzw. Y_j ab. Außerdem werden die Modellunsicherheiten der Beanspruchung und des Baugrundwiderstands direkt als Variablen M_e und M_r berücksichtigt. Nachfolgend wird exemplarisch die Grenzzustandsfunktion für den Grenzzustand Gleiten eines quadratischen Einzelfundaments mit waagerechter Fundamentsohle dargestellt, die durch eine horizontale Beanspruchung belastet wird.

$$\begin{aligned} g(M_r, M_e, R, E) &= M_{gl} \cdot R(M_{TW}, V_G, B, d, \gamma_{Beton}, \varphi) - M_{TW} \cdot E(H_Q) \\ &= M_{gl} \cdot \left[\left(M_{TW} \cdot V_G + B^2 \cdot d \cdot \gamma_{Beton}\right) \cdot tan(\varphi)\right] - M_{TW} \cdot H_Q \end{aligned} \tag{8.12}$$

mit:

M_{gl}	Variable für die Modellunsicherheit des Gleitwiderstands, log. Normalverteilung
M_{TW}	Variable für die Modellunsicherheit der Schnittgrößen, log. Normalverteilung
H_Q	Variable für die horizontale veränderliche Einwirkung aus dem Tragwerk, Gumbel-Verteilung (für Wind)
V_G	Variable für die vertikale ständige Einwirkung aus dem Tragwerk, Normalverteilung
B	Variable für die erforderliche Fundamentbreite, log. Normalverteilung
d	Parameter für die Fundamentdicke
γ_{Beton}	Variable für die Betonwichte, Normalverteilung
φ	Variable für den Reibungswinkel, log. Normalverteilung

Bei diesem Beispiel ist anzumerken, dass die Variable M_{TW} die Modellunsicherheit der Schnittgrößenberechnung des Tragwerks ist. Sie wird sowohl auf der Beanspruchungs- als auch auf der Widerstandsseite berücksichtigt. Auf der Beanspruchungsseite entspricht sie der Variable der Modellunsicherheit der Beanspruchung. Auf der Widerstandsseite modelliert sie die Unsicherheit bei der Ermittlung der vertikalen ständigen Einwirkung V_g aus dem Tragwerk.

8.7 Berechnungsbeispiele

Bei den Zuverlässigkeitsberechnungen wurden die Grenzzustände Gleiten, Grundbruch und Versagen bodengestützter Wände durch Drehung (Versagen des Erdwiderlagers) für herkömmliche geotechnische Bauwerke untersucht. Nachfolgend werden die untersuchten geotechnischen Kenngrößen und die durchgeführten Berechnungen bei den jeweiligen geotechnischen Bauwerken erläutert.

8.7.1 Geotechnische Kenngrößen

Bei allen geotechnischen Bauwerken wurden die Feuchtwichte γ und die effektive Wichte γ' des Bodens, der Reibungswinkel φ' des dränierten Bodens, die Kohäsion c' des dränierten Bodens und die Kohäsion c_u des undränierten Bodens untersucht, um die Teilsicherheitsbeiwerte $\gamma_{\varphi'}$, γ_c und $\gamma_{cu'}$ bestimmen zu können. Für die Bodenwichte wird kein Teilsicherheitsbeiwert ermittelt – bzw. der Beiwert beträgt eins –, da ihre Ermittlung im Vergleich zu den anderen geotechnischen Kenngrößen mit geringeren Unsicherheiten behaftet ist. Die Bodenwichte wird trotzdem als Zufallsvariable mit einer geringen Schwankung modelliert. Der Einfluss der Unsicherheiten aus der Bodenwichte werden durch die anderen Teilsicherheitsbeiwerte abgedeckt. Die aktuelle Praxis, die Bodenwichte nicht zu faktorisieren, wird somit erhalten.

Bei den Untersuchungen wurde die Bodenwichte (γ und γ') variiert und zwischen nichtbindigen und bindigen Böden unterschieden. Bei den nichtbindigen Böden wurde lediglich der Reibungswinkel φ' variiert. Bei den bindigen Böden wurde im unkonsolidierten Zustand die Kohäsion c_u des undränierten Bodens und im konsolidierten Zustand der Reibungswinkel φ' sowie die Kohäsion c' des dränierten Bodens variiert. Im konsolidierten Zustand wurde die negative

Korrelation zwischen φ' und c' bei der Auswahl der φ' - c' Paare berücksichtigt. Hierfür wurde bei den Zuverlässigkeitsberechnungen eine schwache Korrelation mit einem Wert von -0,25 in der Korrelationsmatrix berücksichtigt. Dieser Wert liegt auf der sicheren Seite im unteren Bereich oder unterhalb der Werte in Lumb (1970), Harr (1987) oder Cherubini (1997).

Bei den Zuverlässigkeitsberechnungen wurde allen geotechnischen Kenngrößen eine logarithmische Normalverteilung zugrunde gelegt. In Tabelle 8.9 werden der Mittelwert μ und die Variationskoeffizienten V für die Variationen zusammengefasst.

Analog zu den Untersuchungen für das Modell für die repräsentativen geotechnischen Kenngrößen wurde im Rahmen der Zuverlässigkeitsberechnungen eine Anzahl n der Versuchswerte von 3, 5 und 10 untersucht.

Der Reduktionsfaktor Γ wurde iterativ (siehe Kapitel 8.3) ermittelt. Lediglich für den Grenzzustand Gleiten wurde ein Reduktionsfaktor von eins im Voraus festgelegt. Diese Vereinfachung liegt auf der sicheren Seite, da das Verhältnis $D_x/\theta_{u,h}$ – resultierende Versagensflächen D_x (bzw. Mittelungslänge) zur Korrelationslänge in horizontaler Richtung $\theta_{u,h}$ (mit 50 m angenommen) – meistens 0,2 bis 0,05 beträgt. Daraus ergeben sich Reduktionsfaktoren zwischen 0,94 und 0,99 (≈1,0).

Tabelle 8.9: Untersuchte geotechnische Kenngröße und ihre Variation

Geotechnische Kenngröße	μ	V
Feuchtwichte γ	16,0; 18,0; 19,5 [a]; 20,0 kN/m³	5 %
Effektive Wichte γ'	8,5; 10,5; 11,0[a]; 12,5 kN/m³	5 %
Reibungswinkel φ'	20 – 40°, 2,5° Schritte	5; 10; 15 %
Kohäsion c' des dränierten Bodens	5 – 60 kN/m², 5 kN/m² Schritte	10; 30; 50 %
Kohäsion c_u des undränierten Bodens	50 – 400 kN/m², 25 kN/m² Schritte	10; 30; 50 %

[a] Extra für bindige Böden

8.7.2 Fundamente

8.7.2.1 Randbedingungen, Grenzzustände und Parametervariation

Einzelfundamente und Streifenfundamente sind die herkömmliche Gründungsart im Hochbau. Im Rahmen der Berechnungen wurden diese Gründungstypen für die Grenzzustände Gleiten und Grundbruch untersucht. Die maßgebende Einwirkungskombination für den Grenzzustand Gleiten ergab sich aus einer Kombination mit nur vertikalen ständigen Einwirkungen, d. h. mit niedrigster vertikaler Belastung. Für den Grenzzustand Grundbruch wurden zwei Kombinationen – eine mit der höchsten vertikalen Belastung und eine mit der größten Exzentrizität – untersucht.

Im Rahmen der Berechnungen wurden im Hochbau übliche veränderliche Einwirkungen – wie Windlasten in horizontale Richtung, Schneelasten und Nutzlasten in vertikaler Richtung –

berücksichtigt, um den Einfluss von Einwirkungen aus dem Tragwerk zu untersuchen. Die Fundamentdicken d (= Einbindetiefe des Fundaments) wurden daher gering angenommen, um den Erddruck auf den Fundamentseiten vernachlässigen zu können. Der Einfluss geotechnischer Einwirkungen auf Fundamente wird später im Berechnungsbeispiel in Kapitel 8.7.3 untersucht.

Bild 8.13 und die Tabelle 8.10 zeigen die Geometrie des Fundaments sowie die untersuchten Parameter und ihre Variation.

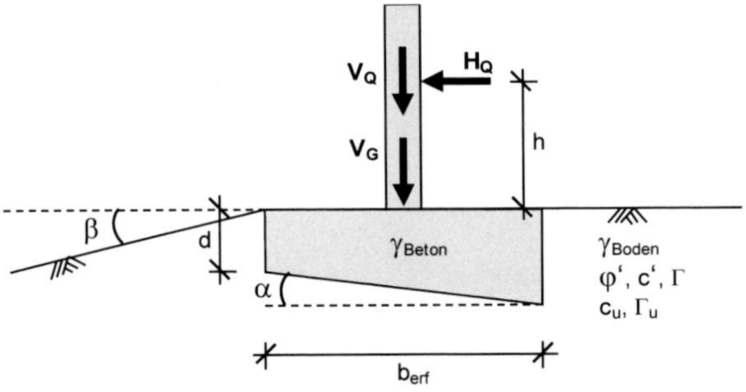

Bild 8.13: Untersuchtes Fundament und Parameter

Tabelle 8.10: Untersuchte Geometrie des Fundaments und Variation der Parameter

Parameter	Wert bzw. Variation
Betonwichte γ_{Beton}	25 kN/m³
Verhältnis der Fundamentseiten a/b	1; 2; 4
Hebelarm h der Einwirkung H_Q	0; 2; 4 m
Fundamentdicke bzw. Einbindetiefe d	0,5; 0,8; 1,0 m
Sohlneigungswinkel α	0; 5; 10°
Böschungswinkel β	φ/4; φ/2
Vertikale Gesamtbelastung V_{Ges} Einzelfundament	320; 2000; 4800 kN
Vertikale Gesamtbelastung V_{Ges} Streifenfundament	120; 480; 1000 kN/m
Moment aus Tragwerksimperfektionen M_{imp}	$0{,}1 \cdot V_{Ges}$
Verhältnis V_Q/V_G	0,1; 0,33; 0,5; 0,75; 1,0
Verhältnis H/V_{Ges}	0,1 – 0,5 in 0,1 Schritte
Winkel ω^a zw. der Fundamentseite a und H	45; 60; 90°

[a] Nur für den Grenzzustand Grundbruch

Die vertikale Gesamtbelastung V_{Ges} wurde als Indikator für die Belastungshöhe festgelegt. Diese ergibt sich aus der Summe der ständigen Einwirkung V_G und der veränderlichen Einwirkung V_Q (Schneelast und/oder Nutzlast). Die Verhältnisse V_Q/V_G und H_Q/V_{Ges} wurden variiert, um den

Einfluss des Anteils der veränderlichen Einwirkungen und der Lastneigung auf die Zuverlässigkeit des Bemessungsprozesses zu untersuchen.

Die ausgewählte Belastungshöhe entspricht einer Belastung für ein Bauwerk in der Geotechnischen Kategorie 2, bei der die Durchführung von Nachweisen im Grenzzustand der Tragfähigkeit mit Teilsicherheitsbeiwerten gefordert ist. Die in Tabelle 8.10 angegebenen Werte für die Belastung bzw. für die umgerechnete Belastung (z. B. H aus dem Verhältnis H/V_{Ges}) entsprechen den charakteristischen Werten der Einwirkungen.

Des Weiteren wurde die Spannbreite für das Verhältnis V_Q/V_G unter Zugrundelegung von üblichen Verhältnissen der veränderlichen zu ständigen Einwirkungen im Hochbau festgelegt. Z. B. betragen die Anteile V_Q und V_G nach Schuppener et al. (2016) 33 % und 67 % ($V_Q/V_G = 0{,}5$) oder nach Schnell et al. (2008) 30 % und 70 % ($V_Q/V_G = 0{,}43$).

8.7.2.2 Berechnungsmodell und Berechnungsansätze

Die Berechnungsmodelle entsprechen den Modellen in Kapitel 7.2, d. h. der Gleitwiderstand wurden nach prEN 1997-3 und der Grundbruchwiderstand nach DIN 4017 berechnet. Bei den Berechnungen wurden für bindige Böden zwischen einem unkonsolidierten Zustand mit undränierten Scherfestigkeitsparametern (Anfangszustand) und einem konsolidierten Zustand mit dränierten Scherfestigkeitsparametern (Endzustand) unterschieden und die entsprechenden Berechnungsmodelle verwendet.

Darüber hinaus wurde für den Gleitwiderstand kein Erdwiderstand an der Stirnseite angesetzt, da bei den Berechnungen auch kein Erddruck auf der Beanspruchungsseite angesetzt wurde. Zudem wurde bei einer Variation des Sohlneigungswinkels als Gleitfläche nur die Sohlfläche angenommen. Ähnliches galt für den Grundbruch, bei dem kein Ansatz einer Bodenreaktionskraft an der Stirnseite berücksichtigt wurde.

Bei den Berechnungen der Baugrundwiderstände wurde im konsolidierten Zustand von einer rauen Fundamentsohle ausgegangen. Für den Gleitwiderstand wurde daher als Sohlreibungswinkel der Reibungswinkel φ‘ angenommen und nach DIN 1054 auf 35° begrenzt.

8.7.2.3 Eingangsgrößen für die Zuverlässigkeitsberechnungen

In Kapitel 8.7.1 wurden bereits die geotechnischen Kenngrößen mit ihren stochastischen Parametern erläutert, die bei den Fundamentberechnungen untersucht wurden. Für die stochastischen Parameter der Modellunsicherheit wurden die Ergebnisse der statistischen Auswertung aus Kapitel 7.4.2 sowie die Annahmen in Kapitel 8.5.4 als Eingangsgrößen verwendet. Für die Modellunsicherheit der Schnittgrößen (hier der Beanspruchungen) wurde auf der sicheren Seite liegend nach Hansen (2004) eine logarithmische Normalverteilung mit einem Mittelwert μ von 1,0 und einem Variationskoeffizienten von 10 % angenommen. Dieser Kapitel behandelt weiter die Eingangsgrößen für die Einwirkungen aus dem Tragwerk.

Die in Kapitel 8.7.2.1 angegebene Belastung oder die umgerechnete Belastung entspricht den charakteristischen Werten der Einwirkungen. Aus diesen Werten und unter Zugrundelegung eines Verteilungstyps, eines q_i-Fraktils für die charakteristische Einwirkung F_k und eines Variationskoeffizienten können die Mittelwerte und die Standardabweichungen für die jeweiligen Einwirkungen umgerechnet werden. Für die Betonwichte und die ständigen Einwirkungen aus dem Tragwerk wurde eine Normalverteilung, ein Variationskoeffizient von 5 % und ein q-Fraktil für den charakteristischen Wert von 50 % angenommen. Für eine Normalverteilung entspricht das 50 %-Fraktil dem Mittelwert. Somit ergibt sich z. B. für die Betonwichte γ_{Beton} ein Mittelwert von 25 kN/m³ und eine Standardabweichung von 1,25 kN/m³ (= 25 kN/m³·0,05).

Für die veränderlichen Einwirkungen infolge Nutzlasten, Schnee und Wind wurde in Anlehnung an Kapitel 4.2.1 eine Gumbel-Verteilung angenommen. Die Umrechnung von dem charakteristischen Wert auf den Mittelwert erfolgt mit folgender Gleichung:

$$\mu_Q = \frac{Q_k}{1 - 0{,}45 \cdot V - 0{,}7797 \cdot V \cdot ln\left(-ln(q)\right)} \tag{8.13}$$

mit

μ_Q Mittelwert der Gumbel-Verteilung

Q_k charakteristischer Wert der veränderlichen Einwirkung

V Variationskoeffizient

q Fraktil für den charakteristischen Wert der veränderlichen Einwirkung

Im Rahmen der Berechnungen wurde in Anlehnung an prEN 1990 ein q-Fraktil von 98 % für die veränderlichen Einwirkungen festgelegt. Die Variationskoeffizienten der Einwirkungen aus dem Tragwerk wurden nicht variiert. Stattdessen wurden Werte in Anlehnung an die Arbeiten von Ellingwood et al. (1980), Schnell et al. (2008) und Voigt (2014) festgelegt. Eine Untersuchung der stochastischen Parameter der Einwirkungen aus dem Tragwerk ist nicht Gegenstand der vorliegenden Arbeit. Es wird hierfür auf die Arbeiten von Tworuschka (1998), Schnell et al. (2008) und Voigt (2014) verwiesen.

Basierend auf Gleichung (8.13) und den charakteristischen Werten der Belastung bzw. der umgerechneten Belastung ergeben sich die Eingangsgrößen für die Zuverlässigkeitsberechnungen. In Tabelle 8.11 werden exemplarisch die Eingangsgrößen für V_{Ges} = 320 kN und die Verhältnisse V_Q/V_G = 0,33 und H/V_{Ges} = 0,3 zusammengefasst.

Tabelle 8.11: Eingangsgrößen für die Einwirkungen aus dem Tragwerk, V_{Ges} = 320 kN, V_Q/V_G = 0,33 und H/V_{Ges} = 0,3

Parameter	Verteilungs-Typ	μ [kN/m³]; [kN]	σ [kN/m³]; [kN]	V [%]	q-Fraktil [%]	F_k [kN/m³]; [kN]
Betonwichte γ_{Beton}	Normal	25,00	1,25	5	50	25
Ständige Einwirkung V_G	Normal	240,00	12,00	5	50	240
Veränderliche Einwirkung V_Q (Schnee + Nutzlast)	Gumbel	41,94	14,68	35	98	80
Veränderliche Einwirkung H_Q (Wind)	Gumbel	63,22	12,64	20	98	96

8.7.3 Stützbauwerke: Winkelstützwände

8.7.3.1 Randbedingungen, Grenzzustände und Parametervariation

Winkelstützwände sind übliche Stützbauwerke, um Geländesprünge zu sichern. Sie werden hauptsächlich durch geotechnische Einwirkungen wie den Erddruck belastet und ihre Gründung ist als Streifenfundament zu betrachten. Im Rahmen der Berechnungen wurden drei übliche Wandhöhen h untersucht. Diese führen zu unterschiedlichen Abmessungen des Bauwerks, die in Tabelle 8.12 zusammengefasst sind.

Im Rahmen der Berechnungen wurden analog zu Kapitel 8.7.2 die Grenzzustände Gleiten und Grundbruch untersucht. Für den Grenzzustand Gleiten wurde die veränderliche Einwirkung q auf dem Sporn in Bild 8.14 nicht berücksichtigt, um die maßgebende Einwirkungskombination – kleinste vertikale Belastung – zu erhalten. Für den Grenzzustand Grundbruch wurde für die Kombination mit der größten Exzentrizität ebenso verfahren. Für die Kombination mit der größten vertikalen Belastung wurde die veränderliche Einwirkung q auf dem Sporn angesetzt.

Tabelle 8.12: Untersuchte Abmessungen der Winkelstützwände

Wandhöhe h	[m]	3,0	6,0	12,0
Breite Wandkrone b_{Kro}	[m]	0,30	0,70	1,00
Breite Wandfuß $b_{Fuß}$	[m]	0,45	1,00	1,50
Breite Sporn vorne b_{vor}	[m]	0,20	0,50	0,75
Fundamentdicke d	[m]	0,30	0,80	1,00

Für die veränderliche Einwirkung q wurden Verkehrslasten von 5 kN/m² (PKW) und 10 kN/m² (LKW) angesetzt. Darüber hinaus wurden Nutzlasten in Anlehnung an der EAU von 20 kN/m² für Stückgut und von 50 kN/m² für Mehrzweckanlagen berücksichtigt.

Im Rahmen der Berechnungen wurden zwei Fälle festgelegt. Im Fall a) in Bild 8.14 entspricht die Hinterfüllung der Wand dem Boden unterhalb der Winkelstützwand. Da als Hinterfüllmaterial hauptsächlich nichtbindige Böden gefordert werden, wurden im Fall a) nur nichtbindige Böden untersucht. Im Fall b) in Bild 8.14 wird zwischen Hinterfüllmaterial und Boden unterhalb der Winkelstützwand unterschieden. Für die Hinterfüllung wurden lediglich nichtbindige Böden und für den Boden unterhalb der Winkelstützwand bindige und nichtbindige Böden untersucht.

Die Spannbreite für die Variation einiger Parameter entspricht derjenigen für die Fundamentberechnungen. In Bild 8.14 werden die untersuchten Parameter für beide Fälle dargestellt. Die Spannbreiten bzw. die untersuchten Werte bei der Parametervariation sind in Tabelle 8.13 zusammengefasst.

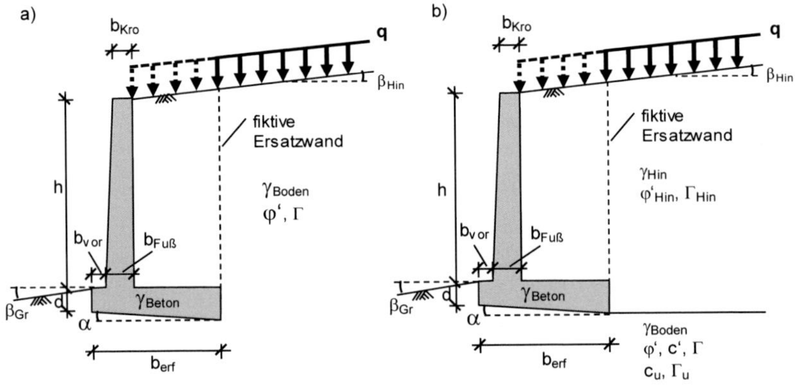

Bild 8.14: Untersuchte Winkelstützwand und Parameter, a) nur eine untersuchte Bodenart und b) Verfüllung und untersuchte Bodenart

Tabelle 8.13: Untersuchte Geometrie der Winkelstützwand und Variation der Parameter

Parameter	Wert bzw. Variation
Betonwichte γ_{Beton}	25 kN/m³
Wichte der Hinterfüllung γ_{Hin}	16; 18; 20 kN/m³
Reibungswinkel der Hinterfüllung φ'_{Hin}	30 – 40° in 2,5° Schritte
Variationskoeffizient von φ'_{Hin}	5; 10; 15 %
Veränderliche Einwirkung q	5; 10; 20; 50 kN/m²
Sohlneigungswinkel α	0; 5; 10°
Böschungswinkel β_{Gr} und Geländeneigungswinkel β_{Hin}	0; φ/2; φ3/4

8.7.3.2 Berechnungsmodell und Berechnungsansätze

Die Berechnungsmodelle des Erddrucks und der Baugrundwiderstände für den konsolidierten und unkonsolidierten Zustand entsprechen den Modellen in DIN 4085, prEN 1997-3 und DIN 4017, d. h. den Modellen in Kapitel 7.2.

Im Rahmen der Berechnungen wurde eine fiktive Ersatzwand nach DIN 4085 am Ende des Sporns angenommen, auf die der aktive Erddruck wirkt. Für den Erddruckneigungswinkel wurde der Böschungswinkel β angesetzt.

Analog zu den Fundamentberechnungen wurde keine Bodenreaktionskraft als Erdwiderstand für den Grenzzustand Gleiten oder als Reaktionskraft zur Abminderung der Lastneigung für den Grenzzustand Grundbruch angesetzt.

8.7.3.3 Eingangsgrößen für die Zuverlässigkeitsberechnungen

In diesem Kapitel werden die Eingangsgrößen der Parameter erläutert, die nicht in den Kapiteln 7.4.2, 8.5.4 und 8.7.1 erläutert wurden. In dieser Hinsicht ist anzumerken, dass in den Berechnungen der Winkelstützwand eine Modellunsicherheit für den aktiven Erddruck und für seinen Hebelarm berücksichtigt wurde. Ihre stochastischen Parameter entsprechen den Ergebnissen aus der statistischen Auswertung in Kapitel 7.4.2. Für den Hebelarm wurden die stochastischen Parameter bezogen auf die Unterkante (UK) des Bauwerks für eine logarithmische Normalverteilung verwendet.

Für die Modellunsicherheit bei der Ermittlung des Eigengewichts der Winkelstützwand wurde die Modellunsicherheit der Schnittgrößen mit ihren stochastischen Parametern (siehe Kapitel 8.7.2.3) angesetzt.

Für die veränderliche Einwirkung q wurde in Anlehnung an Kapitel 4.2.1 und Böckmann (2012) eine Gumbel-Verteilung mit Variationskoeffizienten von 15 % für die Verkehrslasten und von 40 % für die Nutzlasten angenommen. Die Umrechnung von den charakteristischen Werten in Mittelwerte μ und Standardabweichungen σ erfolgt unter Zugrundelegung von Gleichung (8.13). Tabelle 8.14 zeigt die Eingangsgrößen für die unterschiedlichen Werte der veränderlichen Einwirkung q.

Tabelle 8.14: Eingangsgrößen für die unterschiedlichen veränderlichen Einwirkungen q

Lastart	μ [kN/m²]	σ [kN/m²]	V [%]	q-Fraktil [%]	F_k [kN/m²]
Verkehrslast PKW	3,40	0,51	15	0,99	5
Verkehrslast LKW	6,80	1,02	15	0,99	10
Nutzlast - Stückgut	9,82	3,93	40	0,98	20
Nutzlast - , Mehrzweckbelastung	24,55	9,82	40	0,98	50

8.7.4 Stützbauwerke: im Boden einbindende Wände

8.7.4.1 Randbedingungen, Grenzzustände und Parametervariation

Im Boden einbindende Wände sind eine andere Möglichkeit Geländesprünge zu sichern. Die Randbedingungen bezüglich der Höhe des Geländesprungs und der Belastung q entsprechen denen für die Winkelstützwände in Kapitel 8.7.3.

Bei den Berechnungen der im Boden einbindenden Wände wird der Grenzzustand des Versagens bodengestützter Wände durch Drehung (früher Versagen des Erdwiderlagers) untersucht. Dabei wird angenommen, dass die Stützwand dieselbe Bodenschicht stützt, in der sie einbindet. Bei den Berechnungen wurde nur die Situation mit einer Stützungsreihe berücksichtigt, da diese für den untersuchten Grenzzustand maßgebend ist. Wände mit mehrfacher Stützung leiten einen geringeren Anteil der Erddruckbelastung in das Erdwiderlager als einfach gestützte Wände ein. In solchen Fällen sind andere Grenzzustände für die Ermittlung der Einbindetiefe maßgebend (z. B. der hydraulische Grundbruch). Drei mögliche Systeme wurden untersucht, die in Bild 8.15 dargestellt sind. Diese unterscheiden sich in der Art des statischen Systems für die Schnittgrößenermittlung. Bei den Systemen mit einer Stützung (hier im Beispiel eine Verankerung) wurde der Abstand der Stützung zur Geländeoberkante (GOK) untersucht.

Des Weiteren wurden zwei Arten der Beschaffenheit der Wände untersucht: verzahnt und rau. Dabei wurde nach DIN 4085 auf der aktiven Seite ein Wandreibungswinkel gleich 2/3 vom Reibungswinkel angenommen. Für die passive Seite wurde für den Fall „verzahnt“ der Reibungswinkel und für den Fall „rau“ ein Wert angenommen, der 27,5° oder den resultierenden Wert von φ'- 2,5° nicht überschreitet.

In Abhängigkeit der Nachgiebigkeit der Wände wurden unterschiedlichen Erddruckansätze verwendet. Für nachgiebige Stützwände wurde der aktive Erddruck angesetzt. Mit abnehmender Nachgiebigkeit sinkt der Anteil des aktiven Erddrucks und der Anteil des Erdruhedrucks steigt. Es ergibt sich dabei ein erhöhter aktiver Erddruck bis bei unnachgiebigen Stützwänden in Ausnahmefällen der Erdruhedruck angesetzt wird. Der Einfluss der Nachgiebigkeit wurde durch die Variation des Anteils des aktiven Erddrucks (f_{Ea}) untersucht. In Bild 8.15 sind die untersuchten Systeme und Parameter dargestellt. Die Spannbreiten bzw. die untersuchten Werte bei der Parametervariation sind in Tabelle 8.15 zusammengefasst.

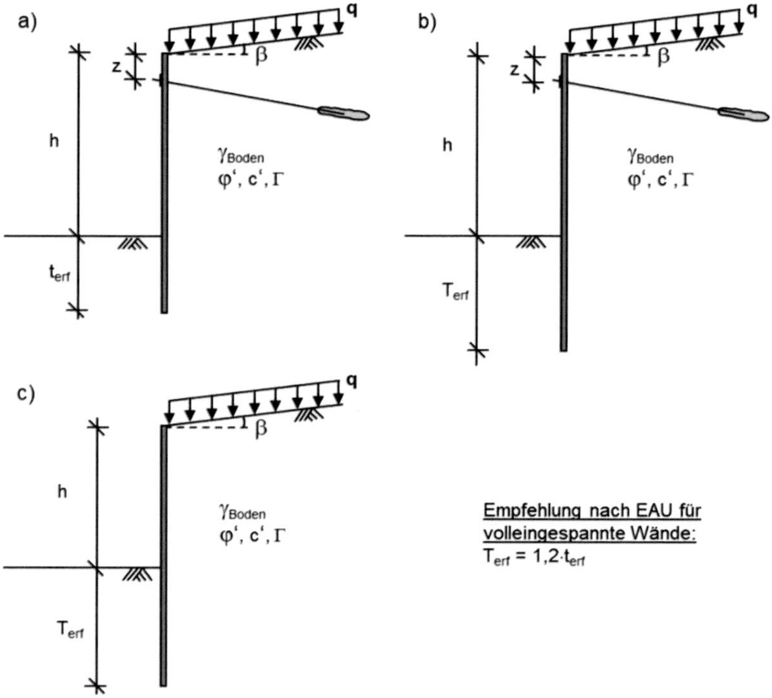

Bild 8.15: Untersuchte im Boden einbindende Wände und Parameter, statisches System:
a) einfach gestützt, frei aufgelagert
b) einfach gestützt, volleingespannt
c) nicht gestützt, volleingespannt

Tabelle 8.15: Untersuchte Geometrie der Winkelstützwand und Variation der Parameter

Parameter	Wert bzw. Variation
Wandhöhe h	3; 6; 12 m
Veränderliche Einwirkung q	5; 10; 20; 50 kN/m²
Verhältnis z/h	0,1; 0,2; 0,3
Geländeneigungswinkel β	0; φ/2; φ3/4
Wandreibungswinkel auf der aktiven Seite δ_a	2/3·φ
Wandreibungswinkel auf der passiven Seite δ_p	φ; min(27,5°; φ - 2,5°)
Aktiver Erddruckanteil im Erddruckansatz f_{Ea}	0 - 1,0 in 0,25 Schritte

8.7.4.2 Berechnungsmodell und Berechnungsansätze

Für die Berechnung des Erddrucks wurden die Modelle in DIN 4085 verwendet, die in Kapitel 7.2 erläutert wurden. Im Rahmen der Berechnungen wurde keine Erddruckumlagerung berücksichtigt, da die Untersuchung der Ermittlung von Teilsicherheitsbeiwerten im Rahmen dieser Arbeit für die ständige Bemessungssituation BS-P dient. In diesem Sinne wurden die Stützkonstruktionen als Dauerbauwerke behandelt. Eine Erddruckumlagerung ist nach DIN 4085 nur für kurzzeitig bestehende Stützkonstruktionen vorzunehmen, die der vorübergehenden Bemessungssituation BS-T einzuordnen sind.

Für die Systeme mit voller Einspannung wurde der Berechnungsansatz nach Blum (siehe Kapitel 7.3) und die Vereinfachung nach EAU verwendet. Dementsprechend beträgt der Zuschlag der Einbindetiefe für die Bildung der vollen Einspannung 20 % der erforderlichen Einbindetiefe t_{erf}.

Wenn das System gestützt und volleingespannt ist, liegt ein unbestimmtes System vor. Damit das System bestimmt und es analytisch lösbar wird, wurde das Ersatzbalkenverfahren angewendet. Hierbei wurde als Ansatz der Momentennullpunkt in einer Tiefe von $0{,}1 \cdot h$ von der Unterkante des Geländesprungs angenommen. Ungenauigkeiten aus diesem Ansatz werden durch die Modellunsicherheit der Schnittgrößen (siehe 8.7.2.3) berücksichtigt.

Die nach DIN 4085 praktizierte Berechnung des Erddrucks, geht von einer Ermittlung des Wandreibungswinkels in Abhängigkeit des repräsentativen Reibungswinkels aus. Im Rahmen der Bemessung des Bauwerks wurde dagegen der Bemessungswert des Reibungswinkels verwendet, da im vorgeschlagenen Nachweisverfahren die geotechnischen Kenngrößen immer faktorisiert werden.

Wenn bindige Böden untersucht wurden, wurde auf der sicheren Seite liegend keine Kohäsion auf der passiven Seite berücksichtigt. Auf der aktiven Seite wurde die Kohäsion immer berücksichtigt. Ein Mindesterddruck nach DIN 4085 wurde nicht angesetzt, da keine Untersuchungen oder Angaben über die Modellunsicherheit dieses Ansatzes vorlagen. Außerdem ist ein Mindesterddruck hauptsächlich bei großen Kohäsionswerten maßgebend. Aus den Ergebnissen in Kapitel 9.3 geht hervor, dass bindige Böden mit niedrigen Kohäsionswerten für die Festlegung der Teilsicherheitsbeiwerte maßgebend waren. Somit ist der Ansatz eines Mindesterddrucks für die vorliegende Untersuchung nicht relevant.

8.7.4.3 Eingangsgrößen für die Zuverlässigkeitsberechnungen

Wie in den vorherigen Beispielen wurden die Eingangsgrößen für die geotechnischen Kenngrößen in Kapitel 8.7.1 und für die Modellunsicherheit in Kapitel 7.4.2 erläutert. Für die Modellunsicherheit des erhöhten aktiven Erddrucks wurden die stochastischen Parameter des „allgemeinen Erddrucks“ (siehe Kapitel 7.4.2) angesetzt. Für die Modellunsicherheit der Hebelarme wurden die stochastischen Parameter bezogen auf die Oberkante (OK) des Bauwerks verwendet.

Für die Modellunsicherheit des Berechnungsansatzes nach Blum zusammen mit der Empfehlung nach EAU wurde eine logarithmische Normalverteilung mit einem Mittelwert μ von 1,086 und einem Variationskoeffizienten V von 9,24 % (siehe 7.4.2) zugrunde gelegt.

Für die veränderliche Einwirkung q wurden derselbe Verteilungstyp und dieselben stochastischen Parameter wie für die Winkelstützwand in Kapitel 8.7.3 verwendet.

8.7.5 Ufereinfassung: Wasserstraßen und Häfen

8.7.5.1 Randbedingungen, Grenzzustände und Parametervariation

Im Rahmen dieses Berechnungsbeispiels wurde der Einfluss des Wasserdrucks als weitere wichtige geotechnische Einwirkung untersucht. Hierfür wurden Berechnungen für Ufereinfassungen, d. h. für Wasserstraßen und Häfen, nach EAU im Grenzzustand des Versagens bodengestützter Wände durch Drehung (Versagen des Erdwiderlagers) durchgeführt. Für die Ermittlung der Berechnungstiefe und der Wasserstandschwankungen wurde zwischen Tidegebieten und Nicht-Tidegebieten unterschieden.

Für Nicht-Tidegebiete wurde eine Durchlaufentwässerung in den Ufereinfassungen angenommen. Die Berechnungstiefe für Wasserstraßen setzt sich nach EAU aus dem Niedrigwasserstand (NW), dem Tiefgang (T) der Schiffe und einem Sicherheitsabstand (SA) von 0,5 m zusammen. Für Binnenhäfen kommen 0,3 m dazu. Für Binnenschiffe werden in Tabelle E39-1.11 der EAU Tiefgänge zwischen 1,8 m und 4,5 m angegeben. Der Niedrigwasserstand hängt vom Grundwasserstand und der Höhendifferenz Δh zwischen Niedrig- und Grundwasserstand ab. Nach Bild E 19-1 der EAU wird für die Bemessungssituation BS-P eine Höhendifferenz von 0,5 m angegeben. Für die Ermittlung der Berechnungstiefe wurde der Grundwasserstand zwischen -1,5 m bis -4,5 m unter Geländeoberkante (GOK) variiert. Darauf basierend wurden Berechnungstiefen für Wasserstraßen zwischen 4,5 m und 10,0 m und für Binnenhäfen zwischen 4,75 m und 10,50 m festgelegt.

Für Tidegebiete ergibt sich die Berechnungstiefe aus dem Niedrigwasserstand (NW), dem Tiefgang (T), dem Sicherheitsabstand (SA) von 0,5 m und der Gesamt - Under keel clearance (U), die ca. 10 % von T beträgt. Für Wasserstraßen wurden Fahrgastschiffe bis Containerschiffe und für Seehäfen Stückgutfrachter und Containerschiffe angenommen. Es ergeben sich Tiefgänge für die Wasserstraßen zwischen 1,9 m bis 16,0 m und für die Seehäfen zwischen 3,6 m und 16,0 m. Als Höhendifferenz Δh zwischen Niedrig- und Grundwasserstand wurden nach HochwSchRL (2007) 2,7 m angesetzt. Für eine Variation des Grundwasserstands zwischen -1,0 m bis -5,50 m unter GOK wurden Berechnungstiefen zwischen 7,0 m und 26,5 m für Wasserstraßen, zwischen 8,5 m und 22,0 m für Seehäfen für Stückgutfrachter und zwischen 12,0 m und 26,5 m für Seehäfen für Containerschiffe festgelegt.

Analog zu Kapitel 8.7.4 wurden drei Systeme untersucht, die in Bild 8.16 mit den zu variierenden Parametern dargestellt sind. Wegen der großen veränderlichen Belastung an den Häfen, ist das System mit voller Einspannung und ohne Stützung (Fall c in Bild 8.16) nur für Wasserstraßen denkbar. Außerdem wurden ebenfalls eine Variation des Wandreibungswinkels, der Entfernung der Stützung zur Geländeoberkante (über das Verhältnis z/h) sowie die unterschiedlichen Erddruckansätze in Abhängigkeit der Nachgiebigkeit untersucht.

Für die veränderliche Einwirkung q auf Wasserstraßen wurden Lasten von 5 kN/m² für leichten Verkehr bis Lasten von 20 kN/m² für Stückgut untersucht. Bei den Häfen wurden für die veränderliche Einwirkung q_{Nutz} typische Lasten für Stückgut von 20 kN/m² und für Lasten im Verkehrs- und Containerbereich von 30 kN/m² und 50 kN/m² angesetzt. Die Kranlasten Q_{Kr} zur Wasserseite wirken direkt auf die Stützwand und sind für die Berechnung nicht relevant. Die Kranlasten Q_{Kr} zur Landseite werden meistens über Pfähle in tragfähigen Bodenschichten geleitet. Nur wenn die Kranlasten gering sind, können sie in der Berechnung angesetzt werden. Daher wurden die Kranlasten in Abhängigkeit der vertikalen Ecklast, des Radaufstands und der Kranweite nach den Angaben in Tabelle E84-1 der EAU berechnet. Der Berechnung wurde eine Kranweite von 6,0 m für Stückgut und von 15,24 m für Container zugrunde gelegt. Es ergeben sich Kranlasten von 25 kN/m für eine Beladung mit Stückgut und von 35 kN/m für eine Beladung mit Containern. Es wurden keine Pollerzuglasten angesetzt, da sie nach EAU in der Bemessungssituation BS-T zu berücksichtigen sind. Hier wird hingegen die Bemessungssituation BS-P untersucht.

In Nicht-Tidegebieten wurde die Höhendifferenz Δh zwischen 0,25 m und 1,0 m und in Tidegebieten zwischen 2,35 m und 3,0 m variiert. Dadurch werden unterschiedliche Wasserdrücke auf die Ufereinfassung untersucht.

Des Weiteren wurde nur eine Bodenschicht in den Berechnungen berücksichtigt, die als durchlässig angenommen wurde. Neben nichtbindigen Böden wurde zudem eine Schluffschicht mit hoher Durchlässigkeit untersucht. Die Spannbreiten und die untersuchten Werte bei der Parametervariation sind in Tabelle 8.16 zusammengefasst.

Tabelle 8.16: Untersuchte Geometrie der Wasserstraßen und Häfen und Variation der Parameter

Parameter		Wert bzw. Variation	
		Wasserstraßen	**Häfen**
Berechnungstiefe h	Nicht-Tidegebiete	4,50; 7,00; 10,00 m	4,75; 7,00; 10,50 m
	Tidegebiete	7,0; 15,0; 26,5 m	8,5; 16,0; 22,0 m [a] 12;0; 19,0; 26,5 m [b]
Grundwasserstand GW	Nicht-Tidegebiete	-1,0; -1,5; -2,0; -2,5; -3,5; -4,5 m	
	Tidegebiete	-1,0; -1,5; -2,0; -2,5; -3,5; -4,5; -5,5 m	
Höhendifferenz Δh		0,25; 0,50; 1,00 m	2,35; 2,70; 3,00 m
Veränderliche Einwirkung q bzw. q_{Nutz}		5; 10; 20 kN/m²	20[a]; 30,0; 50,0 kN/m² [b]
Veränderliche Einwirkung Q_{Kr}		-	25[a]; 35 [b] kN/m
Verhältnis z/H		0,1; 0,2; 0,3	
Wandreibungswinkel auf der aktiven Seite δ_a		2/3·φ‘	
Wandreibungswinkel auf der passiven Seite δ_p		φ‘; min(27,5°; φ‘- 2,5°)	
Aktiver Erddruckanteil im Erddruckansatz f_{Ea}		0 - 1,0 in 0,25 Schritte	

[a] für Stückgutfrachten [b] für Containerschiffe

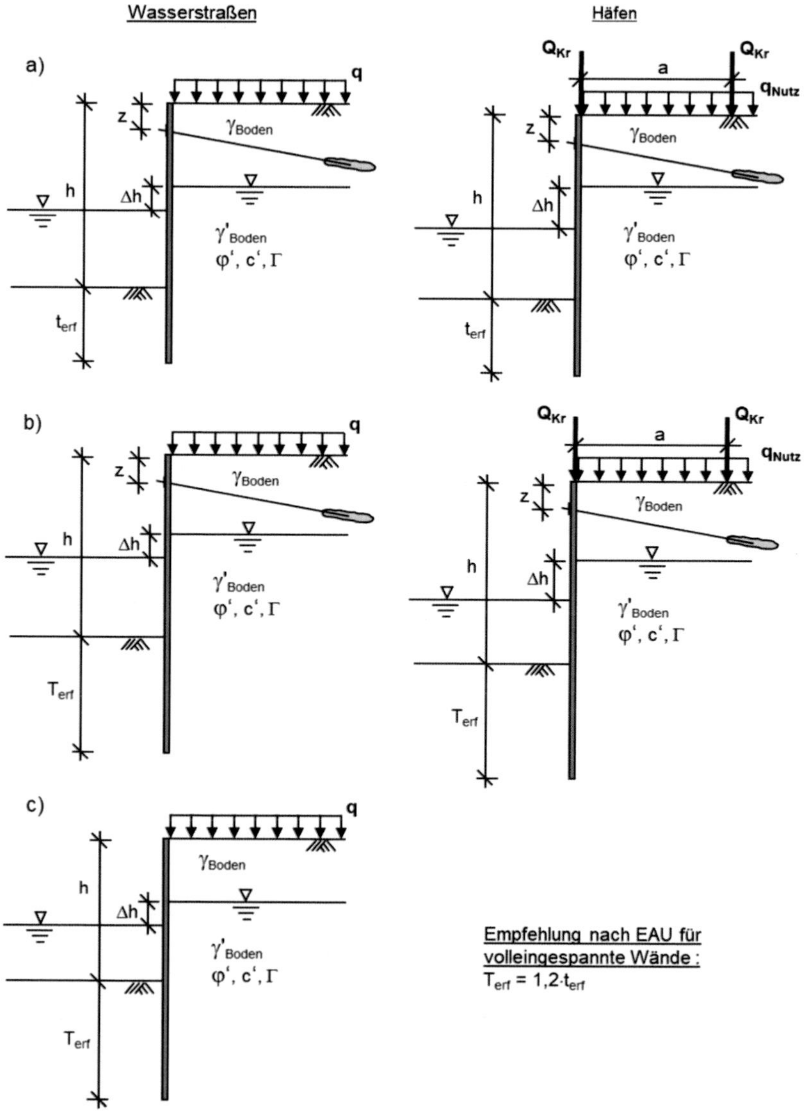

Bild 8.16: Untersuchte Stützwände für Ufereinfassungen und Parameter, statisches System:
a) einfach gestützt, frei aufgelagert
b) einfach gestützt, volleingespannt
c) nicht gestützt, volleingespannt

8.7.5.2 Berechnungsmodell und Berechnungsansätze

Für die Berechnung des Erddrucks infolge Bodeneigengewicht, Auflasten und Streifenlasten wurden die Modelle in DIN 4085 verwendet. Der aktive Erddruck infolge Bodeneigengewicht wurde mit dem Ansatz einer Umlagerung nach EAU (siehe Bild 8.17) ermittelt. Die Umlagerung hängt vom Herstellverfahren und dem Abstand des Ankerkopfs vom oberen Beginn der Umlagerungshöhe ab. Darüber hinaus wurden auch Berechnungen ohne Umlagerung durchgeführt, um den maßgebenden Fall zu finden.

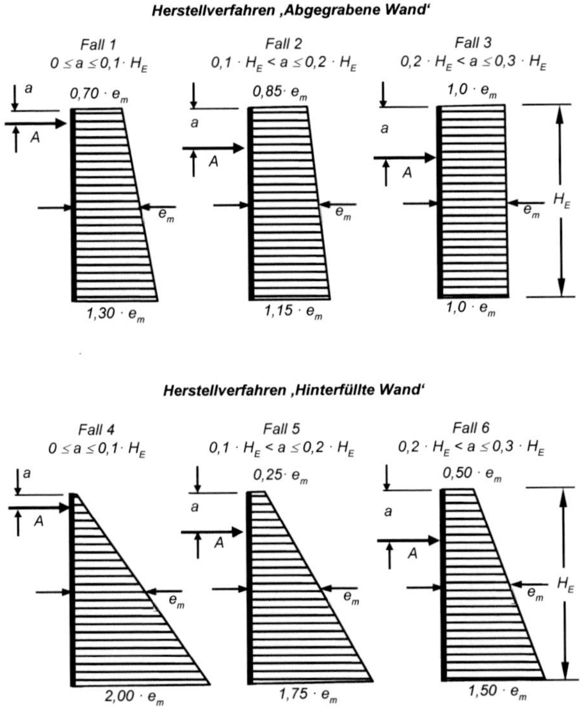

Bild 8.17: Erddruckumlagerung in Abhängigkeit des Herstellverfahrens in Anlehnung an EAU (2012)

Die Berechnungsansätze für die Berechnung der Systeme mit voller Einspannung, für die Ermittlung des Wandreibungswinkels und der Berücksichtigung der Kohäsion bei bindigen Böden entsprechen den Ansätzen in Kapitel 8.7.4.2.

8.7.5.3 Eingangsgrößen für die Zuverlässigkeitsberechnungen

Analog zu den anderen Berechnungsbeispielen wurden die Eingangsgrößen für die geotechnischen Kenngrößen in Kapitel 8.7.1 und für die Modellunsicherheit des Erddrucks und des Hebelarms in Kapitel 7.4.2 erläutert. Für die Modellunsicherheit des Berechnungsansatzes nach Blum zusammen mit der Empfehlung nach EAU wurden die in Kapitel 8.7.4.3 angegebenen Eingangsgrößen verwendet.

Für die veränderliche Einwirkung q_{Nutz} und Q_{Kr} wurde eine Gumbel-Verteilung mit einem Variationskoeffizienten von 40 % und ein q-Fraktil für den charakteristischen Wert von 98 % angenommen. Für die Höhendifferenz Δh wurde in Anlehnung an die Zuverlässigkeitsberechnungen von Böckmann (2012) eine Normalverteilung und ein q-Fraktil für den charakteristischen Wert von 50 % gewählt. Für die Höhendifferenz Δh von 2,35 m in Tidegebieten, die der von Böckmann (2012) untersuchten Differenz entspricht, wurde derselbe Variationskoeffizient von 12 % wie in Böckmann (2012) angesetzt. Darüber hinaus wurden in den durchgeführten Berechnungen Variationskoeffizienten von 10 % und 15 % untersucht. Unter Berücksichtigung einer geringeren Wasserstandschwankung in Nicht-Tidegebieten wurde für diesen Fall allerdings lediglich ein Variationskoeffizient von 10 % angesetzt.

9 Ergebnisse der Zuverlässigkeitsuntersuchungen

Im Rahmen dieses Kapitels wird erläutert, welche Parameter einen Einfluss auf die Bestimmung der Teilsicherheitsbeiwerte haben. Darüber hinaus wird die maßgebende Parameterkombination in Abhängigkeit der Variabilität des Baugrunds, der erforderlichen Anzahl n der Versuchswerte und des Teilsicherheitsbeiwerts γ_m identifiziert sowie die optimale Kombination von Teilsicherheitsbeiwerten für die untersuchten Grenzzustände bestimmt.

9.1 Fundamente

Bei der Erläuterung der Ergebnisse wird zwischen den Grenzzuständen Gleiten und Grundbruch für konsolidierte und unkonsolidierte Zustände des Bodens unterschieden. Hierfür wurden die in Kapitel 8.5 festgelegten Teilsicherheitsbeiwerte $\gamma_{g,TW}$, $\gamma_{q,TW}$ und $\gamma_{Sd,TW}$ für die Einwirkungen aus dem Tragwerk angesetzt. Eine Untersuchung dieser Beiwerte wurde im Rahmen dieser Arbeit nicht durchgeführt.

9.1.1 Grenzzustand Gleiten

Die Ergebnisse beruhen sowohl für konsolidierte als auch für unkonsolidierte Zustände auf einem Reduktionsfaktor Γ von 1,0. Die Ergebnisse liegen somit auf der sicheren Seite, da der tatsächliche Reduktionsfaktor zwischen 0,94 und 1,0 liegt.

Bei der Parameteruntersuchung im konsolidierten Zustand wird herausgefunden, dass für die Bestimmung der Teilsicherheitsbeiwerte die größte Lastneigung H/V_{Ges} von 0,5 und die kleinste vertikale Belastung V_{Ges} von 320 kN maßgebend sind. Eine Variation der Parameter Lastneigung (wenn V_Q und H_Q voneinander abhängig waren), Belastungshöhe und Verhältnis V_Q/V_G haben einen geringen Einfluss auf die Ergebnisse.

Die untersuchten geometrischen Größen haben ebenfalls keinen erkennbaren Einfluss auf die Bestimmung der Teilsicherheitsbeiwerte. Unterschiedliche Verhältnisse a/b ergeben dieselben Ergebnisse. Auch für ein Streifenfundament (a/b > 4) ergeben sich lediglich geringfügige Unterschiede (siehe Anhang L).

Den größten Einfluss auf die Ergebnisse hat der Variationskoeffizient V_φ, während eine Variation des Mittelwerts des Reibungswinkels nur eine untergeordnete Rolle spielt. Mit zunehmendem Variationskoeffizienten und Reibungswinkel wird der berechnete Zuverlässigkeitsindex β geringer. Das lässt sich durch die hohe Streuung des Reibungswinkels in den Zuverlässigkeitsberechnungen erklären: einerseits durch die hohen Variationskoeffizienten, andererseits durch die sich ergebenden kleineren Fundamentbreiten für hohe Reibungswinkel, die zu höheren

Reduktionsfaktoren führen. Diese Erkenntnisse werden in Bild 9.1 dargestellt. Außerdem ergibt sich die optimale Kombination bei einem Teilsicherheitsbeiwert γ_φ von 1,05, einer Anzahl n von 3 und einem Teilsicherheitsbeiwert $\gamma_{R,h}$ von 1,0.

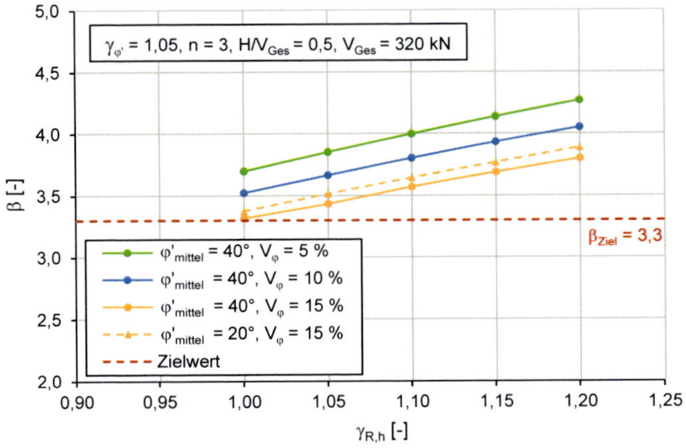

Bild 9.1: Variation des Variationskoeffizienten $V\varphi$ und des Reibungswinkels φ, Grenzzustand Gleiten für einen konsolidierten Zustand

Für den unkonsolidierten Zustand ist die Parameterkombination mit einer Belastungshöhe V_{Ges} von 4800 kN, einer Lastneigung H/V_{Ges} von 0,1 und einem Verhältnis V_Q/V_G von 0,1 maßgebend. Eine Variation dieser Parameter haben – wie für den konsolidierten Zustand – keinen großen Einfluss auf die Ergebnisse. Hingegen ist der Einfluss des Hebelarms h signifikant. Mit größerem Hebelarm nimmt der Zuverlässigkeitsindex β zu. Dies ist dadurch zu erklären, dass mit größerem Hebelarm die Exzentrizität zunimmt. Demzufolge wird die effektive Fläche A‘ für den Gleitwiderstand kleiner und eine größere Sohlfläche ist notwendig. Mit der größeren Sohlfläche ergibt sich eine höhere Zuverlässigkeit.

Analog zum konsolidierten Zustand haben die Variationen der geometrischen Größen bzw. die Berechnung als Streifenfundament keinen bemerkenswerten Einfluss auf die Bestimmung der Teilsicherheitsbeiwerte. Es wird festgestellt, dass für einen Sohlneigungswinkel größer null größere Fundamentbreiten erforderlich sind und dadurch sich die Zuverlässigkeit erhöht.

Die Variation des Mittelwerts der Kohäsion c_u des undränierten Bodens hat lediglich einen geringfügigen Einfluss auf die Ergebnisse, wobei sich die maßgebenden Fälle mit abnehmender mittleren Kohäsion $c_{u,mittel}$ ergeben (siehe Anhang L). Hingegen nimmt der Zuverlässigkeitsindex bei abnehmendem Variationskoeffizienten V_{cu} bedeutend zu. Das ist in Bild 9.2 für eine Variation des Variationskoeffizienten V_{cu} mit den entsprechenden Werten für die maßgebende mittlere Kohäsion $c_{u,mittel}$ dargestellt. Hier ist zu erwähnen, dass für den Variationskoeffizienten von 50 % mindestens eine mittlere Kohäsion $c_{u,mittel}$ von 100 kN/m² erforderlich ist. Für kleinere Kohäsionswerte und gleich hohen Variationskoeffizienten ergeben sich repräsentative Werte für die Kohäsion c_u, die nicht für die Bemessung einer Gründung geeignet sind. In solchen Fällen würde eher eine Tiefgründung in Frage kommen. Aus diesem Grund werden für kleinere $c_{u,mittel}$-Werte lediglich Variationskoeffizienten unter 50 % untersucht.

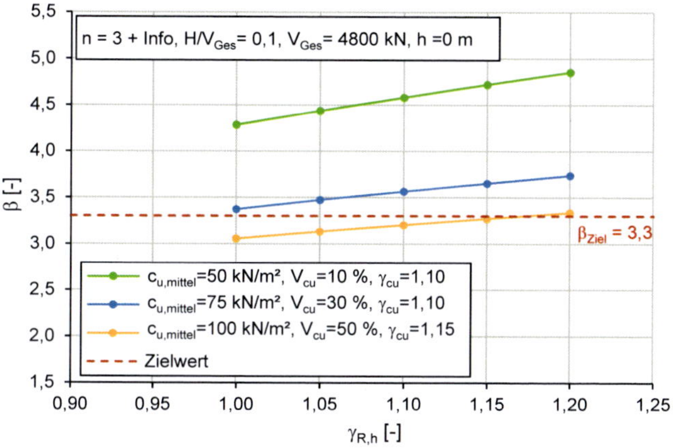

Bild 9.2: Variation des Variationskoeffizienten V_{cu} für unterschiedliche Kohäsionen c_u, Grenzzustand Gleiten für einen unkonsolidierten Zustand

Die maßgebende Kombination aus allen ermittelten optimalen Kombinationen für einen hohen Variationskoeffizienten V_{cu} von 50 % (hohe Variabilität von c_u) ergibt sich bei einem Teilsicherheitsbeiwert γ_{cu} von 1,15 und einem Teilsicherheitsbeiwert $\gamma_{R,h,u}$ von 1,20. Für Variationskoeffizienten V_{cu} von 30 % bzw. 10 % (mittlere oder geringere Variabilität von c_u) reichen ein Teilsicherheitsbeiwert γ_{cu} von 1,10 und einen Teilsicherheitsbeiwert $\gamma_{R,h,u}$ von 1,0 aus.

Unabhängig von der Variabilität von c_u ist eine Anzahl n von 3 mit Vorinformationen oder Erfahrung des geotechnischen Sachverständigen mit dem erkundeten Baugrund maßgebend. Im Rahmen der Arbeit wird die Bezeichnung „n + Info" verwendet, wenn Vorinformationen oder die Erfahrung des geotechnischen Sachverständigen bei der Ermittlung der repräsentativen Werte erforderlich sind.

9.1.2 Grenzzustand Grundbruch

Im Vergleich zum Grenzzustand Gleiten werden die Reduktionsfaktoren Γ iterativ ermittelt (siehe Kapitel 8.3). Bei der Parameteruntersuchung liegen die Reduktionsfaktoren der dränierten Scherfestigkeitsparameter zwischen 0,55 und 0,91 für nichtbindige Böden (nur φ') und zwischen 0,54 und 0,96 für bindige Böden (φ' und c'). Für die Kohäsion c_u des undränierten Bodens werden Reduktionsfaktoren zwischen 0,96 und 0,98 berechnet. Kleine Reduktionsfaktoren ergeben sich für große Fundamentabmessungen, während große Reduktionsfaktoren für kleine Fundamentabmessungen ermittelt werden.

Für den konsolidierten Zustand ist die Einwirkungskombination mit der höchsten vertikalen Belastung immer maßgebend. Für den unkonsolidierten Zustand ist das nur für die Lastneigung H/V_{Ges} von 0,1 der Fall, ansonsten ist die Einwirkungskombination mit der größten Exzentrizität maßgebend.

Für die Bestimmung der Teilsicherheitsbeiwerte ist eine niedrige Belastung V_{Ges} von 320 kN bzw. 120 kN/m mit einem niedrigen Anteil der veränderlichen Einwirkungen V_Q/V_G von 0,1 maßgebend. Die Belastung V_{Ges} und das Verhältnis V_Q/V_G haben einen Einfluss auf die Ergebnisse, der dennoch nicht wesentlich ist. Die Lastneigung H/V_{Ges} und der Hebelarm h beeinflussten die Ergebnisse hingegen stärker. Es ist aber nicht eindeutig, welche Kombination aus Lastneigung und Hebelarm kritischer ist. Während für nichtbindige Böden eine Lastneigung von 0,1 und ein Hebelarm von null maßgebend sind, ergeben sich für bindige Böden der maßgebende Fall für eine Lastneigung von 0,5 und einen Hebelarm von 4 m. Entsprechende Diagramme sind in Anhang L zu finden.

Zudem hat ein zusätzliches Moment infolge Tragwerksimperfektionen M_{imp} keinen signifikanten Einfluss auf die Ergebnisse. Ebenfalls zeigt eine Variation des Winkels ω zwischen der Fundamentseite a und H bis zu einem Winkel von 45° eine unwesentliche Erhöhung des Zuverlässigkeitsindexes.

Die Variation der Geometrie des Fundaments und der Einbindetiefe hat für nichtbindige Böden keinen signifikanten Einfluss auf die Ergebnisse. Bei bindigen Böden nimmt hingegen der Zuverlässigkeitsindex mit steigender Einbindetiefe ab. Für eine Einbindetiefe von 1 m und eine hohe Variabilität der geotechnischen Kenngrößen ergibt sich ein erforderlicher Teilsicherheitsbeiwert $\gamma_{R,v}$ von 1,20. Der Böschungswinkel beeinflusst in geringem Maße die Ergebnisse. Maßgebend ist in diesem Fall ein Böschungswinkel von null (siehe Anhang L).

Der Sohlneigungswinkel α hat unterschiedliche Einflüsse auf die Ergebnisse. Zum einen ist sein Einfluss auf bindigen Böden geringfügig. Zum anderen ergibt sich für nichtbindige Böden und einen Sohlneigungswinkel von 10° der höchste erforderliche Teilsicherheitsbeiwert $\gamma_{R,v}$ von 1,30.

Es ist noch zu erwähnen, dass die Ergebnisse für Streifenfundamente analog zu denen des Einzelfundaments sind. Sie liegen für eine zentrische Belastung geringfügig unterhalb der Ergebnisse des Einzelfundaments, d. h. die Zuverlässigkeitsindizes sind geringer. Es ergeben sich dennoch dieselben maßgebenden Teilsicherheitsbeiwerte wie für das Einzelfundament. Für die Berechnungsfälle mit Berücksichtigung einer Lastneigung liegen die Ergebnisse oberhalb deren für die Einzelfundamente, denn es ergeben sich höhere Zuverlässigkeitsindizes.

Den wesentlichsten Einfluss auf die Bestimmung der Teilsicherheitsbeiwerte haben der Variationskoeffizient V_φ des Reibungswinkels und V_c der Kohäsion, während eine Variation der Bodenwichte nicht signifikant ist. Der Einfluss des Variationskoeffizienten wird in Bild 9.3 für nichtbindige und in Bild 9.4 für bindige Böden dargestellt.

In Bild 9.3 werden die Ergebnisse für den maßgebenden Fall der Anzahl n dargestellt. Das Bild zeigt auch, dass eine hohe Variabilität (V_φ = 15 %) des Reibungswinkels maßgebend für die

Bestimmung der Teilsicherheitsbeiwerte ist. Bild 9.4 zeigt für die bindigen Böden, dass im Falle einer dominanten Wirkung der Kohäsion – auf dem Diagramm $c'_{mittel} = 30$ kN/m² – der Zuverlässigkeitsindex mit steigendem Variationskoeffizienten abnimmt. Wenn stattdessen die Kohäsion nicht bestimmend – auf dem Diagramm $c'_{mittel} = 5$ kN/m² – ist, ist der Zuverlässigkeitsindex bei geringeren Variationskoeffizienten kleiner. Entscheidend für die Bestimmung der Teilsicherheitsbeiwerte sind nach den Berechnungsergebnissen Böden mit geringerer mittlerer Kohäsion und geringeren Variationskoeffizienten V_c.

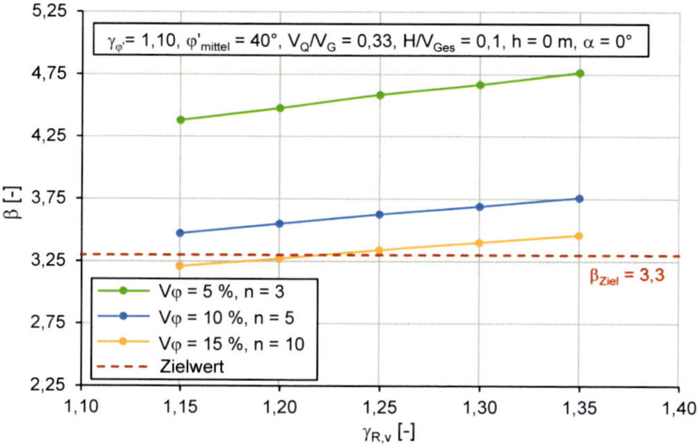

Bild 9.3: Variation des Variationskoeffizienten V_φ für nichtbindige Böden, Grenzzustand Grundbruch für einen konsolidierten Zustand

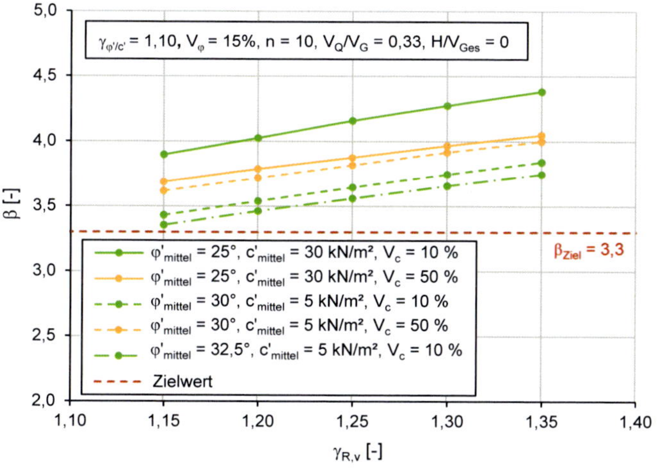

Bild 9.4: Variation des Variationskoeffizienten V_c für bindige Böden mit zentrischer Belastung, Grenzzustand Grundbruch für einen konsolidierten Zustand

Maßgebend für nichtbindige Böden ist ein mittlerer Reibungswinkel von 40° mit einem Variationskoeffizienten V_φ von 15 %. Für die bindigen Böden werden unterschiedliche φ' – c' Kombinationen untersucht. Maßgebend für die Bestimmung der Teilsicherheitsbeiwerte ist die Kombination mit $\varphi'_{mittel} = 32{,}5°$ und $c'_{mittel} = 5$ kN/m² (siehe Bild 9.4). Böden mit diesen Scherfestigkeitsparametern können als gut tragfähige Böden eingestuft werden. Daher sind kleine Fundamentabmessungen erforderlich und dementsprechend ergeben sich höhere Reduktionsfaktoren. Aufgrund der hohen Reduktionsfaktoren wird die Streuung der Scherfestigkeitsparameter kaum reduziert. Dies und die kleineren Fundamentbreiten führen zu geringeren Zuverlässigkeitsindizes.

Für nichtbindige und bindige Böden wird ein Zusammenhang zwischen der Variabilität in Form der Variationskoeffizienten der Scherfestigkeitsparameter und der erforderlichen Anzahl n festgestellt. Meistens sind Vorinformationen oder die Erfahrung des geotechnischen Sachverständigen bei der Bestimmung der repräsentativen Werte erforderlich, um das geforderte Zuverlässigkeitsniveau zu erreichen. Als optimaler Teilsicherheitsbeiwert $\gamma_{\varphi'}$ bzw. $\gamma_{c'}$ ergibt sich ein Wert von 1,10.

Falls die erforderliche Anzahl n der Versuchswerte nicht erreicht werden kann, kann die Anzahl n reduziert werden. Die resultierende statistische Unsicherheit durch die geringere Anzahl n wird teilweise bereits in der Formel zur Berechnung der repräsentativen Werte berücksichtigt. Dennoch wird in den Berechnungen festgestellt, dass zusätzlich eine Erhöhung der Teilsicherheitsbeiwerte $\gamma_{\varphi'}$ bzw. $\gamma_{c'}$ zur Kompensierung erforderlich ist. Für $\gamma_{\varphi'}$ bzw. $\gamma_{c'}$ gleich 1,15 sind für die Variationskoeffizienten von 15 % bzw. 10 % eine Anzahl n von 5 + Info bzw. 3 + Info ausreichend. In Tabelle 9.1 sind die maßgebenden Teilsicherheitsbeiwerte $\gamma_{R,v}$ in Abhängigkeit der Variabilität zusammengefasst.

Tabelle 9.1: Teilsicherheitsbeiwerte und Anzahl n in Abhängigkeit der Variabilität von φ und c, Grenzzustand Grundbruch für Fundamente

γ_φ bzw. $\gamma_{c'}$	Variabilität	Nichtbindige Böden			Bindige Böden		
		V_φ	n	$\gamma_{R,v}$	n	V_φ / V_c	$\gamma_{R,v}$
1,10	hoch	15 %	10 + Info	1,30	10 + Info	15 % / 10 %	1,20
1,10	mittel	10 %	5 + Info	1,15	5 + Info	10 % / 10 %	1,20
1,10	gering	5 %	3	1,00	3 + Info	5 % / 10 %	1,15
1,15	hoch	15 %	5 + Info	1,30	5 + Info	15 % / 10 %	1,00
1,15	mittel	10 %	3 + Info	1,10	3 + Info	10 % / 10 %	1,00

Im unkonsolidierten Zustand ist für die Bestimmung der Teilsicherheitsbeiwerte ebenfalls die kleinste vertikale Belastung von 320 kN bzw. 120 kN/m² und eine Lastneigung von 0,1 maßgebend.

Die Geometrie des Fundaments, die Einbindetiefe und der Böschungswinkel haben keinen nennenswerten Einfluss auf die Ergebnisse. Nur der Sohlneigungswinkel weist einen Einfluss auf. Hierbei verringert eine geneigte Fundamentsohle den Zuverlässigkeitsindex. Für einen

Sohlneigungswinkel von 10° ergibt sich der höchste erforderliche Teilsicherheitsbeiwert von 1,20 für eine hohe Variabilität der Kohäsion c_u von 50 %.

Der Mittelwert der Wichte des Bodens und die Höhe des Mittelwerts der Kohäsion c_u haben ebenfalls keinen signifikanten Einfluss auf die Bestimmung der Teilsicherheitsbeiwerte. Einen wesentlichen Einfluss hingegen hat der Variationskoeffizient V_{cu} (siehe Bild 9.5).

Der maßgebende Fall ergibt sich für eine hohe mittlere Kohäsion c_u von 400 kN/m². Vorinformationen oder die Erfahrung des geotechnischen Sachverständigen sind immer für die Bestimmung der repräsentativen Werte erforderlich. Die maßgebenden Kombinationen der Teilsicherheitsbeiwerte sind in Tabelle 9.2 zusammengefasst.

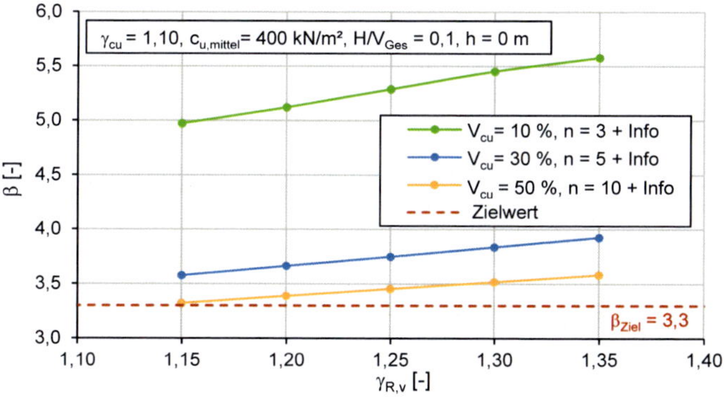

Bild 9.5: Variation des Variationskoeffizienten V_{cu}, Grenzzustand Grundbruch für einen unkonsolidierten Zustand

Tabelle 9.2: Teilsicherheitsbeiwerte und Anzahl n in Abhängigkeit der Variabilität der Kohäsion c_u, Grenzzustand Grundbruch für Fundamente

Variabilität	V_{cu}	n	γ_{cu}	$\gamma_{R,v,u}$
hoch	50 %	10 + Info	1,15	1,20
mittel	30 %	5 + Info	1,10	1,15
gering	10 %	3 + Info	1,00	1,00

9.2 Stützbauwerke: Winkelstützwände

In diesem Kapitel wird neben der Bestimmung der Teilsicherheitsbeiwerte für die Baugrundwiderstände und die geotechnischen Kenngrößen ein Teilsicherheitsbeiwert $\gamma_{Sd,Geo}$ für die geotechnische Einwirkung „Erddruck" ermittelt. Zunächst wurden die Berechnungen mit einem Teilsicherheitsbeiwert $\gamma_{Sd,Geo}$ von 1,15 durchgeführt. Bei der Bestimmung der anderen Teilsicherheitsbeiwerte ($\gamma_{R,h}$, $\gamma_{R,h,u}$, $\gamma_{R,v}$, $\gamma_{R,v,u}$, $\gamma_{\varphi'}$, $\gamma_{c'}$ und γ_{cu}) ergaben sich hohe Werte, die deutlich über den maßgebenden Werten aus Kapitel 9.1 lagen. Aus diesem Grund werden die Berechnungen mit dem nächsten Teilsicherheitsbeiwert $\gamma_{Sd,Geo}$ von 1,20 wiederholt, deren

Ergebnisse in diesem Kapitel für die Grenzzustände Gleiten und Grundbruch sowie für konsolidierte und unkonsolidierte Zustände des Bodens erläutert werden.

Des Weiteren werden bei den Ergebnissen zwischen den in Kapitel 8.7.3 erläuterten Fällen a – Hinterfüllung und Boden unterhalb der Gründungssohle sind gleich – und b – Hinterfüllung und Boden unterhalb der Gründungssohle sind unterschiedlich – unterschieden.

9.2.1 Grenzzustand Gleiten

Die Ergebnisse beruhen auf der sicheren Seite auf einem Reduktionsfaktor Γ von 1,0. Für die Berechnung des repräsentativen Reibungswinkels der Hinterfüllung – mit dem der Erddruck auf die fiktive Ersatzwand ermittelt wird – ergeben sich Reduktionsfaktoren zwischen 0,39 und 0,72. Außerdem sind im Allgemeinen die Fälle mit einer veränderlichen Einwirkung q und einer Geländeneigung β_{Hin} gleich null – unabhängig vom Zustand des Bodens oder von den Fällen a und b – maßgebend.

Im konsolidierten Zustand ist die Winkelstützwand mit der kleinsten Höhe von 3 m für die Bestimmung der Teilsicherheitsbeiwerte maßgebend. Nur für die Variation des Sohlneigungswinkels α ist die höhere Wand von 12 m erforderlich, da sonst die tangentiale Belastung in der Gründungssohle so niedrig ist, dass keine Fundamentbreite rechnerisch erforderlich ist. Ein Sohlreibungswinkel von 10° ergibt den geringsten Zuverlässigkeitsindex.

Bei den geotechnischen Kenngrößen ist der Einfluss der Wichte für die Hinterfüllung nicht signifikant. Die mittlere Wichte von 16 kN/m³ ist dennoch maßgebend. Hingegen hat die Variation des Variationskoeffizienten des Reibungswinkels unterhalb der Gründungssohle den größten Einfluss (siehe Bild 9.6). Sowohl für den Fall a als auch für den Fall b ist für die Bestimmung der Teilsicherheitsbeiwerte ein mittlerer Reibungswinkel von 40° mit einem Variationskoeffizienten V_φ von 15 % maßgebend.

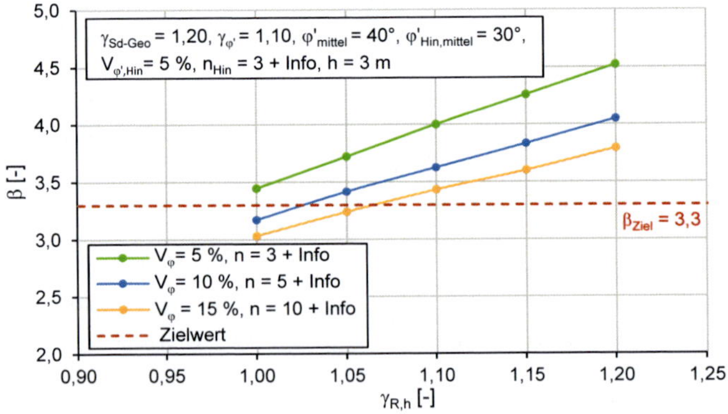

Bild 9.6: Variation des Variationskoeffizienten V_φ für den Baugrund unterhalb der Winkelstützwand, Grenzzustand Gleiten für einen konsolidierten Zustand

Die Berechnungen ergeben, dass sich für den Fall b die optimale Anzahl n_{GI} und der Teilsicherheitsbeiwert $\gamma_{R,h}$ in Abhängigkeit von der Variabilität des Reibungswinkels einstellen. Diese werden in Tabelle 9.3 zusammengefasst. Für die Hinterfüllung ist lediglich eine Anzahl n_{Hin} von 3 + Info erforderlich. Zudem ist für die maßgebende Kombination von Teilsicherheitsbeiwerten ein Wert von 1,10 für γ_φ nötig. Dieser kann analog zu Kapitel 9.1 erhöht werden, wenn die Anzahl n_{GI} reduziert wird.

Tabelle 9.3: Teilsicherheitsbeiwerte und Anzahl n_{GI} in Abhängigkeit der Variabilität von φ, Grenzzustand Gleiten für Winkelstützwände

γ_φ	**Variabilität**	n_{GI}	n_{Hin}	V_φ	$\gamma_{R,h}$
1,10	hoch	10 + Info	3 + Info	15 %	1,10
1,10	mittel	5 + Info	3 + Info	10 %	1,05
1,10	gering	3 + Info	3 + Info	5 %	1,00
1,15	hoch	5 + Info	3 + Info	15 %	1,025
1,15	mittel	3 + Info	3 + Info	10 %	1,00

Für den unkonsolidierten Zustand gilt nur der Fall b. Maßgebend für die Bestimmung der Teilsicherheitsbeiwerte ist die höchste Winkelstützwand von 12 m mit einem mittleren Reibungswinkel von 30° und einem Variationskoeffizienten von 5 % für die Hinterfüllung. Eine Zunahme der veränderlichen Einwirkung q, der Sohlneigung α oder der Geländeneigung β_{Hin} erhöht den Zuverlässigkeitsindex. Daher ist der Fall $q = \alpha = \beta = 0$ maßgebend.

Der Mittelwert der Wichte des Bodens und die Höhe des Mittelwerts der Kohäsion c_u haben keinen signifikanten Einfluss auf die Bestimmung der Teilsicherheitsbeiwerte. Einen wesentlichen Einfluss hat hingegen der Variationskoeffizient V_{cu}.

Zudem wird bei den Berechnungen im Grenzzustand Gleiten immer geprüft, ob die Begrenzung einer klaffenden Fuge (Exzentrizität für g, $e \leq b/6$ und für g + q, $e \leq b/3$) eingehalten wird. Dadurch wird gewährleistet, dass kein Wasser in die Sohlfuge eindringt, das den Gleitwiderstand ($A' \cdot c_u$) zwischen Gründungssohle und Boden beeinträchtigt. In einigen Fällen ist die Begrenzung der klaffenden Fuge für die Ermittlung der erforderlichen Breite maßgebend, wie in Bild 9.7 gezeigt wird. Es wird festgestellt, dass mit zunehmender Kohäsion c_u und abnehmendem Variationskoeffizienten V_{cu} die Begrenzung der klaffenden Fuge maßgebend ist. Für die Bestimmung der Teilsicherheitsbeiwerte sind für einen Variationskoeffizienten V_{cu} von 50 % eine Kohäsion c_u von 400 kN/m², für einen Variationskoeffizienten V_{cu} von 30 % eine Kohäsion c_u von 300 kN/m² und für einen Variationskoeffizienten V_{cu} von 10 % eine Kohäsion c_u von 250 kN/m² maßgebend.

Die ersten Berechnungen mit Teilsicherheitsbeiwerten γ_{cu} zwischen 1,05 und 1,15 ergeben sehr hohe Teilsicherheitsbeiwerte $\gamma_{R,h,u}$, die den aktuellen Teilsicherheitsbeiwert $\gamma_{R,h}$ von 1,10 deutlich überschreiten. Aus diesem Grund wird der Teilsicherheitsbeiwert γ_{cu} erhöht, bis sich bei γ_{cu} gleich 1,30 vernünftige Teilsicherheitsbeiwerte $\gamma_{R,h,u}$ von 1,0 ($V_{cu} = 10$ %, n = 3 + Info), 1,15

(V_{cu} = 30 %, n = 5 + Info) und 1,20 (V_{cu} = 50 %, n = 10 + Info) ergeben (siehe Anhang L, Bild A.55). Wenn der Teilsicherheitsbeiwert γ_{cu} weiter erhöht wird, kann $\gamma_{R,h,u}$ bis auf 1,10 (siehe Bild 9.7 für γ_{cu} gleich 1,40) reduziert werden.

Analog zum konsolidierten Zustand ist für die Hinterfüllung eine Anzahl n_{Hin} von 3 + Info erforderlich.

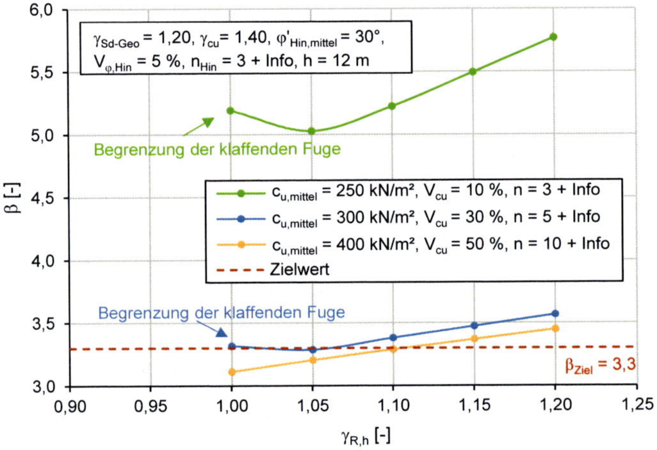

Bild 9.7: Variation des Variationskoeffizienten V_{cu} für unterschiedliche Kohäsionen c_u, Grenzzustand Gleiten für einen unkonsolidierten Zustand

9.2.2 Grenzzustand Grundbruch

Maßgebend ist immer die Kombination von Parametern, die zu den kleinsten Fundamentabmessungen führen, da sich dabei die höchsten Reduktionsfaktoren ergeben. In dieser Hinsicht sind die Kombinationen mit einer veränderlichen Einwirkung q, einem Böschungswinkel β_{Gr} und einer Geländeneigung β_{Hin} gleich null immer maßgebend. Für den Grenzzustand Grundbruch werden im Rahmen der Berechnungen Reduktionsfaktoren Γ der dränierten Scherfestigkeitsparameter zwischen 0,57 und 0,78 für nichtbindige Böden (nur φ') und zwischen 0,53 und 0,58 für bindige Böden (φ' und c') für den Boden unterhalb der Gründungssohle ermittelt. Für die Kohäsion c_u des undränierten Bodens werden Reduktionsfaktoren zwischen 0,83 und 0,90 berechnet. Für die Berechnung des repräsentativen Reibungswinkels der Hinterfüllung ergeben sich dieselben Reduktionsfaktoren wie für den Grenzzustand Gleiten (0,39 – 0,72).

Für den konsolidierten Zustand hat eine Variation des Sohlneigungswinkels und der Wandhöhe weder für den Fall a noch für den Fall b einen großen Einfluss auf die Bestimmung der Teilsicherheitsbeiwerte. Es ergeben sich dennoch die geringsten Zuverlässigkeitsindizes für einen Sohlneigungswinkel von 10° und einer Wandhöhe von 12 m.

Eine Variation der mittleren Wichte sowohl der Hinterfüllung als auch des Bodens unterhalb der Gründungssohle hat keinen signifikanten Einfluss auf die Ergebnisse. Die maßgebenden Kombinationen ergeben sich dennoch für eine mittlere Wichte unterhalb der Gründungssohle von 20 kN/m³ und eine mittlere Wichte der Hinterfüllung von 16 kN/m³.

Ähnlich wie bei den Fundamentberechnungen in Kapitel 9.1.2 sind die Scherfestigkeitsparameter des Bodens und ihre Variabilität entscheidend für die Bestimmung der Teilsicherheitsbeiwerte. Die Kombinationen mit hoher Scherfestigkeit und großer Variabilität sind immer maßgebend. Für nichtbindige Böden ist das der Fall für einen mittleren Reibungswinkel des Bodens von 40° und Variationskoeffizienten von 10 % bis 15 % (siehe Bild 9.8). Für bindige Böden ergibt sich die kritische Kombination für einen mittleren Reibungswinkel von 32,5° und eine mittlere Kohäsion von 5 kN/m² mit Variationskoeffizienten V_φ von 15 % und V_c von 10 %, da die Kohäsion im Grenzzustand nicht dominant ist. Für die Hinterfüllung ergibt sich der maßgebende Fall für einen mittleren Reibungswinkel von 30° und einen Variationskoeffizienten von 5 %.

In Bild 9.8 werden exemplarisch die maßgebenden Teilsicherheitsbeiwerte $\gamma_{R,v}$ für nichtbindige Böden in Abhängigkeit vom Variationskoeffizienten dargestellt.

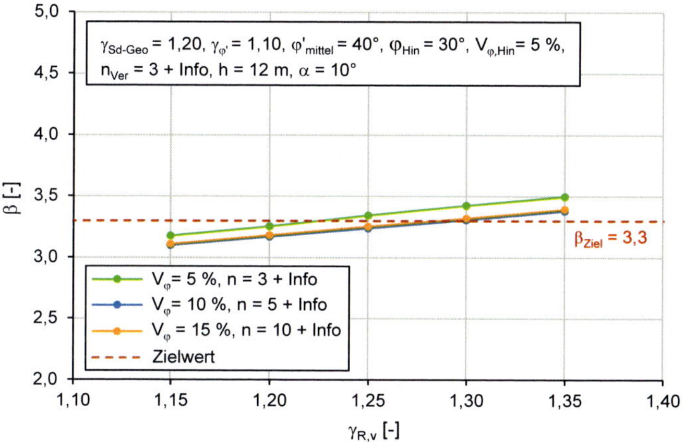

Bild 9.8: Variation des Variationskoeffizienten V_φ für nichtbindige Böden mit der maßgebenden Parameterkombination für die Hinterfüllung, Grenzzustand Grundbruch für einen konsolidierten Zustand

Für die Variationskoeffizienten von 15 % und 10 % (n = 10 + Info und 5 + Info) ist ein Teilsicherheitsbeiwert $\gamma_{R,v}$ von 1,30 erforderlich, während für den Variationskoeffizienten von 5 % (n = 3 + Info) ein Teilsicherheitsbeiwert $\gamma_{R,v}$ von 1,25 ausreichend ist. Die Werte für $\gamma_{R,v}$ ergeben sich für γ_φ gleich 1,10. Wenn γ_φ auf 1,15 erhöht und die Anzahl n reduziert wird, ergeben sich für einen Variationskoeffizienten V_φ von 15 % bzw. 10 % einen Teilsicherheitsbeiwert $\gamma_{R,v}$ von 1,10 bzw. 1,05 (siehe Anhang L).

Für bindige Böden wird festgestellt, dass unabhängig von der Variabilität des Bodens lediglich ein Teilsicherheitsbeiwert $\gamma_{R,v}$ von 1,0 erforderlich ist. Ab $\gamma_{R,v}$ gleich 1,0 liegen die Zuverlässigkeitsindizes bei allen Parametervariationen immer über dem Zielwert.

Beim unkonsolidierten Zustand wird analog zu 9.2.1 zusätzlich die Begrenzung einer klaffenden Fuge nachgewiesen. Außerdem ist der Grenzzustand Gleiten mit dem Grenzzustand Grundbruch gekoppelt, da im Beiwert i_c die Forderung T / (A'· c_u) eingehalten werden muss:

$$i_c = 0{,}5 + 0{,}5 \cdot \sqrt{1 - \frac{T}{A' \cdot c_u}} \tag{9.1}$$

mit:

T	tangentiale Beanspruchung in der Gründungssohle [kN/m]
A'	effektive Fläche [m²/m]
c_u	Kohäsion des undränierten Bodens [kN/m²]

In einigen Fällen ist die Begrenzung einer klaffenden Fuge oder der Grenzzustand Gleiten maßgebend, sodass diese Fälle für die Bestimmung der Teilsicherheitsbeiwerte $\gamma_{R,v,u}$ nicht repräsentativ sind (siehe Anhang L).

Im Allgemeinen werden die Zuverlässigkeitsindizes mit abnehmender Wandhöhe kleiner. Für eine Wandhöhe von 3 m ist dennoch die Begrenzung der klaffenden Fuge immer für die Bemessung maßgebend. Die Bestimmung der Teilsicherheitsbeiwerte wird daher mit der Höhe von 6 m durchgeführt. Für die Hinterfüllung ergibt sich der maßgebende Fall bei einem mittleren Reibungswinkel von 30° und einem Variationskoeffizienten von 5 %.

Für eine waagerechte Gründungssohle sind für den höchsten Variationskoeffizienten von 50 % eine mittlere Kohäsion von 150 kN/m² und für die mittlere und geringeren Variationskoeffizienten eine mittlere Kohäsion von 100 kN/m² maßgebend. Für einen Teilsicherheitsbeiwert γ_{cu} von 1,10 ergeben sich Teilsicherheitsbeiwerte $\gamma_{R,v,u}$ von 1,20 (V_{cu} = 50 %, n = 10 + Info), 1,15 (V_{cu} = 30 %, n = 5 + Info) und 1,00 (V_{cu} = 10 %, n = 3 + Info) (siehe Anhang L).

Die kritischsten Parameterkombinationen ergeben sich dennoch für einen Sohlneigungswinkel von 10°, für den ein Teilsicherheitsbeiwert γ_{cu} von mindestens 1,30 erforderlich ist. Für γ_{cu} gleich 1,30 werden die Teilsicherheitsbeiwerte $\gamma_{R,v,u}$ von 1,25 (V_{cu} = 50 %, n = 10 + Info und V_{cu} = 30 %, n = 5 + Info) und 1,00 (V_{cu} = 10 %, n = 3 + Info) ermittelt (siehe Anhang L).

9.3 Stützbauwerke: im Boden einbindende Wände

Im Rahmen dieses Kapitels werden die Berechnungsergebnisse zur Bestimmung des Teilsicherheitsbeiwerts $\gamma_{R,e}$ für einen konsolidierten Zustand des Bodens erläutert. Für einen unkonsolidierten Zustand des Bodens ist eher der Teilsicherheitsbeiwert γ_{cu} für den Grenzzustand des Versagens durch Verlust der Gesamtstandsicherheit zu verwenden, da für diesen Zustand der Widerstand im Erdwiderlager nur durch die Kohäsion c_u ausgeübt wird.

Des Weiteren wird überprüft, ob der Teilsicherheitsbeiwert $\gamma_{Sd,Geo}$ von 1,20 für die Bemessung ausreichend ist, oder ob ein höherer Sicherheitsbeiwert erforderlich ist.

Es ist anzumerken, dass sich für den passiven und aktiven Erddruck unterschiedliche repräsentative Werte des Reibungswinkels φ'_{rep} und der Kohäsion c'_{rep} ergeben. Das ist dadurch zu erklären, dass die Geometrie der Versagenskörper auf der passiven und aktiven Seite im Grenzzustand unterschiedlich sind und sich dementsprechend unterschiedliche Reduktionsfaktoren Γ ergeben. Bei den Berechnungen werden Reduktionsfaktoren für den aktiven Erddruck zwischen 0,45 und 0,68 für nichtbindige Böden und zwischen 0,57 und 0,66 für bindige Böden ermittelt, während für den passiven Erddruck Reduktionsfaktoren zwischen 0,66 und 0,94 für nichtbindige Böden und zwischen 0,74 und 0,93 für bindige Böden berechnet werden.

Keinen Einfluss auf die Ergebnisse hat die mittlere Bodenwichte. Das Verhältnis z/h für die Systeme mit einfacher Stützung beeinflusst die Ergebnisse unwesentlich. Die maßgebenden Kombinationen ergeben sich dennoch für ein Verhältnis z/h von 0,3.

Die geringsten Zuverlässigkeitsindizes werden bei geringen Wandbelastungen ermittelt, nämlich wenn die veränderlichen Einwirkungen q und der Böschungswinkel β null betragen und die Wandhöhe h gleich 3 m ist (siehe Anhang L).

Bei der Untersuchung der Beschaffenheit der Wand stellt sich heraus, dass für die passive Seite zwischen den Fällen „verzahnt" mit einem Wandreibungswinkel $|\delta_p|$ gleich φ und „rau" mit einem Wandreibungswinkel $|\delta_p|$ gleich min{27,5°; φ'- 2,5°} immer der Fall „verzahnt" maßgebend ist. Daher liegt die Verwendung der ermittelten Teilsicherheitsbeiwerte auf Wandoberflächen mit glatter Beschaffenheit auf der sicheren Seite.

Das statische System und der aktive Erddruckanteil im Erddruckansatz f_{Ea} haben nur einen geringen Einfluss auf die Bestimmung des Teilsicherheitsbeiwerts $\gamma_{R,e}$. Bei nachgiebigen Wänden mit aktivem Erddruck – Erddruckanteile f_{Ea} gleich eins – liegen die Zuverlässigkeitsindizes geringfügig oberhalb der Werte der mit erhöhtem aktiven Erddruck bis Erdruhedruck belasteten Wände. Maßgebend ist hauptsächlich ein nicht gestütztes, volleingespanntes System mit einem niedrigen aktiven Erddruckanteil f_{Ea} zwischen 0 und 0,25 (siehe Anhang L).

Wie bei den anderen Berechnungsbeispielen erweisen sich die Scherfestigkeitsparameter und ihre Variation als die wesentlichen Einflüsse. Entscheidend für die Bestimmung von $\gamma_{R,e}$ sind Böden mit einer hohen Scherfestigkeit und einer großen Variabilität des Reibungswinkels, da sich dabei geringe Einbindetiefen und demzufolge hohe Reduktionsfaktoren ergeben. Für nichtbindige Böden sind ein mittlerer Reibungswinkel von 40° und für bindige Böden ein mittlerer Reibungswinkel von 32,5° und eine mittlere Kohäsion von 5 kN/m² maßgebend. Bild 9.9 zeigt den maßgebenden Fall für nichtbindige Böden.

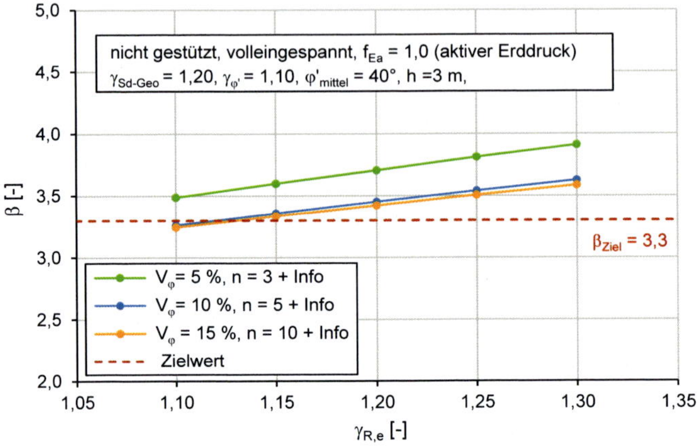

Bild 9.9: Variation des Variationskoeffizienten V_{φ} für nichtbindige Böden, nicht gestütztes volleingespanntes System, Grenzzustand des Versagens bodengestützter Wände durch Drehung (Versagen des Erdwiderlagers) für Stützwände

Für die Variationskoeffizienten von 15 % und 10 % (n = 10 + Info und 5 + Info) ist ein Teilsicherheitsbeiwert $\gamma_{R,e}$ von 1,15 erforderlich, während für den Variationskoeffizienten von 5 % (n = 3 + Info) ein Teilsicherheitsbeiwert $\gamma_{R,e}$ von ca. 1,05 ausreichend ist. Die Werte für $\gamma_{R,e}$ gelten für γ_{φ} gleich 1,10 und $\gamma_{Sd,Geo}$ gleich 1,20. Für bindige Böden reicht ein Teilsicherheitsbeiwert $\gamma_{R,e}$ von 1,0 unabhängig von der Variation der Parameter aus (siehe Anhang L).

Analog zu den anderen Berechnungsbeispielen kann die Anzahl n reduziert werden, wenn γ_{φ} auf 1,15 erhöht wird. In diesem Fall sind für einen Variationskoeffizienten V_{φ} von 15 % bzw. 10 % ein Teilsicherheitsbeiwert $\gamma_{R,e}$ von 1,10 bzw. 1,05 erforderlich.

9.4 Ufereinfassung: Wasserstraßen und Häfen

Der Einfluss des Wasserdrucks auf Stützwände/Ufereinfassungen ist der Schwerpunkt dieses Kapitels. Dabei wird überprüft, ob die in vorherigen Kapiteln ermittelten Teilsicherheitsbeiwerte $\gamma_{Sd,Geo}$, $\gamma_{R,e}$, γ_{φ} und γ_c für die Bemessung ausreichend sind, oder ob höhere Werte erforderlich sind.

Im Vergleich zu den Stützbauwerken in Kapitel 9.3 werden geringere Reduktionsfaktoren berechnet, da bei den Ufereinfassungen wegen der größeren Berechnungstiefe h (Tiefe der Wasserstraße oder der Hafensohle) und der höheren Belastungen (q, q_{Nutz}, Q_{Kr}) größere Einbindetiefen ermittelt werden. Für den aktiven Erddruck liegen sie zwischen 0,27 und 0,56 für nichtbindige Böden und zwischen 0,51 und 0,53 für bindige Böden. Für den passiven Erddruck werden Reduktionsfaktoren zwischen 0,39 und 0,86 für nichtbindige Böden und zwischen 0,75 und 0,80 für bindige Böden ermittelt.

Vergleichbar mit den Ergebnissen in Kapitel 9.3 haben die mittlere Bodenwichte und das Verhältnis z/h nur einen geringen Einfluss auf die Ergebnisse. Der maßgebende Fall ergibt sich dennoch für eine mittlere Feuchtwichte von 20 kN/m³, eine effektive mittlere Wichte von 12,5 kN/m³ und meistens für ein Verhältnis z/h von 0,3. Ein Verhältnis z/h von 0,1 ist jedoch für ein einfach gestütztes, volleingespanntes System mit aktiver Erddruckbelastung maßgebend. Zudem werden die geringsten Zuverlässigkeitsindizes für die geringsten veränderlichen Einwirkungen q, q_{Nutz} und Q_{Kr} sowie die kleinsten Berechnungstiefen h berechnet. Die maßgebenden Belastungen auf die Stützwand sind der Erddruck aus Bodeneigengewicht und der Wasserdruck.

Bei den Berechnungen wird sowohl für Nicht-Tidegebiete als auch für Tidegebiete festgestellt, dass der Grundwasserstand und die Höhendifferenz Δh einen sehr geringen bis keinen Einfluss auf die Bestimmung der Teilsicherheitsbeiwerte haben. Der maßgebende Fall ergibt sich für einen Grundwasserstand von -1,0 m unter GOK und eine Höhendifferenz Δh von 1,0 m, da sich unter diesen Randbedingungen die kleinste Einbindetiefe ergibt (siehe Anhang L).

Die Untersuchung von Variationskoeffizienten für die Höhendifferenz Δh in Tidegebieten ergibt, dass die Zunahme des Variationskoeffizienten von 10 % auf 15 % nur zu einer Abnahme des Zuverlässigkeitsindizes von max. 0,06 führt. Dieser Unterschied wird als nicht signifikant bewertet.

Das statische System, der Umlagerungsansatz (abgegrabene oder hinterfüllte Wand) und der aktive Erddruckanteil im Erddruckansatz f_{Ea} haben nur einen geringen Einfluss auf die Bestimmung des Teilsicherheitsbeiwerts $\gamma_{R,e}$. Maßgebend ist hauptsächlich ein nicht gestütztes, volleingespanntes System. Bei nachgiebigen Uferwänden mit aktivem Erddruck – Erddruckanteile f_{Ea} gleich eins – liegen die Zuverlässigkeitsindizes geringfügig unterhalb der Werte der mit erhöhtem aktiven Erddruck bis Erdruhedruck belasteten Uferwände. Diese Erkenntnis ist dadurch zu erklären, dass die Umlagerung des aktiven Erddrucks zu kleineren Einbindetiefen führt und demzufolge sich kleinere Zuverlässigkeitsindizes ergeben. Wenn der Erddruckanteil f_{Ea} für einen Wert kleiner eins – nämlich wenig nachgiebige bis unnachgiebige Uferwände – und ohne Erddruckumlagerung untersucht wird, ergibt sich der maßgebende Fall für einen Erddruckanteil f_{Ea} von null.

Auch bei diesem Berechnungsbeispiel sind für nichtbindige Böden ein mittlerer Reibungswinkel von 40° und für bindige Böden ein mittlerer Reibungswinkel von 32,5° und eine mittlere Kohäsion von 5 kN/m² maßgebend, wobei sich bei den nichtbindigen Böden die maßgebenden Ergebnisse ergeben. Die Bestimmung von $\gamma_{R,e}$ ist wie in den vorherigen Berechnungsbeispielen vom Variationskoeffizienten abhängig. Bild 9.10 zeigt den maßgebenden Fall für die Bestimmung von $\gamma_{R,e}$.

Für die höheren Variationskoeffizienten ergeben sich dieselben Teilsicherheitsbeiwerte $\gamma_{R,e}$ wie in Kapitel 9.3. Nur für den Variationskoeffizienten von 5 % ist ein Teilsicherheitsbeiwert von 1,10 erforderlich, der um 0,05 höher als in Kapitel 9.3 ist. Diesen Ergebnissen liegen die Teilsicherheitsbeiwerte γ_{φ} von 1,10 und $\gamma_{Sd,Geo}$ von 1,20 zugrunde. Eine Erhöhung von γ_{φ} auf 1,15 zur Reduzierung der Anzahl n bei den Variationskoeffizienten von 15 % bzw. 10 % führt zu Teilsicherheitsbeiwerten $\gamma_{R,e}$ von 1,05 und 1,00.

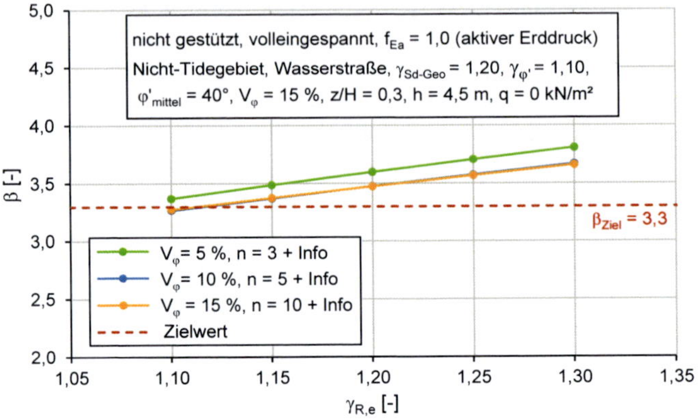

Bild 9.10: Variation des Variationskoeffizienten V_φ für nichtbindige Böden, nicht gestütztes volleingespanntes System, Grenzzustand des Versagens bodengestützter Wände durch Drehung (Versagen des Erdwiderlagers) für Uferwände

9.5 Zusammenfassung der Ergebnisse

Die Ergebnisse der Zuverlässigkeitsberechnungen haben im Allgemeinen gezeigt, dass die maßgebende Kombination von Teilsicherheitsbeiwerten stark von der Variabilität des Bodens (ausgedrückt in Form des Variationskoeffizienten) abhängt. Zudem sind die Fälle mit einer geringeren Belastung und mit Böden mit einer hohen Scherfestigkeit für die Bestimmung der Teilsicherheitsbeiwerte maßgebend, da sich bei diesen Böden die kleineren Abmessungen des Bauteils und demzufolge höhere Reduktionsfaktoren ergeben.

Für die meisten untersuchten Bauwerke und Grenzzustände konnte der in Tabelle 9.4 dargestellte Zusammenhang zwischen der erforderlichen Anzahl n der Versuchswerte und der Variabilität bzw. dem Variationskoeffizienten festgestellt werden.

Tabelle 9.4: Zusammenhang zwischen dem Variationskoeffizienten und der erforderlichen Anzahl n der Versuchswerte

Variabilität	n	Nichtbindige Böden	Bindige Böden	
		V_φ	V_φ / V_c	V_{cu}
hoch	10 + Info	15 %	15 % / 50 %	50 %
mittel	5 + Info	10 %	10 % / 30 %	30 %
gering	3 + Info	5 %	5 % / 10 %	10 %

Nur für Fundamente im Grenzzustand Gleiten mit hauptsächlich Einwirkungen aus dem Tragwerk ist unabhängig von der Variabilität eine Anzahl n von 3 mit Vorinformationen bzw. Berücksichtigung der Erfahrung des geotechnischen Sachverständigen (3 + Info) erforderlich.

Die ermittelten Teilsicherheitsbeiwerte der geotechnischen Kenngrößen $\gamma_{m,i}$ und der Baugrundwiderstände $\gamma_{R,i}$ gelten für die Teilsicherheitsbeiwerte der Einwirkungen $\gamma_{f,i}$ und der Modellunsicherheit der Einwirkungen $\gamma_{Sd,i}$ aus Tabelle 9.5. Der Teilsicherheitsbeiwert für die geotechnischen Einwirkungen $\gamma_{Sd,Geo}$ von 1,20 entspricht einem Fraktil der Modellunsicherheit des Erddrucks von 97,5 %.

Tabelle 9.5: Teilsicherheitsbeiwerte für die Einwirkungen

Einwirkungsart	Teilsicherheitsbeiwert		
	$\gamma_{g,i}$	$\gamma_{q,i}$	$\gamma_{Sd,i}$
Einwirkungen aus dem Tragwerk TW	1,20	1,30	1,10
Geotechnische Einwirkungen GEO	1,00	1,10	1,20

In Tabelle 9.6 werden die berechneten Reduktionsfaktoren in Abhängigkeit des Bauwerkstyps, der geotechnischen Einwirkung bzw. des Baugrundwiderstands im Grenzzustand und des Zustands des Bodens für die Ermittlung der repräsentativen Werte der geotechnischen Kenngrößen zusammengefasst.

Tabelle 9.6: Berechnete Reduktionsfaktoren Γ

Bauwerk	geot. Einwirkung / Baugrundwiderstand im Grenzzustand	Konsolidierter Zustand		Unkonsolidierter Zustand
		Nichtbindiger Böden φ'	Bindige Böden φ' und c'	Bindige Böden c_u
Fundament	Gleitwiderstand	1,00	1,00	1,00
	Grundbruchwiderstand	0,55 – 0,91	0,54 – 0,96	(0,67)* 0,96 – 0,98
Winkelstützwand	Gleitwiderstand	1,00	1,00	1,00
	Grundbruchwiderstand	0,57 – 0,78	0,53 – 0,58	0,83 – 0,90
	Aktiver Erddruck	0,39 – 0,72	-	-
Stützwand	Aktiver Erddruck	0,45 – 0,68	0,57 – 0,66	-
	Passiver Erddruck	0,71 – 0,94	0,74 – 0,93	-
Ufereinfassung	Aktiver Erddruck	0,27 – 0,56	0,51 – 0,53	-
	Passiver Erddruck	0,39 – 0,86	0,75 – 0,80	-

* Reduktionsfaktor für einen Teilsicherheitsbeiwert γ_{cu} von 1,30

In Tabelle 9.7 werden die höchsten Teilsicherheitsbeiwerte für die Baugrundwiderstände in Abhängigkeit des Teilsicherheitsbeiwerts für die geotechnischen Kenngrößen der untersuchten Bauwerke und Grenzzustände sowie die entsprechenden Fraktilwerte der zugrunde gelegten Verteilungen für die Modellunsicherheit der Baugrundwiderstände zusammengefasst. Die Teilsicherheitsbeiwerte können auf der sicheren Seite unabhängig von der Variabilität des Bodens angewendet werden. Für den Fall des unkonsolidierten Zustands des Bodens bei den Fundamentberechnungen wurden Teilsicherheitsbeiwerte $\gamma_{R,i}$ für γ_{cu} gleich 1,30 ergänzt.

Tabelle 9.7: Teilsicherheitsbeiwerte für Baugrundwiderstände und geotechnische Kenngröße

Bauwerk	**Grenzzustand**		**Teilsicherheitsbeiwert** $\gamma_{\varphi'/c'}$ **bzw.** γ_{cu}	**Teilsicherheitsbeiwert** $\gamma_{R,i}$	**Fraktil**
Fundament	Gleiten	konsolidiert	1,05	1,00	36,0%
		unkonsolidiert	1,15	1,20	0,01%
			1,30	1,05	17,0%
	Grundbruch	konsolidiert	1,10	1,30	1,8%
			1,15[1]	1,30	1,8%
		unkonsolidiert	1,15	1,20	12,5%
			1,30	1,15	19,0%
Winkelstützwand	Gleiten	konsolidiert	1,10	1,10	11,0%
			1,15[1]	1,03	28,0%
		unkonsolidiert	1,30	1,20	0,01%
	Grundbruch	konsolidiert	1,10	1,30	1,8%
			1,15[1]	1,10	28,0%
		unkonsolidiert	1,30	1,25	7,5%
Stützwand / Ufereinfassung	Versagen bodengestützter Wände durch Drehung		1,10	1,15	7,5%
			1,15[1]	1,10	11,5%

[1] Wenn für eine hohe Variabilität n = 5 + Info und für eine mittlere Variabilität n = 3 + Info gewählt wird

10 Empfehlungen für die geotechnische Bemessung

10.1 Empfohlenes Nachweisverfahren MRFA

Basierend auf der Grundgleichung in prEN 1990, dem in Kapitel 3.2 empfohlenen Nachweisverfahren und den Ergebnissen der Zuverlässigkeitsberechnungen wird ein Nachweisverfahren mit Faktorisierung der Einwirkungen, der Beanspruchungen, der geotechnischen Kenngrößen und der Baugrundwiderstände vorgeschlagen. Für die Ermittlung des Bemessungswerts der Beanspruchung und des Widerstands sind die Gleichungen (10.1) und (10.2) zu verwenden:

$$E_d = K_F \cdot \gamma_{Sd} \cdot E\left\{\gamma_f \cdot F_{rep}\,; \frac{X_{rep}}{K_M \cdot \gamma_m}\,; a_d\right\} \tag{10.1}$$

$$R_d = \frac{1}{(K_{tr}\ oder\ K_M) \cdot \gamma_{Rd}} \cdot R\left\{\gamma_f \cdot F_{rep}\,; \frac{X_{rep}}{K_M \cdot \gamma_m}\,; a_d\right\} \tag{10.2}$$

mit:

- a_d Bemessungswert der geometrischen Größen
- E_d Bemessungswert der Beanspruchung
- R_d Bemessungswert des Widerstands
- F_{rep} repräsentativer Wert der Einwirkung
- X_{rep} repräsentativer Wert einer geotechnischen Kenngröße
- K_F Faktor auf der Einwirkungsseite zur Differenzierung des Zuverlässigkeitsniveaus in Abhängigkeit der Schadensfolgeklasse
- K_M Faktor auf der Widerstandsseite zur Differenzierung des Zuverlässigkeitsniveaus in Abhängigkeit der Schadensfolgeklasse
- K_{tr} Faktor auf der Widerstandsseite zur Differenzierung des Zuverlässigkeitsniveaus in Abhängigkeit der Bemessungssituation
- γ_f Teilsicherheitsbeiwert für die Einwirkung
- γ_m Teilsicherheitsbeiwert für die geotechnische Kenngröße
- γ_{Sd} Teilsicherheitsbeiwert zur Berücksichtigung der Unsicherheiten im Berechnungsmodell der Beanspruchungen oder Einwirkungen
- γ_{Rd} Teilsicherheitsbeiwert zur Berücksichtigung der Unsicherheiten im Widerstandsmodell

Im Vergleich zu den aktuellen Nachweisverfahren in DIN EN 1997-1 – bei denen entweder die Beanspruchungen oder die Einwirkungen bzw. die Baugrundwiderstände oder die geotechnischen Kenngrößen faktorisiert werden – werden im empfohlenen Nachweisverfahren MRFA alle Parameter faktorisiert. Allerdings ist anzumerken, dass in Abhängigkeit des Grenzzustands bzw.

der geotechnischen Bauwerksart einige Teilsicherheitsbeiwerte auf der Widerstandsseite 1,0 betragen können. Zum einen ist es für die Gesamtstandsicherheit zielführend, nur die geotechnischen Kenngrößen zu faktorisieren, da der Widerstand im Boden nur durch die Scherfestigkeitsparameter bestimmt wird. Somit beträgt der Teilsicherheitsbeiwert γ_{Rd} 1,0. Zum anderen sind für Pfahlgründungen und Anker die entsprechenden Baugrundwiderstände zu faktorisieren. Diese werden direkt ermittelt und nicht über geotechnische Kenngrößen berechnet. Der Teilsicherheitsbeiwert für die geotechnischen Kenngrößen ist dabei mit 1,0 einzusetzen. Bei anderen Bauwerksarten und Grenzzuständen, bei denen sich die Baugrundwiderstände aus den geotechnischen Kenngrößen ergeben, sind sowohl die geotechnischen Kenngrößen als auch die Baugrundwiderstände mit den in Kapitel 10.4 empfohlenen Teilsicherheitsbeiwerten zu faktorisieren.

10.2 Ermittlung von geotechnischen Einwirkungen und Baugrundwiderständen

Zur Berechnung des Erddrucks werden die Modelle in DIN 4085 empfohlen, die für den aktiven Erddruck auf einer geraden Gleitfläche nach Coulomb und für den passiven Erddruck auf einer gekrümmten Gleitfläche nach Sokolovsky/Pregl basieren.

Weiterhin wird empfohlen, den Gleitwiderstand nach dem Modell in prEN 1997 zu ermitteln. Für den Grundbruchwiderstand ist die Formel in DIN 4017 zu empfehlen. Dabei sind die Voraussetzungen hinsichtlich der Lagerungsdichte bei nichtbindigen Böden bzw. der Konsistenz bei bindigen Böden sowie weitere Randbedingungen zu beachten.

10.3 Ermittlung von repräsentativen geotechnischen Kenngrößen

Zur Ermittlung der repräsentativen Werte der im Labor ermittelten geotechnischen Kenngrößen wird das im Rahmen dieser Arbeit erarbeitete Modell empfohlen. Dabei ist der Umrechnungsbeiwert η =1,0 zugrunde gelegt (siehe Kapitel 5.2.1). Das Modell gilt ebenfalls für den repräsentativen Wert der in situ ermittelten Kohäsion c_u aus Flügelscherversuchen. Bei der Ermittlung der repräsentativen Werte wird ein ausreichend duktiles Verhalten des Baugrunds vorausgesetzt (A(2) 2.4.5.2. DIN 1054), sonst sind Spannungsumlagerungen im Baugrund und eine räumliche Mittelung der geotechnischen Kenngröße nicht gewährleistet. Die Scherfestigkeitsparameter φ‘, c‘ und c_u sowie die Wichte γ des Bodens sind nach den Gleichungen (10.3) bis (10.6) zu ermitteln:

$$x_{rep} = \mu_x \cdot \xi \tag{10.3}$$

wobei

$$\xi = \frac{1}{e^{ln\left(1+V_{Total}^2\right)/2 + t \cdot \sqrt{ln\left(1+V_{Total}^2\right)}}} \tag{10.4}$$

$$V_{Total} = \sqrt{\left(\Gamma^2 + \frac{1}{n}\right) \cdot V_x^2} \tag{10.5}$$

$$V_x = \frac{\sigma_x}{\mu_x} \quad \text{oder} \quad V_{min} \tag{10.6}$$

$$V_x = 0 \quad \text{für die Wichte}$$

mit:

x_{rep} repräsentativer Wert der geotechnischen Kenngröße
μ_x Mittelwert aus n abgeleiteten Werten
σ_x Standardabweichung aus n abgeleiteten Werten
V_x Variationskoeffizient aus n abgeleiteten Werten
V_{min} Mindestwert für den Variationskoeffizienten
V_{Total} totaler Variationskoeffizient, berechnet nach Gl. (10.5)
Γ Reduktionsfaktor
t Faktor der Student-Verteilung für $n \approx \infty$
n Anzahl der abgeleiteten Werte

Für den t-Faktor der Student-Verteilung und den Mindestwert des Variationskoeffizienten V_{min} sind folgende Werte anzuwenden:

Tabelle 10.1: t-Faktoren und V_{min} für unterschiedliche geotechnische Kenngrößen

Kenngröße	t	V_{min}
Reibungswinkel φ'	1,645	5 %
Kohäsion c' des dränierten Bodens	2,326	10 %
Kohäsion c_u des undränierten Bodens	2,748	10 %

Für das Modell werden Mindestwerte für den Variationskoeffizienten festgelegt, um eine hohe Zuverlässigkeit des repräsentativen Werts zu gewährleisten. Die Aufgabe der Geotechniker bzw. der geotechnischen Sachverständigen besteht darin, die homogenen Bereiche und die Erkundungsstellen so festzulegen, dass die Erkundungsproben innerhalb eines homogenen Bereiches eine ähnliche Zusammensetzung aufweisen und die natürliche Variabilität des Bodens somit nicht überschätzt wird. Als Richtwerte für die maximalen Variationskoeffizienten dienen die im Rahmen der Untersuchung verwendeten maximalen Werte. Es muss jedoch angemerkt werden, dass in Abhängigkeit der örtlichen oder regionalen Gegebenheiten diese Werte überschritten werden können.

Des Weiteren wird immer empfohlen, Vorinformationen oder vorhandene Erfahrung mit dem Baugrund (vergleichbare Erfahrung) zur Ermittlung der repräsentativen Werte zu berücksichtigen. In diesem Fall sollte ein Sachverständiger für Geotechnik herangezogen werden. Die vergleichbare Erfahrung wird durch eine Aktualisierung des Mittelwerts μ_x und des Variationskoeffizienten V_x anhand der A-priori-Werte μ_{priori} und V_{priori} berücksichtigt. Basierend auf Gleichungen (5.18) bis (5.22) ergeben sich folgende aktualisierte Parameter μ_x^* und V_x^*:

$$\mu_x^* = e^{\lambda_x^* + \frac{\varsigma_x^{*2}}{2}} \tag{10.7}$$

$$V_x^* = \sqrt{e^{(\varsigma_x^*)^2} - 1} \tag{10.8}$$

wobei

$$\lambda_x^* = \frac{\lambda_x + \frac{\lambda_{priori}}{n} \cdot \left(\frac{\varsigma_x}{\frac{\varsigma_{priori}}{\sqrt{n}}} \right)^2}{1 + \frac{1}{n} \cdot \left(\frac{\varsigma_x}{\frac{\varsigma_{priori}}{\sqrt{n}}} \right)^2} \tag{10.9}$$

$$\varsigma_x^* = \varsigma_x \cdot \sqrt{\frac{1}{n + \left(\frac{\varsigma_x}{\frac{\varsigma_{priori}}{\sqrt{n}}} \right)^2} + 1} \tag{10.10}$$

$$\lambda_x = ln(\mu_x) - \frac{1}{2} ln(1 + V_x^2) \tag{10.11}$$

$$\lambda_{priori} = ln(\mu_{priori}) - \frac{1}{2} ln(1 + V_{priori}^2) \tag{10.12}$$

$$\varsigma_x = \sqrt{ln(1 + V_x^2)} \tag{10.13}$$

$$\varsigma_{priori} = \sqrt{ln(1 + V_{priori}^2)} \tag{10.14}$$

mit:

μ_x	Mittelwert aus n abgeleiteten Werten
V_x	Variationskoeffizient aus n abgeleiteten Werten
μ_{priori}	A-priori-Mittelwert (z.B. aus Vorprojekten)
V_{priori}	A-priori-Variationskoeffizient (z.B. aus Vorprojekten)
λ_x	Mittelwert der logarithmischen Normalverteilung aus n abgeleiteten Werten
ς_x	Standardabweichung der logarithmischen Normalverteilung aus n abgeleiteten Werten
λ_{priori}	A-priori-Mittelwert der logarithmischen Normalverteilung
ς_{priori}	A- priori -Standardabweichung der logarithmischen Normalverteilung
λ_x^*	A-posteriori-Mittelwert der logarithmischen Normalverteilung
ς_x^*	A-posteriori-Standardabweichung der logarithmischen Normalverteilung
μ_x^*	A-posteriori-Mittelwert
V_x^*	A-posteriori-Variationskoeffizient

Durch Einsetzen der Gleichungen (10.11) bis (10.14) in die Gleichungen (10.9) und (10.10) ergeben sich folgende Formeln für λ_x^* und ς_x^*:

$$\lambda_x^* = \frac{ln\left(\frac{\mu_x}{\sqrt{(1+V_x^2)}}\right) + ln\left(\frac{\mu_{priori}}{\sqrt{(1+V_{priori}^2)}}\right)\cdot\frac{ln(1+V_x^2)}{ln(1+V_{priori}^2)}}{1+\frac{ln(1+V_x^2)}{ln(1+V_{priori}^2)}} \tag{10.15}$$

$$\varsigma_x^* = \sqrt{\frac{1}{n}\cdot\frac{1}{\frac{1}{ln(1+V_x^2)}+\frac{1}{ln(1+V_{priori}^2)}} + ln(1+V_x^2)} \tag{10.16}$$

Die aktualisierten Parameter werden anschließend für die Ermittlung des repräsentativen Werts zugrunde gelegt. Der aktualisierte ξ-Wert kann mithilfe der Gleichungen (10.5) bis (10.8) ermittelt werden.

Für eine von der Tiefe z abhängige Kohäsion c_u des undränierten Bodens wird folgende Vorgehensweise für einen t-Faktor von 1,645 für die Ermittlung der repräsentativen Linie $x_k(z)$ empfohlen:

- Ermittlung einer Trendlinie $t_x(z)$ (bzw. Trendgerade) anhand einer Regressionsanalyse
- Ermittlung der Residuen (Abweichung zwischen der Trendlinie und jedem Datenpunkt)
- Berechnung des Variationskoeffizienten $V_{x,Res}$ der Residuen und des totalen Variationskoeffizienten $V_{Res,Total}$:

$$V_{x,Res} = \frac{\sigma_{x,Res}}{\mu_x} \tag{10.17}$$

$$V_{Res,Total} = \sqrt{\left(\Gamma^2 + \frac{1}{n}\right)\cdot V_{x,Res}^2} \tag{10.18}$$

- Darstellung der repräsentativen Linie $x_{rep}(z)$ anhand folgender Gleichung:

$$x_{rep}(z) = e^{\lambda(z) - t\cdot\varsigma} \tag{10.19}$$

mit $\lambda(z) = ln(t_x(z)) - \varsigma^2/2$

$\varsigma = \sqrt{ln(1+V_{Res,Total}^2)}$

Durch den Reduktionsfaktor Γ wird der Grenzzustand über die Mittelungslänge D bzw. die Geometrie des Versagenskörpers berücksichtigt. Ein Reduktionsfaktor von 1,0 deutet auf der sicheren Seite an, dass die Kenngrößen in der Versagensfläche nicht gemittelt werden. In diesem Fall sind für den Grenzzustand Gleiten meistens die resultierenden Abweichungen zu realen gemittelten Kenngrößen gering, sodass sich sichere repräsentative Kenngrößen ohne große

Einbußen in der Wirtschaftlichkeit ergeben. Allerdings wären die repräsentativen Werte für andere Grenzzustände mit dominanten vertikalen Korrelationslängen sehr konservativ. Werte des Reduktionsfaktors kleiner als 1,0 führen zu wirtschaftlicheren repräsentativen Werten und Bemessungen. In Tabelle 10.2 werden Reduktionsfaktoren aus der Ergebnisauswertung von Kapitel 9 empfohlen. Diese Werte stellen Richtwerte für eine obere Grenze der Reduktionsfaktoren dar.

Tabelle 10.2: Richtwerte für die Reduktionsfaktoren

geot. Einwirkung / Baugrundwiderstand im Grenzzustand		**Konsolidierter Zustand**		**Unkonsolidierter Zustand**
		Nichtbindige Böden φ‘	**Bindige Böden** φ‘ **und c‘**	**Bindige Böden** c_u
Gleitwiderstand		1,00	1,00	1,00
Grundbruchwiderstand	Fundamente	0,90	0,95	1,00
	Winkelstützwände	0,80	0,60	0,90
Aktiver Erddruck	Winkelstützwände	0,75	0,75	
	Versagen bodengestützter Wände durch Drehung	0,70	0,70	
Passiver Erddruck	Versagen bodengestützter Wände durch Drehung	0,95	0,95	-

Der Sachverständige für Geotechnik muss abwägen, ob sich der mit einer zuverlässigen Ermittlung der Werte für den Reduktionsfaktor kleiner als 1,0 verbundene Aufwand lohnt, oder ob auf der sicheren Seite Γ = 1,0 bzw. die Werte aus Tabelle 10.2 angenommen wird. Für Fälle mit einer großen Belastung des geotechnischen Bauwerks und einer hohen Variabilität des Bodens ist eine iterative Ermittlung der Reduktionsfaktoren aus wirtschaftlichen Gründen ratsam.

Falls der Reduktionsfaktor Γ berechnet wird, sind für die Korrelationslängen $\theta_h = 50$ m und $\theta_v = 2$ m nach Schneider & Schneider (2013) anzusetzen. Für die Reduktionsfunktion wird die in Anhang C vorgestellte Funktion des Typs I vorgeschlagen:

$$\Gamma_i = \sqrt{\Gamma_i^2(D)} = \sqrt{\begin{cases} 1 - \dfrac{D_i}{3 \cdot \theta_i} & , D_i \leq \theta_i \\ \left(\dfrac{\theta_i}{D_i}\right)\left(1 - \dfrac{\theta_i}{3 \cdot D_i}\right) & , D_i > \theta_i \end{cases}} \tag{10.20}$$

$$\Gamma = \prod_{i=x,y,z} \Gamma_i \tag{10.21}$$

mit:

θ_i Korrelationslänge in i Richtung

D_i Mittelungslänge in i Richtung

Die Korrelationslänge lässt sich auch projektspezifisch aus Feldversuchen ermitteln. Hierfür wird das Verfahren nach Jones et al. (2002) aus Anhang C empfohlen.

In Abhängigkeit der Variabilität des Bodens in Form des Variationskoeffizienten ist für die Baugrunduntersuchung mindestens die in Tabelle 10.3 angegebene Anzahl n der Versuchswerte zu berücksichtigen.

Tabelle 10.3: Mindestanzahl n der abgeleiteten Werte in Abhängigkeit der Variabilität des Bodens

Variabilität	n^a	Nichtbindige Böden	Bindige Böden	
		V_φ	V_φ / V_c^b	V_{cu}
hoch	10 + Info[c]	15 %	15 % / 50 %	50 %
mittel	5 + Info[c]	10 %	10 % / 30 %	30 %
gering	3 + Info	5 %	5 % / 10 %	10 %

[a] Die Bezeichnung „+ Info" bedeutet, dass Vorinformationen oder vorhandene Erfahrung mit dem Baugrund (vergleichbare Erfahrung) vorhanden sein müssen.

[b] Die Anzahl n gilt für den höchsten Variationskoeffizienten zwischen $V\varphi$ und Vc.

[c] Für eine hohe Variabilität darf auch „5 + Info" und für eine mittlere Variabilität „3 + Info" verwendet werden, wenn für die Teilsicherheitsbeiwerte γ_φ bzw. γ_c 1,15 angesetzt wird.

10.4 Empfohlene Teilsicherheitsbeiwerte

Basierend auf den Ergebnissen der Zuverlässigkeitsberechnungen und der Tabellenform in DIN 1054 werden für die ständige Bemessungssituation BS-P folgende Teilsicherheitsbeiwerte für den Grenzzustand des Versagens von Bauwerken, Bauteilen (STR) und Baugrund (GEO, früher GEO-2) empfohlen. Die Tabellen werden für ihre Anwendung in Deutschland durch die in DIN 1054 empfohlenen Teilsicherheitsbeiwerte – mit an dem neuen Nachweisverfahren MRFA angepasster Bezeichnung– für den Grenzzustand des Versagens durch Verlust der Gesamtstandsicherheit (GEO, früher GEO-3) und für die Pfahl- und Ankerwiderstände ergänzt.

Die empfohlenen Teilsicherheitsbeiwerte entsprechen auf der sicheren Seite dem höchsten ermittelten Teilsicherheitsbeiwert für den jeweiligen Grenzzustand oder der jeweiligen Einwirkungsart. Für die Scherfestigkeit des undränierten Bodens im Grenzzustand Verlust der Gesamtstandsicherheit wird auf der sicheren Seite für die Anwendung in Deutschland der ermittelte Teilsicherheitsbeiwert γ_{cu} aus der Zuverlässigkeitsuntersuchung vorgeschlagen. Die Pfahl- und Ankerwiderstände wurden im Rahmen dieser Arbeit nicht untersucht. Da keine Abhängigkeit der Widerstände mit den geotechnischen Kenngrößen besteht, werden in Deutschland weiterhin die Teilsicherheitsbeiwerte aus DIN 1054 empfohlen.

Da die Diskrepanz der Teilsicherheitsbeiwerte zwischen den CEN-Mitgliedsländern bei der Berechnung der Gesamtstandsicherheit gering ist, ist bei einer Verwendung des Nachweisverfahrens MRFA zu erwarten, dass die in den Tabellen 10.4 bis 10.6 empfohlenen Teilsicherheitsbeiwerte für den Grenzzustand des Versagens durch Verlust der Gesamtstandsicherheit national angenommen werden können. Für die Pfahl- und Ankerwiderstände sind die

Unterschiede in Europa größer, sodass eine stärkere Harmonisierungsarbeit auf diesem Gebiet erforderlich ist.

Da im Rahmen der vorliegenden Forschungsarbeit der Einfluss einer Differenzierung der Zuverlässigkeit nicht untersucht wurde, werden nach prEN 1997-1 weiterhin K-Faktoren – K_F, K_M oder K_{tr} – für eine Schadensfolgeklasse CC2 und eine Bemessungssituation BS-P von 1,0 vorgeschlagen. Falls national nicht zwischen BS-P und BS-T unterschieden wird, sind die hier empfohlenen Teilsicherheitsbeiwerte auch für die Bemessungssituation BS-T zu verwenden.

Tabelle 10.4: Teilsicherheitsbeiwerte γ_R für Widerstände

Widerstand	Formelzeichen	BS-P
STR und GEO: Grenzzustand des Versagens von Bauwerken, Bauteilen und Baugrund		
Bodenwiderstände		
- Erdwiderstand	$\gamma_{R,e}$	1,15
- Grundbruchwiderstand für den dränierten Boden	$\gamma_{R,v}$	1,30
- Grundbruchwiderstand für den undränierten Boden	$\gamma_{R,v,u}$	1,15[a] / 1,25[b]
- Gleitwiderstand für den dränierten Boden	$\gamma_{R,h}$	1,10
- Gleitwiderstand für den undränierten Boden	$\gamma_{R,h,u}$	1,05[a] / 1,20[b]
Pfahlwiderstände aus statischen und dynamischen Pfahlprobebelastungen (für DEU)		
- Fußwiderstand	γ_b	1,1
- Mantelwiderstand (Druck)	γ_s	1,1
- Gesamtwiderstand (Druck)	γ_t	1,1
- Mantelwiderstand (Zug)	$\gamma_{s,t}$	1,15
Pfahlwiderstände auf der Grundlage von Erfahrungswerten (für DEU)		
- Druckpfähle	γ_b, γ_s, γ_t	1,4
- Zugpfähle (nur in Ausnahmefällen)	$\gamma_{s,t}$	1,5
Herauszieh-Widerstände (für DEU)		
- Boden- bzw. Felsnägel	γ_a	1,4
- Verpresskörper von Verpressankern	γ_a	1,1
- Flexible Bewehrungselemente	γ_a	1,4

[a] Für Flächengründungen, [b] für Stützbauwerke

Tabelle 10.5: Teilsicherheitsbeiwerte γ_m für die geotechnischen Kenngrößen

Bodenkenngröße	Formelzeichen	BS-P
STR und GEO: Grenzzustand des Versagens von Bauwerken, Bauteilen und Baugrund		
Reibungsbeiwert $\tan\varphi'$ des dränierten Bodens	$\gamma_{\varphi'}$	1,10[a]
Reibungsbeiwert $\tan\varphi_u$ des undränierten Bodens	$\gamma_{\varphi u}$	1,30
Kohäsion c' des dränierten Bodens	$\gamma_{c'}$	1,10[a]
Scherfestigkeit c_u des undränierten Bodens	γ_{cu}	1,30
GEO: Grenzzustand des Versagens durch Verlust der Gesamtstandsicherheit (für DEU)		
Reibungsbeiwert $\tan\varphi'$ des dränierten Bodens	$\gamma_{\varphi'}$	1,25
Reibungsbeiwert $\tan\varphi_u$ des undränierten Bodens	$\gamma_{\varphi u}$	1,30
Kohäsion c' des dränierten Bodens	$\gamma_{c'}$	1,25
Scherfestigkeit c_u des undränierten Bodens	γ_{cu}	1,30

[a] Wenn für eine hohe Variabilität n = 5 + Info und für eine mittlere Variabilität n = 3 + Info gewählt wird, ist $\gamma_{\varphi'} = \gamma_{c'} = 1{,}15$ anzusetzen

Tabelle 10.6: Teilsicherheitsbeiwerte γ_f und γ_{Sd} für Einwirkungen und die Modellunsicherheit

Einwirkung bzw. Beanspruchung	Formelzeichen	BS-P
STR und GEO: Grenzzustand des Versagens von Bauwerken, Bauteilen und Baugrund		
Ungünstige ständige Einwirkungen aus dem Tragwerk	$\gamma_{g,TW}$	1,20
Ungünstige veränderliche Einwirkungen aus dem Tragwerk	$\gamma_{q,TW}$	1,30
Modellunsicherheit für ungünstige Einwirkungen aus dem Tragwerk	$\gamma_{Sd,TW}$	1,10
Ungünstige ständige geotechnische Einwirkungen	$\gamma_{g,Geo}$	1,00
Ungünstige veränderliche geotechnische Einwirkungen[a]	$\gamma_{q,Geo}$	1,10
Modellunsicherheit für ungünstige geotechnische Einwirkungen	$\gamma_{Sd,Geo}$	1,20
Günstige ständige Einwirkungen	$\gamma_{g,inf}$	1,00
Günstige veränderliche Einwirkungen	$\gamma_{q,inf}$	0,00
Modellunsicherheit für günstige Einwirkungen	$\gamma_{Sd,inf}$	1,00
GEO: Grenzzustand des Versagens durch Verlust der Gesamtstandsicherheit (für DEU)		
Ungünstige ständige Einwirkungen	γ_g	1,00
Ungünstige veränderliche Einwirkungen	γ_q	1,30
Modellunsicherheit für ungünstige Einwirkungen	γ_{Sd}	1,00

[a] Wasserdruck als veränderliche geotechnische Einwirkung betrachtet

11 Anwendungsbeispiele

In diesem Kapitel werden drei Anwendungsbeispiele vorgestellt. Im ersten Beispiel werden aus Erkundungsproben eines Geschiebemergels die repräsentativen Werte der Scherfestigkeit anhand des in 10.3 empfohlenen Verfahrens für die Standsicherheitsberechnung einer Böschung ermittelt. Im zweiten Beispiel werden zwei Einzelfundamente anhand von Erkundungsproben nach dem empfohlenen Nachweisverfahren MRFA mit den entsprechenden Teilsicherheitsbeiwerten bemessen. Das dritte Beispiel basiert auf Vergleichsrechnungen für eine Spundwand aus Schuppener (2014). Dabei wird die Spundwand nach den Empfehlungen aus dieser Arbeit und mit dem verwendeten Nachweisverfahren und den national festgelegten Regelungen einiger europäischen Ländern bemessen.

11.1 Ermittlung der geotechnischen Kenngrößen für eine Berechnung der Gesamtstandsicherheit

Beim ersten Beispiel werden die Scherfestigkeitsparameter eines Geschiebemergels für die Standsicherheitsberechnung einer ca. 300 m langen und bis zu 10 m hohen Böschung ermittelt. Dieses Beispiel basiert auf einem Beispiel aus Schuppener (1999). Für die Berechnung der repräsentativen[1] Werte werden vier Geschiebemergelproben aus Schuppener (1999) sowie fünf Geschiebemergelproben aus Kruse (2003) zugrunde gelegt. Darauf basierend wurden in Schuppener (1999) und Kruse (2003) die Ergebnisse einer Expertenbefragung zur Abschätzung des repräsentativen Werts dargestellt. Tabelle 11.1 zeigt die Ergebnisse der Klassifikations- und Scherversuche sowie der statistischen Parameter der Stichproben.

Die Werte aus Schuppener (1999) zeigen eine höhere Variabilität als die Werte von Kruse (2003). Die Variationskoeffizienten liegen im oberen Bereich oder oberhalb der in der Literatur angegebenen üblichen maximalen Werte für den Reibungswinkel und die Kohäsion. Insbesondere der Variationskoeffizient von 81,6 % für die Kohäsion scheint sehr hoch zu sein. In der Literatur sind Variationskoeffizienten bis zu 50 % üblich. In dieser Hinsicht liegt der Variationskoeffizient für die Kohäsion aus Kruse (2003) mit 56,16 % etwas darüber. Es ist erkennbar, dass in beiden Fällen die jeweils erste Probe (graue Zeilen in Tabelle 11.1) den höchsten Tongehalt und die höchste Plastizitätszahl bzw. eine andere Konsistenz als die anderen aufweist. Daher sind die Kohäsionswerte die höchsten und die Reibungswinkel die niedrigsten in den jeweiligen Stichprobengruppen. Ohne die Berücksichtigung dieser Werte würden sich die Variationskoeffizienten verringern. Z. B. würde sich für die Kohäsion ein Variationskoeffizient von 10,4 %

[1] Im Beitrag wurde damals die Bezeichnung „charakteristisch“ verwendet.

für Schuppener (1999) bzw. von 47,3 % für Kruse (2003) ergeben, und somit innerhalb der üblichen Spannbreiten liegen. Es wäre zu prüfen, ob die erste Probe vom selben homogenen Bereich kommt oder ob mehr Proben entnommen werden sollen, um zuverlässigere Werte ermitteln zu können.

Tabelle 11.1: Ergebnisse der Klassifikations- und Scherversuche sowie Mittelwert und Variationskoeffizient

Quelle	**Probe Nr.**	**T [%]**	**U [%]**	**S [%]**	**G [%]**	**γ [kN/m³]**	**I_P bzw. Konsistenz [-]**	**φ' [°]**	**c' [kN/m²]**
Schuppener (1999)	1	17,0	37,0	45,0	0,0	20,7	0,25	23,0	55,0
	2	11,0	17,0	67,0	5,0	19,7	0,17	27,0	15,0
	3	8,0	39,0	52,0	1,0	21,3	0,20	29,0	16,0
	4	10,0	30,0	60,0	0,0	21,9	0,17	33,0	13,0
	Mittelwert							**28,0**	**24,8**
	Variationskoeffizient [%]							**14,90**	**81,60**
Kruse (2003)	1	10,0	24,0	62,0	4,0	23,2	steif	29,8	42,1
	2	8,0	23,0	64,0	5,0	22,6	weich	35,4	12,2
	3	6,0	26,0	64,5	3,5	22,6	weich	33,5	31,2
	4	4,5	29,0	55,5	11,0	22,5	weich	34,8	13,6
	5	8,5	24,0	60,0	7,5	22,9	weich/steif	35,7	16,7
	Mittelwert							**33,8**	**23,2**
	Variationskoeffizient [%]							**7,12**	**56,16**

Im Rahmen des Beispiels werden zunächst alle Proben berücksichtigt. Da nur die Höhe der Böschung bekannt ist, wird für die horizontale Richtung auf der sicheren Seite ein Reduktionsfaktor von 1,0 angenommen, sodass der gesamte Reduktionsfaktor nur von der vertikalen Richtung abhängt. In dieser Hinsicht entspricht die vertikale Mittelungslänge der Höhe der Böschung von 10 m. Für die Korrelationslänge θ_v wird der von Schneider & Schneider (2013) empfohlene Wert von 2 m angesetzt. Als Reduktionsfunktion wird die Funktion des Typs I aus Anhang C angenommen.

Des Weiteren wird gezeigt, wie eine Aktualisierung der stochastischen Parameter über Erfahrungswerte bzw. A-priori-Werte vorgenommen werden kann. Hierfür werden bspw. die Häufigkeitsverteilungen für den Reibungswinkel und die Kohäsion aus 131 Scherversuchen mit Geschiebemergel aus Bauduin (2001) als Vorinformation verwendet. Es ergibt sich ein A-Priori-Mittelwert von 32,1° und ein A-priori-Variationskoeffizient von 9,3 % für den Reibungswinkel. Für die Kohäsion beträgt der A-priori-Mittelwert 9 kN/m² und der A-priori-Variationskoeffizient 95 %. Letztere scheint sehr hoch zu sein. Dies ist darauf zurückzuführen, dass die Häufigkeitsverteilung negative Kohäsionswerte beinhaltet, die für die Berechnung der stochastischen Parameter berücksichtigt wurden. Ohne die negativen Werte ergeben sich ein

Mittelwert von 10,6 kN/m² und ein Variationskoeffizient von 68,8 %, der weiter unüblich hoch ist. Aufgrund dessen wird der höchste in der Literatur angegebene Variationskoeffizient von 50 % für die Berechnung verwendet. Als A-priori-Mittelwert wird 10,6 kN/m² angesetzt. An dieser Stelle ist anzumerken, dass die Ergebnisse der Scherversuche in Datenbanken weiterhin nach Zusammenhängen zwischen den bodenmechanischen Parametern und den Klassifizierungsmerkmalen gruppiert werden sollten. Somit könnten realistischere A-priori-Werte ermittelt werden. In Kiekbusch (2003) wurde in dieser Hinsicht gezeigt, dass mit steigendem Tonanteil die Streuung des Reibungswinkels zunimmt. Es wäre daher zweckmäßig für die Berechnung der A-priori-Werte nur die Streuung zugrunde zu legen, die dem Tonanteil der Erkundungsproben entspricht.

In den Tabellen 11.2 und 11.3 werden die ermittelten repräsentativen Werte ohne und mit Aktualisierung der stochastischen Parameter nach dem empfohlenen Modell aus Kapitel 10.3 zusammengefasst. In Bild 11.1 werden die berechneten Werte mit den Ergebnissen der Expertenbefragung aus Schuppener (1999) und Kruse (2003) verglichen.

Tabelle 11.2: Ergebnisse der repräsentativen Werte für den Reibungswinkel

	Γ	ohne Aktualisierung				mit Aktualisierung			
		V	μ	ξ	φ_{rep}'	V*	μ^*	ξ	φ_{rep}'
	[-]	[%]	[°]	[-]	[°]	[%]	[°]	[-]	[°]
Schuppener (1999)	0,43	14,9	28,0	0,847	23,7	15,4	29,7	0,842	25,0
Kruse (2003)	0,43	7,1	33,8	0,929	31,4	7,6	33,2	0,925	30,7

Tabelle 11.3: Ergebnisse der repräsentativen Werte für die Kohäsion

	Γ	ohne Aktualisierung				mit Aktualisierung			
		V	μ	ξ	c_{rep}'	V*	μ^*	ξ	c_{rep}'
	[-]	[%]	[kN/m²]	[-]	[kN/m²]	[%]	[kN/m²]	[-]	[kN/m²]
Schuppener (1999)	0,43	81,6	24,8	0,272	6,7	85,6	15,5	0,256	4,0
Kruse (2003)	0,43	56,2	23,2	0,429	9,9	59,0	15,5	0,411	6,4

Die Ergebnisse zeigen, dass mit dem empfohlenen Modell konservativere Werte im Vergleich zu den Werten der Experten in Bild 11.1 berechnet werden. Wirtschaftlichere Scherparameter ergeben sich nur, wenn die A-Priori-Mittelwerte höher sind als die berechneten Werte aus den Erkundungsproben, wie für den Fall des Reibungswinkels aus Schuppener (1999). In den anderen Fällen, insbesondere für die Kohäsion, ergeben sich niedrigere repräsentative Werte. Wegen des hohen Einflusses der A-Priori-Werte bei einer geringen Anzahl von Proben auf den repräsentativen Wert sind die A-Priori-Werte von einem Sachverständigen mit vorhandener Erfahrung mit dem Baugrund bzw. aus vorher im betrachteten Bereich gewonnenen Proben festzulegen.

Wenn bei den Erkundungsproben von Schuppener (1999) und Kruse (2003) die erste Probe nicht berücksichtigt wird, ergeben sich meistens Werte im mittleren Bereich der Expertenmeinung (siehe Bild 11.1). Lediglich für den Fall der Kohäsion bei Kruse (2003) verringert sich der Mittelwert ohne Berücksichtigung der ersten Probe. Der repräsentative Wert wird daher kleiner.

Bei Schuppener (1999) werden die Variationskoeffizienten ohne Berücksichtigung der ersten Probe kleiner. Die repräsentativen Werte liegen hingegen sehr nah an dem häufigsten Wert der Experten. Es scheint beim Beispiel in Schuppener (1999), dass die Experten die erste Probe als Ausreißer oder sie mit einer geringeren Gewichtung berücksichtigt hätten.

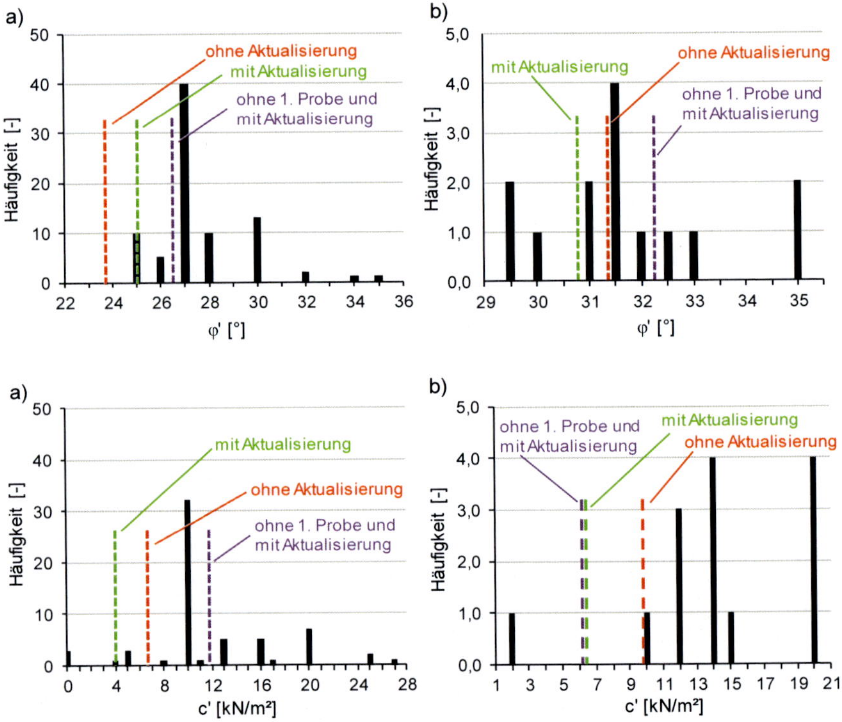

Bild 11.1: Ergebnisse der repräsentativen Werte für Reibungswinkel und Kohäsion sowie Häufigkeitsverteilungen der Expertenmeinung: a) Schuppener (1999), b) Kruse (2003)

11.2 Bemessung von Einzelfundamenten

In diesem Kapitel werden zwei quadratische Einzelfundamente bemessen, die auf einer Erhebung mit Bemessungsbeispielen von ETC10 (European Technical Committee 10) aus dem Jahr 2009 basieren. Die Bemessung wird anschließend mit den Ergebnissen der europäischen Kollegen verglichen, die nach EN 1997 und den in den jeweiligen europäischen Ländern gültigen Normen und Regelwerken durchgeführt wurde.

11.2.1 Einzelfundament mit zentrischer Belastung auf dichtem Sand

Bei diesem Bemessungsbeispiel ist ein 0,8 m dickes, quadratisches Einzelfundament für eine charakteristische vertikale ständige Einwirkung $G_{v,k}$ von 1000 kN und eine charakteristische vertikale veränderliche Einwirkung $Q_{v,k}$ von 750 kN zu bemessen. Die Betonwichte wird mit 25 kN/m³ angenommen. Die Fundamentdicke entspricht der Einbindetiefe und die Fundamentbreite (= Fundamentlänge) wird für den Grenzzustand Grundbruch nach DIN 4017 ermittelt.

Die repräsentative Wichte des Sandes beträgt 20 kN/m³. Zur Ermittlung der repräsentativen Werte der Scherfestigkeit stehen die Ergebnisse von vier CPT-Versuchen zur Verfügung. Im 2. internationalen Workshop zur Evaluierung des Eurocodes 7 wurde ein Modell aus Annex D von DIN EN 1997-2 vorgeschlagen, mit dem aus dem Spitzenwiderstand q_c der Reibungswinkel φ‘ nach folgender Gleichung

$$\varphi' = 13{,}5 \cdot log_{10}(q_c) + 23 \qquad (11.1)$$

ermittelt wird. Der Reibungswinkel ist pro Meter Tiefe anzugeben. Folgende mittleren Reibungswinkel pro Meter Tiefe ergeben sich:

Tabelle 11.4: Mittlere Reibungswinkel pro Meter Tiefe für die vier CPT-Versuche

Tiefe	Mittlere Reibungswinkel [°]			
[m]	CPT1	CPT2	CPT3	CPT4
-1,0	36,37	35,89	36,72	37,36
-2,0	37,71	38,09	38,44	38,49
-3,0	38,72	38,49	39,29	39,32
-4,0	39,80	38,83	40,07	39,32
-5,0	40,08	39,57	40,28	39,65
-6,0	40,80	41,15	40,93	39,97
-7,0	41,12	41,05	41,28	39,92
-8,0	41,99	41,06	40,80	41,08

Bei der Ermittlung des repräsentativen Werts des Reibungswinkels wird eine mögliche Unsicherheit aus dem Transformationsmodell vernachlässigt. Für die Ermittlung des repräsentativen Reibungswinkels werden nur die Werte bis zu der Tiefe berücksichtigt, in der sich der Versagenskörper ausbilden kann. Für die Ermittlung der Geometrie des Versagenskörpers sowie der Mittelungslängen wird das Modell in Anhang A von DIN 4017 verwendet. Für die Aktualisierung der Werte werden als A-priori-Werte der Mittelwert und der Variationskoeffizient aller Werte bis zur Tiefe -8,0 m angenommen. Dies ergibt einen A-priori-Mittelwert von 39,49° und einen A-Priori-Variationskoeffizienten von 4,23 %.

Da der repräsentative Wert des Reibungswinkels von der Geometrie des Fundaments abhängig ist, ist die Bemessung ein iterativer Prozess. Zunächst wurde angenommen, dass die Fundamentbreite 2 m beträgt. Nach den entsprechenden Vorgaben von DIN 4017 wurden Werte bis zur Tiefe -5 m berücksichtigt. Nach den ersten Iterationsschritten wurde eine Fundamentbreite von 1,66 m berechnet. Mit dieser Fundamentbreite bildet sich der Versagenskörper bis zu einer Tiefe von ca. bei -4 m aus. Für die nächsten Iterationsschritte wurden daher nur Reibungswinkel bis zu dieser Tiefe berücksichtigt. Somit ergeben sich ein berechneter Mittelwert von 38,31° und ein Variationskoeffizient von 3,18 %. Unter Berücksichtigung der A-priori-Werte werden ein aktualisierter Mittelwert von 38,34° und ein Variationskoeffizient von 3,28 % ermittelt. Da der Variationskoeffizient geringer als der empfohlene Mindestwert in Kapitel 10.3 ist, wird ein Variationskoeffizient von 5,0 % für die Berechnung zugrunde gelegt.

Für die Ermittlung des repräsentativen Reibungswinkels fehlt nun die Größe des Reduktionsfaktors Γ, der von der Fundamentbreite abhängt. Ein Reduktionsfaktor $\Gamma = 0{,}9$ nach Tabelle 10.2 wird zunächst angenommen, mit dem ein repräsentativer Reibungswinkel von 35,5° ermittelt wird. Für diesen repräsentativen Reibungswinkel wird eine erforderliche Fundamentbreite von 1,76 m ermittelt. Der repräsentative Reibungswinkel wird mit dieser Fundamentbreite neu berechnet. Nach wenigen Iterationsschritten ergeben sich ein Reduktionsfaktor Γ von 0,655, ein repräsentativer Reibungswinkel von 36,2° und eine erforderliche Fundamentbreite von 1,69 m. Als Ergebnis wird eine Fundamentbreite von 1,70 m gewählt. Der Nachweis im Grenzzustand nach dem Nachweisverfahren MRFA wird wie folgt durchgeführt:

<u>Bemessungsgröße der Beanspruchung</u>:

$$\gamma_{g,TW} = 1{,}20 \quad \gamma_{q,TW} = 1{,}30 \quad \gamma_{Sd,TW} = 1{,}10$$

$$V_{g,d} = N_{g,d} = 1{,}20 \cdot \left(1000 + 25 \cdot 0{,}8 \cdot 1{,}70^2\right) = 1269{,}4\ kN$$

$$V_{q,d} = N_{q,d} = 1{,}30 \cdot 750 = 975{,}0\ kN$$

$$E_d = 1{,}10 \cdot (1269{,}4 + 975{,}0) = 2468{,}8\ kN$$

<u>Bemessungsgröße des Grundbruchwiderstands</u>:

$$\gamma_{\varphi'} = 1{,}10 \qquad \gamma_{R,v} = 1{,}30$$

$$\varphi_d = arctan\left(\frac{tan\, 36{,}2°}{1{,}10}\right) = 33{,}6°$$

$$N_{bo} = 17{,}994 \qquad N_{do} = 28{,}075$$

$$\nu_b = 0{,}7 \qquad \nu_d = 1{,}554$$

$$R_{v,d} = \frac{1}{1{,}30} \cdot \left[1{,}70^2 \cdot (20 \cdot 1{,}70 \cdot 17{,}994 \cdot 0{,}7 + 20 \cdot 0{,}8 \cdot 28{,}075 \cdot 1{,}554)\right] = 2503{,}4\ kN$$

<u>Nachweis im Grenzzustand</u>:

$$E_d = 2468{,}8\ kN < R_{v,d} = 2503{,}4\ kN$$

Dieses Fundamentbeispiel wurde im Rahmen einer Erhebung von 22 europäischen Kollegen berechnet. Dabei ergaben sich Fundamentbreiten zwischen 1,10 m und 2,20 m (siehe Bild 11.2). Diese große Streuung ergibt sich aus den nationalen Festlegungen bezüglich des Nachweisverfahrens, der Teilsicherheitsbeiwerte, der Berechnungsmodelle und des Verfahrens zur Ermittlung der repräsentativen geotechnischen Kenngrößen.

Die Empfehlungen dieser Arbeit – nämlich das Nachweisverfahren MRFA mit den entsprechenden Teilsicherheitsbeiwerten, das Berechnungsmodell von DIN 4017 und das erarbeitete Verfahren zur Ermittlung repräsentativer geotechnischer Kenngrößen – führen zu einer Fundamentbreite von 1,70 m, die im mittleren Bereich der europäischen Erhebung liegt.

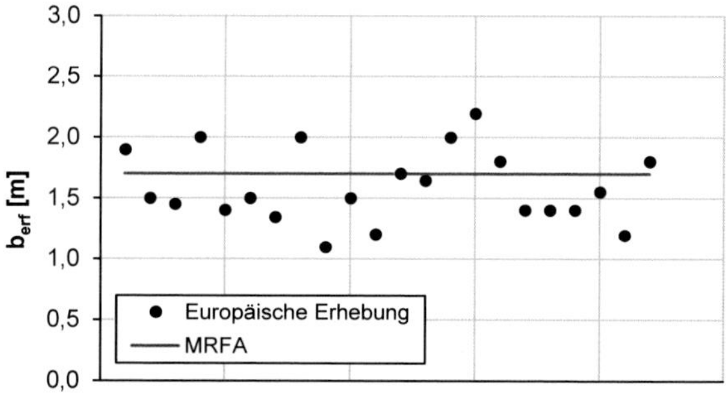

Bild 11.2: Berechnete Fundamentbreite mit dem Nachweisverfahren MRFA und Ergebnisse der europäischen Erhebung in Anlehnung an Sorensen & Brito (2010)

11.2.2 Einzelfundament mit horizontaler Belastung auf Geschiebemergel

Bei dem zweiten Einzelfundament handelt es sich ebenfalls um ein 0,8 m dickes, quadratisches Fundament, das dieselbe vertikale Belastung wie in Kapitel 11.2.1 aufweist. Die Bodenwichte beträgt 21,40 kN/m³. Zudem wird das Fundament horizontal mit einer charakteristischen veränderlichen Einwirkung $Q_{k,h}$ von 500 kN belastet. Der Hebelarm zur Fundamentoberkante beträgt 2,0 m.

Das Fundament wurde für den unkonsolidierten Zustand des Bodens und für die Grenzzustände Gleiten und Grundbruch nach prEN 1997-3 und DIN 4017 bemessen. Für die Ermittlung der repräsentativen Kohäsion $c_{u,k}$ des undränierten Bodens sind die Ergebnisse von fünf SPT-Versuchen vorgegeben. Im 2. internationalen Workshop zur Evaluierung des Eurocodes 7 wurden folgende Beziehungen vorgestellt, um aus der Schlagzahl N die Kohäsion c_u umzurechnen:

- $c_u = 4 \cdot N$, Quelle: Stroud (1989)
- $c_u = 5 \cdot N$, Quelle: Stroud (1975)
- $c_u = 6 \cdot N$, Quelle: Stroud & Butler (1975)

Für jeden Grenzzustand wird ein repräsentativer Wert der Kohäsion $c_{u,k}$ für die drei vorgestellten Beziehungen ermittelt, da in jedem Grenzzustand unterschiedliche Werte für die Kohäsion wirksam sind. Darüber hinaus werden zwei Möglichkeiten zur Ermittlung der repräsentativen Kohäsion $c_{u,k}$ vorgestellt. Die erste berücksichtigt keinen Trend. Es wird lediglich ein repräsentativer Wert für jeden Grenzzustand berechnet. Bei der zweiten Möglichkeit wird berücksichtigt, dass mit der Tiefe die Kohäsion zunimmt, wobei sich eine repräsentative Linie für jeden Grenzzustand ergibt.

Nach der iterativen Bemessung wurde für den Grenzzustand Grundbruch herausgefunden, dass sich der Versagenskörper zwischen -0,8 m und ca. -2,0 m ausbildet. Für den Fall eines einzelnen repräsentativen Werts wurden die Kohäsionswerte bis zu dieser Tiefe berücksichtigt. Da keine Werte in der Tiefe von -0,8 m vorhanden sind, werden zur Ermittlung des repräsentativen Werts für den Grenzzustand Gleiten die Werte bis -2,0 m angenommen. Der repräsentative Wert wird anschließend iterativ berechnet.

Für den Fall der repräsentativen Linien (Zunahme der Kohäsion mit der Tiefe) wird für die Bemessung im Grenzzustand Gleiten die repräsentative Kohäsion in einer Tiefe von -0,8 m angesetzt. Für den Grenzzustand Grundbruch wird ein Mittelwert der Werte der repräsentativen Linie zwischen -0,8 m und -2,0 m gebildet.

Als A-priori-Werte wurden bspw. der Mittelwert und der Variationskoeffizient angenommen, die sich aus allen Werten ergaben. Bild 11.3 zeigt die abgeleiteten Werte aus den SPT-Versuchen für einen Zusammenhang zwischen Kohäsion c_u und Schlagzahl N von $c_u = 6 \cdot N$ sowie die darauf basierten repräsentativen Werte und die repräsentativen Linien. Für diesen Zusammenhang ergab sich ein A-priori-Mittelwert von 310 kN/m² und ein A-priori-Variationskoeffizient von 37 %.

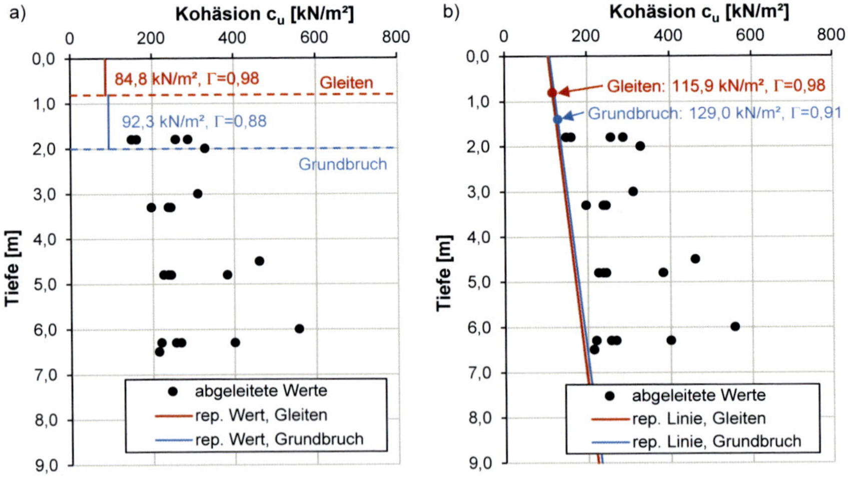

Bild 11.3: c_u-Werte für einen Zusammenhang $c_u = 6 \cdot N$ und repräsentative Größen für a) nur einen einzelnen repräsentativen Wert (ohne Trend) und b) für eine repräsentative Linie (mit Trend)

Für die jeweiligen Grenzzustände für den Fall a) – ein einzelner repräsentativer Wert – ergeben sich kleinere repräsentative Größen als für den Fall b) – eine repräsentative Linie. Bild 11.3 zeigt daher, dass die zusätzliche Information aus dem Zusammenhang mit der Tiefe bei der Ermittlung der repräsentativen Werte zum Tragen kommt.

Des Weiteren wurde in der Aufgabenstellung des Bemessungsbeispiels nicht spezifiziert, ob die vertikale und horizontale veränderliche Einwirkung voneinander abhängig sind oder nicht. Im Rahmen der Bemessung wurden sie auf der sicheren Seite als unabhängig betrachtet. Daher wurde für den Grenzzustand Gleiten als vertikale Belastung nur die ständige Einwirkung berücksichtigt. Für den Grenzzustand Grundbruch wurden ein Lastfall mit der höchsten vertikalen Belastung (V_{max}) und ein Lastfall mit der größten Exzentrizität (e_{max}) untersucht. Maßgebend war immer der Fall mit der größten Exzentrizität. Hierbei ist anzumerken, dass die Anforderung $T/(A' \cdot c_{u,rep}) \geq 1{,}0$ im Neigungsbeiwert i_c entscheidend für die Bemessung ist. Außerdem ergibt sich die größte Exzentrizität, wenn die ständige Einwirkung günstig wirkt.

Für den Zusammenhang $c_u = 6 \cdot N$ und für eine auf den repräsentativen Linien basierende Ermittlung des repräsentativen Werts von c_u ergaben sich bei der Bemessung eine Fundamentbreite von 4,48 m für den Grenzzustand Gleiten und von 4,23 m für den Grenzzustand Grundbruch. Es wird eine Fundamentbreite von 4,50 m gewählt, mit der der Nachweis in den jeweiligen Grenzzuständen nach dem Nachweisverfahren MRFA durchgeführt wird:

Grenzzustand Gleiten:

$$\gamma_{g,inf} = 1{,}00 \quad \gamma_{q,TW} = 1{,}30 \quad \gamma_{Sd,TW} = 1{,}10 \quad \gamma_{cu} = 1{,}30 \quad \gamma_{R,h,u} = 1{,}05$$

$$V_{g,d} = N_{g,d} = 1{,}00 \cdot \left(1000 + 25 \cdot 0{,}8 \cdot 4{,}50^2\right) = 1405{,}0\ kN$$

$$H_{q,d} = T_{q,d} = 1{,}30 \cdot 500 = 650\ kN$$

$$E_d = 1{,}10 \cdot 650 = 715{,}0\ kN$$

$$c_{u,d} = \frac{115{,}9}{1{,}30} = 89{,}2\ kN/m^2$$

$$A' = a' \cdot b' = 4{,}50 \cdot \left(4{,}50 - 2 \cdot \frac{650 \cdot (2 + 0{,}8)}{1405{,}0}\right) = 8{,}59\ m^2$$

$$R_{h,u,d} = \frac{1}{1{,}05} \cdot (89{,}2 \cdot 8{,}59) = 729{,}7\ kN$$

$$E_d = 715{,}0\ kN < R_{h,u,d} = 729{,}7\ kN$$

Grenzzustand Grundbruch:

$$\gamma_{g,inf} = 1{,}00 \quad \gamma_{q,TW} = 1{,}30 \quad \gamma_{Sd,inf} = 1{,}00 \quad \gamma_{cu} = 1{,}30 \quad \gamma_{R,v,u} = 1{,}15$$

$$V_{g,d} = 1{,}00 \cdot \left(1000 + 25 \cdot 0{,}8 \cdot 4{,}50^2\right) = 1405{,}0\ kN$$

$$H_{q,d} = T_{q,d} = 1{,}30 \cdot 500 = 650{,}0\ kN$$

$$E_d = 1{,}00 \cdot 1405{,}0 = 1405{,}0\ kN$$

$$c_{u,d} = \frac{129{,}0}{1{,}30} = 99{,}2\ kN/m^2$$

$$N_{do} = 1{,}0 \qquad N_{co} = 5{,}14$$

$$\nu_d = 1{,}0 \qquad \nu_c = 1{,}073$$

$$A' = a' \cdot b' = 4{,}50 \cdot \left(4{,}50 - 2 \cdot \frac{650 \cdot (2 + 0{,}8)}{1405{,}0}\right) = 8{,}59\ m^2$$

$$i_d = 1{,}0 \qquad i_c = 0{,}5 + 0{,}5 \cdot \sqrt{1 - \frac{650}{8{,}59 \cdot 99{,}2}} = 0{,}744$$

$$R_{v,u,d} = \frac{1}{1{,}15} \cdot [8{,}59 \cdot (21{,}4 \cdot 0{,}8 \cdot 1{,}0 \cdot 1{,}0 \cdot 1{,}0 + 99{,}2 \cdot 5{,}14 \cdot 1{,}073 \cdot 0{,}744)] = 3168{,}4\ kN$$

$$E_d = 1405{,}0\ kN < R_{v,u,d} = 3168{,}4\ kN$$

Für den Fall eines einzelnen repräsentativen Werts ergaben sich wegen der geringeren Kohäsion $c_{u,k}$ höhere Abmessungen. Für den Grenzzustand Gleiten betrug die erforderliche Fundamentbreite 4,85 m, für den Grenzzustand Grundbruch 4,63 m. Der Grenzzustand Gleiten war für diesen Anwendungsbeispiel immer maßgebend.

Bild 11.4 zeigt die Ergebnisse einer europäischen Erhebung mit 17 Antworten und der berechneten erforderlichen Fundamentbreiten mit MRFA für alle Zusammenhänge zwischen der Kohäsion c_u und der Schlagzahl N. Die Ergebnisse der Erhebung liegen zwischen 3,10 m und 4,80 m. Diese starke Streuung kann auf die eigenen nationalen Regelungen – bzgl. des verwendeten Nachweisverfahrens, der national festgelegten Teilsicherheitsbeiwerte usw. – oder auf das Modell zur Transformation der Schlagzahl N in die Kohäsion c_u zurückgeführt werden.

Bild 11.4 zeigt zudem, dass beim Vorhandensein eines Trends die Berechnung einer repräsentativen Linie wegen der zusätzlichen Information über die geotechnische Kenngröße in nicht erkundeten Stellen empfehlenswert ist. Außerdem wird damit eine wirtschaftlichere Fundamentbreite als mit nur einem repräsentativen Wert bemessen.

Darüber hinaus liegen die Werte der repräsentativen Linie für einen Zusammenhang $c_u = 6 \cdot N$ in der Größenordnung von den im Rahmen der Erhebung angegebenen repräsentativen Werte der Kohäsion c_u. Für die Tiefe -2 m wurden z. B. Kohäsionswerte zwischen 120 kN/m² und 240 kN/m² von den europäischen Kollegen angegeben, während mit der repräsentativen Linie Werte in dieser Tiefe zwischen 132 kN/m² (Gleiten) und 137 kN/m² (Grundbruch) berechnet wurden. Die anderen Zusammenhänge zwischen c_u und N führten zu konservativen Fundamentbreiten, die meistens oberhalb der europäischen Antworten lagen.

Eine Bemessung im undränierten Zustand des Bodens nach den Empfehlungen aus dieser Arbeit liegt eher im konservativen Bereich der europäischen Erhebung. Dennoch ergeben sich für die Zusammenhänge $c_u = 6 \cdot N$ und $c_u = 5 \cdot N$ bei einigen europäischen Kollegen nahezu identische Fundamentbreiten zu den hier berechneten Fundamentbreiten (siehe b) in Bild 11.4).

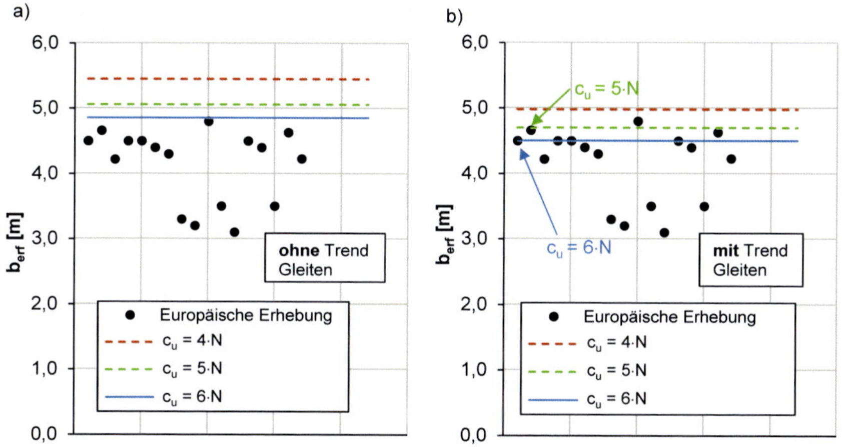

Bild 11.4: Berechnete Fundamentbreite für den Grenzzustand Gleiten für a) ohne Trend und b) mit Trend und für verschiedene Zusammenhänge zwischen c_u und der Schlagzahl N sowie die Ergebnisse der europäischen Erhebung in Anlehnung an Vogt (2010)

11.3 Bemessung einer Stützwand

Dieses Anwendungsbeispiel basiert auf den Vergleichsrechnungen in Schuppener (2014). Hierbei handelt es sich um ein mehrfach veröffentlichtes Beispiel einer Stützwand von Prof. A. Weißenbach, das z. B. in „Aktuelle Entwicklungen bei der Berechnung von Baugruben" des Arbeitskreises „Baugruben" der DGGT (2003) vorgestellt wurde. Dabei wird eine 8,0 m hohe verankerte Spundwand für den Grenzzustand des Versagens bodengestützter Wände durch Drehung (früher: Versagen des Erdwiderlagers) für die ständige Bemessungssituation BS-P bemessen. Für die Berechnung der Einbindetiefe wird als statisches System eine einfach gestützte, frei aufgelagerte Wand zugrunde gelegt, bei der die Ankerreihe auf der Höhe der Geländeoberkante angenommen wird. Eine Erddruckumlagerung nach EAB wird berücksichtigt, mit der sich ein konstanter Erddruck von der Oberkante der Spundwand bis zur Tiefe der Baugrubensohle (BGS) ergibt.

Auf der Geländeoberkante wird zudem eine veränderliche Einwirkung von 33 kN/m² angesetzt und die Bodenwichte beträgt 17 kN/m³.

Im Rahmen der Vergleichsrechnungen in Schuppener (2014) gab es keine Angaben über Feld- oder Laborversuche aus einer Baugrunduntersuchung oder über die Variabilität des Baugrunds. Es wurde lediglich die Einbindetiefe für eine Variation der repräsentativen Werte der Scherfestigkeitsparameter ermittelt. Für das Anwendungsbeispiel in diesem Kapitel wird zum Vergleich der Ergebnisse mit dem Nachweisverfahren MRFA und der Ergebnisse der Vergleichsrechnungen ein nichtbindiger Boden mit einem repräsentativen Reibungswinkel von 35° gewählt.

Wie bereits in dieser Arbeit erläutert wurde, gibt es einen repräsentativen Wert für den passiven Erddruck und einen für den aktiven Erddruck, da sich auf der passiven und der aktiven Seite Versagenskörper mit unterschiedlichen Geometrien bilden. Diese repräsentativen Werte hängen von der Variabilität der Kenngröße, der Anzahl der Proben und von Vorinformationen ab.

Um einen möglichen Bereich für die Bemessung mit MRFA darzustellen, werden repräsentative Reibungswinkel für den aktiven und den passiven Erddruck künstlich ermittelt. Hierfür wird zunächst der repräsentative Reibungswinkel für den aktiven Erddruck $\varphi_{a,rep}$ bei konstant 35° festgelegt und darauf basierend der repräsentative Reibungswinkel für den passiven Erddruck $\varphi_{p,rep}$ iterativ ermittelt. Zu Beginn wird eine Bemessung für $\varphi_{a,rep}$ = 35° und $\varphi_{p,k,0}$ = 35° durchgeführt, um die Einbindetiefe $t_{erf,0}$ und den Reduktionsfaktor $\Gamma_{a,0}$ zu ermitteln. Mithilfe des Reduktionfaktors $\Gamma_{a,0}$ wird ein Mittelwert $\mu_{\varphi,0}$ des Reibungswinkels aus dem repräsentativen Reibungswinkel für den aktiven Erddruck $\varphi_{a,rep}$ für einen bestimmten Variationskoeffizienten und die dazugehörige Mindestanzahl der Proben n berechnet. Der repräsentative Reibungswinkel für den passiven Erddruck $\varphi_{p,k,1}$ wird aus dem Mittelwert $\mu_{\varphi,0}$ für denselben Variationskoeffizienten und dieselbe Anzahl n ermittelt. Die Einbindetiefe wird neu für $\varphi_{p,rep,1}$ ermittelt. Es wird so vorgegangen bis der Unterschied zwischen der Eingangseinbindetiefe und der berechneten Einbindetiefe kleiner als 0,001 m betrug. Danach wird analog der repräsentative Reibungswinkel für den passiven Erddruck $\varphi_{p,rep}$ konstant bei 35° gehalten und der repräsentative Reibungswinkel für den aktiven Erddruck $\varphi_{a,rep}$ iterativ ermittelt. Tabelle 11.5 zeigt die Ergebnisse der repräsentativen Reibungswinkel und der erforderlichen Einbindetiefe für die unterschiedlichen Variationskoeffizienten.

Tabelle 11.5: Ergebnisse nach der iterativen Anpassung des Reibungswinkels und der Berechnung der erforderlichen Einbindetiefe t_{erf}

		Anpassung					
		passiver Reibungswinkel			**aktiver Reibungswinkel**		
n	**[-]**	3	5	10	3	5	10
V	**[%]**	5,0	10,0	15,0	5,0	10,0	15,0
Γ_p	**[-]**	0,74	0,73	0,72	0,75	0,76	0,77
Γ_a	**[-]**	0,42	0,42	0,42	0,42	0,43	0,43
$\varphi_{p,k}$	**[°]**	34,4	33,6	32,7	35,0	35,0	35,0
$\varphi_{a,k}$	**[°]**	35,0	35,0	35,0	35,7	36,6	37,8
t_{erf}	**[m]**	2,085	2,17	2,268	1,978	1,928	1,864

Für den Fall eines Variationskoeffizienten von 5 % und einer Anpassung des passiven Reibungswinkels ergibt sich eine erforderliche Einbindetiefe von 2,085 m. Gewählt wurde eine Einbindetiefe von 2,10 m, mit der der Nachweis im Grenzzustand des Versagens bodengestützter Wände durch Drehung nach dem Nachweisverfahren MRFA durchgeführt wird. Diesbezüglich ist anzumerken, dass die Wandreibungswinkel δ_a und δ_p mit Bemessungsgrößen abgeschätzt werden.

Grenzzustand des Versagens bodengestützter Wände durch Drehung:

$$\gamma_{g,Geo} = 1,00 \quad \gamma_{q,Geo} = 1,10 \quad \gamma_{Sd,Geo} = 1,20$$

$$\gamma_{\varphi'} = 1,10 \quad \gamma_{R,e} = 1,15$$

$$\varphi_{a,d} = arctan\left(\frac{tan\,35,0°}{1,10}\right) = 32,48°$$

$$\varphi_{p,d} = arctan\left(\frac{tan\,34,4°}{1,10}\right) = 31,85°$$

$$\delta_{a,d} = \frac{2}{3}\varphi_{a,d} = 21,65° \qquad \delta_{p,d} = -\varphi_{p,d} = -31,85°$$

$$\alpha = \beta = 0$$

$$K_{agh} = \left(\frac{cos(32,48° - 0)}{cos(0)\cdot\left(1 + \sqrt{\frac{sin(32,48° + 21,65°)\cdot cos(0 - 0)}{sin(32,48° - 0)\cdot cos(0 + 21,65°)}}\right)}\right)^2 = 0,251$$

$$K_{aph} = K_{agh}$$

$$K_{pgh} = cos(-31,85°)\cdot\frac{1 + sin\,31,85°}{1 - sin\,31,85°}\cdot\left(1 - 0,53\cdot(-31,85°)\cdot\frac{\pi}{180°}\right)^{0,2++5,96\cdot 31,85°\cdot\frac{\pi}{180°}} = 6,91$$

$$e_{agh,BGS,d} = 8,0 \cdot 17,0 \cdot 0,251 = 34,12\ kN/m^2$$

$$e_{agh,BGS,umgelagert,d} = 34,12 \cdot \frac{8,0}{2} \cdot \frac{1}{8,0} = 17,06\ kN/m^2$$

$$E_{agh,BGS,d} = 17,06 \cdot 8,0 = 136,47\ kN/m$$

$$h_{e_{agh,BGS}} = 4,0\ m$$

$$e_{agh,t,d} = 34,12 + 2,1 \cdot 17,0 \cdot 0,251 = 43,07\ kN/m^2$$

$$E_{agh,t,d} = \frac{(34,12 + 43,97)}{2} \cdot 2,1 = 81,05\ kN/m$$

$$h_{e_{agh,t}} = 8,0 + \left(2,1 - \frac{2,1}{3}\cdot\frac{2\cdot 34,12 + 43,07}{34,12 + 43,07}\right) = 9,08\ m$$

$$e_{aqh,t,d} = 1,10 \cdot 33,0 \cdot 0,251 = 9,11\ kN/m^2$$

$$E_{aqh,t,d} = 9{,}11 \cdot 10{,}1 = 92{,}02\ kN/m$$

$$h_{e_{aqh,t}} = \frac{10{,}1}{2} = 5{,}05\ m$$

$$E_d = B_{h,d} = \frac{1{,}20 \cdot (136{,}47 \cdot 4{,}0 + 81{,}05 \cdot 9{,}08 + 92{,}02 \cdot 5{,}05)}{8{,}0 + \frac{2}{3} \cdot 2{,}1} = 222{,}96\ kN/m$$

$$e_{pgh,t,d} = 2{,}1 \cdot 17{,}0 \cdot 6{,}91 = 246{,}7\ kN/m^2$$

$$R_{e,d} = \frac{E_{pgh,t,d}}{1{,}15} = \frac{1}{1{,}15} \cdot 246{,}7 \cdot \frac{2{,}1}{2} = 225{,}25\ kN/m$$

$$E_d = 222{,}96\ kN/m < R_{e,d} = 225{,}25\ kN/m$$

Bild 11.5 zeigt einen Vergleich der ermittelten Einbindetiefen mit den Einbindetiefen aus den Vergleichsrechnungen in Schuppener (2014). Der mögliche Bereich der Einbindetiefen nach MRFA liegt zwischen den Ergebnissen aus den Vergleichsrechnungen, sodass eine Bemessung mit dem Nachweisverfahren MRFA zusammen mit den Empfehlungen dieser Arbeit ein mittleres Sicherheitsniveau für die Bemessung im Grenzzustand des Versagens bodengestützter Wände durch Drehung darstellt.

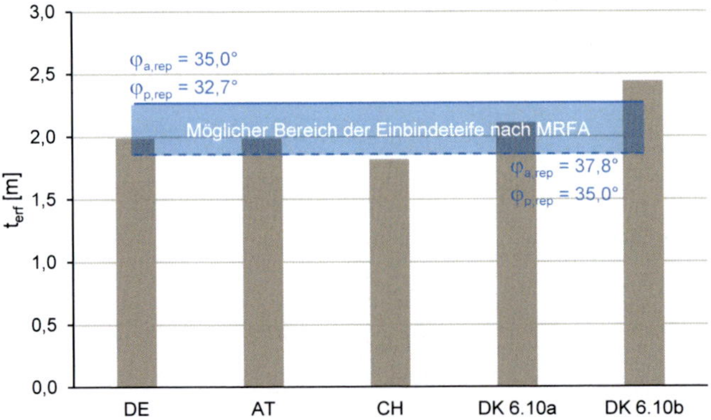

Bild 11.5: Ergebnisse der Vergleichsrechnungen mit den nationalen Regelungen aus einigen europäischen Ländern und die größte und kleinste Einbindetiefe nach dem Nachweisverfahren MRFA infolge der unterschiedlichen Variabilität des Bodens

11.4 Zusammenfassende Bewertung der Anwendungsbeispiele

Die vorgestellten Anwendungsbeispiele haben gezeigt, dass das empfohlene Verfahren zur Ermittlung von repräsentativen Werten der geotechnischen Kenngrößen im Vergleich zu den nationalen und internationalen Expertenmeinungen eher auf der sicheren Seite liegt. Eine

Bemessung mit diesem Verfahren zusammen mit den weiteren Empfehlungen aus Kapitel 10 führen zu einem geforderten Zuverlässigkeitsindex von 3,3 für eine Lebensdauer des Bauwerks von 50 Jahren, die im europäischen Vergleich im mittleren-oberen Bereich liegt.

Hinsichtlich einer Harmonisierung in Europa kann das Nachweisverfahren MRFA zusammen mit den empfohlenen Teilsicherheitsbeiwerten, den im Rahmen dieser Arbeit verwendeten Berechnungsmodellen und dem empfohlenen Verfahren zur Ermittlung von repräsentativen Werten der geotechnischen Kenngrößen als ein guter Kompromiss für die geotechnische Bemessung in Europa angesehen werden.

Des Weiteren wurde in den Anwendungsbeispielen gezeigt, wann die Faktorisierung der Parameter nach MRFA bei den entsprechenden Nachweisen stattfindet.

12 Zusammenfassung und Ausblick

12.1 Zusammenfassung

prEN 1997 erlaubt unterschiedliche Nachweisverfahren für die geotechnische Bemessung, die sich in verschiedenen europäischen Philosophien bei der Faktorisierung widerspiegeln. Die Nachweisverfahren unterscheiden sich darin, ob die Einwirkungen oder die Einwirkungen und die Beanspruchungen bzw. die geotechnischen Kenngrößen vor der Berechnung der Widerstände oder die Baugrundwiderstände faktorisiert werden. Zudem werden in prEN 1997-1 und prEN 1997-3 Teilsicherheitsbeiwerte und Verfahren zur Ermittlung von geotechnischen Einwirkungen (z. B. Erddruck) und Baugrundwiderstände (z. B. Korrekturbeiwerte für den Grundbruchwiderstand) empfohlen, die aber keinen normativen Charakter besitzen. Die CEN-Mitgliedsländer können daher national festlegen, welches Nachweisverfahren anzuwenden ist und ob sie den Empfehlungen in prEN 1997 folgen oder eigene Teilsicherheitsbeiwerte und Berechnungsverfahren festlegen. Dies führt zwangsläufig zu unterschiedlichen Sicherheits- bzw. Zuverlässigkeitsniveaus in Europa.

Des Weiteren wurde in Kapitel 2.4 sowie in den Vergleichsrechnungen in Schuppener (2014) gezeigt, dass die Festlegung der repräsentativen Werte der geotechnischen Kenngrößen ebenfalls eine starke Auswirkung auf das Sicherheitsniveau hat.

Im Rahmen der vorliegenden Arbeit wurde daher ein harmonisiertes Nachweisverfahren mit entsprechenden Teilsicherheitsbeiwerten und ein einheitliches Modell zur Ermittlung von repräsentativen geotechnischen Kenngrößen erarbeitet, mit denen die geotechnische Bemessung ein gefordertes Sicherheits- bzw. Zuverlässigkeitsniveau erfüllt.

Das erarbeitete Nachweisverfahren MRFA (*Material Resistance Factor Approach*) basiert auf den Grundgleichungen in prEN 1990, die Teilsicherheitsbeiwerte für jeden Parameter vorsehen. Die Einwirkungen, die Beanspruchungen, die geotechnischen Kenngrößen und die Baugrundwiderstände erhalten somit jeweils einen Teilsicherheitsbeiwert, der im Rahmen der vorliegenden Arbeit durch Zuverlässigkeitsberechnungen bestimmt wurde. Die repräsentativen Werte der geotechnischen Kenngrößen wurden dabei mit dem in Kapitel 6 erarbeiteten Modell festgelegt.

Das Modell zur Festlegung der repräsentativen geotechnischen Kenngrößen wurde anhand von umfangreichen Vergleichsrechnungen erarbeitet und basiert auf einem statistischen Modell, dem eine logarithmische Normalverteilung zugrunde legt. Für die Ermittlung des repräsentativen Werts sind der Mittelwert μ_{Total} und der gesamte Variationskoeffizient V_{Total} der geotechnischen Kenngröße erforderlich. In dem gesamten Variationskoeffizienten werden die statistische Unsicherheit, der Messfehler, die Variabilität des Baugrunds, ggf. die Transformationsunsicherheit sowie der Reduktionsfaktor Γ, der den günstigen Einfluss der räumlichen Mittelung im

Grenzzustand abbildet, berücksichtigt. Dadurch werden die Forderungen aus prEN 1997 an einer vorsichtigen Abschätzung und der Berücksichtigung des Grenzzustands zur Festlegung der repräsentativen Werte erfüllt. Hierbei wird ein 95%iger Vertrauensbereich bei der Ermittlung des repräsentativen Werts für den Reibungswinkel φ‘ berücksichtigt. Für die Kohäsion c‘ im dränierten Zustand und die Kohäsion c_u im undränierten Zustand wurden größere Vertrauensbereiche festgelegt, um die größere Streuung der Kohäsion im Vergleich zum Reibungswinkel zu berücksichtigen.

Im Rahmen der vorliegenden Arbeit wurde der Reduktionsfaktor nach dem Funktionstyp I (dreiecksförmige Funktion) aus Vanmarcke (1984) ermittelt. Dafür sind die Geometrie des Versagenskörper in horizontaler und vertikaler Richtung als Mittelungslängen $D_{x,h}$, $D_{y,h}$ und $D_{z,v}$ sowie die entsprechenden Korrelationslängen θ_h und θ_v erforderlich. Die Korrelationslänge ist ein Maß zur Beschreibung der Variabilität und gibt die Entfernung zwischen zwei Stellen, bei der die Baugrundeigenschaften stark korreliert sind. In vertikaler Richtung ist sie kleiner als in horizontaler Richtung, was auf eine stärkere Streuung in vertikaler als in horizontaler Richtung hindeutet. Bei den Zuverlässigkeitsberechnungen wurden die Empfehlungen für die Korrelationslängen von θ_h = 50 m und θ_v =2 m nach Schneider & Schneider (2013) angesetzt.

Das Modell zur Festlegung der repräsentativen Werte geotechnischer Kenngrößen berücksichtigt auch Vorinformationen und/oder eine vorhandene Erfahrung mit dem Baugrund über die Aktualisierung des Mittelwerts und des Variationskoeffizienten mit den in Kapitel 10.3 empfohlenen Gleichungen. Durch diesen zusätzlichen Informationsgewinn lassen sich zuverlässigere repräsentativen Werte ermitteln. Das erarbeitete Modell gilt, wenn kein Trend der geotechnischen Kenngröße identifiziert wird. Für den Fall eines Trends der geotechnischen Kenngröße wird in der vorliegenden Arbeit auch eine Empfehlung basierend auf demselben statistischen Modell gegeben, das die Ermittlung einer repräsentativen Linie vorsieht.

Im Anschluss an die Ermittlung eines einheitlichen Modells zur Ermittlung der repräsentativen geotechnischen Kenngrößen sowie eines harmonisierten Nachweisverfahrens wurden die entsprechenden Teilsicherheitsbeiwerte anhand von Zuverlässigkeitsberechnungen bestimmt. Hierfür wurden bei den Zuverlässigkeitsberechnungen neben der Variabilität der geotechnischen Kenngrößen die Modellunsicherheit anhand von stochastischen Parametern – wie dem Mittelwert und der Standardabweichung – für angenommene Verteilungstypen modelliert. Zur Ermittlung dieser Parameter und Abschätzung des Verteilungstyps wurde zuvor eine statistische Auswertung der Modellunsicherheit – auch Modellfaktor genannt – für einige geotechnischen Berechnungsmodelle durchgeführt. Im Rahmen der vorliegenden Arbeit wurden für den Gleitwiderstand das Modell in prEN 1997, für den Grundbruchwiderstand das Modell in DIN 4017, für den Erddruck die Modelle in DIN 4085 und für die Berechnung eingespannter Wände der Ansatz nach Blum (1931) verwendet. Die ermittelten stochastischen Parameter und die anschließend ermittelten Teilsicherheitsbeiwerte gelten nur für die Berechnung mit diesen Modellen.

Im Rahmen der vorliegenden Arbeit wurden keine typischen Zuverlässigkeitsberechnungen vorgenommen, bei denen die geometrischen Größen des Bauteils – z. B. die Fundamentbreite – als feste Größe berücksichtigt wurde und den Zuverlässigkeitsindex β bzw. die Versagenswahrscheinlichkeit p_f unter Berücksichtigung der Streuung der geotechnischen Kenngrößen und der Einwirkungen ermittelt wurde.

Bei den durchgeführten Zuverlässigkeitsberechnungen wurden hingegen die geometrischen Größen in Abhängigkeit von zufällig erzeugten Versuchswerten für die Scherfestigkeit, den verwendeten Modellen und den zu untersuchenden Teilsicherheitsbeiwerten ermittelt. Aufgrund dieser Einflüsse, insbesondere der zufälligen Werte der Scherfestigkeit, ergaben sich unterschiedliche geometrische Abmessungen, die bei den Zuverlässigkeitsberechnungen als eine Zufallsvariable mit einem Mittelwert und einer Standardabweichung abgebildet wurden. Da in der geometrischen Größe die Einflüsse des Bemessungsprozesses enthalten sind, kann der Zuverlässigkeitsindex als ein Index für die geotechnische Bemessung des Bauwerks betrachtet werden.

Im Rahmen der Zuverlässigkeitsberechnungen wurden als Berechnungsmethoden die Zuverlässigkeitsmethode zweiter Ordnung (SORM) und in einigen Fällen eine Monte-Carlo-Simulation mit Adaptive-Sampling (MCS-AS) verwendet. Der Zielwert für den Zuverlässigkeitsindex β_{Ziel} wurde für eine mittlere Schadensfolge mit mittleren Kosten der Sicherheitsmaßnahmen für einen Bezugszeitraum von 50 Jahren nach JCSS (Joint Committee on Structural Safety) mit $\beta = 3{,}3$ ($p_f \approx 10^{-5}$) festgelegt.

Das Ergebnis der Zuverlässigkeitsberechnungen ist eine Kombination von Teilsicherheitsbeiwerten, mit der mindestens der Zielwert der Zuverlässigkeit erreicht wird. Die Teilsicherheitsbeiwerte wurden bei den Berechnungen um eine festgelegte Spannbreite variiert, die anhand von Angaben aus der Literatur, der statistischen Auswertung der Modellunsicherheit sowie aus dem Vergleich mit den aktuell verwendeten Beiwerten in Europa ermittelt wurde. Um zuverlässige und allgemeingültige Teilsicherheitsbeiwerte empfehlen zu können, wurden Berechnungen und Parametervariationen für eine Bemessung unterschiedlicher geotechnischer Bauwerke in den Grenzzuständen Gleiten, Grundbruch und Versagen bodengestützter Wände durch Drehung (früher Versagen des Erdwiderlagers) durchgeführt. Bei den beiden ersten Grenzzuständen wurden sowohl ein dränierter als auch ein undränierter Zustand des Bodens berücksichtigt. Zudem wurden bei den Berechnungen die unterschiedlichen Variabilitäten der geotechnischen Kenngrößen untersucht.

Die maßgebende Kombination von Teilsicherheitsbeiwerten wurde für die unterschiedlichen Variabilitäten der geotechnischen Kenngrößen bestimmt. Auf der sicheren Seite wurden Teilsicherheitsbeiwerte vorgeschlagen, die sich für die kritischsten untersuchten Fälle und die maßgebende Variabilität des Baugrunds ergaben. Zudem wurde eine Mindestanzahl n der Erkundungsproben bzw. Versuchswerte für die Ermittlung des repräsentativen Werts festgelegt, auf der die ermittelten Teilsicherheitsbeiwerte basieren.

Das erarbeitete Nachweisverfahren MRFA, das erarbeitete Modell zur Ermittlung repräsentativen geotechnischen Kenngrößen und die ermittelten Teilsicherheitsbeiwerte sind im Rahmen einer Empfehlung in Kapitel 10 zusammengefasst. Zur Validierung wurde eine Bemessung nach den Empfehlungen für ausgewählte Anwendungsbeispiele durchgeführt. Die Bemessungsergebnisse wurden anschließend mit den Ergebnissen europäischer Kollegen bzw. Experten verglichen. Es wurde gezeigt, dass die Ergebnisse der europäischen Kollegen stark streuen und eine Bemessung nach den Empfehlungen im mittleren bis oberen Bereich der europäischen Spannbreite liegt. Daher kann das Nachweisverfahren MRFA zusammen mit den empfohlenen Teilsicherheitsbeiwerten und dem empfohlenen Modell zur Ermittlung repräsentativer Werte der geotechnischen Kenngrößen als ein guter Kompromiss für eine harmonisierte geotechnische Bemessung in Europa vorgeschlagen werden.

Widerstand kann von den europäischen Kollegen in Bezug auf die Tatsache kommen, dass durch die Abhängigkeit des repräsentativen Werts von der geometrischen Größe des Bauteils der Bemessungsprozess ein iterativer Prozess ist. Die Ermittlung der repräsentativen Werte wird dabei als Teil des Bemessungsprozesses berücksichtigt. Die Anwendungsbeispiele haben gezeigt, dass nicht viele Iterationsschritte notwendig sind. Außerdem kann die Schnittstelle Ermittlung der repräsentativen Werte und Bemessung des Bauteils in die Bemessungsprogrammen implementiert werden, sodass der iterative Prozess mit den aktuellen hohen Rechenleistungen keinen großen Aufwand darstellt. Die aktuelle Schnittstelle zwischen der Ermittlung der repräsentativen Werte und der Bemessung des Bauteils wird nicht mehr vorhanden sein, was automatisch zu einer zuverlässigen Bemessung führt.

12.2 Ausblick

Das Nachweisverfahren MRFA und das Modell zur Ermittlung von repräsentativen geotechnischen Kenngrößen wurden allgemeingültig konzipiert, sodass sie für alle Schadenfolgeklassen, Bemessungssituationen und geotechnischen Grenzzustände angewendet werden kann.

Die im Rahmen der vorliegenden Forschungsarbeit ermittelten Teilsicherheitsbeiwerte konzentrieren sich auf eine nichtlineare Abhängigkeit zwischen Einwirkungen und Widerständen, da hier die größten Unterschiede in der Faktorisierung der Parameter und der Höhe der Teilsicherheitsbeiwerte zwischen den CEN-Mitgliedsländern bestehen. Ergänzend wird empfohlen, für Grenzzustände mit einer linearen bzw. keiner Abhängigkeit zwischen Einwirkungen und Widerständen Zuverlässigkeitsberechnungen durchzuführen, die auf den aktuell in den CEN-Mitgliedsländern gültigen Teilsicherheitsbeiwerten und dem in dieser Forschungsarbeit empfohlenen Zuverlässigkeitsniveau basieren. Hierfür sind Berechnungsmodelle für die Baugrundwiderstände und ggf. geotechnischen Einwirkungen vorzuschlagen, auf denen die Zuverlässigkeitsberechnungen beruhen.

Darüber hinaus machen die meisten CEN-Mitgliedsländer keine Differenzierung des Zuverlässigkeitsniveaus, sodass die ständige Bemessungssituation BS-P bzw. eine mittlere Schadensfolgeklasse CC2 nach prEN 1990 als maßgebliches Zuverlässigkeitsniveau angesehen werden kann. Die in dieser Forschungsarbeit ermittelte Teilsicherheitsbeiwerte gelten für ebendiese Bemessungssituation bzw. Schadensfolgeklasse. In dieser Hinsicht sind weitere Zuverlässigkeitsberechnungen zur Ermittlung von Teilsicherheitsbeiwerten für andere Schadensfolgeklassen oder Bemessungssituationen durchzuführen, um das ausgearbeitete Bemessungsverfahren zu ergänzen. Diesbezüglich bleibt noch zu klären, welcher der geforderte Zielwert der Zuverlässigkeit sein soll, ob nur einzelne oder alle Teilsicherheitsbeiwerte durch die K-Faktoren für das jeweilige Zuverlässigkeitsniveau angepasst werden sollen sowie ob sich die von der Variabilität des Baugrunds abhängige Mindestanzahl n der Versuchswerte verändert oder nicht.

Zusätzlicher Forschungsbedarf besteht ebenfalls in der Weiterentwicklung des Modells zur Ermittlung der repräsentativen Werte von geotechnischen Kenngrößen auf Kenngrößen von Festgestein und auf andere tiefen- bzw. spannungsabhängige Kenngrößen (wie z. B. Spitzenwiderstand oder E-Modul). Hierbei sind z. B. die Bestimmung der t-Faktoren und der Mindestwerte für die Variationskoeffizienten kenngrößenspezifisch durchzuführen.

Aus Tabelle 12.1 ist der weiterführende Forschungsbedarf dargestellt.

Tabelle 12.1: Ausblick für den weiterführenden Forschungsbedarf

Bereich		**Anmerkung**
geot. Einwirkung / Baugrundwiderstand im Grenzustand	Gleitwiderstand	Empfehlungen aus Kap. 10 zu verwenden
	Grundbruchwiderstand	Empfehlungen aus Kap. 10 zu verwenden
	passiver / aktiver Erddruck	Empfehlungen aus Kap. 10 zu verwenden, ergänzende Zuverlässigkeitsberechnungen für horizontal belastete Pfähle zur Überprüfung des empfohlenen Teilsicherheitsbeiwerts für den Erdwiderstand
	Spitzendruck und Pfahlmantelreibung	Ergänzende Zuverlässigkeitsberechnungen für vertikal belastete Pfähle
	Herausziehwiderstand	Ergänzende Zuverlässigkeitsberechnungen für Ankern
	Scherfestigkeit bei der Gesamtstandsicherheit	Ergänzende Zuverlässigkeitsberechnungen für die Gesamtstandsicherheit
Differenzierung der Zuverlässigkeit	Schadensfolgeklasse	Festlegung des Zuverlässigkeitsniveaus für CC1 und CC3 und weitere Zuverlässigkeitsberechnungen zur Ermittlung der K_F- und K_M-Faktoren
	Bemessungsistuationen	Festlegung des Zuverlässigkeitsniveaus für BS-T und weitere Zuverlässigkeitsberechnungen zur Ermittlung des K_{tr}-Faktors
Modell zur Ermittlung von repräsentativen geot. Kenngrößen	Schätzung als oberer Wert	Modell für die Schätzung des repräsentativen Werts als oberer Wert ergänzen.
	tiefen- bzw. spannungsabhängig	Modell mit Kenngrößen von Festgestein und anderen tiefen- bzw. spannungsabhängigen Kenngrößen ergänzen.

Literaturverzeichnis

Ahn, S., Fessler, J. A. (2003): Standard errors of mean, variance and standard deviation estimators. EECS Department, The University of Michigan, Technical Report 413.

Akbas, S. O., Kulhawy, F. H. (2010): Characterization and Estimation of Geotechnical Variability in Ankara Clay – A Case History. Geotechnical and Geological Engineering 28, No. 5, S. 619-631.

Ang, A. H.-S., Tang, W. H. (1975): Probability concepts in engineering planning and design. Wiley, New York.

Baecher, G. B. (1983): Simplified Geotechnical Data Analysis. In Thoft-Christensen, P. (Hrsg.): Reliability Theory and Its Application in Structural and Soil Mechanics, S. 257-277.

Baecher, G. B. (1984): Just a Few More Tests and We'll be Sure! In Bowles D. S., Ko H. Y. (Hrsg.): Probabilistic characterization of Soil Properties - Bridge Between Theory and Practice, S. 1-18.

Baecher, G. B. (1986): Geotechnical Error Analysis. Transportation research record 1105, S. 23-31.

Baecher, G. B., Christian, J. T. (2003): Reliability and Statistics in Geotechnical Engineering. John Wiley & Sons, New York.

Bauduin, C. (2001): Ermittlung charakteristischer Werte. In Smoltczykc, U. (Hrsg.): Grundbau-Taschenbuch, Teil 1: Geotechnische Grundlagen, 6. Auflage, Ernst & Sohn, S. 17-47.

Becker, D. E. (1996a): Eighteenth Canadian Geotechnical Colloquium – Limit States Design For Foundations. Part I. An overview of the foundation design process. Canadian Geotechnical Journal, Vol. 33, S. 956-983.

Benjamin, J. R., Cornell, C. A. (1970): Probability, statistics, and decision for civil engineers. McGraw-Hill, New York.

Bishop, A. W. (1955): The use of slip circles in the stability analysis of earth slopes. Géotechnique 5, No. 1, S. 7-17.

Bjerrum, L. (1972): Embankments on soft ground – State-of-the-art report. Specialty Conference on Performance of Earth and Earth-Supported Structures, ASCE, Lafayette, S. 1-54.

Bjerrum, L. (1973): Problems of soil mechanics and construction on soft clays. 8th International Conference on Soil Mechanics and Foundation Engineering, Moskau, S. 111-159.

Blum, H. (1931): Einspannungsverhältnisse bei Bohlwerken. Wilhelm Ernst & Sohn, Berlin.

Böckmann, J. (2012): Probabilistische Analyse der Zuverlässigkeit von Ufereinfassungen aus Stahlbeton-Schlitzwänden. Berichte des Instituts für Massivbau der Leibniz Universität Hannover, Heft 8.

Bond, A. (2011): A procedure for determining the characteristic value of a geotechnical parameter. In Vogt et al. (Hrsg.): ISGSR 2011, Geotechnical Safety and Risk, S. 419-426.

Bond, A., Harris, A. (2008): Decoding Eurocode 7. Taylor & Francis, London and New York.

Böttger, W. (1980): Zu den Neigungsbeiwerten bei Grundbruchberechnungen von schräg belasteten Flachgründungen nach DIN 4017, Teil 2, Geotechnik 3, Heft 3, S. 137-139.

Braml, T., Wurzer, O. (2012): Probabilistische Berechnungsverfahren als zusätzlicher Baustein der ganzheitlichen Bewertung von Brücken im Bestand. Beton- und Stahlbetonbau 107, Heft 10, S. 654-668.

Breitschaft, G., Hanisch, J. (1978): Neues Sicherheitskonzept im Bauwesen aufgrund wahrscheinlichkeitstheoretischer Überlegungen – Folgerungen für den Grundbau unter Einbeziehung der Probenahme und der Versuchsauswertung. Hrsg.: Deutsche Gesellschaft für Erd- und Grundbau e.V. (DGEG), Essen, Vorträge der Baugrundtagung, Berlin, S. 659-694.

Brinch Hansen, J. (1956): Limit design and safety factors in soil mechanics. Bulletin No. 1, Geoteknisk Institut, Copenhagen.

Brinch Hansen, J. (1959): Definition und Größe des Sicherheitsgrades im Erd- und Grundbau. Der Bauingenieur 34, Heft 3, S. 87-89.

Caquot, A., Kérisel, J. (1956): Traité de Mécanique des Sols, Gauthier-Villars, Paris.

Castrup, H.T. (2004): Estimating and Combining Uncertainties. Proceedings of the 8th Annual ITEA Instrumentation Workshop, Lancaster.
URL: http://www.isgmax.com/Articles_Papers/Estimating%20and%20Combining%20Uncertainties.pdf (Stand: 04.10.2018)

Cherubini, C. (1997): Data and Consideration on the Variability of Geotechnical Properties of Soils. In Guedes Soares, C. (Hrsg.): Proceedings of the International Conference on Safety and Reliability (ESREL) 97, Vol. 2, S. 1583-1591.

Christian, J. T, Baecher, G. B. (1999): Point-Estimate Method as Numerical Quadrature. Journal of Geotechnical and Geoenvironmental Engineering 125, No. 9, S 779-786.

Cornell, C.A. (1969): Structural Safety Specifications Based on Second-Moment Reliability Analysis. IABSE Symposium on Concepts of Safety and Methods of Design, London, S. 235-245.

Coulomb, C. A. (1773): Essai sur une application des règles de maximis et minimis à quelques problemes de statique relatifs à l'architecture. M'em. Acad. Roy. Sciences, Paris, Vol. 7, S. 343-382.

Dasaka, S. M. (2005): Probabilistic Site Characterization and Reliability Analysis of Shallow Foundations and Slopes. Doctoral Thesis at the Department of Civil Engineering, Indian Institute of Science, Bangalore.

DeGroot, D.J., Baecher, G.B. (1993): Estimating Autocovariance of In-Situ Soil Properties. Journal of Geotechnical Engineering 119, No. 1, S. 147–166.

Der Kiureghian, A., Lin, H. Z., Hwang, S. J. (1987): Second-Order Reliability Approximations. Journal of Engineering Mechanics, ASCE 113, No. 8, S. 1208-1225.

Ditlevsen, O. (1983): Basic Reliability Concepts. In Thoft-Christensen, P. (Hrsg.): Reliability Theory and Its Application in Structural and Soil Mechanics, S. 1-55.

Duncan, J. M. (2000): Factor of Safety and Reliability in Geotechnical Engineering. Journal of Geotechnical and Geoenvironmental Engineering 126, No. 4, S. 307-316.

Ellingwood, B., Galambos, T. V., MacGregor, J.G., Cornell, C.A. (1980): Development of a probability-based load criterion for American National Standard A58 – Building code requirements for minimum design loads in building and other structures. Special Publication 577, National Bureau of Standards, Washington, D.C.

El-Ramly, H., Morgenstern, N. R., Cruden, D. M. (2003): Probabilistic stability analysis of a tailings dyke on presheared clay-shale. Canadian Geotechnical Journal, Vol. 40, S. 956-968.

Engel, J. (2012): Geotechnik. In Goris, A. (Hrsg.): Bautabellen für Ingenieure – mit Berechnungshinweisen und Beispielen, 20. Auflage, Werner Verlag, S. 11.1 – 11.96.

Favre, J. L. (1998): Errors in geotechnics and their impact on safety. Computer and Structures 67, S. 37-45.

Fellin, W., Berghamer, S., Renk, D. (2009): Konfidenzgrenzen der Scherfestigkeit als Grundlage zur Festlegung charakteristischer Scherparameter. Geotechnik 32, Heft 1, S. 30-36.

Fenton, G. A., Griffiths, D. V. (2008): Risk Assessment in Geotechnical Engineering. John Wiley & Sons, New Jersey.

Fenton, G. A., Griffiths, D. V., Williams, M. B. (2005): Reliability of traditional retaining wall design. Géotechnique 55, No. 1, S. 55-62.

Fenton, G. A., Vanmarcke, E. H. (1991): Spatial variation in liquefaction risk assessment, Geotechnical Engineering Congress. Geotechnical Special Publication No. 27, American Society of Civil Engineers, Volume 1, S. 594 – 607.

Fischer, L. (1999): Sicherheitskonzept für neue Normen – ENV und DIN - neu, Grundlagen und Hintergrundinformationen, Teil 9: Einführung in die Zuverlässigkeitstheorie tragender Baukonstruktionen. Bautechnik 76, Heft 10, S. 921-932.

Forrest, W. S., Orr, T. L. L. (2011a): Reliability of shallow foundations designed to Eurocode 7. Georisk: Assessment and Management of Risk for Engineered Systems and Geohazards, Vol. 4, No. 4, S. 186-207.

Forrest, W. S., Orr, T. L. L. (2011b): The Effect of Model Uncertainty on the Reliability of Spread Foundations. In Vogt et al. (Hrsg.): ISGSR 2011, Geotechnical Safety and Risk, S. 401-408.

Frank, R., Bauduin, C., Driscoll, R., Kavvadas, M., Krebs Ovesen, N., Orr, T., Schuppener, B. (2004): Designer's guide to EN 1997-1 Eurocode 7: Geotechnical design – General rules. Thomas Telford, London.

Fröhlich, O.K. (1934): Druckverteilung im Baugrunde. Springer-Verlag, Wien.

Griffiths, D. V., Fenton, G. A., Tveten, D. E. (2002): Probabilistic Geotechnical Analysis – How difficult does it need to be? International Conference on Probabilistics in Geotechnics, S. 3-20.

Hanisch, J., Struck, W. (1985): Charakteristischer Wert einer Boden- oder Materialeigenschaft aus Stichprobenergebnissen und zusätzlicher Information. Bautechnik 62, Heft 10, S. 338-348.

Hansen, M. (2004): Zur Auswirkung von Überwachungsmaßnahmen auf die Zuverlässigkeit von Betonbauteilen. Dissertation, Institut für Massivbau der Universität Hannover.

Harr, M. E. (1984): Reliability-based design in civil engineering. 20th Henry M. Shaw Lecture, Department of Civil Engineering, North Carolina State University, Raleigh, N.C.

Harr, M. E. (1987): Reliability-based design in civil engineering. Mc Graw Hill Book Company, N. Y.

Hasofer, A. M., Lind, N. C. (1974): Exact and Invariant Second-Moment Code Format. Journal of the Engineering Mechanics Division, ASCE 100, No. 1, S.111-121.

Haubrichs, K. (1993): Widerstand eines dicht gelagerten Sandes gegen Beanspruchungen infolge ausmittig-schräg oder exzentrisch belasteter starrer Einzelfundamente, Mitteilungen aus dem Fachgebiet Grundbau und Bodenmechanik. Hrsg.: Prof. Dr.-Ing. H. NENDZA, Universität-GH Essen, Heft 18.

Honjo, Y. (2008): Monte Carlo simulation in realibility analysis. In Phoon, K. K. (Hrsg.): Reliabilty-based Design in Geotechnical Engineering – Computations and Applications, Taylor & Francis, London and New York, S. 169-191.

Honjo, Y. (2011): Challenges in Geotechnical Reliability Based Design. In Vogt et al. (Hrsg.): ISGSR 2011, Geotechnical Safety and Risk, S. 11-27.

Honjo, Y., Kuroda, K (1991): A new look at fluctuating geotechnical data for reliability design. Soils and Foundations 31, No. 1, S. 110-120.

Huber, M. (2013): Soil variability and its consequences in geotechnical engineering. Mitteilung des Instituts für Geotechnik der Universität Stuttgart, Heft 69.

Jaksa, M.B. (2013): Assessing soil correlation distances and fractal behavior. Foundation Engineering in the Face of Uncertainty – Honoring Fred H. Kulhawy, S. 405-420.

Jones, A. L., Kramer, S. L., Arduino, P. (2002): Estimation of Uncertainty in Geotechnical Properties for Performance-Based Earthquake Engineering. Pacific Earthquake Engineering Research Center, Berkeley, PEER Report 2002/16.

Katzenbach, R., Leppla, S., Seip, M. (2015): Risk Management and Risk Communication in Geotechnical Engineering by Independent Peer Review and Special Technical Solutions. In Schweckendiek et al. (Hrsg.): ISGSR 2015, Geotechnical Safety and Risk V, S. 76-87.

Keaveny, J. M., Nadim, F., Lacasse, S. (1989): Autocorrelation Functions for Offshore Geotechnical Data. Proceedings of the 5th International Conference on Structural Safety and Reliability, S. 263-270.

Kiekbusch, M. (2003): Realistische Scherparameter durch methodische Auswertung von Datenbanken. In Ziegler, M (Hrsg.): Beiträge zum Workshop Stochastische Prozesse in der Geotechnik, Schriftenreihe Geotechnik im Bauwesen, Heft 1, S. 137-150.

Kruse, B. (2003): Status quo bei der Festlegung charakteristischer Werte von Bodenkenngrößen. In Ziegler, M (Hrsg.): Beiträge zum Workshop Stochastische Prozesse in der Geotechnik, Schriftenreihe Geotechnik im Bauwesen, Heft 1, S. 45-55.

Kulhawy, F. H. (1992): On the evaluation of soil properties. In Seed, R. B., Boulanger, R. W. (Hrsg.): Stability and performance of slopes and embankments II, Geotechnical special publication No. 31, ASCE, S. 95-115.

Kulhawy, F. H., Birgisson, B., Grigoriu, M. D. (1992): Reliability-based foundation design for transmission line structures - transformation models for in situ tests. Electric Power Research Institute, Palo Alto, California, Report EL-5507(4).

Kunz, C. (2015): Ein Konzept für Teilsicherheitsbeiwerte für bestehende Wasserbauwerke. Bautechnik 92, Heft 8, S. 549-556.

Lacasse, S., Nadim, F. (1997): Uncertainties in Characterizing Soil Properties. Norwegian Geotechnical Institute, Vol. 201, S. 49-75.

Lackner, E. (1950): Berechnung mehrfach gestützter Wände. Ernst & Sohn, Berlin.

Leussink, H. (1942): Der Sicherheitsgrad im Grund- und Erdbau. Die Bautechnik 20, Heft 33, S. 297-302.

Li, D. Q., Tang, X. S. (2015): Modeling and simulation of bivariate distribution of shear strength parameters using copulas. In Phoon, K. K., Ching, J. (Hrsg.): Risk and Reliability in Geotechnical Engineering, Taylor & Francis Group, S. 77-128.

Lind, N. C. (1979): Optimization, Cost-Benefit Analysis, Specifications. Proceedings of the 3rd International Conference on Applications of Statistics and Probability in Soil and Structural Engineering, Vol. 3, S. 373-384.

Lind, N. C. (1983): Structural Quality and Human Error. In Thoft-Christensen, P. (Hrsg.): Reliability Theory and Its Application in Structural and Soil Mechanics, S. 225-235.

Lo, R. S., Li, K. S. V. (2007): Characteristic and design soil parameters – use of statistics. Proceedings of the Institution of Civil Engineers - Geotechnical Engineering, Vol. 160, Issue 3, S. 141-146.

Low, B. K., Tang, W. H. (1997): Efficient reliability evaluation using spreadsheets. Journal of Engineering Mechanics, ASCE 127, No. 7, S. 749-752.

Lumb, P. (1970): Safety factors and the probability distribution of soil strength. Canadian Geotechnical Journal, Vol. 7, S. 225-242.

Maaß, G. (1978): Statistische Untersuchungen von geometrischen Abweichungen an ausgeführten Stahlbetonbauteilen. Teil 2, Berichte zur Zuverlässigkeitstheorie der Bauwerke, Heft 28.

Mašín, D. (2015): The influence of experimental and sampling uncertainties on the probability of unsatisfactory performance in geotechnical applications. Géotechnique 65, No. 11, S. 897-910.

Melchers, R. E. (1983): Human error in structural reliability – Recent research results. In Thoft-Christensen, P. (Hrsg.): Reliability Theory and Its Application in Structural and Soil Mechanics, S. 453-464.

Minty, E. J., Smith, R. B., Pratt, D. N. (1979): Interlaboratory testing variability assessed for a wide range of New South Wales soil types. Proceedings of the 3rd International Conference on Applications of Statistics and Probability in Soil and Structural Engineering, Sydney, Vol. 1, S. 221-235.

Miranda, T., Gomes Correia, A., Ribeiro e Sousa, L. (2009): Bayesian methodology for updating geomechanical parameters and uncertainty quantification. International Journal of Rock Mechanics & Mining Sciences 46, Issue 7, S. 1144-1153.

Möller, B., Beer, M., Graf, W., Hoffmann, A., Sickert, J. U. (2000): Modellierung von Unschärfe im Ingenieurbau. Bauinformatik Journal 3, S. 21-25.

Moormann, C. (2002): Trag- und Verformungsverhalten tiefer Baugruben in bindigen Böden unter besonderer Berücksichtigung der Baugrund-Tragwerk- und der Baugrund-Grundwasser-Interaktion. Mitteilung des Institutes und der Versuchsanstalt für Geotechnik der Technischen Universität Darmstadt, Heft 59.

Muhs, H. (1971): Untersuchung von Grenztragfähigkeit nichtbindiger Böden bei lotrechter Belastung, Degebo-Mitteilungen, Heft 27, Berlin.

Muhs, H., Weiß, K. (1972): Der Einflus von Neigung und Ausmittigkeit der Last auf die Grenztragfähigkeit flach gegründeter Einzelfundamente, Berichte aus der Bauforschung, Heft 73, Berlin, München, Düsseldorf.

Nadim, F. (2015): Accounting for Uncertainty and Variability in Geotechnical Characterization of Offshore Sites. In Schweckendiek et al. (Hrsg.): ISGSR 2015, Geotechnical Safety and Risk V, S. 23-35.

O'Connor, A. J. (2001): Probabilistic Traffic Load Modelling for Highway Bridges. Doctoral Thesis, Trinity College, Dublin.

Onyejekwe, S., Ge, L. (2013): Scale of fluctuation of geotechnical parameters estimated from CPTu and Laboratory Test Data. Foundation Engineering in the Face of Uncertainty – Honoring Fred H. Kulhawy, S. 434-443.

Orchant, C. J., Kulhawy, F. H., Trautmann, C. H. (1988): Reliability-based foundation design for transmission line structures: critical evaluation of in situ test methods. Electric Power Research Institute, Palo Alto, California, Report EL-5507(2).

Orr, T. L. L. (2015): Managing risk and achieving reliable geotechnical designs using Eurocode 7. In Phoon, K. K., Ching, J. (Hrsg.): Risk and Reliability in Geotechnical Engineering, Taylor & Francis Group, S. 395-433.

Ozaki, R., Nagao, T., Shibasaki, R. (2005): Level I reliability-based design method for port and harbor facilities under ordinal conditions for minimization of expected total cost. Proceedings of the 9th International Conference on Structural Safety and Reliability, Rome, S. 1285-1292.

Phoon, K. K. (2008): Numerical recipes for reliability analysis – a primer. In Phoon, K. K. (Hrsg.): Reliabilty-based Design in Geotechnical Engineering – Computations and Applications, Taylor & Francis, London and New York.

Phoon, K. K., Kulhawy F. H. (1999a): Characterization of geotechnical variability. Canadian Geotechnical Journal, Vol. 36, S. 612-624.

Phoon, K. K., Kulhawy F. H. (1999b): Evaluation of geotechnical property variability. Canadian Geotechnical Journal, Vol. 36, S. 625-639.

Phoon, K. K., Kulhawy, F. H., Grigoriu, M. D. (1995): Reliability-based foundation design for transmission line structures. Electric Power Research Institute, Palo Alto, California, Report TR-105000.

Pieczyńska-Kozłowska, J. (2015): Comparison Between Two Methods for Estimating the Vertical Scale of Fluctuation for Modelling Random Geotechnical Problems – Technical Note. Studia Geotechnica et Mechanica, Vol. 37, No. 4, S. 95-103.

Pottharst, R. (1977): Zur Wahl eines einheitlichen Sicherheitskonzepts für den konstruktiven Ingenieurbau, Mitteilungen aus dem Institut für Massivbau der Technischen Hochschule Darmstadt, Heft 22

Prandtl, L. (1920): Über die Härte plastischer Körper. In: Nachrichten von der Königlichen Gesellschaft der Wissenschaftler zu Göttingen.

Pregl, O. (1985): Determination of stability characteristics. Proceedings of the 11th International Conference on Soil Mechanics and Foundation Engineering, San Francisco, Volume 4, S. 2227 - 2230.

Pregl, O. (2002): Bemessung von Stützbauwerken. Handbuch der Geotechnik, Band 16, Eigenverlag des Instituts für Geotechnik, Universität für Bodenkultur, Wien.

Proske, D. (2015): Zur Unsicherheit der Abschätzung natürlicher Einwirkungen. Bautechnik 92, Heft. 12, S. 854-859.

Pula, W. (2007): On some Aspects of Reliability Computations in Bearing Capacity of Shallow Foundations. In Griffiths, D. V., Fenton, G. A. (Hrsg.): Probabilistic Methods in Geotechnical Engineering, Springer-Verlag, S. 127-145.

Raspa, G., Moscatelli, M., Stigliano, F., Patera, A., Marconi, F., Folle, D., Vallone, R., Mancini, M., Cavinato, G. P., Milli, S., Coimbra Leite Costa, J. F. (2008): Geotechnical characterization of the upper Pleistocene-Holocene alluvial deposits of Roma (Italy) by means of multivariate geostatistics – Cross-validation results. Engineering Geology 101, No. 3-4, S. 251-268.

Ronold, K., Bjerager, P. (1992): Model Uncertainty Representation in Geotechnical Reliability Analyses. Journal of the Geotechnical Engineering 118, No. 3, S. 363-376.

Rosenblatt, M. (1952): Remarks on a multivariate transformation. Annals of Mathematical Statistics 23, No. 3, S. 470-472.

Rosenblueth, E. (1975): Point estimates for probability moments. In: Proceedings, National Academy of Science 72, No. 10, S. 3812-3814.

Rosenblueth, E. (1981): Two-point estimates in probabilities. Applied Mathematical Modelling 5, No. 2, S. 329-335.

Russelli, C. (2008): Probabilistic Methods applied to the Bearing Capacity Problem. Mitteilung des Instituts für Geotechnik der Universität Stuttgart, Heft 58.

Salgado, R. (2013): General report for TC 205 – Safety and serviceability in geotechnical design: a reliability-based perspective. Proceedings of the 18th International Conference on Soil Mechanics and Geotechnical Engineering, Paris, Vol. 1, S. 1799-1809.

Schmidt, H., Six, M. (2007): Untersuchungen zur Zuverlässigkeit schlanker Stahlbetondruckglieder aus hochfestem Beton. 4. Weimarer Optimierungs- und Stochastiktage, Weimar.

Schneider, H. R, Fitz, P. (2011): Characteristic shear strength values for EC7: Guidelines based on statistical framework. Proceedings of the 15th European Conference on Soil Mechanics and Geotechnical Engineering, Vol. 4, S. 318-324.

Schneider, H. R, Schneider, M. A. (2013): Dealing with uncertainties in EC7 with emphasis on determination of characteristic soil properties. In Arnold et al. (Hrsg.): Modern Geotechnical Design Codes of Practice, IOS Press, S. 87-101.

Schneider, H. R. (1997): Definition and determination of characteristic soil properties. Proceedings of the 14th International Conference on Soil Mechanics and Foundation Engineering, S. 2271-2274.

Schneider, J. (1995): Sicherheit und Zuverlässigkeit im Bauwesen – Grundwissen für Ingenieure. 2. Auflage, vdf Hochschulverlag AG, Zürich.

Schnell, J., Fischer, A., Loch, M. (2008): Anwendung von Teilsicherheitsbeiwerten auf Bestandsbauten im Hochbau. Technische Universität Kaiserslautern, Fachgebiet Massivbau und Baukonstruktion. Abschlussbericht, BBR-Forschungsvorhaben, Az.:Z6-10.08.18.7-06.8/II2-F20-06-019, Fraunhofer IRB-Verlag.

Schulze, E. (1982): Der Modellfaktor in der Bodenmechanik. Beitrag zur Festschrift de Beer, S. 251-254.

Schuppener, B. (1998): Laborversuche zur geotechnischen Bemessung. Gemeinschaftstagung Erkundung und Untersuchung des Baugrundes nach Eurocode 7 – Teil 2 und Teil 3, Leinfelden-Echterdingen, S. 8.3-8.18.

Schuppener, B. (1999): Die Festlegung charakteristischer Bodenkennwerte – Empfehlungen des Eurocodes 7 Teil 1 und die Ergebnisse einer Umfrage. Geotechnik, Sonderheft, S. 32-35.

Schuppener, B. (2011): Das Normen-Handbuch zu Eurocode 7 und DIN 1054:2010 – Grundlagen für geotechnische Nachweise im Verkehrswasserbau. BAW-Mitteilungen, No. 94, S. 19-34.

Schuppener, B., Weißenbach, A. (2012): Zuverlässigkeit und Sicherheit bei der Bemessung in der Geotechnik. Bautechnik 89, Heft. 9, S. 629-639.

Schuppener, B., Ziegler, M., Richter, T., Doster, A., Huber, H. Buß, J., Pohl, C., Geduhn, M., Tafur, E. (2014): Verbesserung der Praxistauglichkeit der Baunormen durch pränormative Arbeit – Teilantrag 6: Geotechnik. Deutsche Gesellschaft für Geotechnik e.V. BBSR-Forschungsvorhaben, Az.:II 3-F20-10-1-085_PG6 / SWD-10.08.18.7-12.30.

Schuppener, B., Ziegler, M., Tafur, E. (2015a): AP4 Harmonisierung des EC7-1 – Vergleichsrechnungen Grundbruch, PRB-Abschlussbericht, unveröffentlicht.

Schuppener, B., Ziegler, M., Richter, T. (2015b): AP4 Harmonisierung der Nachweisverfahren des EC7-1 – Vergleichsrechnungen Flächengründungen: Erweiterung auf Winkelstützwände, PRB-Abschlussbericht, unveröffentlicht.

Schuppener, B., Ziegler, M., Kinzler, S., Sattler, F., Tafur, E. (2016): AP4 Harmonisierung des EC7-1 – Definition und Vereinheitlichung der Schnittstelle Tragwerk-Gründung, PRB-Abschlussbericht, unveröffentlicht.

Singh, A., Lee, K. L. (1970): Variability in soil parameters. Proceedings of the 8th Annual Engineering Geology and Soils Engineering Symposium, Idaho, S. 159-185.

Sorensen, C. S., Brito, J. (2010): Pad foundation with vertical load on dense sand. Presentation at the 2th International Workshop on Evaluation of Eurocode 7, 12-14 April 2010, Pavia, Italy.

Soulié, M. (1984): Geostatistical applications in geotechnics. In Verly et al. (Hrsg.): Geostatistics for Natural Resources Characterization, Part 2, S. 703-730.

Sowers, G. F. (1993): Human Factors in Civil and Geotechnical Engineering Failures. Journal of the Geotechnical Engineering 119, No. 2, S. 238-256.

Spry, M. J., Kulhawy, F. H., Grigoriu, M. D. (1988): Reliability-based foundation design for transmission line structures - geotechnical site characterization strategy. Electric Power Research Institute, Palo Alto, California, Report EL-5507(1).

Straub, D., Papaioannou, I. (2015): Bayesian analysis for learning and updating geotechnical parameters and models with measurements. In Phoon, K. K., Ching, J. (Hrsg.): Risk and Reliability in Geotechnical Engineering, Taylor & Francis Group, S. 221-264.

Stroud, M. A. (1975): The SPT in sensitive clays and soft rocks. Proceedings of the European Symposium on Penetration Testing, Vol. 2.2, S. 367-375

Stroud, M. A. (1989): The Standard Penetration Test – Its application and interpretation. Proceedings of the Geotechnology Conference, S. 29-49

Stroud, M. A., Butler, F.G (1975): The Standard Penetration Test and the Engineering Properties of Glaciar Materials, Proceedings of a Symposium on Engineering Properties of Glacial Materials. Midland SoilMechanics and Foundation Engineering Society, S. 117-128

Struck, W. (1978): Zur Berechnung von einseitigen, unteren Grenzwerten bei der statistischen Auswertung von Meßergebnissen unter Berücksichtigung von Vorinformationen mittels der Bayes'schen Methode. Bautechnik 55, Heft 2, S. 49-53.

Sturm, U. (1987): Ein allgemeines Berechnungsverfahren für Grenzlastzustände im Grundbau dargestellt am Beispiel des Grund- und Böschungsbruches. Veröffentlichung des Grundbauinstitutes der Technischen Universität Berlin, Heft 17.

Suchomel, R., Mašín, D. (2011): Probabilistic analyses of a strip footing on horizontally stratified sandy deposit using advanced constitutive model. Computers and Geotechnics 38, S. 363-374.

Tang, W. H. (1984): Principles of Probabilistic Characterization of soil Properties. In Bowles, D. S., Ko, H. Y. (Hrsg.): Probabilistic Characterization of Soil Properties – Bridge Between Theory and Practice, S. 74-89.

Tarnawski, M. (2013): Geotechnical Failures Caused by Human Errors. 7th International Conference on Case Histories in Geotechnical Engineering. Paper 26. URL: http://scholarsmine.mst.edu/icchge/7icchge/session01/26 (Stand: 04.10.2018)

Terzaghi, K. (1943): Theoretical soil mechanics. John Wiley & Sons, New York.

Tworuschka, H. (1998): Physikalisch nichtlineare Zuverlässigkeitsanalysen für Stahlbetonstabtragwerke. Dissertation im Fachbereich Bauingenieurwesen der Bergischen Universität – Gesamthochschule Wuppertal.

Vanmarcke, E. H. (1977a): Probabilistic Modeling of Soil Profiles. Journal of the Geotechnical Engineering Division 103, Heft GT11, S. 1227-1246.

Vanmarcke, E. H. (1977b): Reliability of Earth Slopes. Journal of the Geotechnical Engineering Division 103, Heft GT11, S. 1247-1265.

Vanmarcke, E. H. (1978): Probabilistic characterization of soil profiles. In Dowding C. H. (Hrsg.): Site characterization and exploration, Specialty Workshop, Evanston, S. 199-216.

Vanmarcke, E. H. (1984): Random Fields – Analysis and Synthesis. 2. Auflage, the MIT Press, Cambridge, Massachusetts.

Vesić, A. S. (1975): Bearing capacity of shallow foundations. In Winterkorn & Fanc (Hrsg.): Foundation Engineering Handbook, Van Nostran Reinhold, S.121 - 147.

Vogt, N. (2010): Example 2.2 - Pad foundation with inclined eccentric load on boulder clay. Presentation at the 2th International Workshop on Evaluation of Eurocode 7, 12-14 April 2010, Pavia, Italy.

Voigt, J. (2014): Beitrag zur Bestimmung der Tragfähigkeit bestehender Stahlbetonkonstruktionen auf Grundlage der Systemzuverlässigkeit. Dissertation an der Naturwissenschaftlich - Technischen Fakultät der Universität Siegen.

Von Soos, P. (1983): Zur Ermittlung der bodenkennwerte mit Berücksichtigung von Streuung und Korrelationen. In Floos, R. (Hrsg.): Beiträge zur Anwendung der Stochastik und Zuverlässigkeitstheorie in der Bodenmechanik, Schriftenreihe des Lehrstuhls und Prüfamts für Grundbau, Bodenmechanik und Felsmechanik der Technischen Universität München, Heft 2, S. 9-29.

Vrouwenvelder, T., Calle, E. (2003): Measuring Spatial Correlation of Soil Properties. Heron 48, No. 4, S. 297-311.

Wang, Y., Au, S. K., Cao, Z. (2010): Bayesian approach for probabilistic characterization of sand friction angles. Engineering Geology 114, Issues 3-4, S. 354-363.

Wang, Y., Cao, Z., Li, D. (2016): Bayesian perspective on geotechnical variability and site characterization. Engineering Geology 203, Special Issue on Probabilistic and Soft Computing Methods for Engineering Geology, S. 117-125.

Weiß, K. (1970): Der Einfluß der Fundamentform auf die Grenztragfähigkeit flachgegründeter Fundamente, Degebo-Mitteilungen, Heft 25, Berlin.

Weiß, K. (1973): Die Formbeiwerte in der Grundbruchgleichung für nichtbindige Böden, Degebo-Mitteilungen, Heft 29, Berlin.

Werkle, H. (2008): Finite Elemente in der Baustatik – Statik und Dynamik der Stab- und Flächentragwerke. 3. Aktualisierte und erweiterte Auflage, Vieweg & Sohn Verlag, Wiesbaden.

Wickremesinghe, D., Campanella, R. G. (1993): Scale of fluctuation as a descriptor of soil variability. In Li, K. S., Lo, S-C. R, (Hrsg.): Probabilistic Methods in Geotechnical Engineering, S. 179-183.

Witt, K. J. (1998): Grundsätzliches zum Teilsicherheitskonzept in der Geotechnik. In Witt, K. J. (Hrsg.): Geotechnikseminar Weimar 1998. Seminar Geotechnische Nachweise nach dem neuen Sicherheitskonzept, Schriftenreihe Geotechnik im Bauwesen, Heft 1, S. 1-12.

Witt, K. J. (2003): Stochastische Prozesse in der Geotechnik – Eine Einführung in die Thematik. In Ziegler, M (Hrsg.): Beiträge zum Workshop Stochastische Prozesse in der Geotechnik, Schriftenreihe Geotechnik im Bauwesen, Heft 1, S. 1-13.

Wong, S. Y. (2004): Stochastic Characterization and Reliability of Saturated Soils. Doctoral Thesis at the Manchester Centre for Civil and Construction Engineering, University of Manchester.

Zhang, L., Tang, W. H., Zhang, L., Zheng, J. (2004): Reducing Uncertainty of Prediction from Empirical Correlations. Journal of Geotechnical and Geoenvironmental Engineering 130, Issue 5, S. 526-534.

Ziegler, M., Tafur, E. (2014): Design Approaches for the Verification of ULS of Eurocode 7. Proceedings of the First PRB-Workshop on Contributions for the Ease of Use of the Eurocodes, Beuth Verlag.

Ziegler, M., Tafur, E. (2017): Recommendation for a harmonised design approach, version 4. Unveröffentlichtes Arbeitspapier für PT2 CEN/TC 250/SC 7.

Ziegler, M., Tafur, E., Schuppener, B., Richter, T., Ruppert, F. (2016): Harmonisierung der Nachweisverfahren des EC7-1 – Ergebnisse der Projektgruppe Geotechnik der Initiative PraxisRegelnBau e.V. Hrsg.: Deutsche Gesellschaft für Geotechnik e.V. (DGGT), Vorträge der 34. Baugrundtagung, Bielefeld, S. 137-145.

Žnidarič, J. , Žnidarič, A. (1994): Evaluation of the carrying capacity of existing bridges. Institute for Testing and Research in Materials and Structures Ljublijana, Slovenia.

Normen und Regelwerke

BS 8002 (2015): Code of practice for earth retaining structures.

DIN 1054 (2010): Baugrund – Zulässige Belastung des Baugrunds.

DIN 19702 (2013): Massivbauwerke im Wasserbau – Tragfähigkeit, Gebrauchstauglichkeit und Dauerhaftigkeit.

DIN 4085 (2017): Baugrund – Berechnung des Erddrucks.

DIN EN 1990 (2010): Eurocode: Grundlagen der Tragwerksplanung; Deutsche Fassung EN 1990:2002 + A1:2005 + A1:2005/AC:2010.

DIN EN 1991-2 (2010): Eurocode 1: Einwirkungen auf Tragwerke – Teil 2: Verkehrslasten auf Brücken; Deutsche Fassung EN 1991-2:2003 + AC:2010.

DIN EN 1997-1 (2009): Eurocode 7: Entwurf, Berechnung und Bemessung in der Geotechnik – Teil 1: Allgemeine Regeln; Deutsche Fassung EN 1997-1:2004 + AC:2009.

DIN EN 1997-2 (2010): Eurocode 7: Entwurf, Berechnung und Bemessung in der Geotechnik – Teil 2: Erkundung und Untersuchung des Baugrunds; Deutsche Fassung EN 1997-2:2007 + AC:2010.

DIN-Fachbericht 101 (2009): Einwirkungen auf Brücken. Beuth Verlag, Berlin.

DNV-RP-C207 (2012): Recommended Practice DNV-RP-C207 – Statistical Representation of Soil Data.

DS/EN 1997-1 DK NA (2013): National Annex to Eurocode 7 – Geotechnical design – Part 1: General rules, Dänemark

EAU (2012): Empfehlungen des Arbeitsausschusses „Ufereinfassungen" Häfen und Wasserstraßen EAU 2012. 11. vollständig überarbeitete Auflage, Ernst & Sohn, Berlin.

HochwSchRL (2007): Berechnungsansätze für Hochwasserschutzwände, Flutschutzanlagen und Uferbauwerkeim Bereich der Tideelbe der Freien und Hansestadt Hamburg, Verwaltungsvorschrift, Beuth.

IEG Rapport 2:2008 (2010): Tillämpningsdokument – Grunder, rev. 2

IEG Rapport 2:2009 (2011): Tillämpningsdokument – EN 1997-1 kapitel 9, Stödkonstruktioner, rev. 1

IEG Rapport 7:2008 (2010): Tillämpningsdokument – EN 1997-1 kapitel 6, Plattgrundläggning

IEG Rapport 8:2008 (2010): Tillämpningsdokument – EN 1997-1 kapitel 7, Pålgrundläggning

ISO 2394 (2015): General principles on reliability for structures.

JCSS-PMC-I (2001): Probabilistic Model Code – Part 1: Basic of Design. Joint Committee on Structural Safety

JCSS-PMC-II (2001): Probabilistic Model Code – Part 2: Load Models. Joint Committee on Structural Safety

JCSS-PMC-III (2000): Probabilistic Model Code – Part 3: Material Properties. Joint Committee on Structural Safety

NABau-Ausschuß „Sicherheit von Bauwerken“ (1981): Grundlagen zur Festlegung von Sicherheitsanforderungen für bauliche Anlagen. Beuth Verlag, Berlin.

NF EN 1997-1/NA (2006): National Annex to Eurocode 7: Geotechnical design – Part 1: General rules, Frankreich.

prEN 1990 (2018): Eurocode – Basis of structural and geotechnical design, unpublished draft.

prEN 1997-1 (2019): Eurocode 7: Geotechnical design – Part 1: General rules, 04.11.2019, unpublished draft.

prEN 1997-2 (2019): Eurocode 7: Geotechnical design – Part 2: Ground investigation, April 2019, unpublished draft.

prEN 1997-3 (2019): Eurocode 7: Geotechnical design – Part 3: Geotechnical structures, 04.11.2019, unpublished draft.

SSC-378 (1994): The Role of Human Error in Design, Construction, and Relaibility of Marine Structures.

VVFS 2009 (2009): Swedish Road Administration regulations concerning amendments to regulations on the application on European calculation standards, Schweden

Vorveröffentlichungen

Teilergebnisse aus dieser Arbeit wurden in den im Folgenden aufgelisteten Publikationen vorab veröffentlicht.

Entsprechend § 5 Abs. 3 der Promotionsordnung der Fakultät für Bauingenieurwesen der Rheinisch Westfälischen Technischen Hochschule Aachen in der Fassung vom 13.07.2015 geschah dies im Einvernehmen mit dem Betreuer Univ.-Prof. Dr.-Ing. Martin Ziegler und wurde der Fakultät für Bauingenieurwesen mit Schreiben vom 17.12.2019 angezeigt.

Schuppener, B., Ziegler, M., Richter, T., Doster, A., Huber, H., Buß, J., Pohl, C., Geduhn, M., Tafur, E. (2014): Verbesserung der Praxistauglichkeit der Baunormen durch pränormative Arbeit - Teilantrag 6: Geotechnik. Abschlussbericht, Stuttgart: Fraunhofer IRB Verl., 2014 (Forschungsinitiative Zukunft Bau; 2927), ISBN 978-3-8167-9364-9.

Tafur, E., (2014): Harmonisierung der Nachweisverfahren im EC7-1 am Beispiel von Flächengründungen. In: 33. Baugrundtagung: Forum für junge Geotechnik-Ingenieure; Beiträge der Spezialsitzung; Estrel Convention Center Berlin, 23. – 26.9.2014, Hrsg.: Deutsche Gesellschaft für Geotechnik e.V. (DGGT), S. 159-166

Ziegler, M., Tafur, E., (2014): Design approaches for the verification of ULS of Eurocode 7. In: Proceedings of the First PRB-Workshop on Contributions for the Ease of Use of the Eurocodes, Ed. by Manfred Nußbaumer et al. Berlin, Beuth Verlag, 2014, S. 39-40.

Ziegler, M., Tafur, E., (2014): Comparative calculations for the design of shallow foundations – Design examples of a column footing and cantilever wall. In: Proceedings of the First PRB-Workshop on Contributions for the Ease of Use of the Eurocodes, Ed. by Manfred Nußbaumer et al. Berlin, Beuth Verlag, 2014, S. 41-44.

Schuppener, B., Richter, T., Ruppert, F., Ziegler, M., Tafur, E. (2016): Schwerpunkte bei der 2016 beginnenden Überarbeitung des EC7, In: Mitteilungen des Institutes und der Versuchsanstalt für Geotechnik der Technischen Universität Darmstadt, Heft 97. Hrsg.: Rolf Katzenbach, S. 131-139.

Ziegler, M., Tafur, E., Schuppener, B., Richter, T., Ruppert, F. (2016): Harmonisierung der Nachweisverfahren des EC7-1 - Ergebnisse der Projektgruppe Geotechnik der Initiative PraxisRegelnBau e.V., In: 34. Baugrundtagung, Vorträge, Bielefeld, 14. - 17.09.2016, Hrsg.: Deutsche Gesellschaft für Geotechnik e.V. (DGGT), S. 137-145.

Schuppener, B., Richter, T., Ruppert, F., Ziegler, M., Tafur, E. (2016): EU-Normung für das nächste Jahrzehnt am Beispiel des EC7, In: 10. Kolloquium 'Bauen in Boden und Fels' der Technischen Akademie Esslingen e.V. am 19.-20.01.2016, S. 531-536.

Schuppener, B., Richter, T., Ruppert, F., Ziegler, M., Tafur, E. (2016): Was erwarten wir von der Überarbeitung des Eurocodes 7?, In: Beiträge zum 38. Darmstädter Massivbauseminar am 10. Nov. 2016, Institut für Massivbau, TU Darmstadt.

Schuppener, B., Richter, T., Ziegler, M., Tafur, E, Vogt, N. (2017): Die Überarbeitung des Eurocodes 7 „Geotechnik“ hat begonnen – Vorarbeiten, Mandate und erste Diskussionen, In: Bautechnik 9/17 (2017), S. 649-655.

Anhang A: Teilsicherheitsbeiwerte in Anlehnung an prEN 1990 und prEN 1997-1

Tabelle A.1: Teilsicherheitsbeiwerte für Einwirkungen und Beanspruchungen für ständige und vorübergehende Bemessungssituationen in Anlehnung an prEN 1990

Einwirkung oder Beanspruchung				Teilsicherheitsbeiwert γ_F oder γ_E für die Bemessungsfälle 1 bis 4				
Art	**Gruppe**	**Symbol**	**Wirkung**	**STR**	**EQU und UPL**		**GEO**	
Bemessungsfall				**DC1**[a]	**DC2(a)**[b]	**DC2(b)**[b]	**DC3**[c]	**DC4**[d]
Formel				**(8.4)**	**(8.4)**		**(8.4)**	**(8.5)**
Ständige Einwirkung (G_k)	Alle[f]	γ_G	ungünstig / destabilisierend	$1{,}35 \cdot K_F$	$1{,}35 \cdot K_F$	1,0	1,0	G_k wird nicht faktorisiert
	Wasser	$\gamma_{G,W}$		$1{,}2 \cdot K_F$	$1{,}2 \cdot K_F$	1,0	1,0	
	Alle[f]	$\gamma_{G,stb}$	stabilisierend[g]	Nicht benutzt	1,15[e]	1,0	Nicht benutzt	
	Wasser	$\gamma_{G,W,stb}$			1,0[e]	1,0		
	Alle	$\gamma_{G,fav}$	günstig[h]	1,0	1,0	1,0	1,0	
veränderliche Einwirkung (Q_k)	Alle[f]	γ_Q	ungünstig	$1{,}5 \cdot K_F$	$1{,}5 \cdot K_F$	$1{,}5 \cdot K_F$	1,3	$\gamma_{Q,1}/\gamma_{G,1}$ [i]
	Wasser	$\gamma_{Q,W}$		$1{,}35 \cdot K_F$	$1{,}35 \cdot K_F$	$1{,}35 \cdot K_F$	1,15	1,0
	Alle	$\gamma_{Q,fav}$	günstig	0				
Beanspruchungen (E)		γ_E	ungünstig	Beanspruchungen werden nicht faktorisiert				$1{,}35 \cdot K_F$
		$\gamma_{E,fav}$	günstig					1,0

[a] Bemessungsfall 1 (DC1) wird für STR und GEO verwendet.

[b] Bemessungsfall 2 (DC2) wird für den kombinierten Nachweis von Versagen der Festigkeit und Verlust der Lagesicherheit verwendet, wenn die Struktur auf eine Veränderung der ständigen Einwirkung aus einer einzigen Quelle reagiert. Werte für γ_F sind der Spalten (a) oder (b) zu entnehmen, wobei das ungünstigste Ergebnis maßgebend ist.

[c] Bemessungsfall 3 (DC3) wird üblicherweise für die Bemessung von Böschungen und Dämmen, Flachgründungen und Schwergewichtsmauern verwendet. Für weitere Details siehe EN 1997.

[d] Bemessungsfall 4 (DC4) wird üblicherweise für die Bemessung von querbelasteten Pfählen, im Boden einbindenden Stützwände und (in einigen Ländern) Schwergewichtsmauern verwendet. Für weitere Details siehe EN 1997.

[e] Die Werte $\gamma_{G,stb} = 1{,}15$ und 1,0 basieren auf $\gamma_{G,inf} = 1{,}35 \cdot \rho$, mit $\rho = 0{,}85$.

[f] Für alle Einwirkungen außer für Wasserdrücke zu verwenden.

[g] Für stabilisierende Komponenten einer Einwirkung aus einer einzigen Quelle zu verwenden, deren Gesamtauswirkung ungünstig ist.

[h] Für Einwirkungen zu verwenden, deren Gesamtauswirkung günstig und unabhängig von den ungünstigen Einwirkungen ist.

[i] $\gamma_{Q,1}$ = entsprechender Wert von γ_Q aus DC1 und $\gamma_{G,1}$ = entsprechender Wert von γ_G aus DC1

Tabelle A.2: Teilsicherheitsbeiwerte für geotechnische Kenngrößen für ständige und vorübergehende Bemessungssituationen in Anlehnung an prEN 1997-1

Geotechnische Kenngröße	Symbol	Satz[1]		
		M1	M2	M3[2]
Effektive Scherfestigkeit des Bodens (τs)	$\gamma_{\tau s}$	1,0	1,25	$1{,}25 \cdot K_M$
Effektive Kohäsion (c‘)	γ_c	1,0	1,25	$1{,}25 \cdot K_M$
Reibungsbeiwert[3] (tan φ)	$\gamma_{\tan\varphi}$	1,0	1,25	$1{,}25 \cdot K_M$
Reibungsbeiwert für die Interaktion Baugrund / Struktur[2] (tan δ)	$\gamma_{\tan\delta}$	1,0	1,0	$1{,}0 \cdot K_M$
Scherfestigkeit im undrainierten Zustand (c_u)	γ_{cu}	1,0	1,4	$1{,}4 \cdot K_M$
Einaxiale Druckfestigkeit des Bodens (q_u)	γ_{qu}	1,0	1,4	$1{,}4 \cdot K_M$
Einaxiale Druckfestigkeit des Felses (σ_c)	$\gamma_{\sigma c}$	1,0	1,4	$1{,}4 \cdot K_M$

[1] M1, M2, M3 sind drei unabhängige Sätze von Teilsicherheitsbeiwerten für geotechnische Kenngrößen. In EN 1997-3 wird angegeben, welcher Satz für die jeweilige geotechnische Bauwerke zu verwenden ist.

[2] Werte für K_M sind in Tabelle A.3 (NDP) angegeben.

[3] Seihe Formel 4.5.

Tabelle A.3: Teilsicherheitsbeiwerte für geotechnische Kenngrößen für die außergewöhnliche Bemessungssituation in Anlehnung an prEN 1997-1

Geotechnische Kenngröße	Symbol	Satz[1]		
		M1	M2	M3[2]
Effektive Scherfestigkeit des Bodens (τs)	$\gamma_{\tau s}$	1,0	1,1	$1{,}1 \cdot K_M$
Effektive Kohäsion (c‘)	γ_c	1,0	1,1	$1{,}1 \cdot K_M$
Reibungsbeiwert[3] (tan φ)	$\gamma_{\tan\varphi}$	1,0	1,1	$1{,}1 \cdot K_M$
Reibungsbeiwert für die Interaktion Baugrund / Struktur[2] (tan δ)	$\gamma_{\tan\delta}$	1,0	1,0	$1{,}1 \cdot K_M$
Scherfestigkeit im undrainierten Zustand (c_u)	γ_{cu}	1,0	1,2	$1{,}2 \cdot K_M$
Einaxiale Druckfestigkeit des Bodens (q_u)	γ_{qu}	1,0	1,2	$1{,}2 \cdot K_M$
Einaxiale Druckfestigkeit des Felses (σ_c)	$\gamma_{\sigma c}$	1,0	1,2	$1{,}2 \cdot K_M$

[1] M1, M2, M3 sind drei unabhängige Sätze von Teilsicherheitsbeiwerten für geotechnische Kenngrößen. In EN 1997-3 wird angegeben, welcher Satz für die jeweilige geotechnische Bauwerke zu verwenden ist.

[2] Werte für K_M sind in Tabelle A.3 (NDP) angegeben.

[3] Seihe Formel 4.5.

Anhang B: Wahrscheinlichkeitsverteilungen

Normalverteilung

Dichtefunktion

$$f(x) = \frac{1}{\sigma \cdot \sqrt{2\pi}} \cdot e^{\left(-\frac{(x-\mu)^2}{2 \cdot \sigma^2}\right)}$$

Verteilungsfunktion

$$F(x) = \frac{1}{\sigma \cdot \sqrt{2\pi}} \cdot \int_{-\infty}^{x} e^{-\frac{1}{2} \cdot \left(\frac{(t-\mu)}{\sigma}\right)^2} dt$$

mit
- x = Variable
- μ = Mittelwert
- σ = Standardabweichung

Dichtefunktion

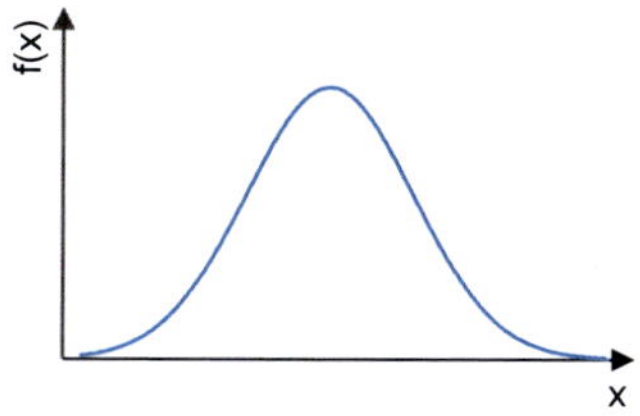

Verteilungsfunktion

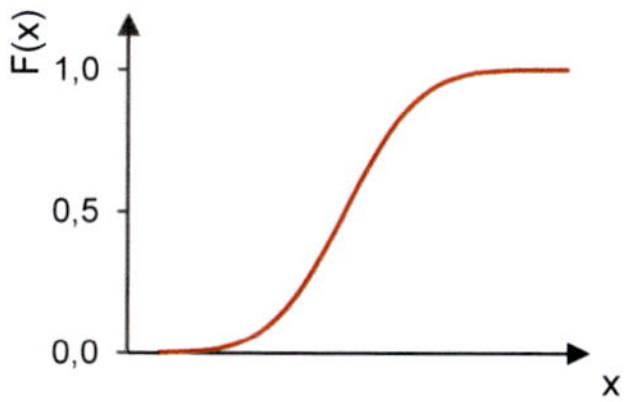

Logarithmische Normalverteilung

Dichtefunktion

$$f(x) = \frac{1}{\sigma \cdot x \cdot \sqrt{2\pi}} \cdot e^{\left(-\frac{(ln(x)-\mu)^2}{2 \cdot \sigma^2}\right)}$$

Verteilungsfunktion

$$F(x) = \int_{0}^{x} \frac{1}{\sigma \cdot t \cdot \sqrt{2\pi}} \cdot e^{\left(-\frac{(ln(t)-\mu)^2}{2 \cdot \sigma^2}\right)} dt$$

mit
- x = Variable
- μ = Mittelwert
- σ = Standardabweichung

Dichtefunktion

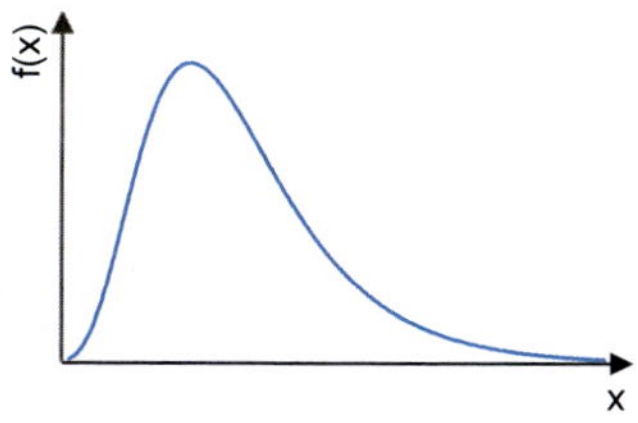

Verteilungsfunktion

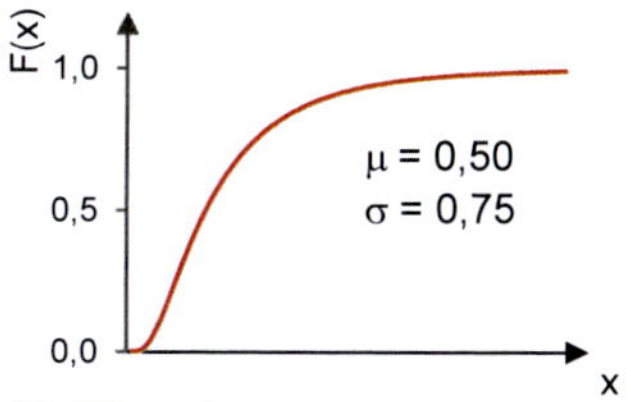

Gumbel-Verteilung

Dichtefunktion

$$f(x) = \frac{1}{\beta} \cdot e^{-\frac{1}{\beta}\cdot(x-\mu)} \cdot e^{-e^{-\frac{1}{\beta}\cdot(x-\mu)}}$$

Verteilungsfunktion

$$F(x) = e^{-e^{-\frac{1}{\beta}\cdot(x-\mu)}}, x \in \mathbb{R}$$

mit

- x = Variable
- μ = Mittelwert
- β = Skalierungsparameter

Dichtefunktion

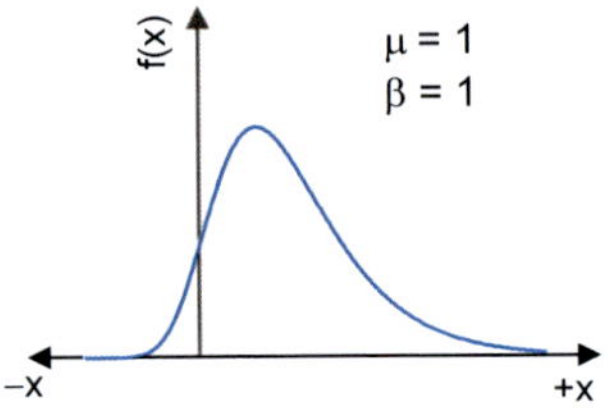

Verteilungsfunktion

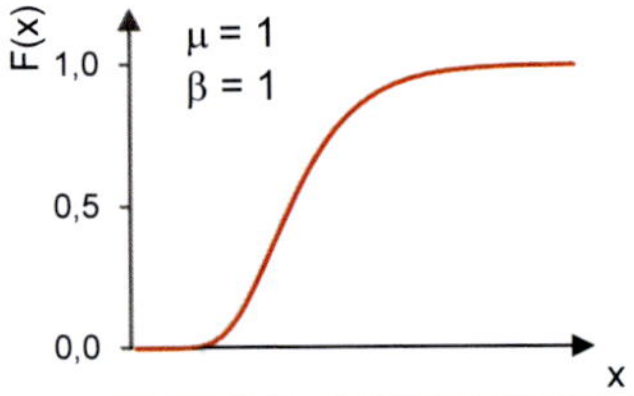

Weibull-Verteilung

Dichtefunktion

$$f(x) = \lambda \cdot k \cdot (\lambda \cdot x)^{k-1} \cdot e^{-(\lambda\cdot x)^k}$$

Verteilungsfunktion

$$F(x) = 1 - e^{-(\lambda\cdot x)^k}, x \in \mathbb{R}^+$$

mit

- x = Variable
- k = Formparameter
- λ = inverser Skalierungsparameter

Dichtefunktion

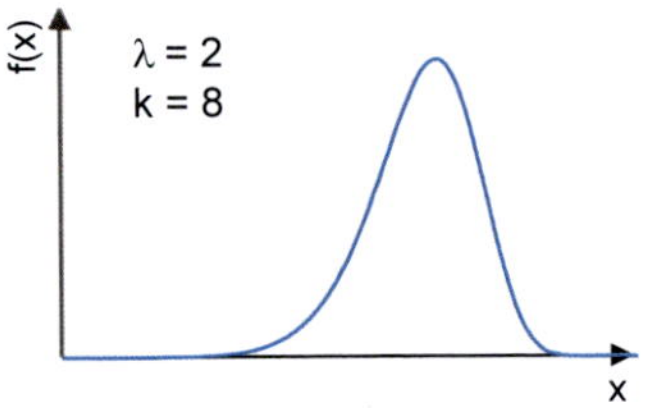

Verteilungsfunktion

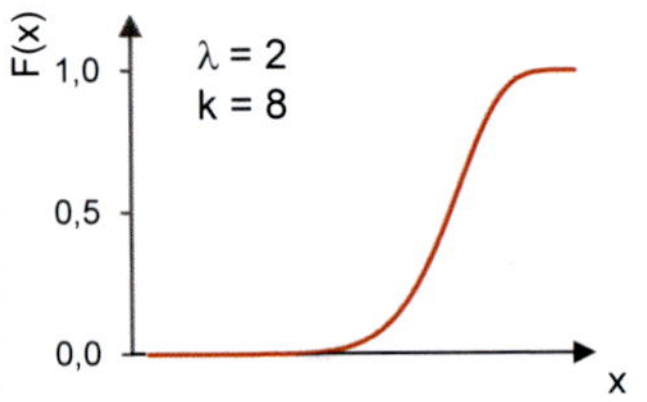

Fréchet-Verteilung

Dichtefunktion

$$f(x) = \alpha \cdot x^{-(\alpha+1)} \cdot e^{-x^{-\alpha}}$$

Verteilungsfunktion

$$F(x) = e^{-x^{-\alpha}}, x \in \mathbb{R}^+$$

mit
- x = Variable
- α = Skalierungsparameter

Dichtefunktion

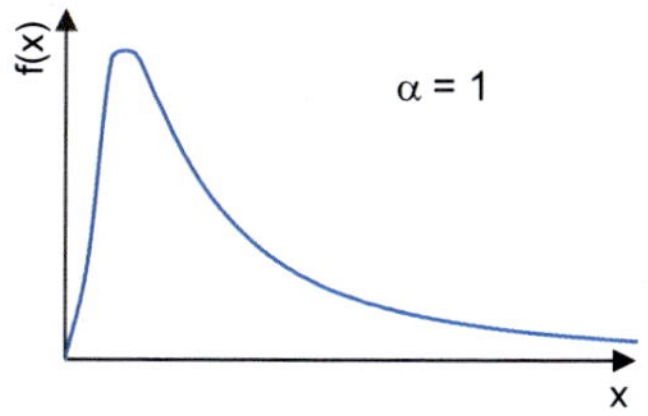

Verteilungsfunktion

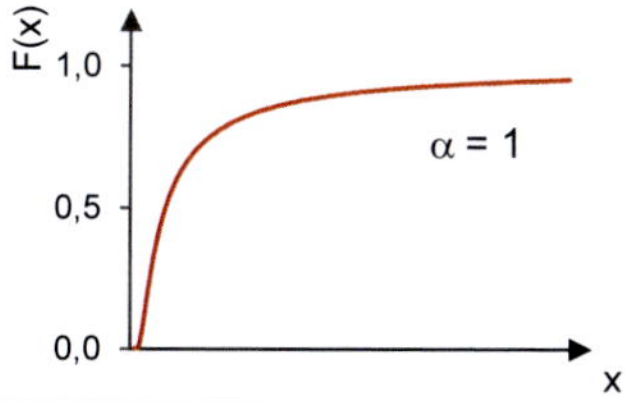

Gamma-Verteilung

Dichtefunktion

$$f(x) = \frac{b^p}{\Gamma(p)} \cdot x^{p-1} \cdot e^{-b \cdot x}$$

Verteilungsfunktion

$$F(x) = \frac{\int_0^x (b \cdot t)^{p-1} \cdot e^{-b \cdot t}\, dt}{\Gamma(p)}, x \in \mathbb{R}^+$$

mit
- x = Variable
- b = inverser Skalierungsparameter
- p = Formparameter
- Γ(p) = Gammafunktion, Γ(p)=p!

Dichtefunktion

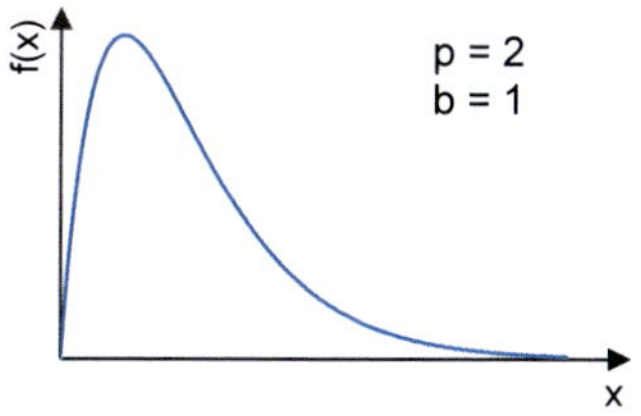

Verteilungsfunktion

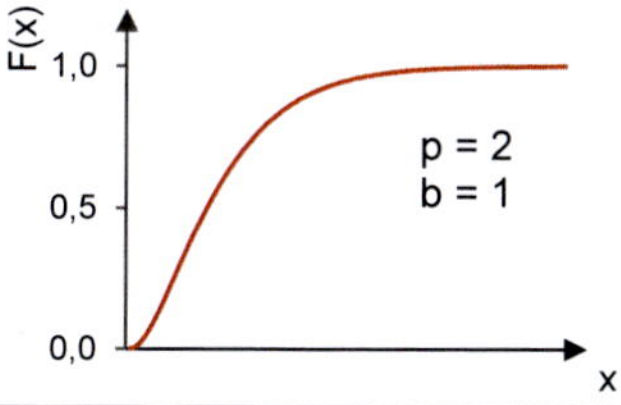

Beta-Verteilung

Dichtefunktion

$$f(x) = \frac{1}{B(p,q)} \cdot x^{p-1} \cdot (1-x)^{q-1}$$

Verteilungsfunktion

$$F(x) = \frac{1}{\mathrm{B}(p,q)} \cdot \int_0^x t^{p-1} \cdot (1-t)^{q-1}\, dt$$

Gilt nur für den Intervall x ∈ [0;1]

mit

x = Variable
p = Parameter der Beta-Verteilung
q = Parameter der Beta-Verteilung
B(p, q) = Betafunktion, $B(p,q) = \frac{\Gamma(p)\cdot\Gamma(q)}{\Gamma(p+q)}$

Dichtefunktion

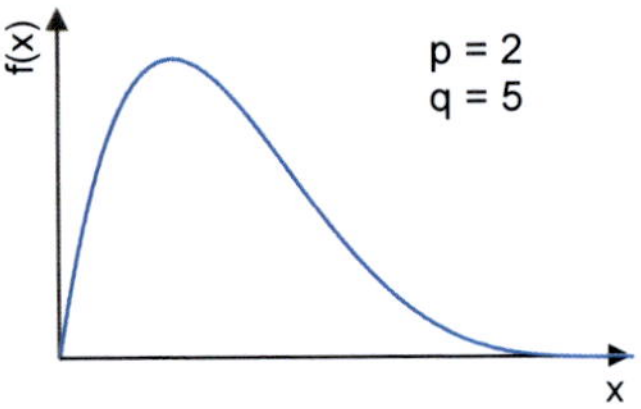

Verteilungsfunktion

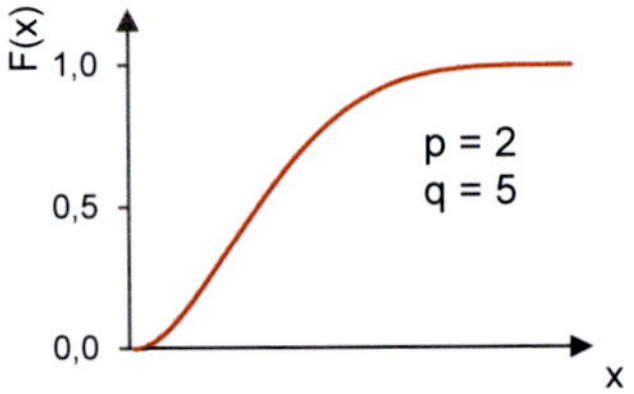

Student-Verteilung, t-Verteilung

Dichtefunktion

$$f(x) = \frac{\Gamma\left(\frac{n+1}{2}\right)}{\sqrt{n\pi} \cdot \Gamma\left(\frac{n}{2}\right)} \cdot \left(1 + \frac{x^2}{n}\right)^{-\frac{n+1}{2}}$$

Verteilungsfunktion

$$F(x) = \frac{1}{2} \cdot \left[1 + \frac{x}{|x|} \cdot I\left(\frac{x^2}{x^2+n}, \frac{1}{2}, \frac{n}{2}\right)\right]$$

wobei

$$I(z,a,b) = \frac{1}{\mathrm{B}(a,b)} \cdot \int_0^z t^{-a-1} \cdot (1-t)^{b-1}\, dt$$

mit

x = Variable
n = Anzahl der Freiheitsgrade
Γ(.) = Gammafunktion
B(.) = Betafunktion

Dichtefunktion

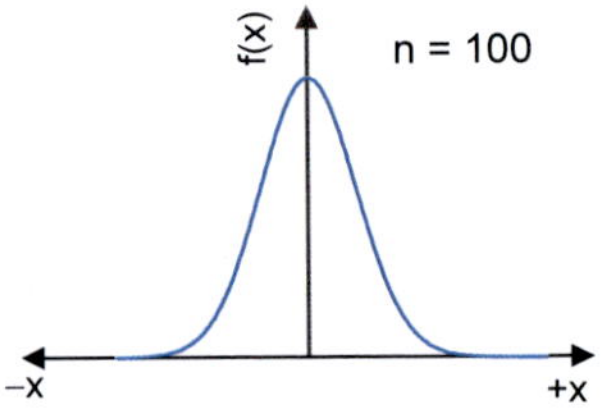

Verteilungsfunktion

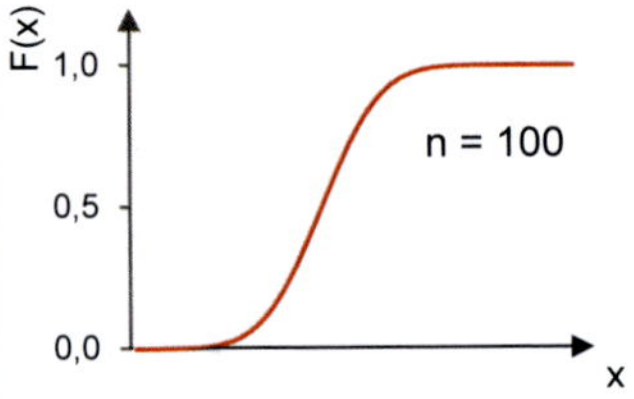

Anhang C: Variabilität des Baugrunds

Variationskoeffizienten der natürlichen Variabilität einiger geotechnischen Kenngrößen

Tabelle A.4: Variationskoeffizienten einiger im Labor ermittelter geotechnischen Kenngrößen

Geotechnische Kenngrößen	Bodenart	Spannbreite [%]	Literaturquelle
Feuchtwichte γ	-	3 – 7	Harr (1984), Kulhawy (1992)
	Ton, Schluff	< 10	Phoon et al. (1995)
	-	0,6 – 28	Cherubini (1997)
Wichte unter Auftrieb γ'	alle Bodenarten	0 – 10	Lacasse & Nadim (1997), Duncan (2000)
Effektiver Reibungswinkel φ'	-	2 – 13	Harr (1984), Kulhawy (1992)
	Ton, Sand (20° – 40°)	5 – 15	Phoon et al. (1995)
	-	0,3 – 87	Cherubini (1997)
	-	5 – 15	Schneider (1997)
	Sand	2 – 5	Lacasse & Nadim (1997)
Effektive Kohäsion (c'	-	13 – 70	Cherubini (1997)
	-	30 – 50	Schneider (1997)
	-	20 – 40	Forrest & Orr (2011a)
Scherfestigkeit c_u des undränierten Bodens	-	12 – 145	Cherubini (1997)
	Toniger Schluff	10 – 30	Lacasse & Nadim (1997)
	Ton (E)	20 – 55	Phoon et al. (1995)
	Ton (UU)	10 – 30	Phoon et al. (1995)
	Ton (CU)	20 – 40	Phoon et al. (1995)
	-	30 – 50	Schneider & Schneider (2013)
Kompressionsbeiwert C_c	-	10 – 37	Harr (1984), Kulhawy (1992), Duncan (2000)
	-	9 – 60	Cherubini (1997)
Porenzahl e	-	7 – 32	Cherubini (1997)
	alle Bodenarten	7 – 30	Lacasse & Nadim (1997)

E= Einaxialer Druckversuch UU = unkonsolidierter, undränierter Triaxialversuch
CU = konsolidierter, undränierter Triaxialversuch

Tabelle A.5: Variationskoeffizienten einiger in situ ermittelten Baugrundeigenschaften

Versuchsergebnis	Versuchstyp / Bodenart	Spannbreite [%]	Literaturquelle
Scherfestigkeit c_u des undränierten Bodens	FVT / Ton	10 – 40	Phoon et al. (1995)
	FVT / -	10 - 20	Kulhawy (1992)
Schlagzahl N	SPT / -	15 – 45	Harr (1984), Kulhawy (1992)
	SPT / Ton, Sand	25 – 70	Phoon et al. (1995)
Spitzenwiderstand q_c	CPT / -	15 – 37*	Harr (1984), Kulhawy (1992)
	CPT / -	5 – 15**	Kulhawy (1992)
	CPT / Ton	20 – 40	Phoon et al. (1995)
	CPT / Sand	20 – 60	Phoon et al. (1995)
Korrigierter Spitzenwiderstand q_T	CPT / Ton	< 20	Phoon et al. (1995)
Pressiometer-Modul E_{PMT}	PMT / Sand	15 – 65	Phoon et al. (1995)
Dilatometer-Modul E_{DMT}	DMT / Sand	15 – 65	Phoon et al. (1995)

FVT = Flügelscherversuch SPT = Standard Penetration Test CPT = Drucksondierung
DMT = Flachdilatometerversuch PMT = Pressiometerversuch
* mechanische Drucksondierung **elektrische Drucksondierung

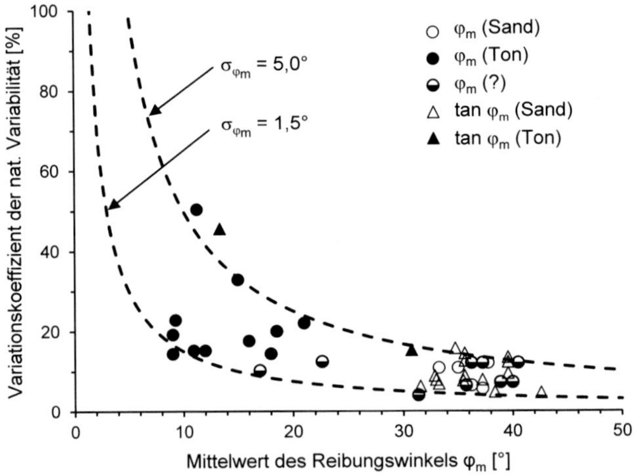

Bild A.1: Variationskoeffizient und Mittelwert vom effektiven Reibungswinkel nach Phoon & Kulhawy (1999a)

Verteilungstypen für die geotechnischen Kenngrößen

Tabelle A.6: typische Verteilungen einiger geotechnischen Kenngrößen

Geotechnische Kenngrößen	Bodenart	Verteilungstyp	Literaturquelle
Feuchtwichte γ, Wichte unter Auftrieb γ'	-	Normalverteilung	Lacasse & Nadim (1997), Pula (2007)
Effektiver Reibungswinkel φ'	-	Betaverteilung	Lumb (1970)
	Sand	Normalverteilung	Lacasse & Nadim (1997)
	Ton	Logarithmische Normalverteilung	Moormann (2002)
	schluffiger Sand	Normalverteilung (für tan φ')	Forrest & Orr (2011b)
	bindige Böden (CU)	abgeschnittene Normalverteilung	Li & Tang (2015)
	bindige Böden (CD, UU)	Logarithmische Normalverteilung	Li & Tang (2015)
Effektive Kohäsion c'	-	Betaverteilung	Lumb (1970)
	tertiärer Ton in Frankfurt	Logarithmische Normalverteilung	Moormann (2002)
	schluffiger Sand	Gammaverteilung	Forrest & Orr (2011b)
	bindige Böden (CU)	abgeschnittene Normalverteilung	Li & Tang (2015)
	bindige Böden (CD, UU)	Weibullverteilung	Li & Tang (2015)
Scherfestigkeit c_u des undränierten Bodens	-	Betaverteilung	Lumb (1970)
	toniger Schluff	Normalverteilung	Lacasse & Nadim (1997)
	Ton, tertiärer Ton in Frankfurt	Logarithmische Normalverteilung	Lacasse & Nadim (1997), Moormann (2002)
	Ton	Normalverteilung	Forrest & Orr (2011b)
E-Modul E_u	Ton	Logarithmische Normalverteilung	Moormann (2002)
Fließgrenze w_L	Ton	Normalverteilung	Lacasse & Nadim (1997), Moormann (2002)
Ausrollgrenze w_P	Ton	Normalverteilung	Lacasse & Nadim (1997)
	Ton	Logarithmische Normalverteilung	Moormann (2002)
Porenzahl e	alle Bodenarten	Normalverteilung	Lacasse & Nadim (1997)

CD= konsolidierter, dränierter Triaxialversuch CU = konsolidierter, undränierter Triaxialversuch

UU = unkonsolidierter, undränierter Triaxialversuch

Korrelationslängen

Tabelle A.7: Korrelationslänge einiger in situ ermittelten Baugrundeigenschaften

Versuchsergebnis	Versuchstyp / Bodenart	Korrelationslänge [m]		Literaturquelle
		$\theta_{u,v}$	$\theta_{u,h}$	
Scherfestigkeit c_u des undränierten Bodens	FVT / Ton	5	46,0	Vanmarcke (1977b)
	FVT / weicher Ton	3,1	-	Soulié (1984)
	FVT / Ton	2,0 – 6,2	46,0 - 60,0	Phoon et al. (1995)
Spitzenwiderstand q_c	CPT / weicher Ton	2	40	Honjo & Kuroda (1991)
	CPT / Sand, Ton	0,1 – 2,2	3,0 – 80,0	Phoon et al. (1995)
	CPT / Sand	-	20 – 35	Vrouwenvelder & Calle (2003)
	CPT / Sand	0,3 ~ 1,2	3,5 ~ 15	Wong (2004)
Schlagzahl N	SPT / Sand	2,4	-	Phoon et al. (1995)
	SPT / Ton	3,0- 3,8	-	Akbas & Kulhawy (2010)

FVT = Flügelscherversuch SPT = Standard Penetration Test

Tabelle A.8: Korrelationslänge einiger im Labor ermittelten geotechnischen Kenngrößen

Versuchsergebnis	Bodenart	Korrelationslänge [m]		Literaturquelle
		$\theta_{u,v}$	$\theta_{u,h}$	
Feuchtwichte γ	Ton, Lehm	2,4 – 7,9	-	Phoon et al. (1995)
	Ton (leicht plastisch)	0,46 – 0,70	-	Onyejekwe & Ge (2013)
Reibungswinkel φ	Ton	-	800	Raspa et al. (2008)
	Sand[a]	5,1	242	Suchomel & Mašín (2011)
	Ton (leicht plastisch)	0,33; 2,01	-	Onyejekwe & Ge (2013)
	Ton (ausgeprägt plastisch)	0,33 – 2,56	-	Onyejekwe & Ge (2013)
Scherfestigkeit c_u des undränierten Bodens	Ton	0,8 – 6,1	-	Phoon et al. (1995)
	Ton	1,0 – 3,0	-	Akbas & Kulhawy (2010)

[a] kritischer Reibungswinkel (engl. critical state friction angle)

Autokorrelationsfunktionen, Varianzfunktionen und Korrelationslängen nach Vanmarcke (1984)

Tabelle A.9: Autokorrelations- und Varianzfunktionen nach Vanmarcke (1984)

Nr.	Autokorrelationsfunktion ρ_u	Varianzfunktion Γ_u^2	Korrelations-länge θ_u
I	$\rho_u(r)=\begin{cases} 1-\frac{\lvert r\rvert}{a}, & \lvert r\rvert \leq a \\ 0, & \lvert r\rvert > a \end{cases}$	$\Gamma_u^2(D)=\begin{cases} 1-\frac{D}{3a}, & D \leq a \\ \left(\frac{a}{D}\right)\left(1-\frac{a}{3D}\right), & D > a \end{cases}$	a
II	$\rho_u(r)=e^{-\frac{\lvert r\rvert}{b}}$	$\Gamma_u^2(D)=2\left(\frac{b}{D}\right)^2\left(\frac{D}{b}-1+e^{-\frac{D}{b}}\right)$	$2b$
III	$\rho_u(r)=\left(1+\frac{\lvert r\rvert}{c}\right)e^{-\frac{\lvert r\rvert}{c}}$	$\Gamma_u^2(D)=2\frac{c}{D}\left[2+e^{-\frac{D}{c}}-3\frac{c}{D}\left(1-e^{-\frac{D}{c}}\right)\right]$	$4c$
IV	$\rho_u(r)=e^{-\left(\frac{\lvert r\rvert}{d}\right)^2}$	$\Gamma_u^2(D)=\left(\frac{d}{D}\right)^2\left[\sqrt{\pi}\frac{D}{d}E\left(\frac{D}{d}\right)+e^{-\left(\frac{D}{d}\right)^2}-1\right]$ mit $E(\cdot)$ = Fehlerfunktion, $E(u) = 2[F_U(u) - 0{,}5]$ $F_U(u)$ = kumulative Standardnormalverteilung	$\sqrt{\pi}\,d$

mit:

r = äquidistante Entfernung zwischen 2 Stellen [m]

D = Mittelungslänge [m]

a, b, c, d = Parameter für die jeweilige Funktion

Verteilungstypen:

I = dreiecksförmige Funktion

II = exponentielle Funktion, mit einem 1. Ordnung autoregressiven (oder Markov) Prozess

III = Funktion, mit einem 2. Ordnung autoregressiven (oder Markov) Prozess

IV = Gaußsche (quadrierte exponentielle) Funktion

Reduktionsfaktor: $\Gamma_u = \sqrt{\Gamma_u^2(D)}$

Ermittlung der Korrelationslänge nach Jones et al. (2002)

Berechnungsschritte zur Ermittlung der Schwankungs- oder Korrelationslänge aus den Spitzenwiderstand von CPT-Versuchen:

1. Berechnung der Standardabweichung der Rohwerte des Spitzenwiderstandes; das ist die Referenzstandardabweichung σ_r
2. Mittelung der Rohwerte des Spitzenwiderstandes durch die Bildung eines gleitenden Durchschnitts über eine Länge w und Ersetzen der Rohwerte durch die gemittelten Werte, x_n^*. Z. B. für eine Länge w=3, $x_n^* = (x_{n-1} + x_n + x_{n+1})/w$
3. Berechnung der Standardabweichung σ_w der gemittelten Werte
4. Normierung der gemittelten Standardabweichung durch die Referenzstandardabweichung und Multiplikation mit der Länge w: $\theta_w = (\sigma_w/\sigma_r) \cdot w$
5. Wiederholung der Schritte 2 bis 4 mit zunehmender Länge w, bis die Länge etwas größer als die Hälfte der Anzahl der Rohdaten ist
6. Darstellung der Korrelationslänge in Abhängigkeit der Länge w
7. Die erste Spitze bzw. der Höchstwert ist als Schätzung der Korrelationslänge anzunehmen.

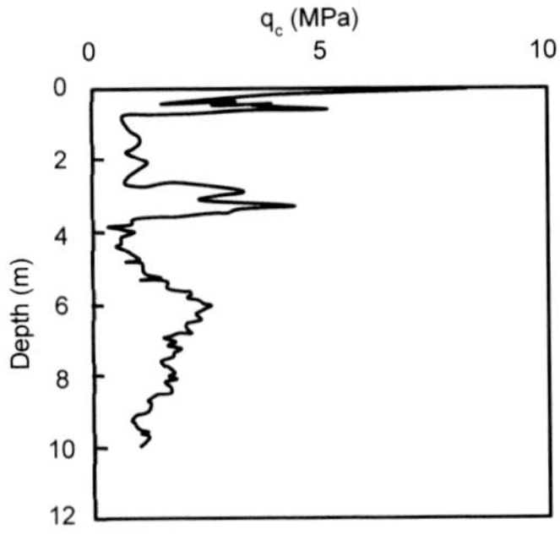

Bild A.2: CPT-Spitzenwiderstand, logarithmisch (Jones et al. 2002)

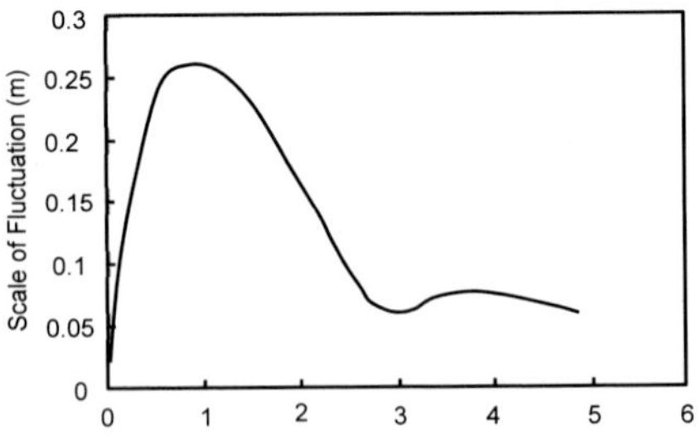

Bild A.3: Korrelationslänge in Abhängigkeit der Länge w (Jones et al. 2002)

Anhang D: Messfehler

Tabelle A.10: zufälliger Messfehler einiger im Labor ermittelter geotechnischen Kenngrößen in Anlehnung an Phoon & Kulhawy (1999a)

Geotechnische Kenngrößen	Versuchstyp / Bodenart	Variationskoeffizient [%]	
		Spannbreite	Mittelwert
Feuchtwichte γ	- / Feinkörnig	1 – 2	1
Effektiver Reibungswinkel φ'	TS / Ton, Schluff	7 – 56	24
	DS / Ton, Schluff	3 – 29	13
	DS / Sand	13 – 14	14
Tangens des effektiven Reibungswinkels tan φ'	TS / Sand, Schluff	2 – 22	8
	DS / Ton	6 – 22	14
Scherfestigkeit c_u des undränierten Bodens	TS / Ton, Schluff	8 – 38	19
	DS / Ton, Schluff	19 – 20	20
	FVT-L / Ton	5 – 37	13

TS= Triaxialversuch DS = direkter Scherversuch FVT-L = Flügelscherversuch im Labor

Tabelle A.11: gesamter, zufälliger Messfehler für übliche Feldversuche in Anlehnung an Orchant et al. (1988)

Versuchstyp	Variationskoeffizient [%]				
	Gerät	Versuch	Zufall	Gesamt[a]	Bereich
Standard Penetration Test (SPT)	5 – 75[b]	5 – 75[b]	12 – 15	14 – 100[b]	15 – 45
Mechanische Drucksondierung (CPTM)	5	10[c] / 15[d]	10[c] / 15[d]	15[c] / 22[d]	15 – 25
Elektrische Drucksondierung (CPT)	3	5	5[c] / 10[d]	7[c] / 12[d]	5 – 15
Flügelscherversuch, (FVT)	5	8	10	14	10 – 20
Flachdilatometerversuch (DMT)	5	5	8	11	5 – 15
Vorgebohrter Pressiometerversuch (PBP)	5	12	10	16	10 – 20[e]
Selbstbohrendes Pressiometer (SBP)	8	15	8	19	15 – 25[e]

[a] Variationskoeffizient für den gesamten, zufälligen Messfehler, siehe Gl. (4.19)

[b] günstiger bis ungünstigen Fall für SPT

[c] Spitzenwiderstand für CPT

[d] Mantelreibung für CPT

[e] Die Variationskoeffizienten der einzelnen Parameter des Pressiometerversuches können sich von den in der Tabelle angegebenen Werten unterscheiden, wegen der begrenzten Anzahl an Daten konnte dies aber nicht geklärt werden.

Anhang E: Gesamte Variabilität geotechnischer Kenngrößen

Tabelle A.12: Gesamte Variabilität geotechnischer Kenngrößen in Anlehnung an Phoon & Kulhawy (1999b)

Eigenschaft	Test	Bodenart	Punkt-COV (%)
Su (UC)	Laborversuch	Ton	20 - 55
Su (UU)	Laborversuch	Ton	10 - 35
Su (CIUC)	Laborversuch	Ton	20 - 45
Su (Feld)	VST	Ton	15 - 50
Su (UU)	q_t	Ton	30 – 40[a]
Su (CIUC)	q_t	Ton	35 – 50[a]
Su (UU)	N	Ton	40 - 60
Su (UU, UC, VST)	K_d	Ton	30 - 55
Su (Feld)	PI	Ton	30 – 55[a]
φ'	Laborversuch	Ton, Sand	7 – 20
φ' (TC) (°)	q_t	Sand	10 – 15[a]
φ'cv (°)	PI	Ton	15 – 20[a]
Ko	Direkt (SBPMT)	Ton	20 - 45
Ko	Direkt (SBPMT)	Sand	20 - 55
Ko	K_d	Ton	35 - 50[a]
Ko	N	Ton	40 - 75[a]
E_{PMT}	Direkt (PMT)	Sand	20 - 70
E_D	Direkt (DMT)	Sand	15 - 70
E_{PMT}	N	Ton	85 - 95
E_D	N	Schluff	40 - 60

[a] COV ist eine Funktion des Mittelwerts

VST = Flügelscherversuch

q_t = korrigierter Spitzenwiderstand

N = Schlagzahl des SPT

K_d = Dilatometer, horizontaler Spannungsindex

PI = Plastizitätszahl

CV = Konstantes Volumen, kritischer Reibungswinkel

Anhang F: Umrechnungsbeiwerte

Unterbeiwert $\eta_{(1,2)}$ nach IEG Rapport 8:2008 für Pfähle

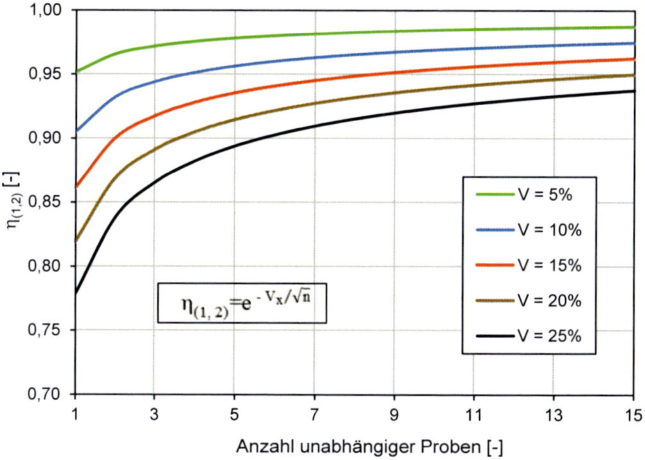

Bild A.4: Unterbeiwert $\eta_{(1,2)}$ als Funktion des Variationskoeffizienten und der unabhängigen Anzahl an Proben in Anlehnung an IEG Rapport 8:2008

Anhang G: Statistischer Koeffizient k_n

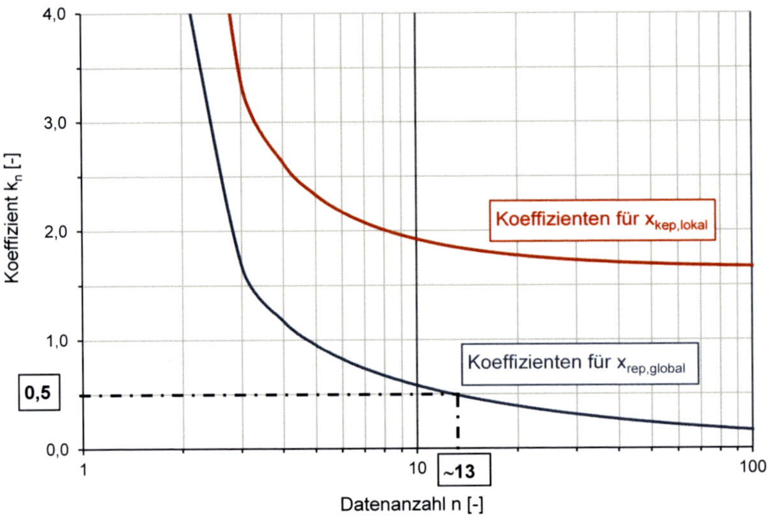

Bild A.5: statistische Koeffizienten k_n für die Berechnung von $x_{rep,,global}$ und $x_{rep,,lokal}$

Anhang H: Bayes-Satz

Der Bayessche Satz gibt an, wie die A-priori-Wahrscheinlichkeit P(F) eines Ereignisses F zu einer A-posteriori-Wahrscheinlichkeit P(F|Z) durch das Eintreten des Ereignisses Z aktualisiert wird (Straub & Papaioannou 2015):

$$P(F|Z) = \frac{P(Z|F) \cdot P(F)}{P(Z)}$$

mit:

$P(F|Z)$ die bedingte Wahrscheinlichkeit von F unter der Bedingung, dass Z eingetreten ist
$P(Z|F)$ die bedingte Wahrscheinlichkeit von Z unter der Bedingung, dass F eingetreten ist
$P(Z)$ die A-priori-Wahrscheinlichkeit von Z
$P(F)$ die A-priori-Wahrscheinlichkeit von F

Der Satz von Bayes kann auch für die Aktualisierung einer Zufallsgröße X erweitert werden, bei dem sich die Wahrscheinlichkeiten in Form einer Dichtefunktion ergeben. Hierbei entsprechen die Realisationen einer Stichprobe der Grundgesamtheit (z_1, z_2, … z_n) = $z^{(n)}$ dem Ereignis Z. Die A-posteriori-Verteilungsdichte der Zufallsgröße ergibt sich wie folgt (Struck 1978):

$$f\left(X \,|\, z^{(n)}\right) = \frac{f(X) \cdot f^{(n)}\left(z^{(n)} \,|\, X\right)}{\int f(X) \cdot f^{(n)}\left(z^{(n)} \,|\, X\right) \cdot dX}$$

mit:

$f(X|z^{(n)})$ die A-posteriori-Verteilungsdichte
$f^{(n)}(z^{(n)}|X)$ die Likelihoodfunktion
$f(X)$ die A-priori-Verteilungsdichte

Die Likelihoodfunktion gibt die bedingte Wahrscheinlichkeit von $z^{(n)}$ für vorgegebene X an und beschreibt dabei den Zusammenhang zwischen der Zufallsvariable X und der Stichproben $z^{(n)}$. Das Integral der Multiplikation der Likelihoodfunktion mit der A-priori-Verteilungsdichte von X (Nenner in der obigen Gleichung) entspricht der „gesamten" Wahrscheinlichkeit von $z^{(n)}$. In der Literatur ist das Integral auch als „normalisierende" Konstante bekannt. Die Zufallsgröße X können Parameter wie der Mittelwert, die Standardabweichung oder der Variationskoeffizient sein, mit denen die Variabilität von $z^{(n)}$, z. B. als Normalverteilung, modelliert wird (Straub & Papaioannou 2015).

Anhang I: Weitere Ergebnisse - Modell zur Ermittlung repräsentativer Werte

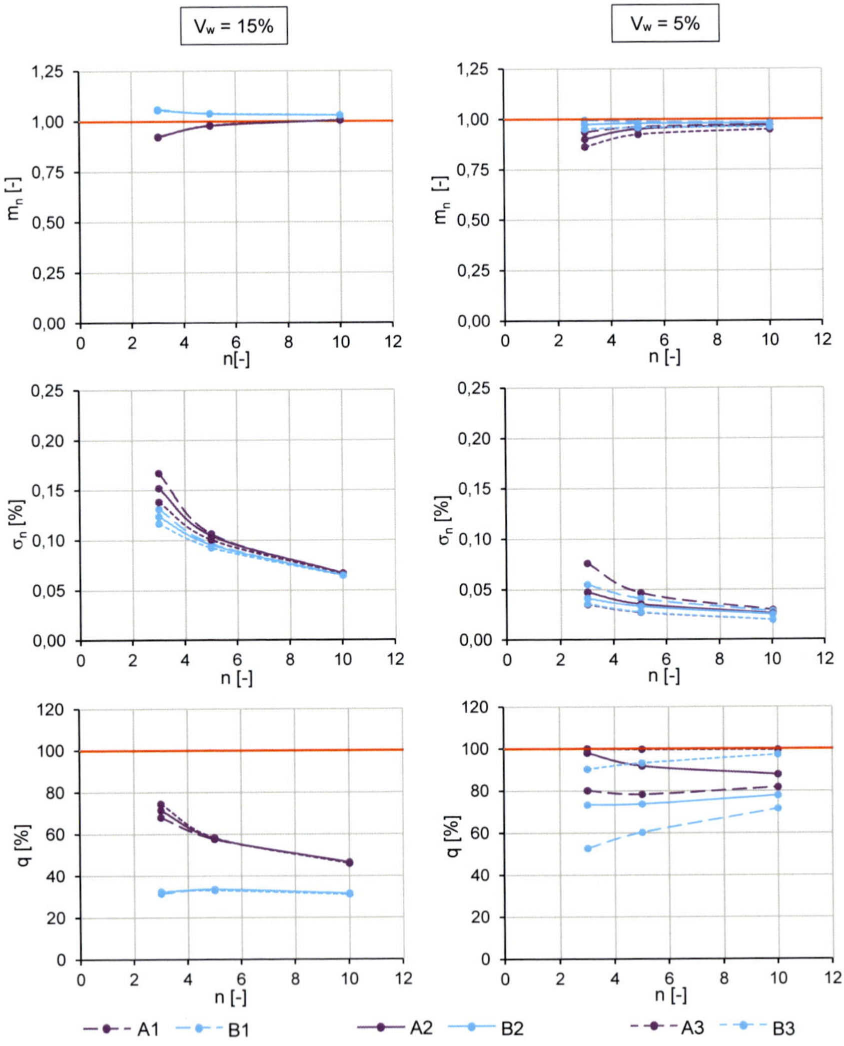

Bild A.6: Ergebnisse für $\varphi'_{mittel} = 40°$, $V_w = 15\%$, $V_w = 5\%$ und $\Gamma_u = 1{,}0$

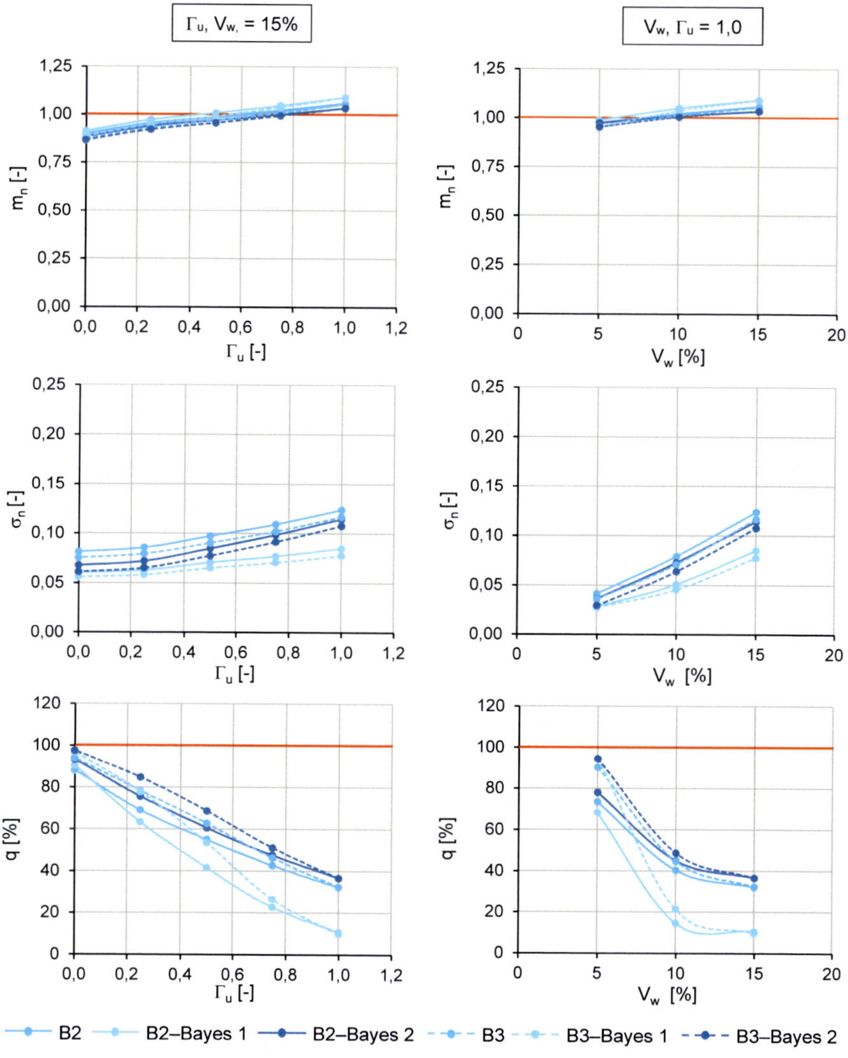

Bild A.7: Ergebnisse für n=3, φ= 40°, $V_{w,}$ = 15% (links) bzw. Γ_u = 1,0 (rechts), Variante B

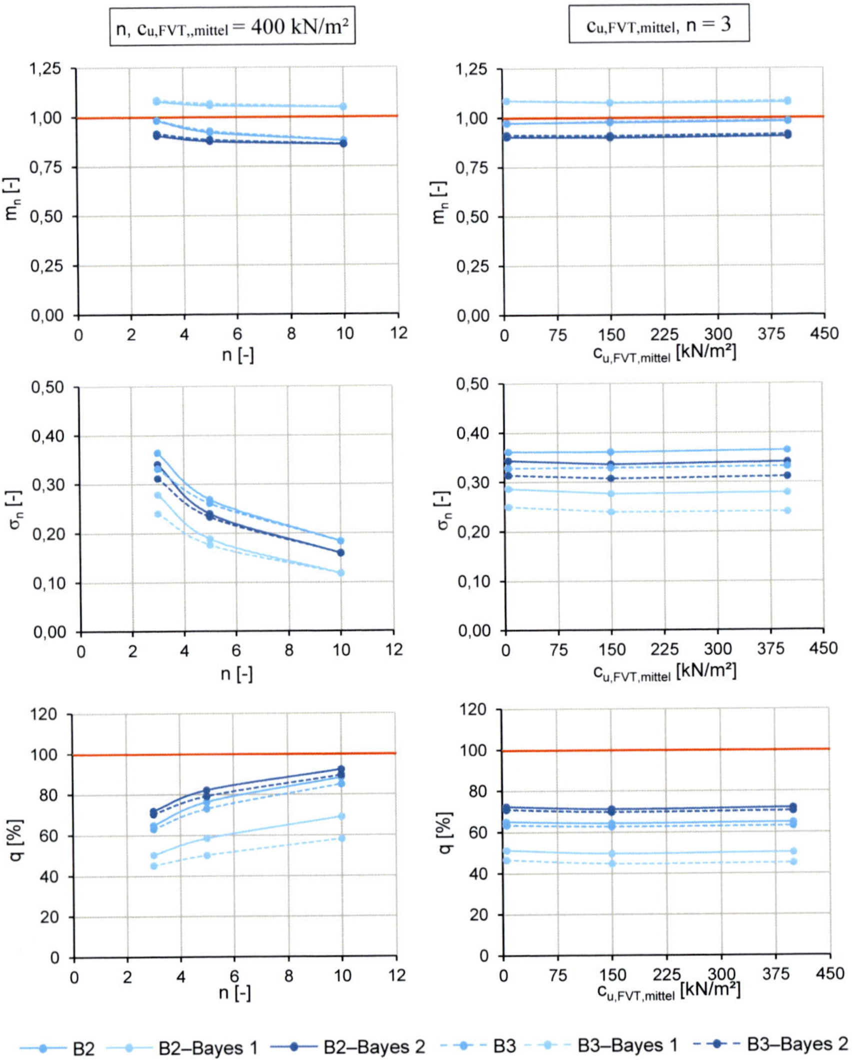

Bild A.8: Ergebnisse für V_w = 40%, Γ_u = 1,0, $c_{u,FVT,,mittel}$ = 400 kN/m² bzw. n = 3, Variante B

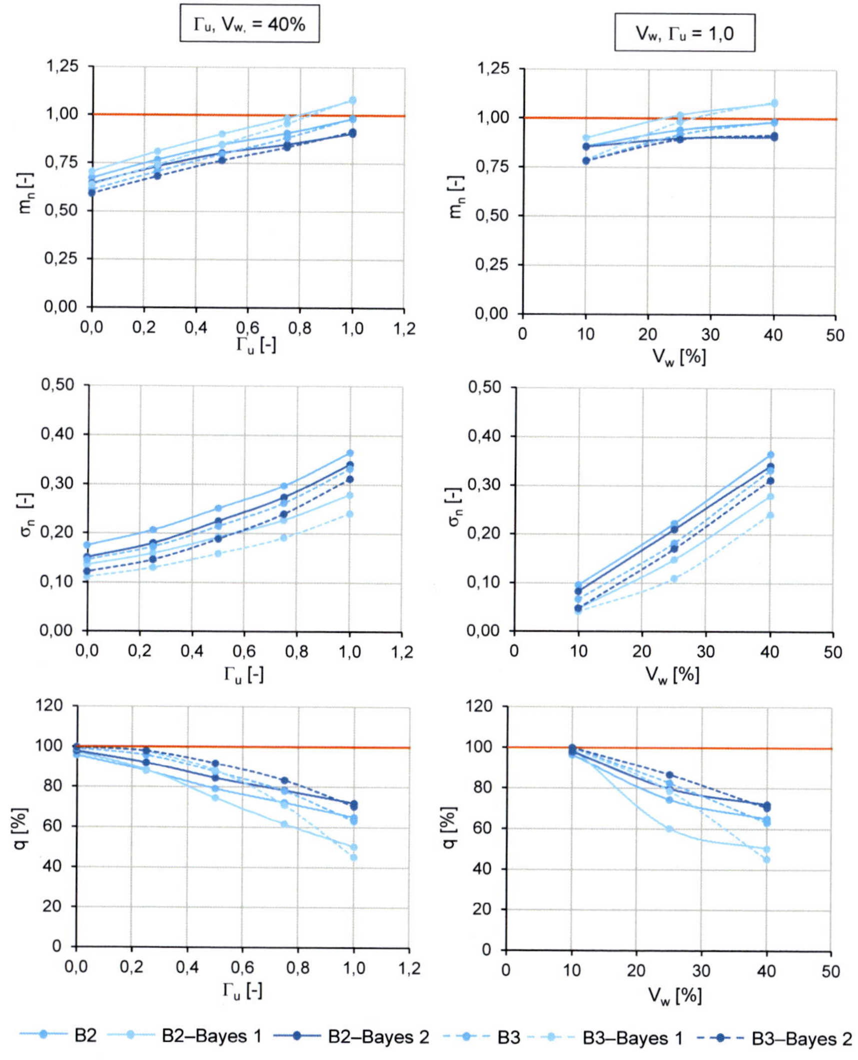

Bild A.9: Ergebnisse für n=3, $c_{u,FVT,,mittel}$ = 400 kN/m², $V_{w,}$ = 40% (links) bzw. Γ_u = 1,0 (rechts), Variante B

Anhang J: Literaturquelle für die statistische Auswertung der Modellunsicherheit.

Tabelle A.13: Versuche für die Ermittlung des Grundbruchwiderstands

Nr.	Quelle
1	Kobler, W. (1982): Untersuchung über Böschungs- und Grundbruch, Baugrundinstitut Stuttgart, Mitteilung Nr. 18.
2	Muhs, H., Weiß, K. (1971): Untersuchung von Grenztragfähigkeit und Setzungsverhalten flachgegründeter Einzelfundamente im ungleichförmigen nichtbindigen Boden, Degebo Heft 26.
3	Weiß, K. (1970): Der Einfluss der Fundamentenform auf die Grenztragfähigkeit flachgegründeter Fundamente, Degebo Heft 25.
4	Muhs, H., Weiß, K. (1971):The influence of the load inclination on the bearing capacity of shallow footings, Degebno Heft 27.
5	Muhs, H., Weiß, K. (1975), : Die Grenztragfähigkeit von flachgegründeten Streifenfundamenten unter geneigter Belastung nach Theorie und Versuch, Degebo Heft 31.
6	Golder, H. Q. (1941): The ultimate bearing pressure of rectangular footings, Journal of Institutition of Civil Engineers, Vol. 17, Issue 2., pp. 161-174.
7	Muhs, H., Weiß, K. (1969): Die Grenztragfähigkeit und Schiefstellung ausmittig-lotrecht belasteter Einzelfundamente im Sand nach Theorie und Versuch, Degebo Heft 22.
8	De Beer, E. E. (1976): Einige Betrachtungen über die Grenztragfähigkeit des Bodens unter Flachgründungen, Degebo Heft 32.
9	Farhan, A. A. (1992): Tragfähigkeit schräg belasteter Streifenfundamente mit vertikalem Sporn auf dicht gelagertem Sand, Mitteilungen aus dem Fachgebiet Grundbau und Bodenmechanik, Universität-GH Essen, Heft 17.
10	Haubrichs, K. (1993): Widerstand eines dicht gelagerten Sandes gegen Beanspruchung infolge ausmittig-schräg oder exzentrisch belasteter starrer Einzelfundamente, Mitteilungen aus dem Fachgebiet Grundbau und Bodenmechanik, Universität-GH Essen, Heft 18.
11	Nacke, C. (1988): Horizontal belastete Fundamente mit geneigter Sohlfläche, Mitteilungen aus dem Fachgebiet Grundbau und Bodenmechanik, Universität-GH Essen, Heft 14.
12	Weiß, K (1973): Die Formbeiwerte in der Grundbruchgleichung für nichtbindige Böden, Degebo Heft 29.
13	Perau, E. W. (1995): Ein systematischer Ansatz zu Berechnung des Grundbruchwiderstands von Fundamenten, Mitteilungen aus dem Fachgebiet Grundbau und Bodenmechanik, Universität-GH Essen, Heft 19.
14	Rilling, B. (1995): Zur Festigkeit bindiger Schüttungen, Geotechnik 19, S. 105-115.
15	Juarez, O. (2017): Eigene Versuche am Lehrstuhl für Geotechnik im Bauwesen der RWTH-Aachen University

Tabelle A.14: Versuche für die Ermittlung des aktiven Erddrucks, des erhöhten aktiven Erddrucks und des Erdruhedrucks, Teil I

Nr.	Quelle
1	Franke, D., Arnold, M., Bartl, U., Vogt, N. (2003): Erddruckmessungen an der Kelleraußenwand eines mehrgeschossigen Massivbaus, Bauingenieur, Band 78, S. 125-130.
2	Franke, D. (1988): Erddruck auf unnachgiebige Wände - Auswertung von Modellversuchen, Geotechnik 11, Heft 1, S. 20 – 26.
3	Achmus, M., Rouili, A. (2004): Untersuchung zur Erddruckbeanspruchung von Winkelstützwänden, Bautechnik 81, Heft 12, S. 942-948.
4	Arnold, M., Franke, D. (2007): Modellversuch zum Erd- und Auflastdruckauf Winkelstützwände, Bautechnik 84, Heft 12, S. 891-899.
5	Wang, Y.Z. (2000): Distribution of earth pressure on a retaining wall, Géotechnique 50, No. 1, pp. 83-88.
6	Rehnman, S. E., Broms, B. B. (1972) : Lateral pressures on basement wall. Results from full scale test, Fifth European Conference On Soil Proc, pp. 189-197.
7	Spotka, H. (1977) : Einfluss der Bodenverdichtung mittles Oberflächen-Rüttler auf den Erddruck einer Stützwand bei Sand, Baugrundinstitut Stuttgart, Mitteilung Nr. 9.
8	Fang, Y. S., Cheng, F. P., Chen, R. C., Fan, C. C. (1993): Earth pressure under general wall movements, Geotechnical Engineering, Vol. 24, Issue 2, pp. 113-131.
9	Fang, Y.S., Ishibashi, I. (1986): Static Earth Pressures with various Wall Movements, Journal of Geotechnical Engeenering, Vol. 112, Issue 3, pp.317-333.
10	Sherif, M. A., Fang, Y.S., Sherif, R. I. (1984): K_a und K_0 behind rotating and non-yielding Walls, Journal of Geotechnical Engeenering, Vol. 110, Issue 1, pp. 41-56.
11	Müller-Breslau, H. (1906): Erddruck auf Stützmauern. Stuttgart 1905, Alfred Kröner Verlag.
12	Muhs, H. (1947): Erddruckmessungen an einer 24 m hohen starren Wand. Bauplanung und Bautechnik 1, Heft 1, S. 11.
13	Hilmer, K. (1973): Sohldruck- und Erddruckmessungen U-Bahn Nürnberg. Eigenverlag Nürnberg LGA 1973.
14	Vogt, N. (1984): Erdwiderstandsermittlung bei monotonen und wiederholten Wandbewegungen in Sand, Baugrundinstitut Stuttgart, Mitteilung Nr. 22.
15	Pelz, G. (2011): Die Berücksichtigung einer Vorbelastung bei der Mobilisierung des passiven Erddruckes feinkörniger Böden, Lehrstuhl und Prüfamt für Grundbau, Bodenmechanik, Felsmechanik und Tunnelbau der TU München, Heft 48.
16	Gerlach, J. (1986): Experimentelle Ermittlung der Bruchkörperform und Entwicklung eines daraus abgeleiteten Berechnungsverfahrens zur Bestimmung des aktiven räumlichen Erddrucks, Bergische Universität Wuppertal, Lehr- und Forschungsgebiet Geotechnik, Mitteilung Nr. 5.
17	Maybaum, G. (1996): Erddruckentwicklung auf eine in Schlitzwandbauweise hergestellte Kaimauer, Mitteilung des Instituts für Grundbau und Bodenmechanik, Technische Universität Braunschweig, Heft Nr. 52.
18	Schmidt, H. H. (1981): Beitrag zur Ermittlung des Erddrucks auf Stützwände bei nachgiebigem Baugrund, Baugrundinstitut Stuttgart, Mitteilung Nr. 14.
19	Al-Akel, S. (2005): Beitrag zur Berechnung von eingespannten starren Stützkonstruktionen in kohäsionslosem Boden, Institut für Geotechnik, TU Dresden, Mitteilungen, Heft 14.

Tabelle A.15: Versuche für die Ermittlung des aktiven Erddrucks, des erhöhten aktiven Erddrucks und des Erdruhedrucks, Teil II

Nr.	Quelle
20	Clough,G. W., Duncan, J. M. (1969): Finite element analyses of Port Allen and Old River Locks, Report S-69-6, U.S. Army Engr. Waterways Expt. Stn. Vickburg, MS .
21	Hilmer, K. (1976): Erddruck auf Schleusen-Kammerwände, Baugrundinstitut Stuttgart, Mitteilung Nr. 6.
22	Costopoulus, S. (1979): Experimental investigation of model diaphragm wall, Journal of the Geotechnical Engineering Division, Vol. 105, Issue 11, Pg. 1343-1349.
23	Schürmann, A. (1997): Zum Erddruck auf unverankerte flexible Verbauwände, Schriftenreihe des Instituts für Grundbau, Ruh-Universität Bochum, Heft 30.
24	Erdemgil, M. (1974): Grösse und Verteilung des Erddruckes auf eine Stützwand infolge Linienlasten auf der Oberfläche eines Geländesprunges, Technische Universität Berlin, Mitteilung Nr. 79.
25	Mayne, P. W., Kulhawy, F. H. (1982): K0-OCR Relationships in Soil, Journal of the Geotechnical Engineering Division, Vol. 20, no. 1, pp. 851–872.
26	Müller-Breslau, H. (1947): Erddruck auf Stützmauern. 2. Auflage, Alfred Kröner Verlag.

Tabelle A.16: Versuche für die Ermittlung des Gleitwiderstands

Nr.	Quelle
1	Horn, A. (1970): Sohlreibung und räumlicher Erdwiderstand bei massiven Gründungen in nichtbindigem Boden, Schriftenreihe Straßenbau und Straßenverkehrstechnik 110, Bonn.
2	Kolb, H. (1988): Ermittlung der Sohlreibung von Gründungskörpern unter horizontalem kinematischem Zwang, Baugrundinstitut Stuttgart, Mitteilung Nr. 28.
3	Potyondy, J. G. (1961): Skin friction between various soils and construction materials, Géotechnique, Vol. 11, Issue 4, pp. 339-353.
4	Nacke, C. (1988): Horizontal belastete Fundamente mit geneigter Sohlfläche, Mitteilungen aus dem Fachgebiet Grundbau und Bodenmechanik, Universität-GH Essen, Heft 14.

Tabelle A.17: Versuche für die Ermittlung der Einbindetiefe volleingespannter Wände

Nr.	Quelle
1	Al-Akel, S. (2005): Beitrag zur Berechnung von eingespannten starren Stützkonstruktionen in kohäsionslosem Boden, Institut für Geotechnik, TU Dresden, Mitteilungen, Heft 14.
2	Bransby, P. L., Milligan, G. W. E. (1975): Soil deformations near cantilever sheet pile walls, Géotechnique, Vol. 25, Issue 2, pp. 175-195.
3	Bica, A. V. D., Clayton, C. R. I. (1992): The preliminary design of free embedded cantilever walls in granular soil, Retaining Structures, Thomas Telford Publishing, pp. 731-740.
4	King, G. J. W., McLoughlin, J. P. (1993): Centrifuge model studies of a cantilever retaining wall in sand, Retaining Structures, Thomas Telford Publishing, pp. 721-720.

Tabelle A.18: Versuche für die Ermittlung des passiven Erddrucks

Nr.	Quelle
1	Fang, Y. S.,Chen, T. J., Wu, B.F. (1994): Passive Earth Pressures with various wall movements, Journal of Geotechnical Engeenering, Vol. 120, Issue 8, pp. 1307-1323.
2	A. V. D. Bica, C. R. I. Clayton (1998): An experimental studiy of the behaviour of mebedded length of cantilecer walls, Geotechnique 48, pp. 731-745.
3	Franzius, O. (1928): Erddruckversuche im natürlichen Maßstabe, Der Bauingenieur 9, Heft 43, S. 787-815.
4	A. Horn (1970): Sohlreibung und räumlicher Erdwiderstand bei massiven Gründuingen in nichtbindigem Boden, Schriftenreihe Straßenbau und Straßenverkehrstechnik 110, Bonn.
5	Weissenbach, A. (1961): Der Erdwiderstand vor schmalen Druckflächen. Mitteilung der Franzius-Institut TH Hannover, Heft 19, S.220.
6	Savidis, S. A., Saidel, T. (1999): Passiver Erddruck auf Stützkonstruktionen bei stoßartiger Belastung. Schlußbericht, TU Berlin.
7	Gutberlet, C. (2008): Erdwiderstand in homogenem und geschichtetem Baugrund - Experimente und Numerik. Mitteilung des Institutes und der Versuchsanstalt für Geotechnik der Technischen Universität Darmstadt, Heft 78.
8	Vogt, N. (1984): Erdwiderstandsermittlung bei monotonen und wiederholten Wandbewegungen in Sand, Baugrundinstitut Stuttgart, Mitteilung Nr. 22.
9	Wittlinger, M. (1994): Ebene Verformungsuntersuchungen zur Weckung des Erdwiderstandes bindiger Böden. Institut für Geotechnik Stuttgart, Mitteilung 35.
10	Bartl, U. (2004): Zur Mobilisierung des passiven Erddrucks in kohäsionslosem Boden. Institut für Geotechnik Technische Universität Dresden, Mitteilung 12.
11	Arnold,M., Bartl, U. (1994): Untersuchungen zum Erdwiderstand auf eine ebene Wand für den Fall Drehung um eine Achse im Kopfpunkt. Institut für Geotechnik Technische Universität Dresden, Diplomarbeit.
12	Mao, P. (1993): Erdwiderstand von Sand in Abhängigkeit von Wandbewegungsart und Sättigungsgrad. Fachgebietes Baugrund-Grundbau der Universität Dortmund, Heft 16.
13	Besler, D. (1998): Wirklichkeitsnahe Erfassung der Fußauflagerung und des Verformungsverhaltens von gestützten Baugrubenwänden. Fachgebiet Baugrund-Grundbau der Universität Dortmund, Heft 22.
14	Schäfer, J. (1990): Erdwiderstand vor schmalen Druckflächen im rheinischen Schluff, Mitteilungen des Fachgebietes Baugrund-Grundbau der Universität Dortmund, Heft 2.
15	Al-Akel, S. (2005): Beitrag zur Berechnung von eingespannten starren Stützkonstruktionen in kohäsionslosem Boden, Institut für Geotechnik, TU Dresden, Mitteilungen, Heft 14.

Anhang K: Zuverlässigkeitsmethoden der Stufe II

Momentenmethode

Bei der Momentenmethode sind die zwei ersten zentralen Momente (Mittelwert und Varianz) der Zufallsvariablen erforderlich, um danach den Zuverlässigkeitsindex β nach Gl. (2.7) berechnen zu können. Wenn die Zufallsvariablen normalverteilt sind, kann anhand des Zuverlässigkeitsindexes β auch die Versagenswahrscheinlichkeit p_f nach Gl. (2.9) ermittelt werden.

Bei der Momentenmethode wird zwischen der Methode erster Ordnung (engl. *first order second moment method, FOSM*) und der Methode zweiter Ordnung (engl. *second order second moment method, SOSM*) unterschieden.

Bei der FOSM-Methode wird die Grenzzustandsgleichung g mit den Zufallsvariablen X_i durch eine Taylorreihe erster Ordnung approximiert. Dabei wird eine Linearisierung der Grenzzustandsgleichung vorgenommen, um danach den Mittelwert, die Varianz und die Standardabweichung von g zu ermitteln. In der Taylorreihe werden die Mittelwerte der Zufallsvariablen μ_{X_i} als bekannt angenommen, um danach einen beliebigen Punkt $g(x_1, x_2, \ldots, x_n)$ im n – dimensionalen Raum abschätzen zu können. Die linearisierte Grenzzustandsgleichung ergibt sich dann zu:

$$g(x_1, x_2, \ldots, x_n) \approx g\left(\mu_{X_1}, \mu_{X_2}, \ldots, \mu_{X_n}\right) + \sum_{i=1}^{n}\left(x_i - \mu_{X_i}\right)\frac{\partial g}{\partial x_i} \tag{12.1}$$

Bei den Momentenmethoden sind der Mittelwert μ_g, die Varianz Var_g und die Standardabweichung σ_g zu berechnen. Basierend auf Gl. (12.1) ergeben sich diese zu:

$$\mu_g \approx g\left(\mu_{X_1}, \mu_{X_2}, \ldots, \mu_{X_n}\right) \tag{12.2}$$

$$\begin{aligned} Var_g = \sigma_g^2 &\approx \sum_{i=1}^{n}\sum_{j=1}^{n}\rho_{X_i,X_j}\sigma_{X_i}\sigma_{X_j}\frac{\partial g}{\partial x_i}\frac{\partial g}{\partial x_j} \\ &= \sum_{i=1}^{n}\sigma_{X_i}^2\left(\frac{\partial g}{\partial x_i}\right)^2 + \sum_{i=1}^{n}\sum_{j\neq i}^{n} COV(X_i,X_j)\frac{\partial g}{\partial x_i}\frac{\partial g}{\partial x_j} \end{aligned} \tag{12.3}$$

$$\sigma_g = \sqrt{\sigma_g^2} \tag{12.4}$$

mit:

Var_g	Varianz von g
ρ_{X_i, X_j}	Korrelationskoeffizient von X_i und X_j
$COV(X_i, X_j)$	Kovarianz von X_i und X_j

Die Zufallsvariablen werden bei dieser Methode nur über den Mittewert und die Varianz bzw. die Standardabweichung beschrieben, wobei die Kenntnis der Verteilungsdichten und -funktionen nicht erforderlich ist. Die Verteilungsdichte von g ist daher an sich unbekannt, aber sie wird als normalverteilt angenommen. Diese Methode ist für normalverteilte Zufallsvariablen und linearen Grenzzustandsgleichungen gut geeignet und der Berechnungsaufwand der erforderlichen Terme hängt nur von der Anzahl n der Zufallsvariablen ab. Insgesamt sind 2n+1 Berechnungen erforderlich. Für nicht normalverteilte Zufallsvariablen und nichtlineare Grenzzustandsgleichungen ist der berechnete Zuverlässigkeitsindex aber nur eine Näherung. Die Ungenauigkeit der Ergebnisse steigt, je höher die Nichtlinearität der Grenzzustandsgleichung ist (Russelli, 2008).

Für nichtlineare Grenzzustandsgleichungen eignet sich daher die SOSM-Methode, bei der die Taylorreihe bis zu einem Term zweiter Ordnung approximiert wird:

$$g(x_1, x_2, \ldots, x_n) \approx g\left(\mu_{X_1}, \mu_{X_2}, \ldots, \mu_{X_n}\right) + \sum_{i=1}^{n}\left(x_i - \mu_{X_i}\right)\frac{\partial g}{\partial x_i} + \frac{1}{2}\sum_{i=1}^{n}\sum_{j=1}^{n}\left(x_i - \mu_{X_i}\right)\left(x_j - \mu_{X_j}\right)\frac{\partial^2 g}{\partial x_i \partial x_j} \quad (12.5)$$

Aufgrund der Berücksichtigung des Terms der zweiten Ordnung in der Taylorreihe ist das Ergebnis genauer als mit der FOSM-Methode. Nach Baecher & Christian (2003) ist diese verbesserte Genauigkeit aber nicht immer den deutlich erhöhten Rechenaufwand wert. Daher hat sich die Verwendung der SOSM-Methode in der Geotechnik nicht durchgesetzt.

Methode der Punktschätzung (PEM)

Die Methode der Punktschätzung (engl. Point Estimate Method, PEM) wurde von Rosenblueth (1975, 1981) vorgestellt und von anderen Autoren wie Christian & Baecher (1999) weiterentwickelt. Diese Methode basiert darauf, dass eine stetige Verteilungsdichtefunktion der Zufallsvariablen durch eine diskrete Funktion ersetzt wird, wobei beide Funktionen die gleichen drei ersten zentralen Momente haben (Griffiths et al., 2002). Hierbei werden für die Zufallsvariablen m-Punkte mit Hilfe der drei ersten zentralen Momente abgeschätzt. Diese Punkte werden danach in die Grenzzustandsgleichung eingesetzt, um den Mittelwert μ_g, die Varianz Var_g und die Standardabweichung σ_g zu berechnen.

Russelli (2008) weist darauf hin, dass bei der PEM-Methode die Verteilungsdichte der Grenzzustandsgleichung g unbekannt ist, aber sie muss angenommen werden. Dies führt eine gewisse Ungenauigkeit bzw. Unsicherheit in den Ergebnissen ein. Hierbei haben Christian & Baecher (1999) gezeigt, dass der Fehler bei der Abschätzung des Mittelwerts und der Standardabweichung für verschiedene nichtlineare Grenzzustandsgleichungen mit steigendem Variationskoeffizienten zunimmt.

Die Bemessung nach der PEM-Methode erfolgt in folgenden Schritten (Griffiths et al., 2002; Russelli, 2008):

1. Festlegung der Grenzzustandsgleichung $g(X_i)$ mit der Abhängigkeit der Zufallsvariablen untereinander.
2. Berechnung der Lage der m-Punkte jeder Zufallsvariable X_i. Für die Abschätzung von zwei Punkte (m = 2) wird ihre Lage wie folgt berechnet:

$$x_{i-} = \mu_{X_i} - \xi_{X_{i-}} \sigma_{X_i}$$
$$x_{i+} = \mu_{X_i} + \xi_{X_{i+}} \sigma_{X_i}$$

wobei

$$\xi_{X_{i+}} = \frac{\nu_{X_i}}{2} + \sqrt{1 + \left(\frac{\nu_{X_i}}{2}\right)^2}$$
$$\xi_{X_{i-}} = \xi_{X_{i+}} - \nu_{X_i}$$

Der Parameter ν_{X_i} ist die Schiefe (engl. *skewness*) der Zufallsvariable X_i sowie $\xi_{X_{i+}}$ und $\xi_{X_{i-}}$ sind die sogenannten „Standardabweichung-Einheiten“ (engl. *standard deviation units*), mit denen die Entfernung vom Mittelwert bis zu den abgeschätzten Punkten ermittelt wird (siehe Bild A.10). Für n Zufallsvariablen sind dann 2^n Punkte zu berechnen.

3. Berechnung der Wichtungsfaktoren P_i jedes abgeschätzten Punkts. Für eine einzelne Zufallsvariable ergibt sich:

$$P_{X_{i+}} = \frac{\xi_{X_{i-}}}{\xi_{X_{i+}} + \xi_{X_{i-}}}$$
$$P_{X_{i-}} = 1 - P_{X_{i+}}$$

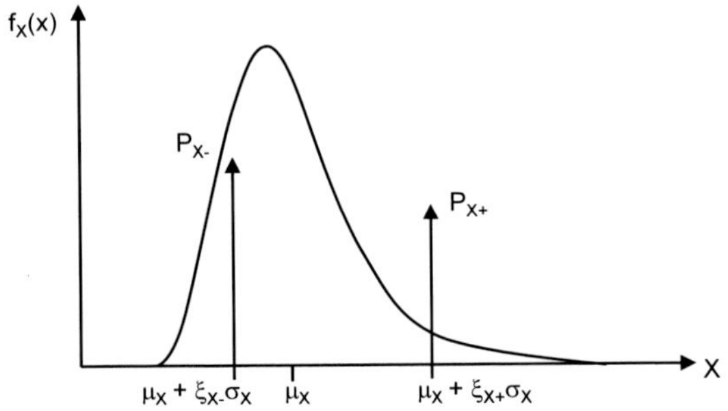

Bild A.10: Abschätzung von zwei Punkten am Beispiel einer logarithmischen Normalverteilung nach Griffiths et al. (2002)

Für Zwei Zufallsvariablen (X_1, X_2) lassen sich die Wichtungsfaktoren nach Rosenblueth (1981) wie folgt berechnen:

$$P_{S_1S_2} = P_{X_{s1}} \cdot P_{X_{s2}} + s_1 s_2 \cdot \left[\frac{\rho_{X_1X_2}}{\sqrt{\left(1 + \left(\frac{\nu_{X_1}}{2}\right)^3\right) \cdot \left(1 + \left(\frac{\nu_{X_2}}{2}\right)^3\right)}} \right]$$

mit:

P_{X1}, P_{X2} Wichtungsfaktoren von X_1 und X_2.

$\rho_{X1,X2}$ Korrelationskoeffizient von X_1 und X_2

ν_{X1}, ν_{X2} Schiefe von X_1 und X_2

s_1, s_2 Vorzeichenparameter, „+" für Werte größer als der Mittelwert, „-" für Werte kleiner als der Mittelwert. Die Multiplikation $s_1 \cdot s_2$ in der Gleichung gibt das Vorzeichen der Korrelationskoeffizient.

Für n-korrelierte Zufallsvariablen ohne Schiefe (ν_{Xi} =0) ergeben sich die Wichtungsfaktoren nach Christian & Beacher (1999):

$$P_{S_1 S_2 \dots S_n} = \frac{1}{2^n} \cdot \left(1 + \sum_{i=1}^{n-1} \sum_{j=i+1}^{n} \left(s_i s_j \rho_{ij} \right) \right)$$

4. Berechnung der Werte der Grenzzustandsgleichung $g(X_i)$ für jeden abgeschätzten Punkt an der Stellen x_{i+} und x_{i-}. Für zwei Zufallsvariablen und zwei Punkte pro Zufallsvariable ergeben sich z. B. vier Punkte:

   $g(X_1, X_2)_{++}$, $g(X_1, X_2)_{--}$, $g(X_1, X_2)_{+-}$ und $g(X_1, X_2)_{-+}$

5. Berechnung der drei ersten zentralen Momente und der Standardabweichung der Grenzzustandsgleichung. Für zwei Punkte pro Zufallsvariable ergeben sich:

$$\mu_{g(X_1,\ X_2)} = \sum_{i=1}^{2^n} P_i \cdot g_i(X_1, X_2)$$

$$\sigma^2_{g(X_1,\ X_2)} = \sum_{i=1}^{2^n} P_i \cdot \left(g_i(X_1, X_2) - \mu_{g(X_1,\ X_2)} \right)^2$$

$$\sigma_{g(X_1,\ X_2)} = \sqrt{\sigma^2_{g(X_1,\ X_2)}} = \sqrt{\sum_{i=1}^{2^n} P_i \cdot \left(g_i(X_1, X_2) - \mu_{g(X_1,\ X_2)} \right)^2}$$

Anhang L: Weitere Diagramme

Fundamente

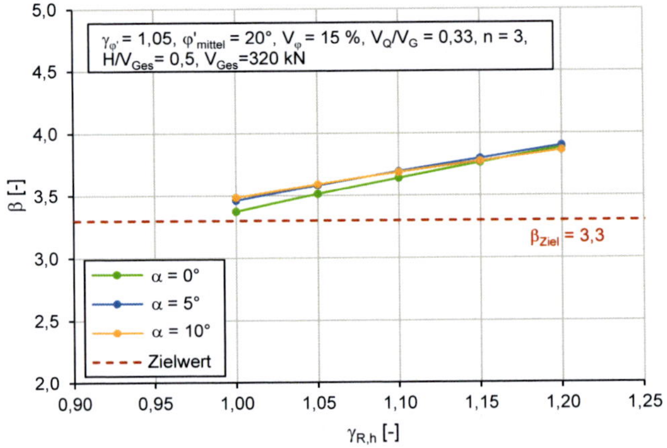

Bild A.11: Variation des Sohlneigungswinkels α, Grenzzustand Gleiten für einen konsolidierten Zustand

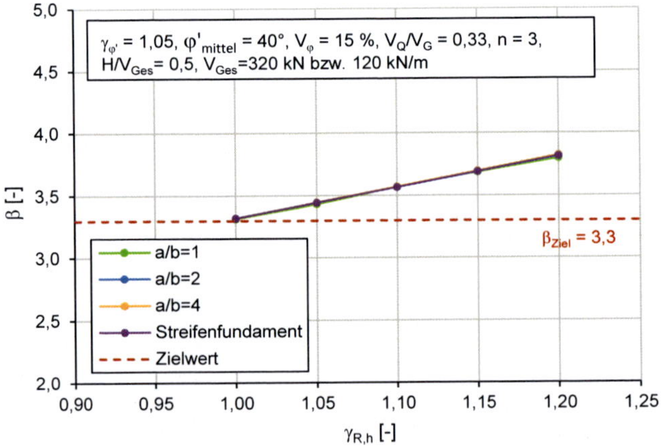

Bild A.12: Variation der Verhältnisse a/b (Geometrie), Grenzzustand Gleiten für einen konsolidierten Zustand

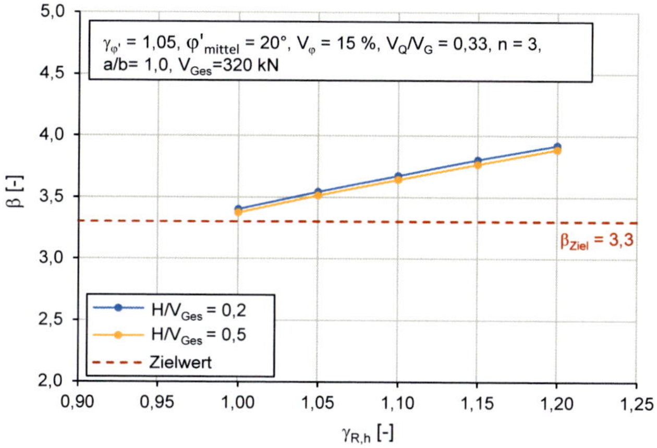

Bild A.13: Variation der Lastneigung H/V_{Ges}, Grenzzustand Gleiten für einen konsolidierten Zustand

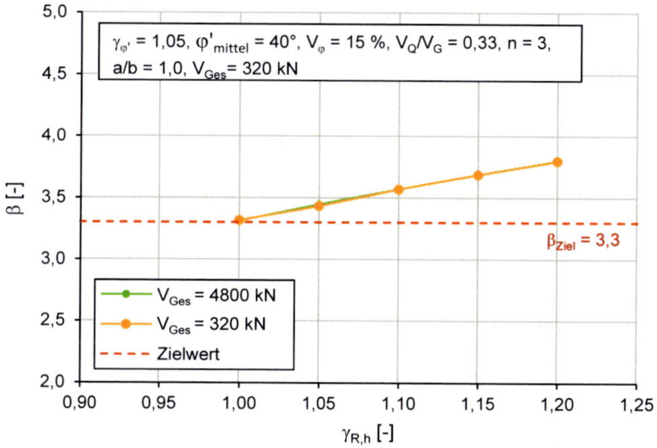

Bild A.14: Variation der Belastungshöhe V_{Ges}, Grenzzustand Gleiten für einen konsolidierten Zustand

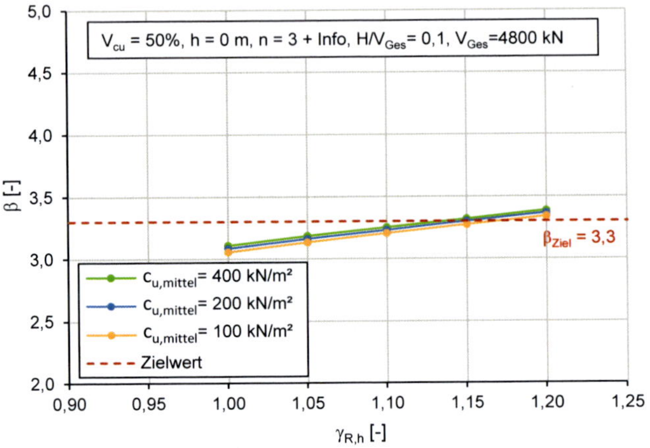

Bild A.15: Variation der mittleren Kohäsion $c_{u,mittel}$, Grenzzustand Gleiten für einen unkonsolidierten Zustand

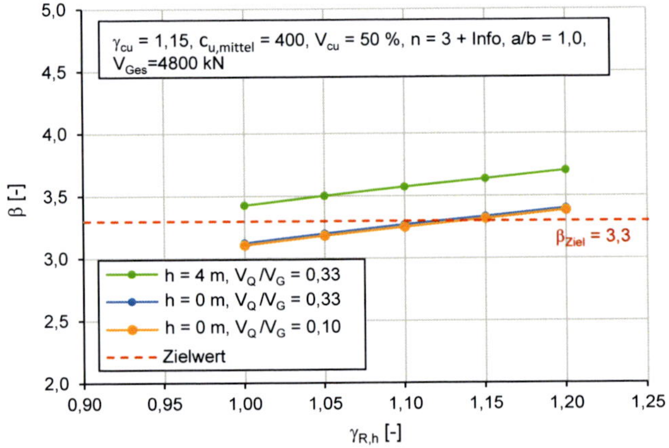

Bild A.16: Variation des Hebelarms h und des Verhältnisses V_Q/V_G, Grenzzustand Gleiten für einen unkonsolidierten Zustand

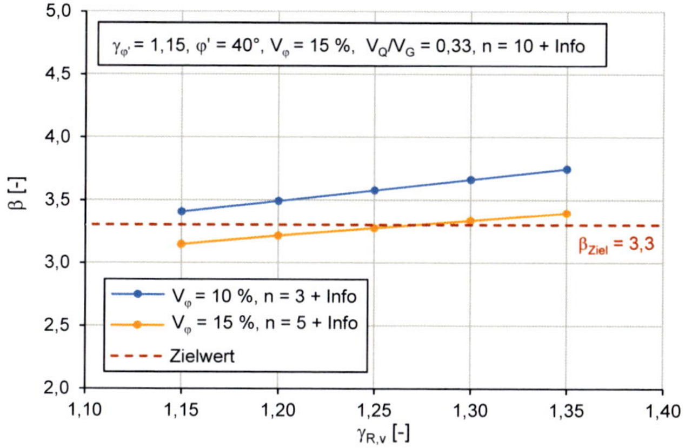

Bild A.17: Variation des Variationskoeffizienten V_φ für $\gamma_{\varphi'}$ = 1,15, nichtbindige Böden, Grenzzustand Grundbruch für einen konsolidierten Zustand und zentrische Belastung

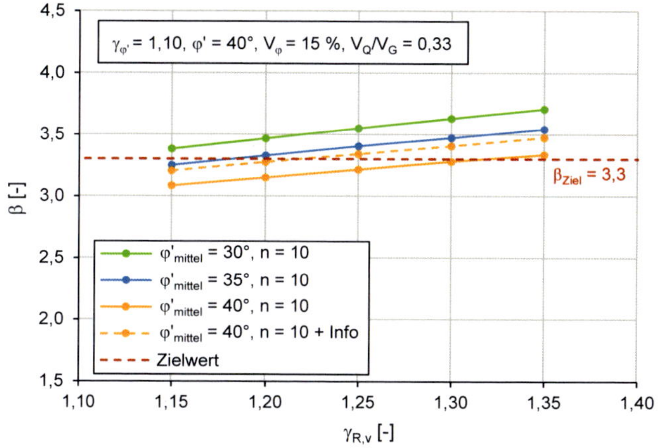

Bild A.18: Variation des mittleren Reibungswinkels φ'_{mittel}, nichtbindige Böden, Grenzzustand Grundbruch für einen konsolidierten Zustand und zentrische Belastung

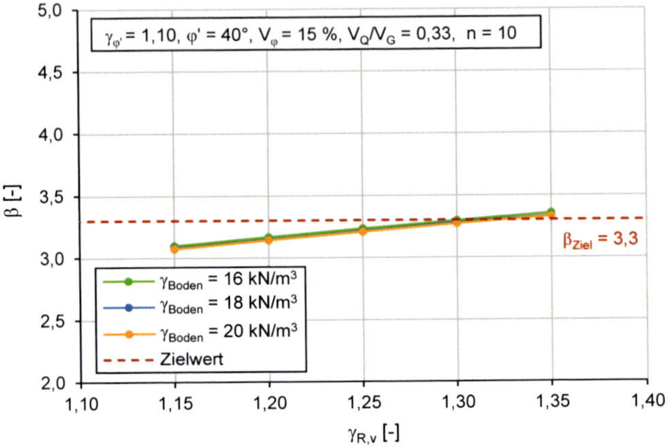

Bild A.19: Variation der Bodenwichte γ_{Boden}, nichtbindige Böden, Grenzzustand Grundbruch für einen konsolidierten Zustand und zentrische Belastung

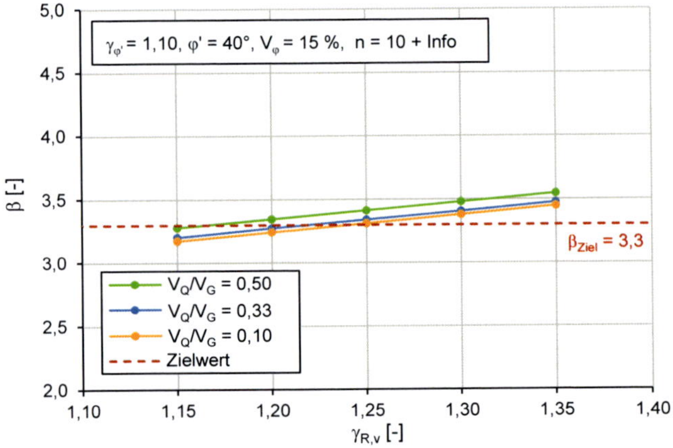

Bild A.20: Variation des Verhältnisses V_G/V_G für nichtbindige Böden, Grenzzustand Grundbruch für einen konsolidierten Zustand und zentrische Belastung

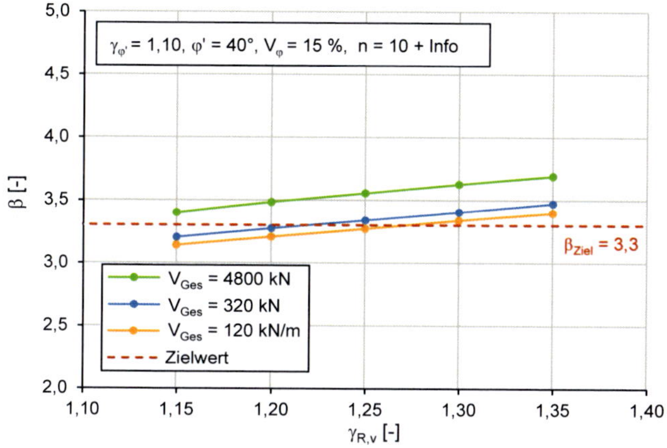

Bild A.21: Variation der Belastungshöhe V_{Ges} für nichtbindige Böden, Grenzzustand Grundbruch für einen konsolidierten Zustand und zentrische Belastung

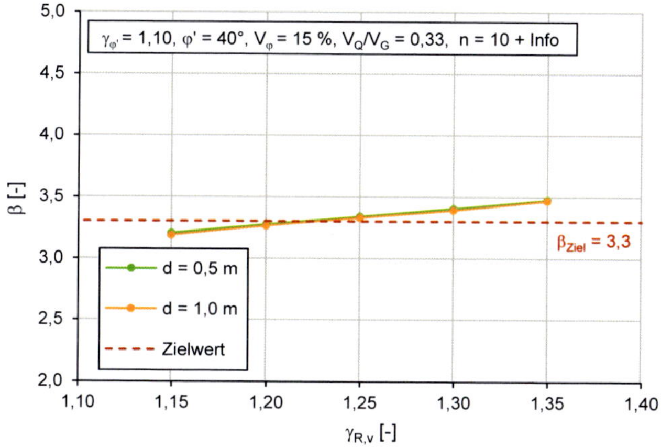

Bild A.22: Variation der Einbindetiefe d, nichtbindige Böden, Grenzzustand Grundbruch für einen konsolidierten Zustand und zentrische Belastung

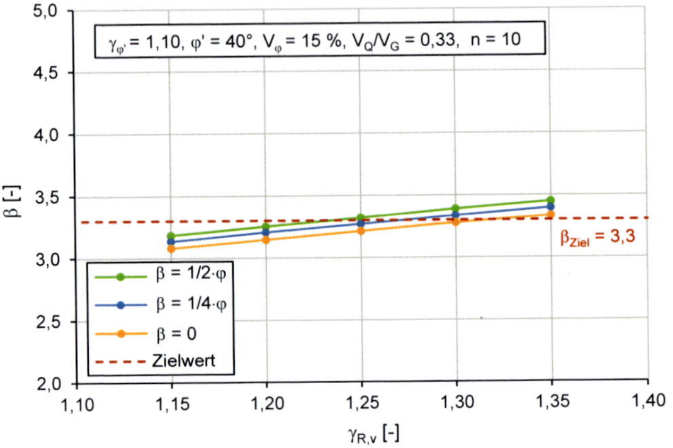

Bild A.23: Variation des Böschungswinkels β, nichtbindige Böden, Grenzzustand Grundbruch für einen konsolidierten Zustand und zentrische Belastung

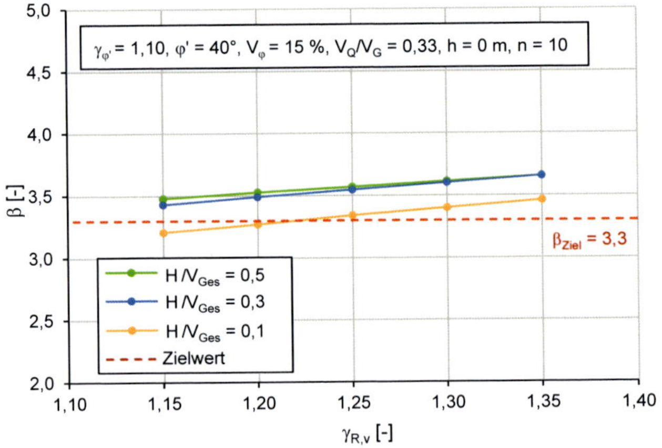

Bild A.24: Variation der Lastneigung H/V_{Ges} für nichtbindige Böden, Grenzzustand Grundbruch für einen konsolidierten Zustand und h = 0 m

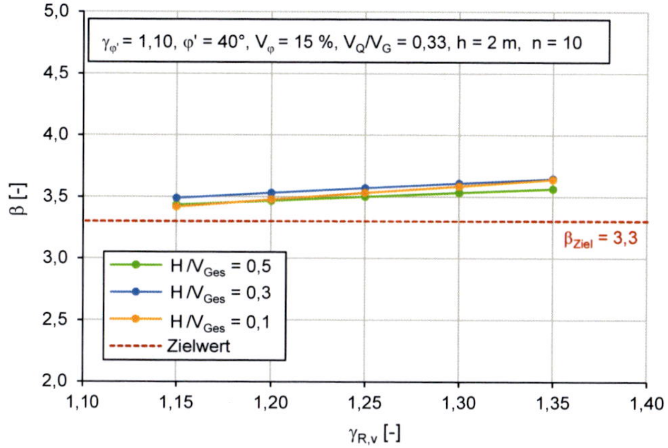

Bild A.25: Variation der Lastneigung H/V für nichtbindige Böden, Grenzzustand Grundbruch für einen konsolidierten Zustand und h = 2 m

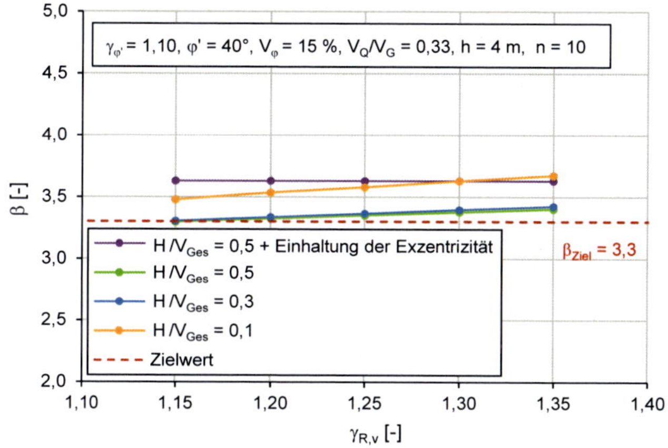

Bild A.26: Variation der Lastneigung H/V für nichtbindige Böden, Grenzzustand Grundbruch für einen konsolidierten Zustand und h = 4 m

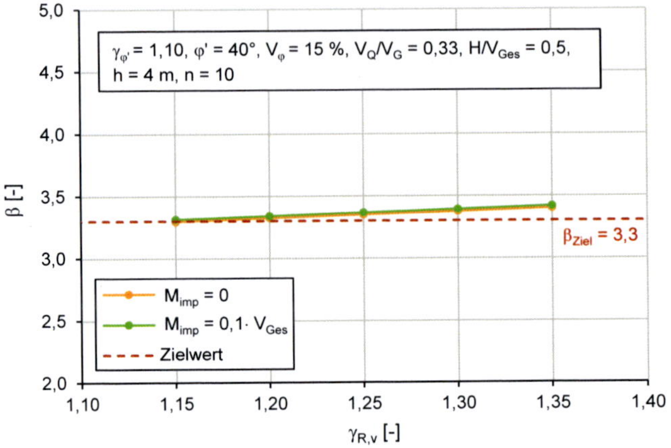

Bild A.27: Variation desMoments aus Tragwerksimperfektionen M_{imp}, nichtbindige Böden, Grenzzustand Grundbruch für einen konsolidierten Zustand und h = 4 m

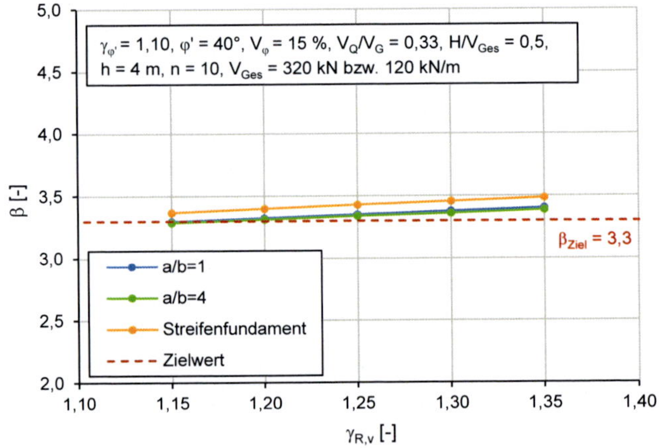

Bild A.28: Variation der Verhältnisse a/b (Geometrie), nichtbindige Böden, Grenzzustand Grundbruch für einen konsolidierten Zustand

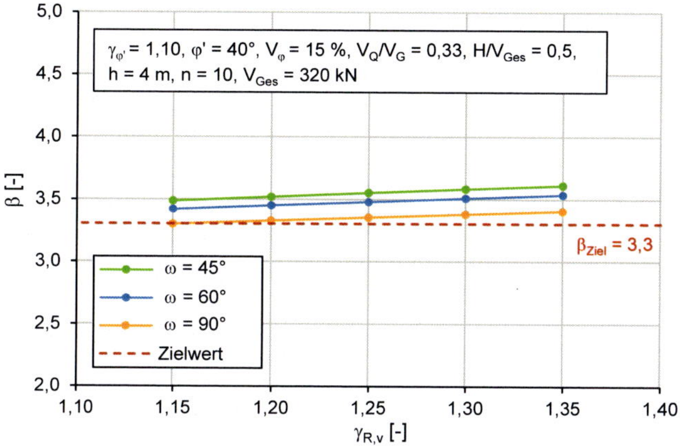

Bild A.29: Variation des Winkels ω zw. der Fundamentseite a und H, nichtbindige Böden, Grenzzustand Grundbruch für einen konsolidierten Zustand

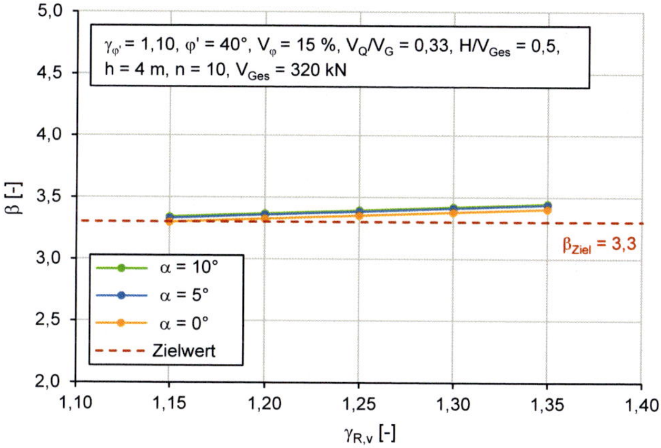

Bild A.30: Variation des Sohlneigungswinkels α, nichtbindige Böden, Grenzzustand Grundbruch für einen konsolidierten Zustand und hohe horizontale Belastung

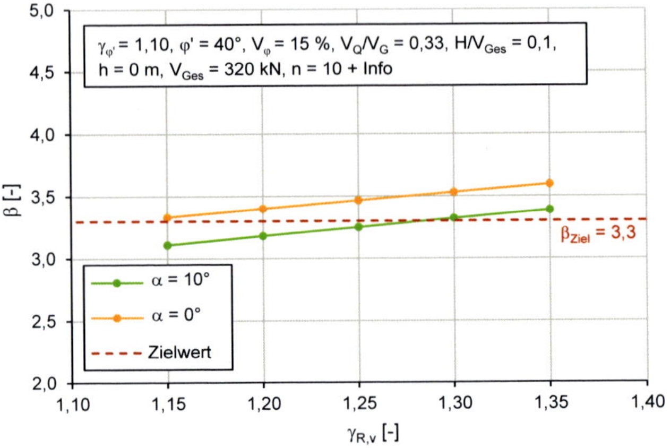

Bild A.31: Variation des Sohlneigungswinkels α, nichtbindige Böden, Grenzzustand Grundbruch für einen konsolidierten Zustand und niedrige horizontale Belastung

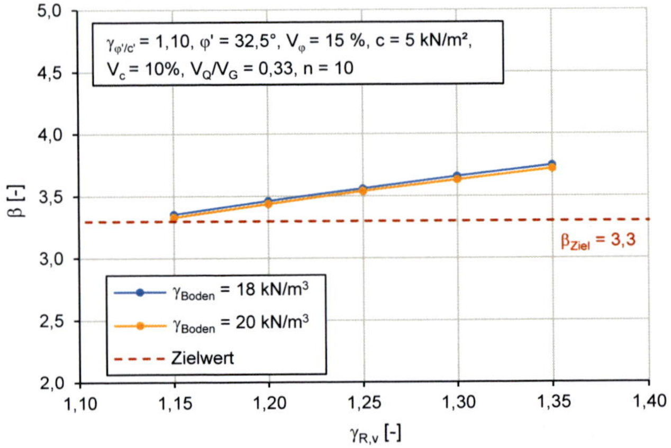

Bild A.32: Variation der Bodenwichte γ_{Boden}, bindige Böden, Grenzzustand Grundbruch für einen konsolidierten Zustand und zentrische Belastung

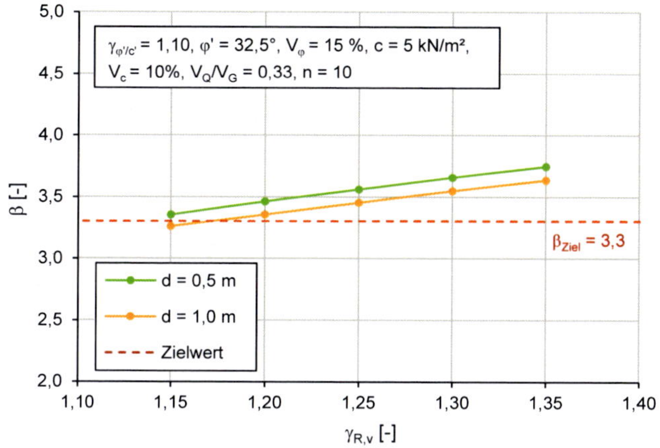

Bild A.33: Variation der Einbindetief d für bindige Böden, Grenzzustand Grundbruch für einen konsolidierten Zustand und zentrische Belastung

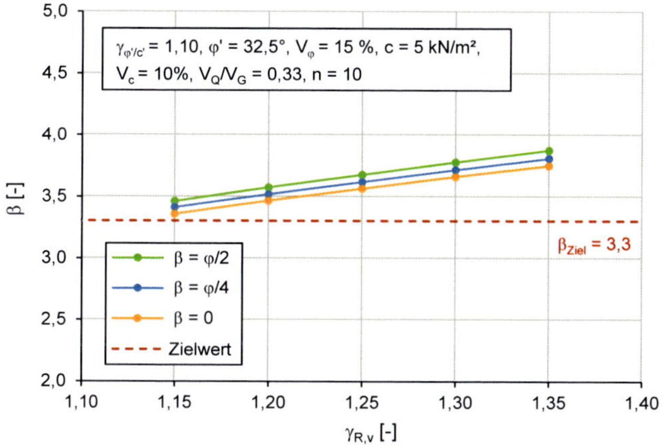

Bild A.34: Variation des Böschungswinkels β, bindige Böden, Grenzzustand Grundbruch für einen konsolidierten Zustand und zentrische Belastung

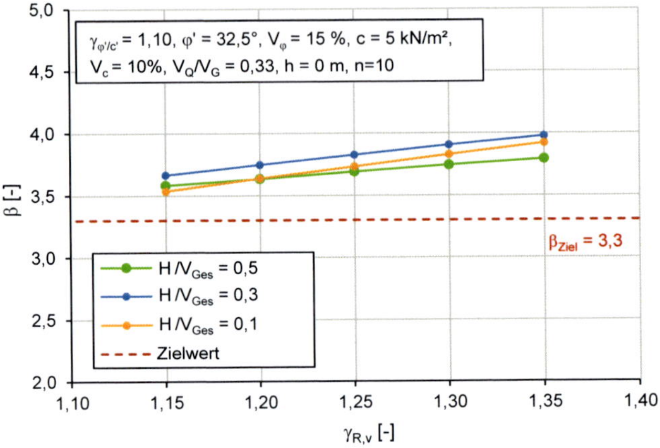

Bild A.35: Variation der Lastneigung H/V für bindige Böden, Grenzzustand Grundbruch für einen konsolidierten Zustand und h = 0 m

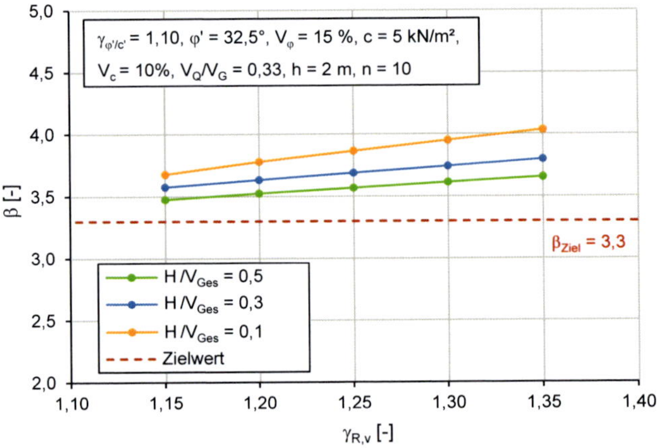

Bild A.36: Variation der Lastneigung H/V für bindige Böden, Grenzzustand Grundbruch für einen konsolidierten Zustand und h = 2 m

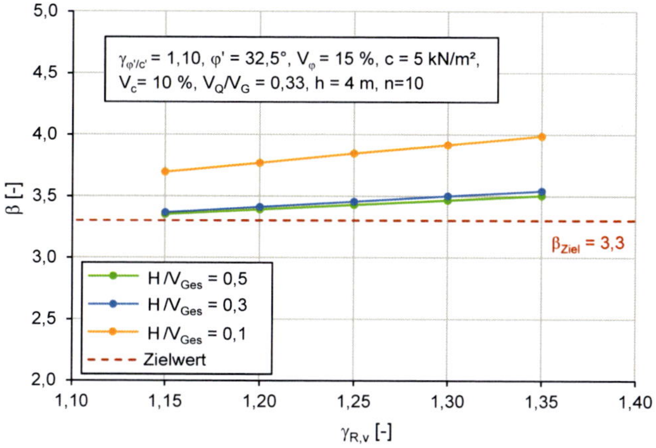

Bild A.37: Variation der Lastneigung H/V für bindige Böden, Grenzzustand Grundbruch für einen konsolidierten Zustand und h = 4 m

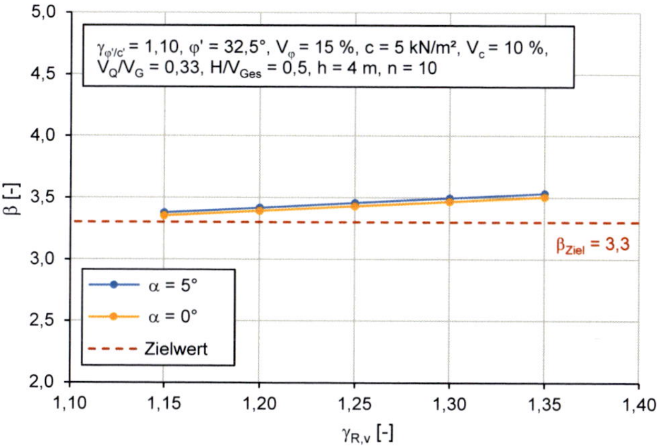

Bild A.38: Variation des Sohlneigungswinkels α, nichtbindige Böden, Grenzzustand Grundbruch für einen konsolidierten Zustand und hohe horizontale Belastung

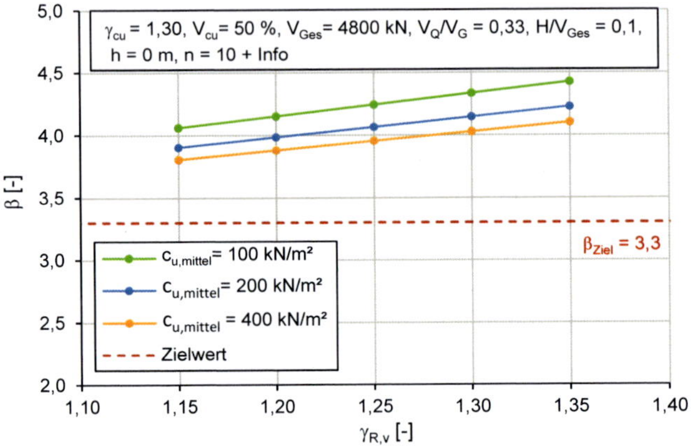

Bild A.39: Variation der mittleren Kohäsion $c_{u,mittel}$, nichtbindige Böden, Grenzzustand Grundbruch für einen unkonsolidierten Zustand

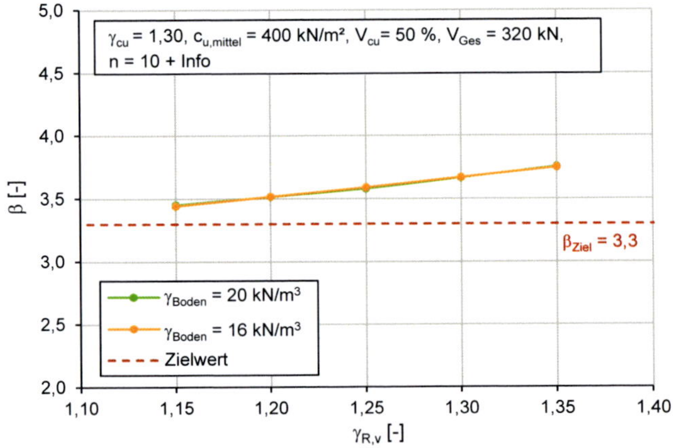

Bild A.40: Variation der Bodenwichte, nichtbindige Böden, Grenzzustand Grundbruch für einen unkonsolidierten Zustand und zentrische Belastung

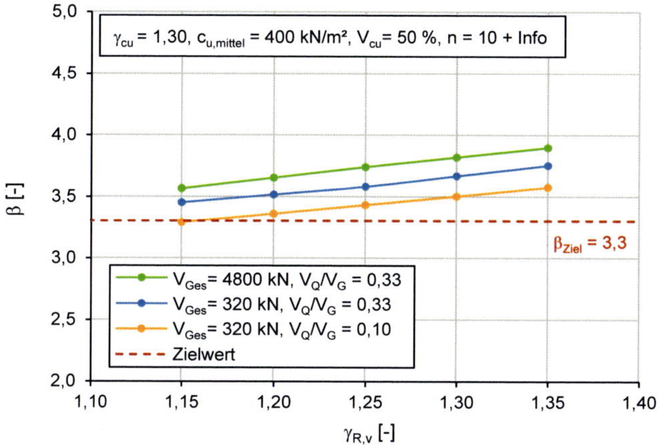

Bild A.41: Variation der Belastungshöhe V_{Ges} und des Verhältnisses V_Q/V_G, nichtbindige Böden, Grenzzustand Grundbruch für einen unkonsolidierten Zustand und zentrische Belastung

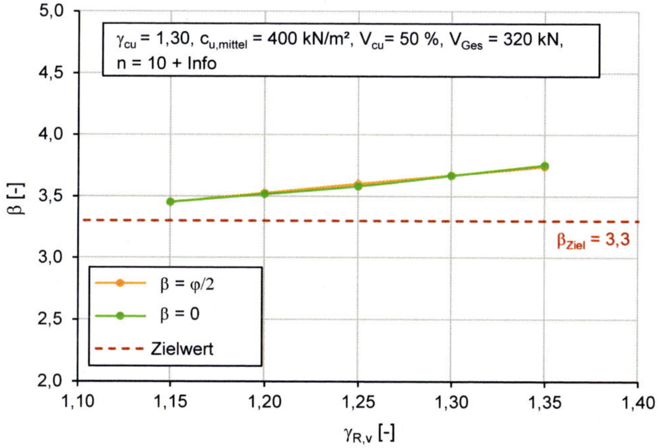

Bild A.42: Variation des Böschungswinkels β, nichtbindige Böden, Grenzzustand Grundbruch für einen unkonsolidierten Zustand und zentrische Belastung

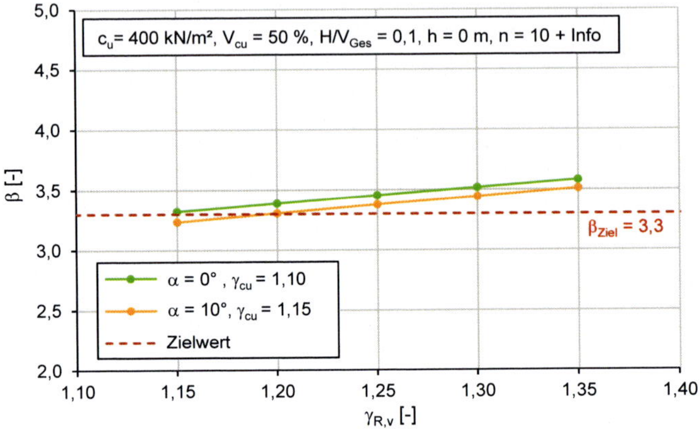

Bild A.43: Variation des Sohlneigungswinkels α, nichtbindige Böden, Grenzzustand Grundbruch für einen unkonsolidierten Zustand

Stützbauwerk: Winkelstützwand

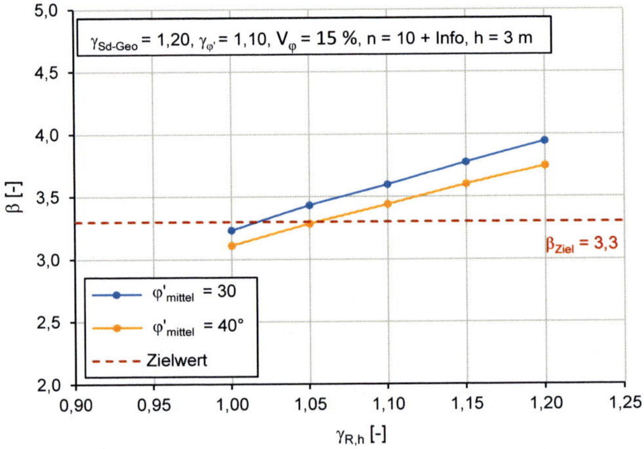

Bild A.44: Fall a, Variation des Reibungswinkels φ' für den Baugrund unterhalb der Winkelstützwand, Grenzzustand Gleiten für einen konsolidierten Zustand

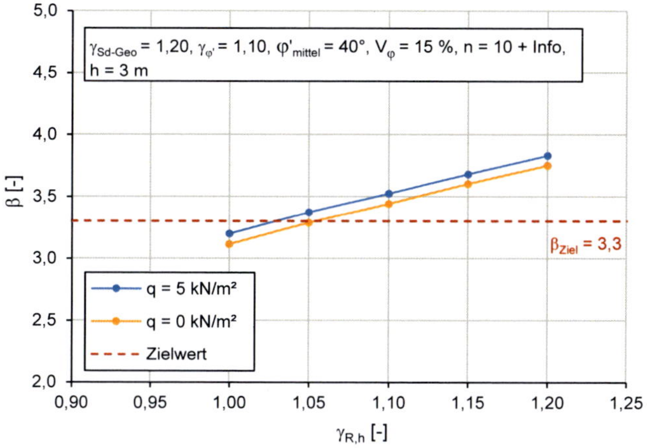

Bild A.45: Fall a, Variation der veränderliche Einwirkung q, Grenzzustand Gleiten für einen konsolidierten Zustand

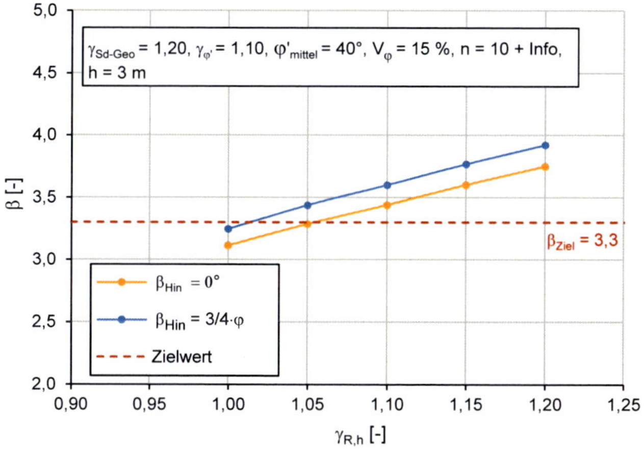

Bild A.46: Fall a, Variation des Geländeneigungswinkels β_{Hin}, Grenzzustand Gleiten für einen konsolidierten Zustand

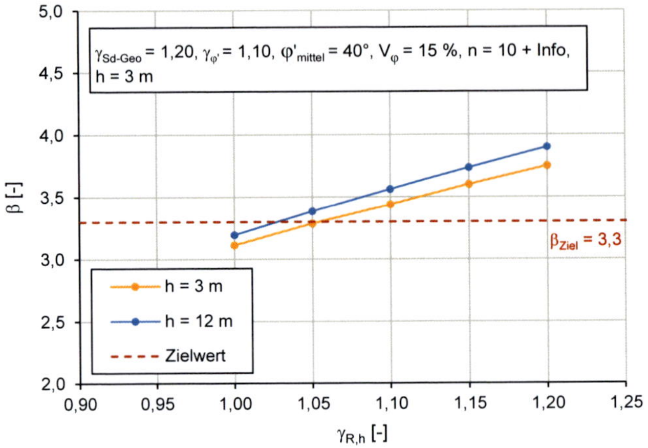

Bild A.47: Fall a, Variation der Höhe h der Winkelstützwand, Grenzzustand Gleiten für einen konsolidierten Zustand

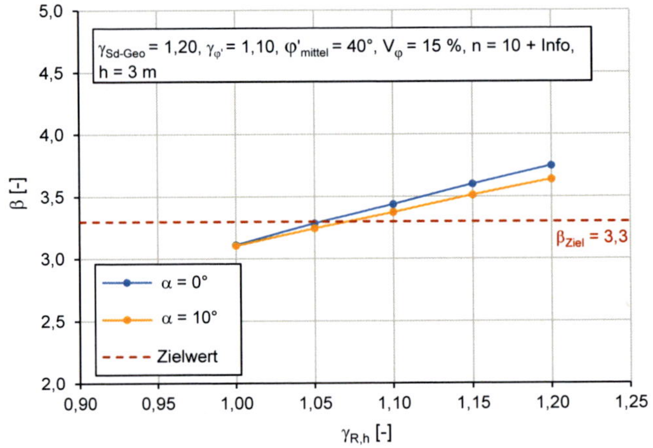

Bild A.48: Fall a, Variation des Sohlneigungswinkels α, Grenzzustand Gleiten für einen konsolidierten Zustand

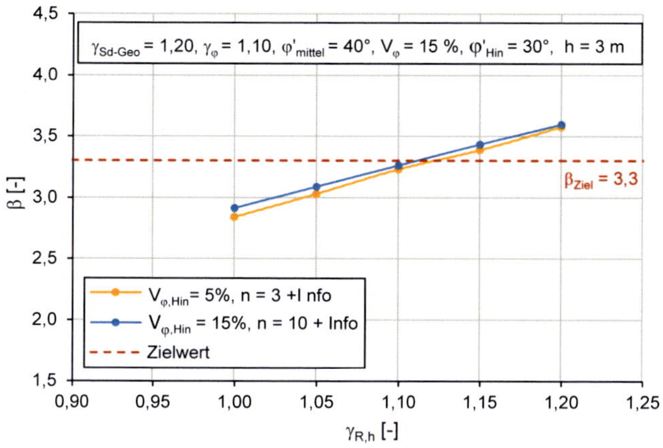

Bild A.49: Fall b, Variation des Variationskoeffizienten des Reibungswinkels φ'_{Hin} der Hinterfüllung, Grenzzustand Gleiten für einen konsolidierten Zustand

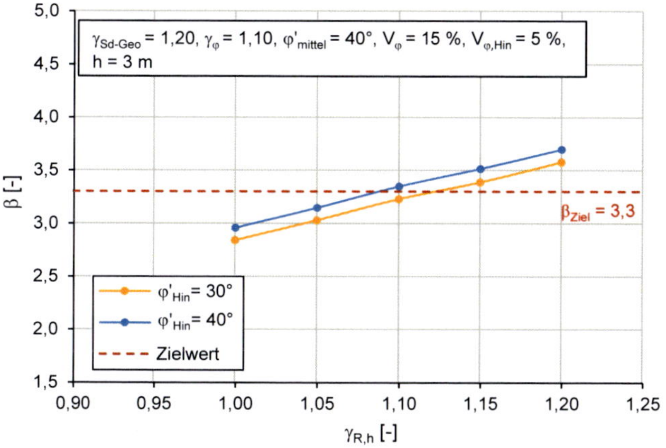

Bild A.50: Fall b, Variation des Reibungswinkels φ'_{Hin} der Hinterfüllung, Grenzzustand Gleiten für einen konsolidierten Zustand

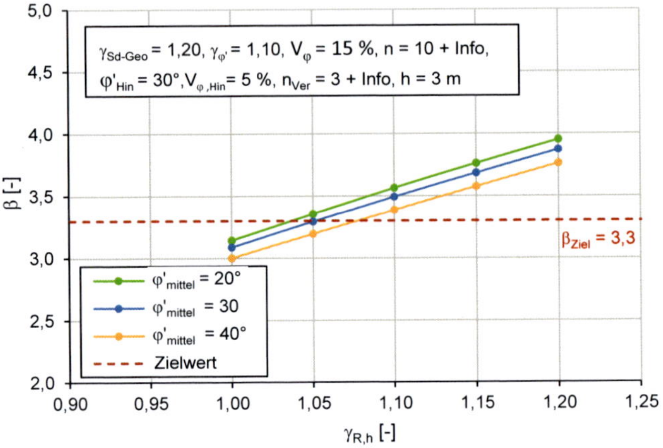

Bild A.51: Fall b, Variation des Reibungswinkels φ' für den Baugrund unterhalb der Winkelstützwand, Grenzzustand Gleiten für einen konsolidierten Zustand

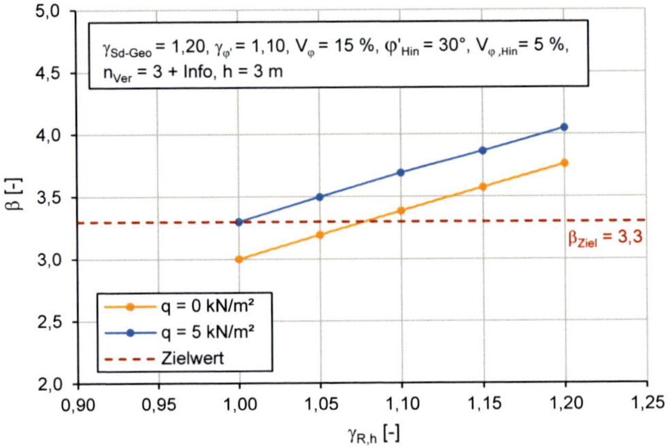

Bild A.52: Fall b, Variation der veränderliche Einwirkung q, Grenzzustand Gleiten für einen konsolidierten Zustand

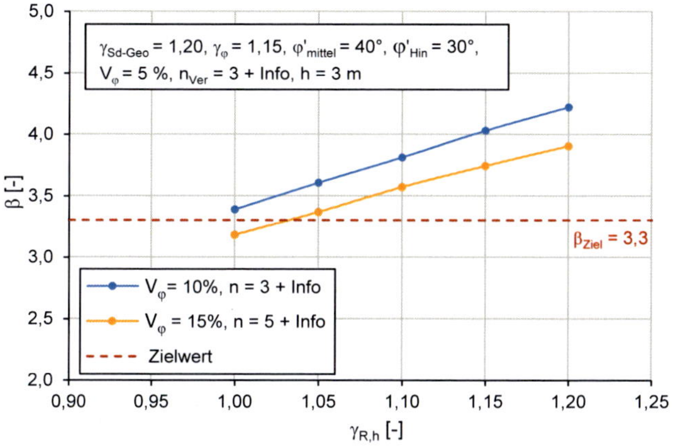

Bild A.53: Fall b, Variation des Variationskoeffizienten V_{φ} für $\gamma_{\varphi'}$ = 1,15, Grenzzustand Gleiten für einen konsolidierten Zustand

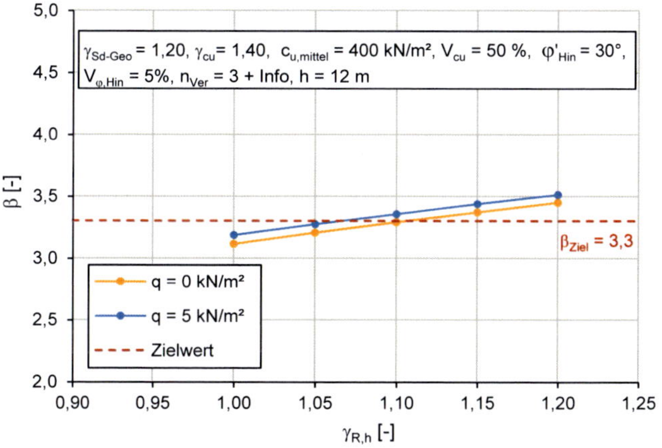

Bild A.54: Variation der veränderliche Einwirkung q, Grenzzustand Gleiten für einen unkonsolidierten Zustand

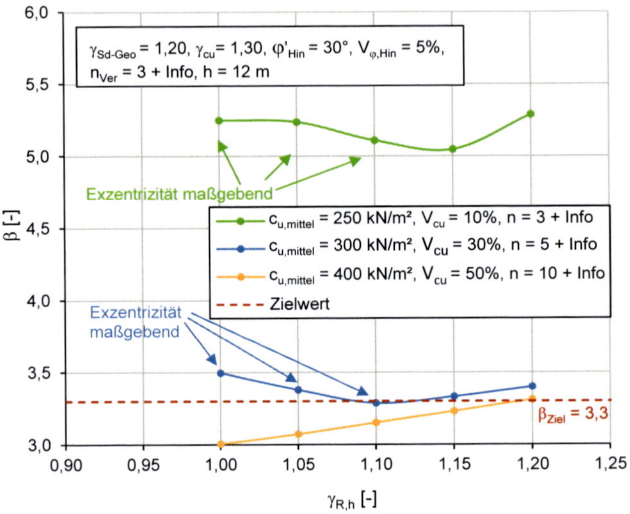

Bild A.55: Variation des Variationskoeffizienten V_{cu} für die maßgebende Kohäsionen $c_{u,mittel}$ mit der kritischen Parameterkombination für die Hinterfüllung, Grenzzustand Gleiten für einen unkonsolidierten Zustand

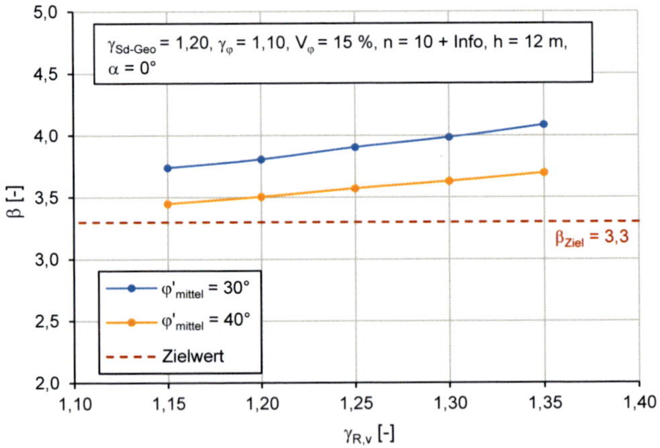

Bild A.56: Fall a, Variation des mittleren Reibungswinkels φ'_{mittel} für nichtbindige Böden, Grenzzustand Grundbruch für einen konsolidierten Zustand

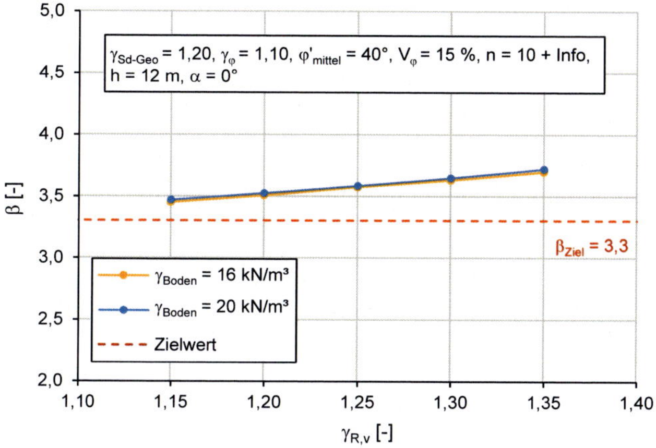

Bild A.57: Fall a, Variation der Wichte des Bodens für nichtbindige Böden, Grenzzustand Grundbruch für einen konsolidierten Zustand

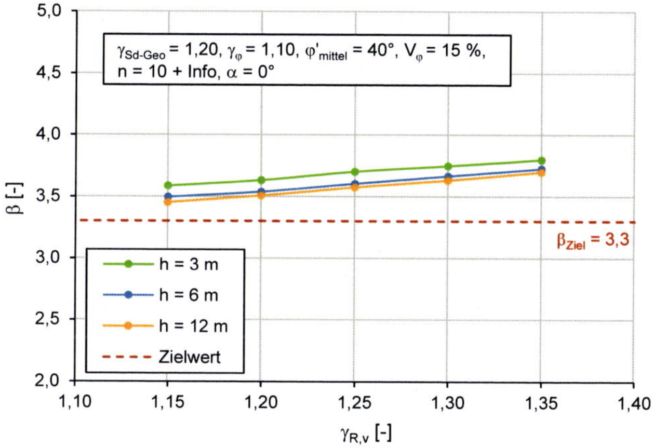

Bild A.58: Fall a, Variation der Höhe h der Winkelstützwand, Grenzzustand Grundbruch für einen konsolidierten Zustand

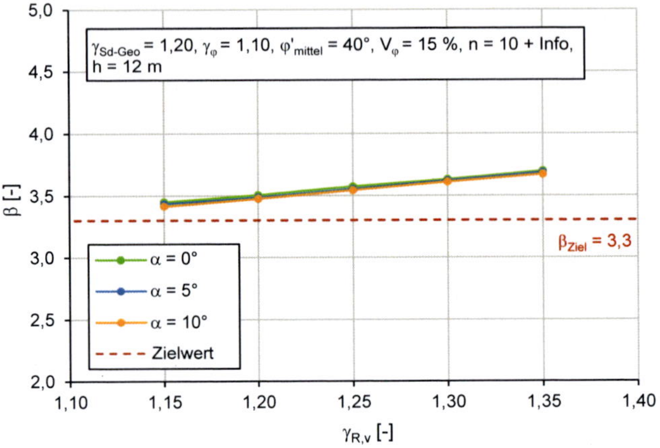

Bild A.59: Fall a, Variation des Sohlneigungswinkels α, Grenzzustand Grundbruch für einen konsolidierten Zustand

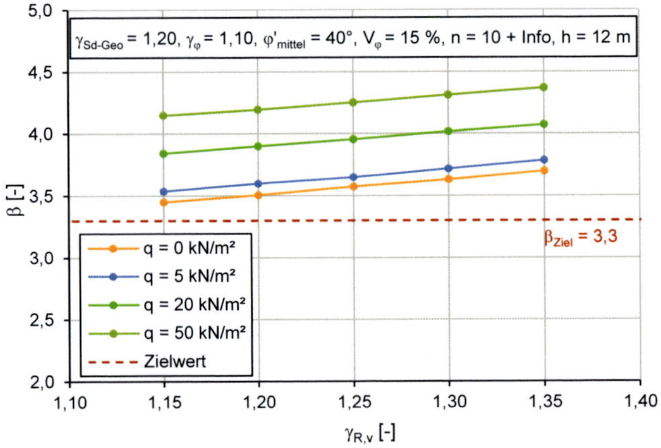

Bild A.60: Fall a, Variation der veränderliche Einwirkung q, Grenzzustand Grundbruch für einen konsolidierten Zustand

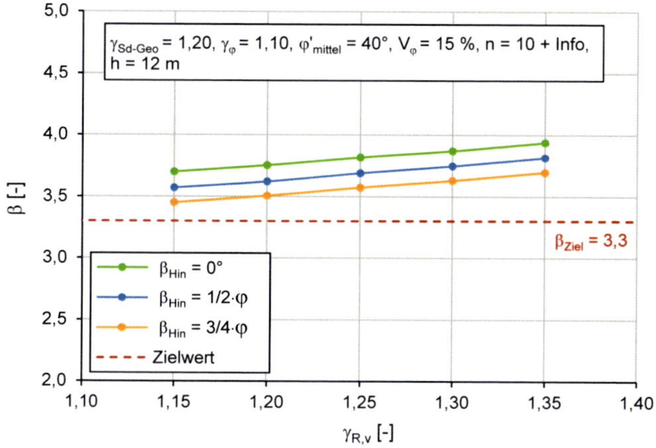

Bild A.61: Fall a, Variation des Geländeneigungswinkels β_{Hin},, Grenzzustand Grundbruch für einen konsolidierten Zustand

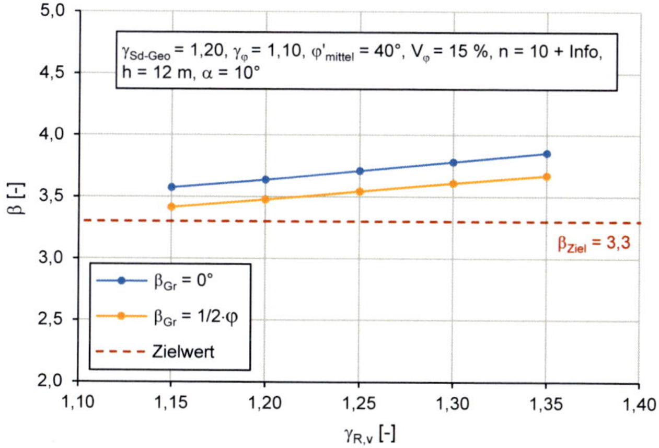

Bild A.62: Fall a, Variation des Böschungswinkels β_{Gr}, Grenzzustand Grundbruch für einen konsolidierten Zustand

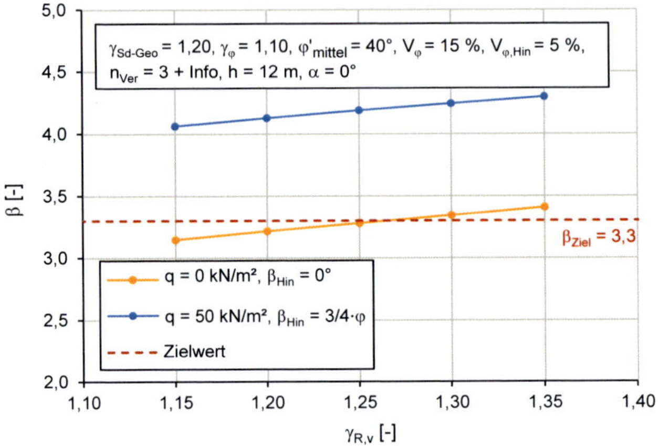

Bild A.63: Fall b, maximale Belastung mit q = 50 kN/m² und β_{Hin} = 3/4·φ sowie minimale Belastung mit q = 0 kN/m² und β_{Hin} = 0°, Grenzzustand Grundbruch für einen konsolidierten Zustand

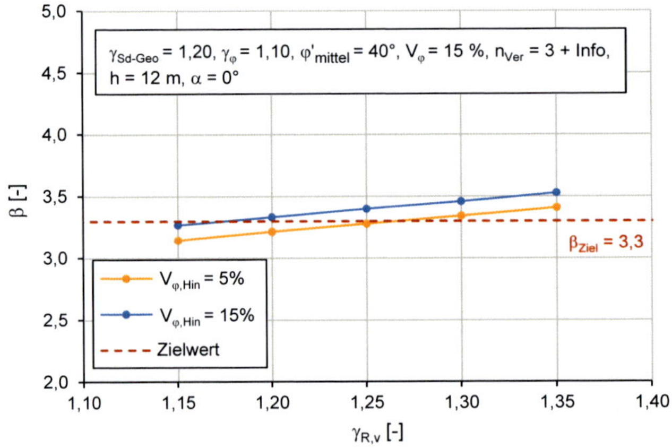

Bild A.64: Fall b, Variation des Variationskoeffizienten des Reibungswinkels der Hinterfüllung $V_{\varphi,Hin}$, Grenzzustand Grundbruch für einen konsolidierten Zustand

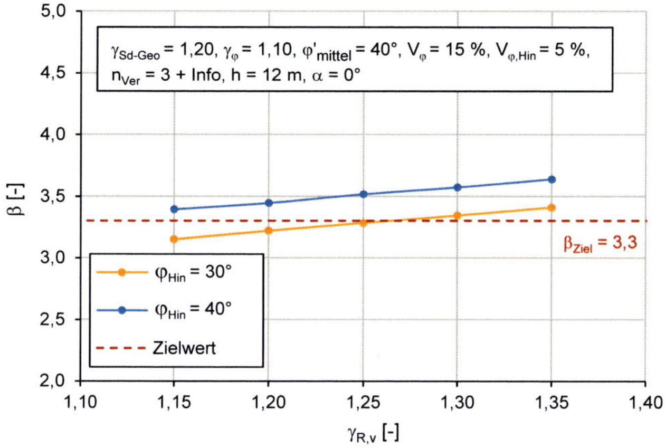

Bild A.65: Fall b, Variation des Reibungswinkels der Hinterfüllung φ_{Hin}, Grenzzustand Grundbruch für einen konsolidierten Zustand

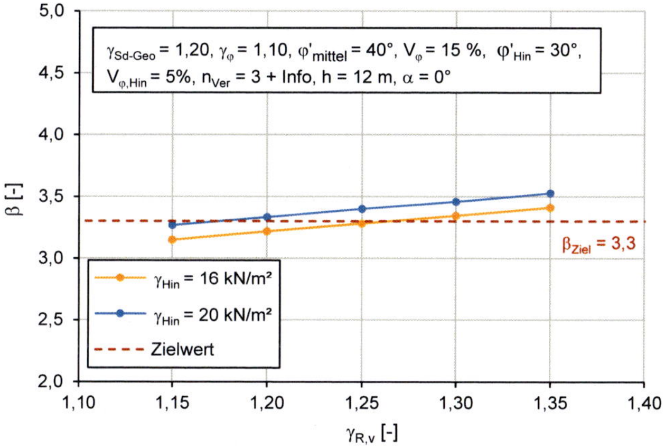

Bild A.66: Fall b, Variation der Wichte der Hinterfüllung γ_{Hin}, Grenzzustand Grundbruch für einen konsolidierten Zustand

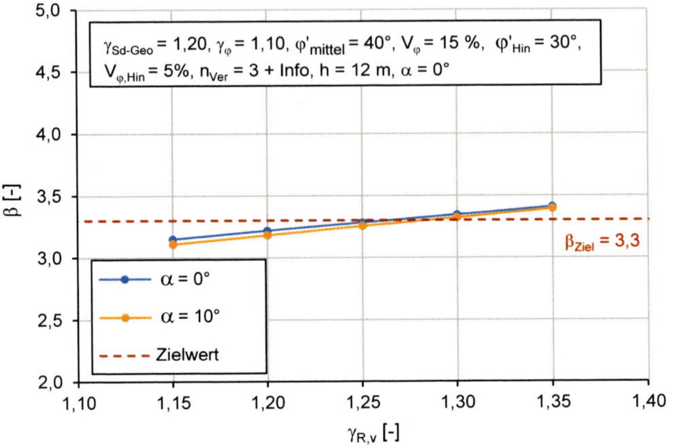

Bild A.67: Fall b, Variation des Sohlenneigungswinkels α, Grenzzustand Grundbruch für einen konsolidierten Zustand

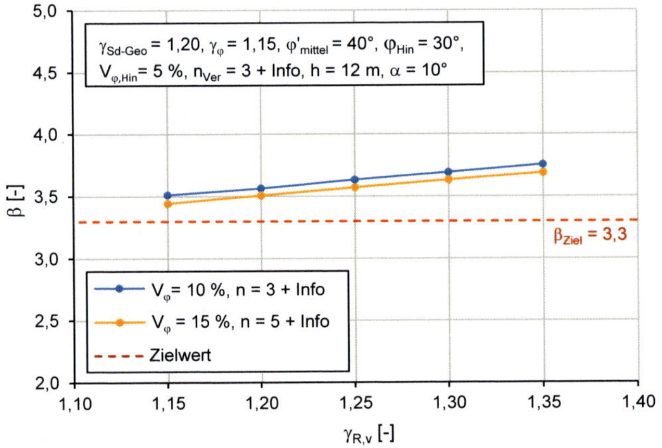

Bild A.68: Fall b, Variation des Variationskoeffizienten V_φ für $\gamma_{\varphi'}$ = 1,15, nichtbindige Böden, Grenzzustand Grundbruch für einen konsolidierten Zustand

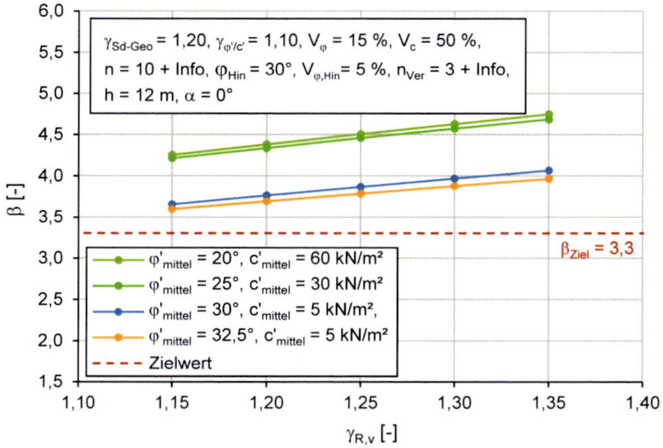

Bild A.69: Fall b, Variation des Variationskoeffizienten V_φ für nichtbindige Böden mit der kritischen Parameterkombination für die Hinterfüllung, Grenzzustand Grundbruch für einen konsolidierten Zustand

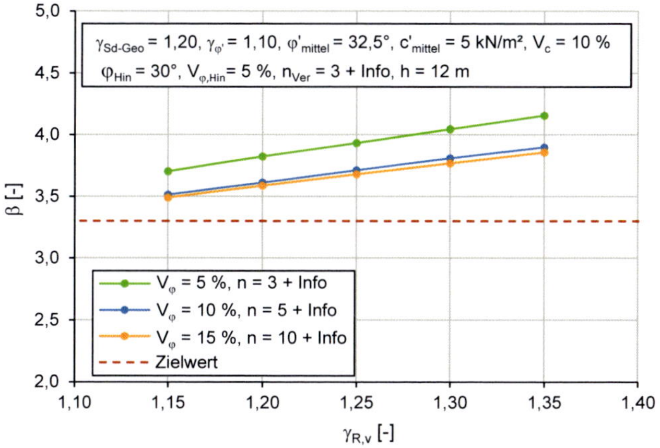

Bild A.70: Fall b, Variation des Variationskoeffizienten V_φ für nichtbindige Böden mit der kritischen Parameterkombination für die Hinterfüllung, Grenzzustand Grundbruch für einen konsolidierten Zustand

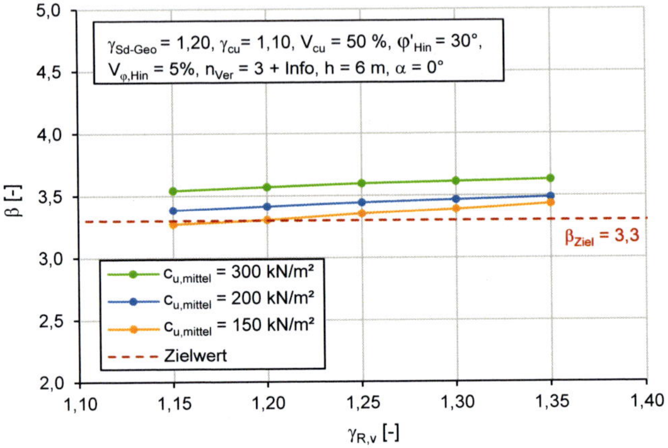

Bild A.71: Fall b, Variation der Kohäsionen $c_{u,mittel}$ für einen hohen Variationskoeffizienten V_{cu}, Grenzzustand Grundbruch für einen unkonsolidierten Zustand

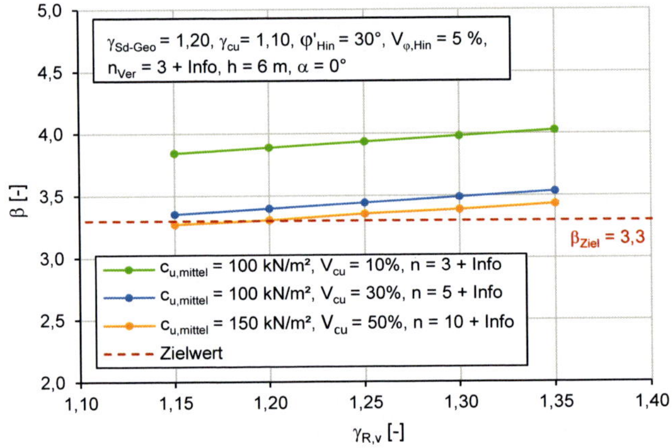

Bild A.72: Fall b, Variation des Variationskoeffizienten V_{cu} für die maßgebenden Kohäsionen $c_{u,mittel}$, Grenzzustand Grundbruch für einen unkonsolidierten Zustand

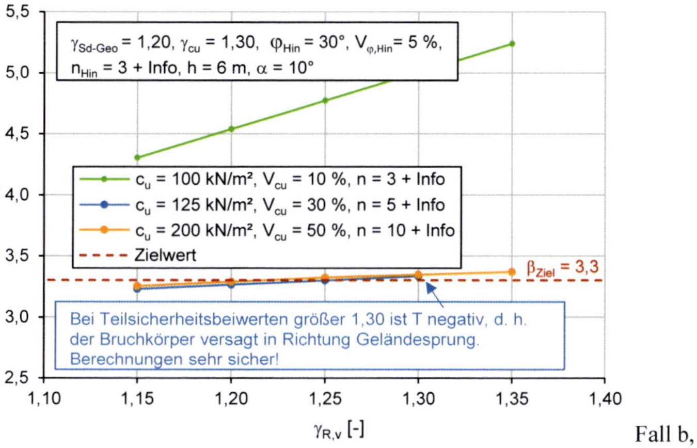

Bild A.73: Fall b, Variation des Variationskoeffizienten V_{cu} für die maßgebenden Kohäsionen $c_{u,mittel}$, Grenzzustand Grundbruch für einen unkonsolidierten Zustand

Stützbauwerke: im Boden einbindende Wände

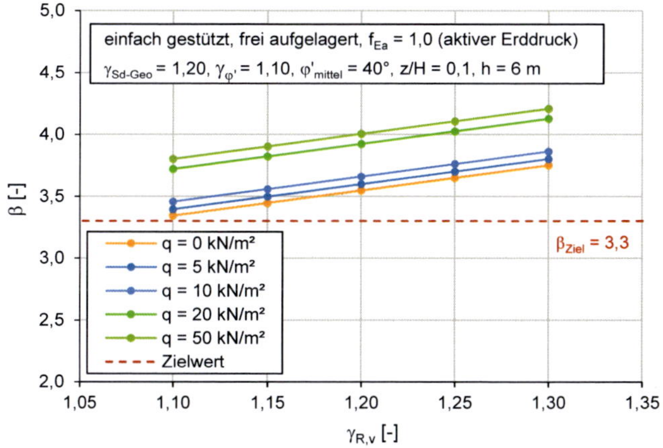

Bild A.74: Variation der veränderliche Einwirkung q, nichtbindige Böden, einfach gestützt frei aufgelagertes System, Grenzzustand des Versagens bodengestützter Wände durch Drehung (Versagen des Erdwiderlagers) für Stützwände

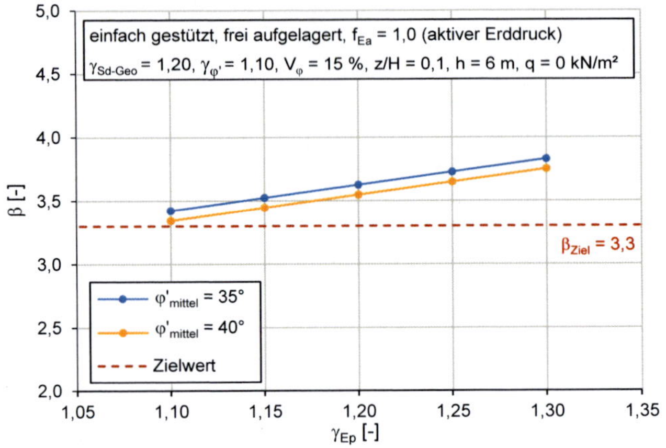

Bild A.75: Variation des mittelren Reibungswinkels φ'_{mittel}, nichtbindige Böden, einfach gestützt frei aufgelagertes System, Grenzzustand des Versagens bodengestützter Wände durch Drehung (Versagen des Erdwiderlagers) für Stützwände

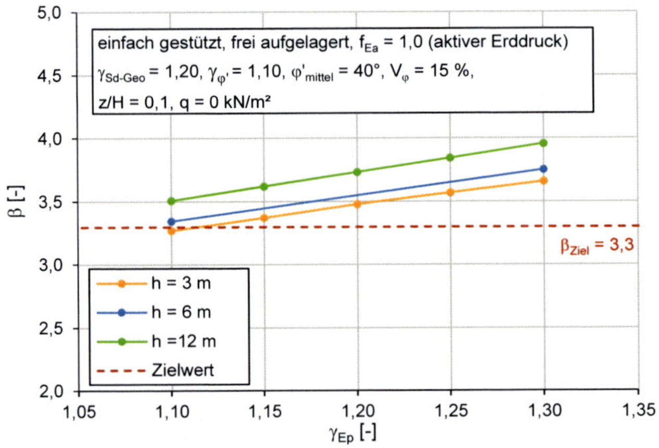

Bild A.76: Variation der Wandhöhe h, nichtbindige Böden, einfach gestützt frei aufgelagertes System, Grenzzustand des Versagens bodengestützter Wände durch Drehung (Versagen des Erdwiderlagers) für Stützwände

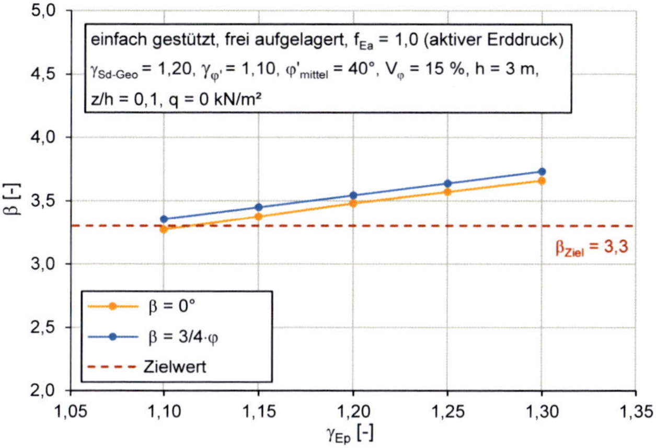

Bild A.77: Variation des Geländeneigungswinkels β, nichtbindige Böden, einfach gestützt frei aufgelagertes System, Grenzzustand des Versagens bodengestützter Wände durch Drehung (Versagen des Erdwiderlagers) für Stützwände

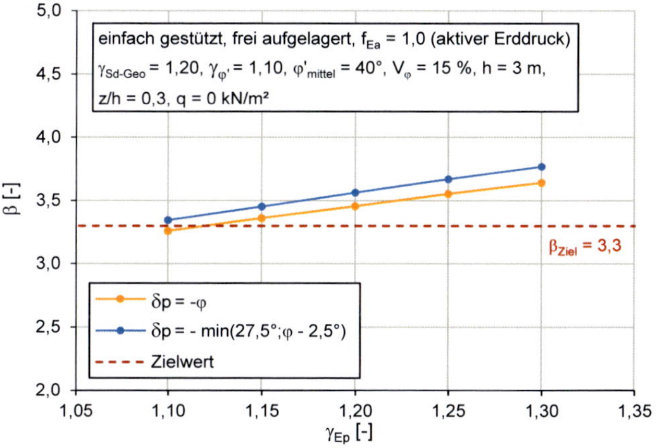

Bild A.78: Variation des Wandreibungswinkels δ_p auf der passiven Seite, nichtbindige Böden, einfach gestützt frei aufgelagertes System, Grenzzustand des Versagens bodengestützter Wände durch Drehung (Versagen des Erdwiderlagers) für Stützwände

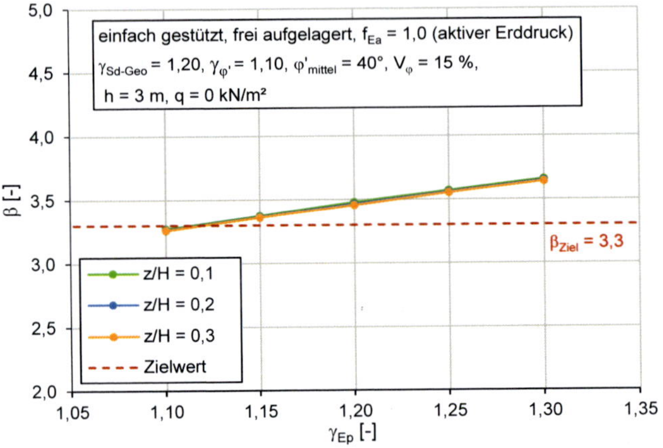

Bild A.79: Variation des Verhältnisses z/h, nichtbindige Böden, einfach gestützt frei aufgelagertes System, Grenzzustand des Versagens bodengestützter Wände durch Drehung (Versagen des Erdwiderlagers) für Stützwände

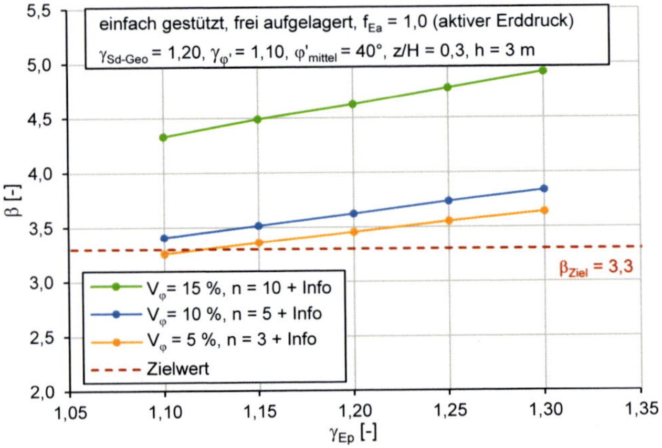

Bild A.80: Variation des Variationskoeffizienten V_{φ}, nichtbindige Böden, einfach gestützt frei aufgelagertes System, Grenzzustand des Versagens bodengestützter Wände durch Drehung (Versagen des Erdwiderlagers) für Stützwände

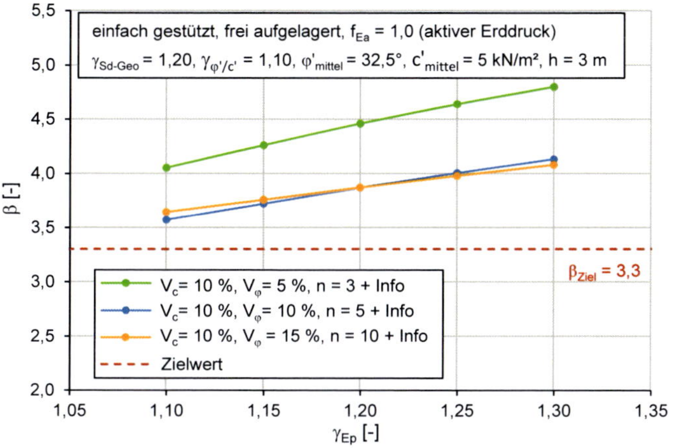

Bild A.81: Variation des Variationskoeffizienten V_φ, bindige Böden, einfach gestützt frei aufgelagertes System, Grenzzustand des Versagens bodengestützter Wände durch Drehung (Versagen des Erdwiderlagers) für Stützwände

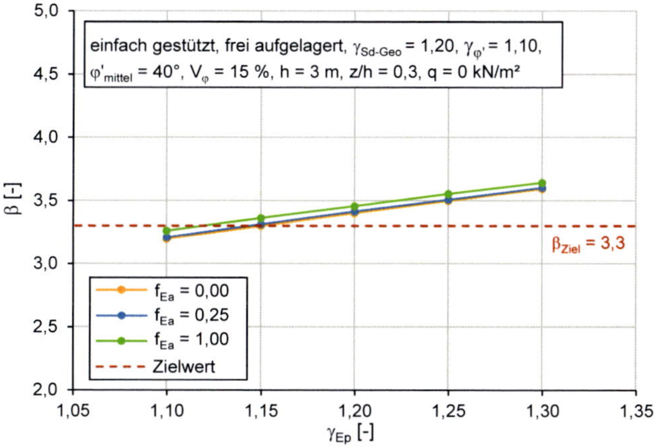

Bild A.82: Variation des aktiven Erddruckanteils f_{Ea}, nichtbindige Böden, einfach gestützt frei aufgelagertes System, Grenzzustand des Versagens bodengestützter Wände durch Drehung (Versagen des Erdwiderlagers) für Stützwände

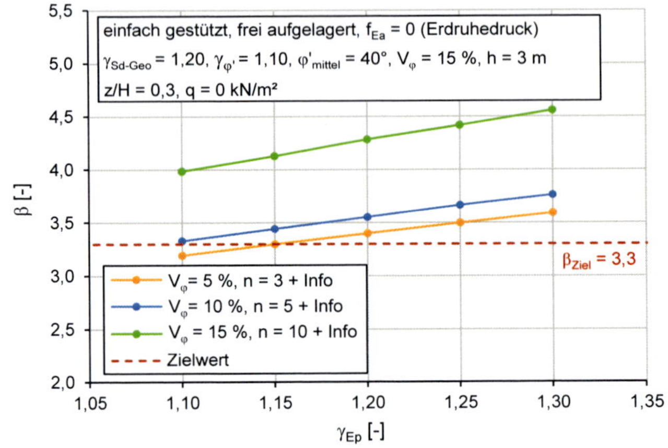

Bild A.83: Variation des Variationskoeffizienten V_φ, nichtbindige Böden, Erdruhedruck, einfach gestützt frei aufgelagertes System, Grenzzustand des Versagens bodengestützter Wände durch Drehung (Versagen des Erdwiderlagers) für Stützwände

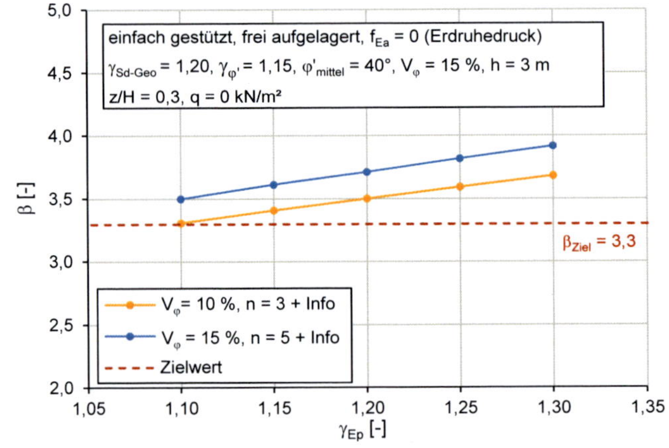

Bild A.84: Variation des Variationskoeffizienten V_φ für $\gamma_{\varphi'}$ = 1,15, nichtbindige Böden, Erdruhedruck, einfach gestützt frei aufgelagertes System, Grenzzustand des Versagens bodengestützter Wände durch Drehung (Versagen des Erdwiderlagers) für Stützwände

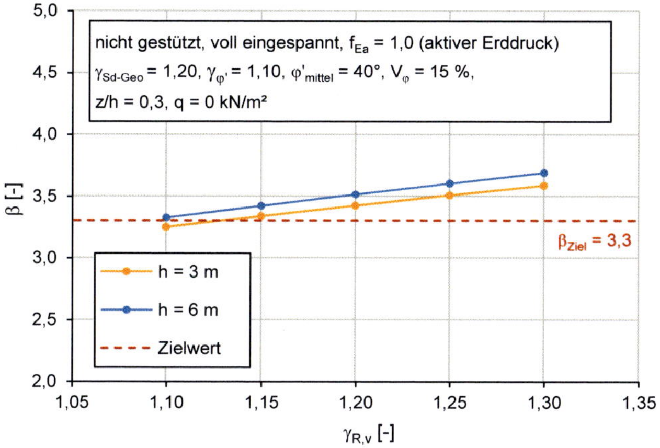

Bild A.85: Variation der Wandhöhe h, bindige Böden, nicht gestütztes voll eingespanntes System, Grenzzustand des Versagens bodengestützter Wände durch Drehung (Versagen des Erdwiderlagers) für Stützwände

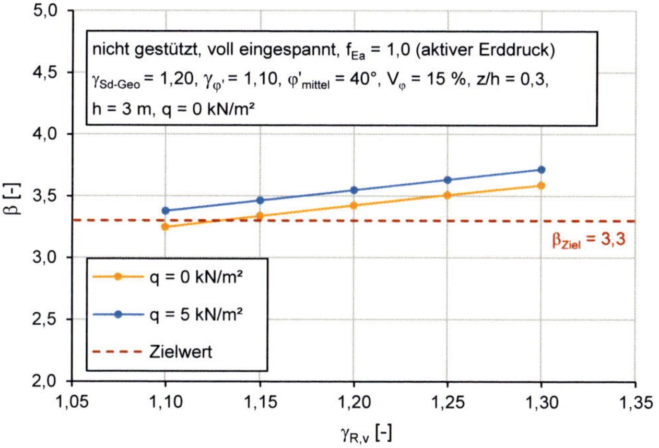

Bild A.86: Variation der veränderlichen Einwirkung q, bindige Böden, nicht gestütztes voll eingespanntes System, Grenzzustand des Versagens bodengestützter Wände durch Drehung (Versagen des Erdwiderlagers) für Stützwände

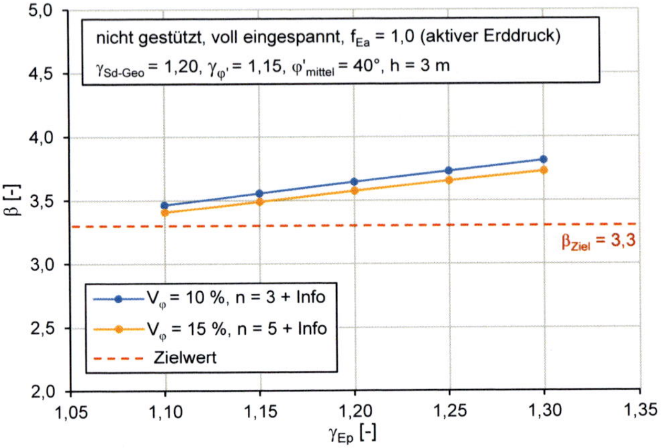

Bild A.87: Variation des Variationskoeffizienten V_{φ} für $\gamma_{\varphi'}$ = 1,15, nichtbindige Böden, nicht gestützt voll eingespanntes System, Grenzzustand des Versagens bodengestützter Wände durch Drehung (Versagen des Erdwiderlagers) für Stützwände

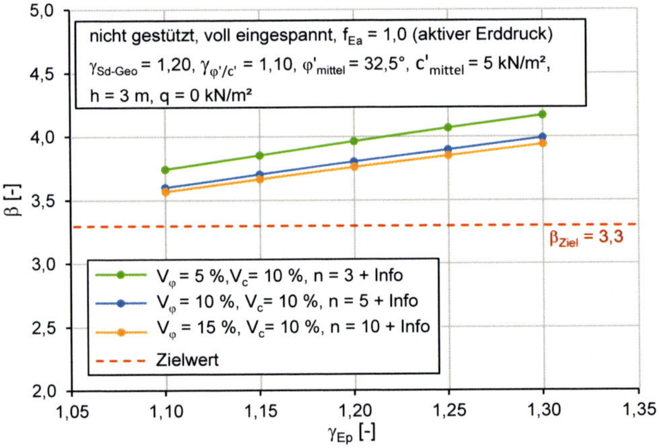

Bild A.88: Variation des Variationskoeffizienten V_{φ}, bindige Böden, nicht gestützt voll eingespanntes System, Grenzzustand des Versagens bodengestützter Wände durch Drehung (Versagen des Erdwiderlagers) für Stützwände

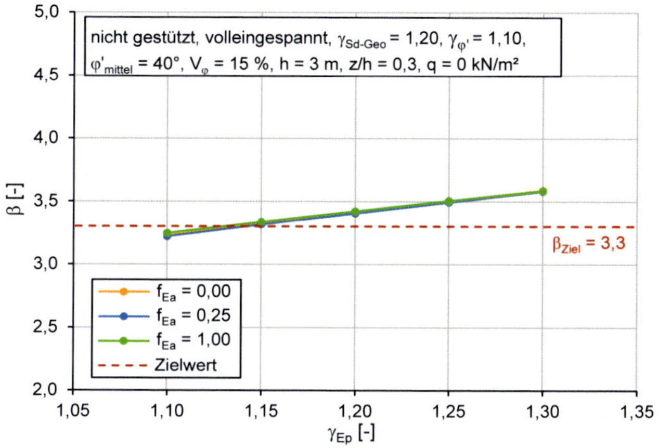

Bild A.89: Variation des aktiven Erddruckanteils f_{Ea}, nichtbindige Böden, nicht gestützt volleingspanntes System, Grenzzustand des Versagens bodengestützter Wände durch Drehung (Versagen des Erdwiderlagers) für Stützwände

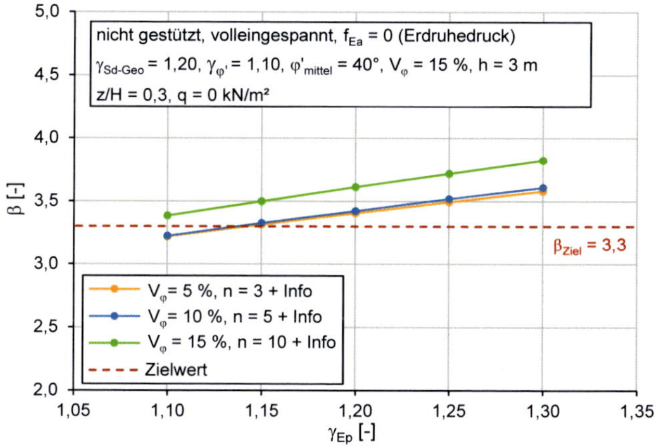

Bild A.90: Variation des Variationskoeffizienten V_{φ}, nichtbindige Böden, Erdruhedruck, nicht gestützt volleingspanntes System, Grenzzustand des Versagens bodengestützter Wände durch Drehung (Versagen des Erdwiderlagers) für Stützwände

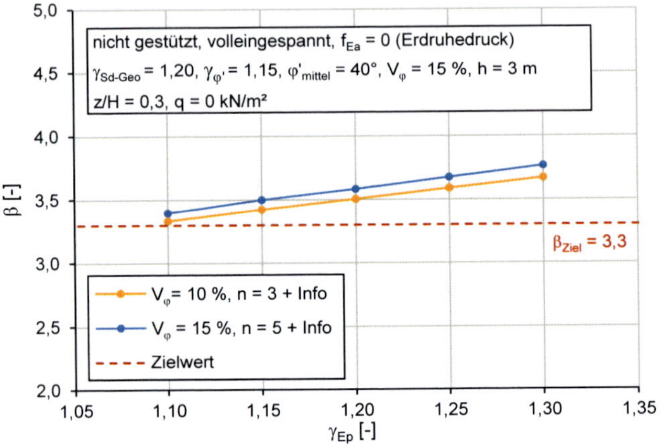

Bild A.91: Variation des Variationskoeffizienten V_{φ} für $\gamma_{\varphi'}$ = 1,15, nichtbindige Böden, Erdruhedruck, nicht gestützt voll eingespanntes System, Grenzzustand des Versagens bodengestützter Wände durch Drehung (Versagen des Erdwiderlagers) für Stützwände

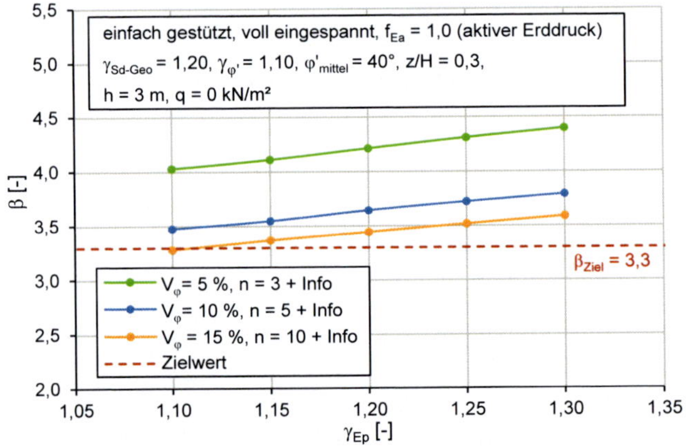

Bild A.92: Variation des Variationskoeffizienten V_{φ}, nichtbindige Böden, einfach gestützt voll eingespanntes System, Grenzzustand des Versagens bodengestützter Wände durch Drehung (Versagen des Erdwiderlagers) für Stützwände

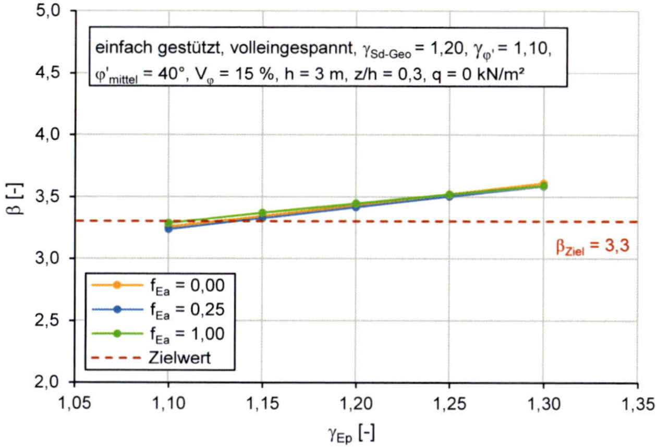

Bild A.93: Variation des aktiven Erddruckanteils f_{Ea}, nichtbindige Böden, einfach gestützt volleingspanntes System, Grenzzustand des Versagens bodengestützter Wände durch Drehung (Versagen des Erdwiderlagers) für Stützwände

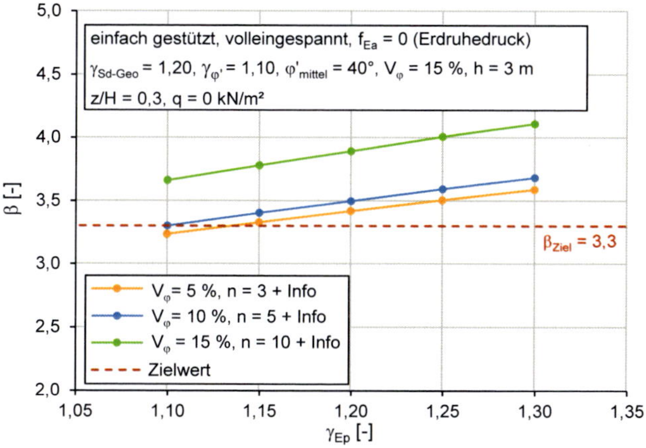

Bild A.94: Variation des Variationskoeffizienten V_φ, nichtbindige Böden, Erdruhedruck, einfach gestützt volleingspanntes System, Grenzzustand des Versagens bodengestützter Wände durch Drehung (Versagen des Erdwiderlagers) für Stützwände

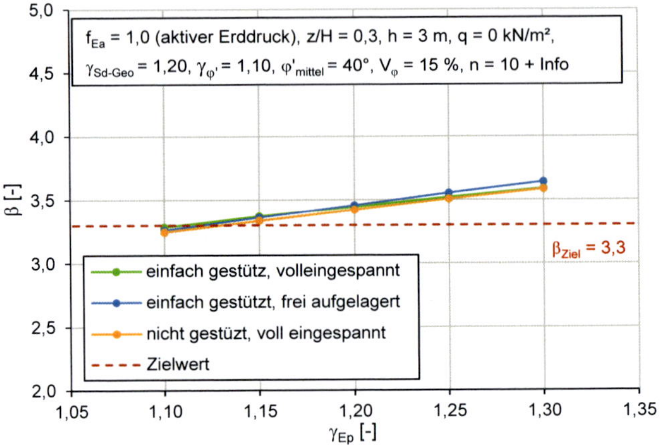

Bild A.95: statische Systeme, für einen Reibungswinkel φ_{mittel} von 40° und einen Variationskoeffizienten Vφ von 15 %, nichtbindige Böden, Grenzzustand des Versagens bodengestützter Wände durch Drehung (Versagen des Erdwiderlagers) für Stützwände

Ufereinfassung: Wasserstraßen und Häfen

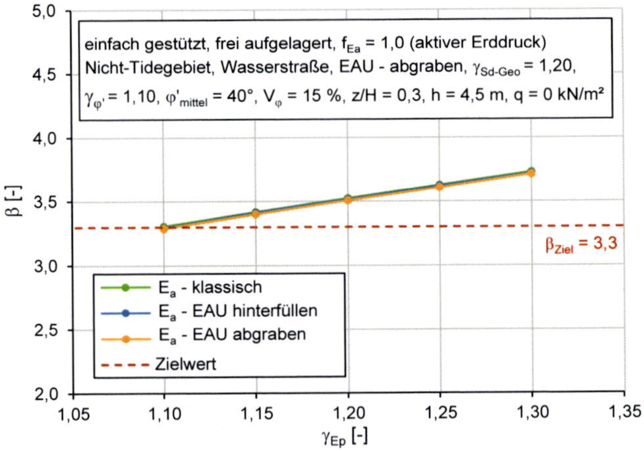

Bild A.96: Variation des Umlagerungsansatzes, nichtbindige Böden, einfach gestützt frei aufgelagertes System, Grenzzustand des Versagens bodengestützter Wände durch Drehung (Versagen des Erdwiderlagers) für Uferwände

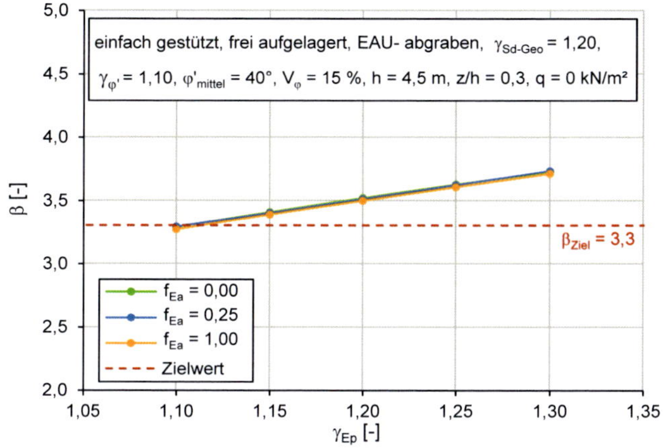

Bild A.97: Variation des aktiven Erddruckanteils f_{Ea}, nichtbindige Böden, einfach gestützt frei aufgelagertes System, Grenzzustand des Versagens bodengestützter Wände durch Drehung (Versagen des Erdwiderlagers) für Uferwände

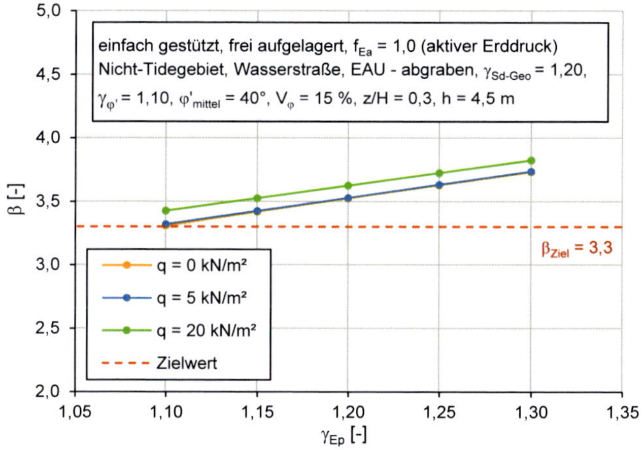

Bild A.98: Variation der veränderlichen Einwirkungen q, nichtbindige Böden, einfach gestützt frei aufgelagertes System, Grenzzustand des Versagens bodengestützter Wände durch Drehung (Versagen des Erdwiderlagers) für Uferwände

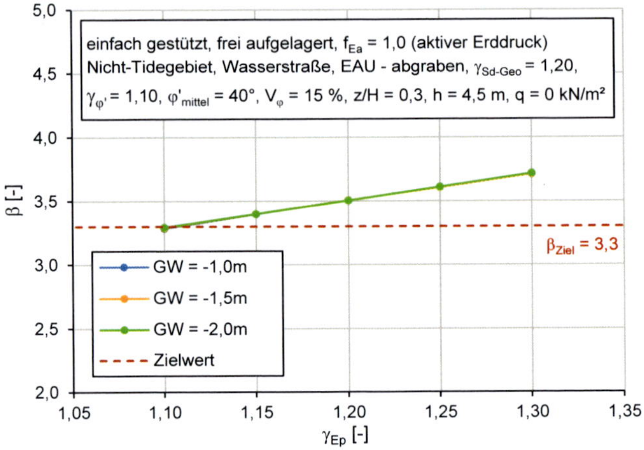

Bild A.99: Variation des Grunwasserstands GW unter GOK, nichtbindige Böden, einfach gestützt frei aufgelagertes System, Grenzzustand des Versagens bodengestützter Wände durch Drehung (Versagen des Erdwiderlagers) für Uferwände

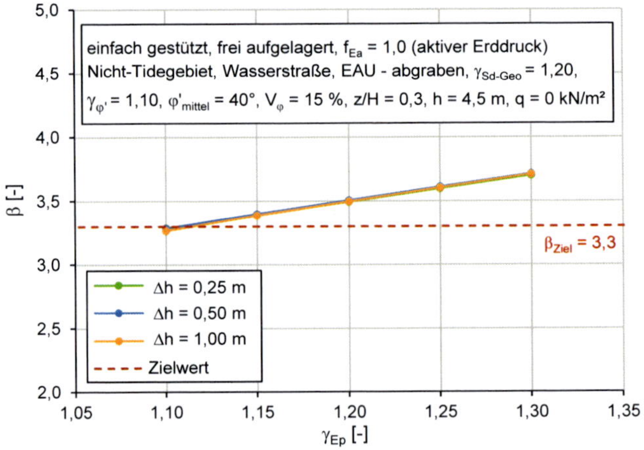

Bild A.100: Variation der Höhendifferenz Δh, nichtbindige Böden, einfach gestützt frei aufgelagertes System, Grenzzustand des Versagens bodengestützter Wände durch Drehung (Versagen des Erdwiderlagers) für Uferwände

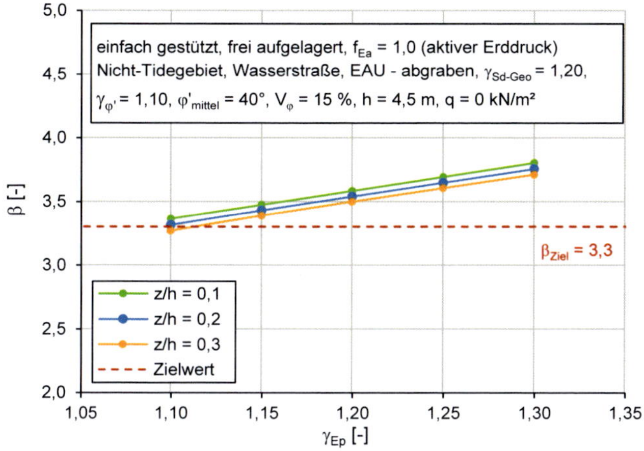

Bild A.101: Variation des Verhältnisses z/h für den Umlagerungsumsatz, nichtbindige Böden, einfach gestützt frei aufgelagertes System, Grenzzustand des Versagens bodengestützter Wände durch Drehung (Versagen des Erdwiderlagers) für Uferwände

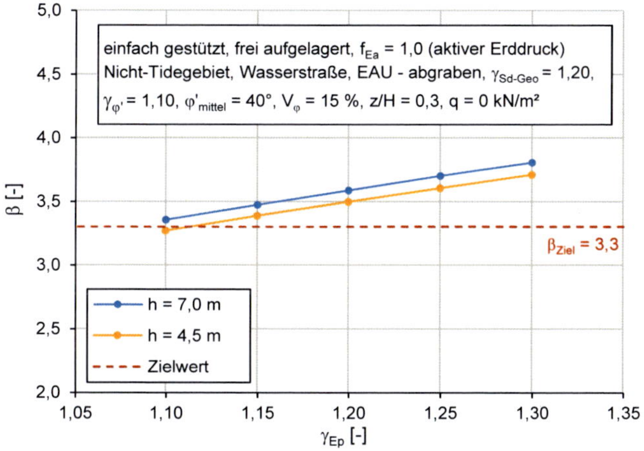

Bild A.102: Variation der Wandhöhe h, nichtbindige Böden, einfach gestützt frei aufgelagert System, Grenzzustand des Versagens bodengestützter Wände durch Drehung (Versagen des Erdwiderlagers) für Uferwände

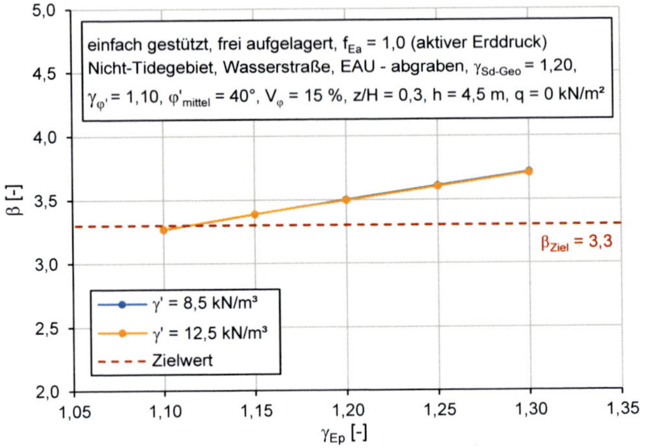

Bild A.103: Variation der effektiven Bodenwichte γ'_{Boden}, nichtbindige Böden, einfach gestützt frei aufgelagert System, Grenzzustand des Versagens bodengestützter Wände durch Drehung (Versagen des Erdwiderlagers) für Uferwände

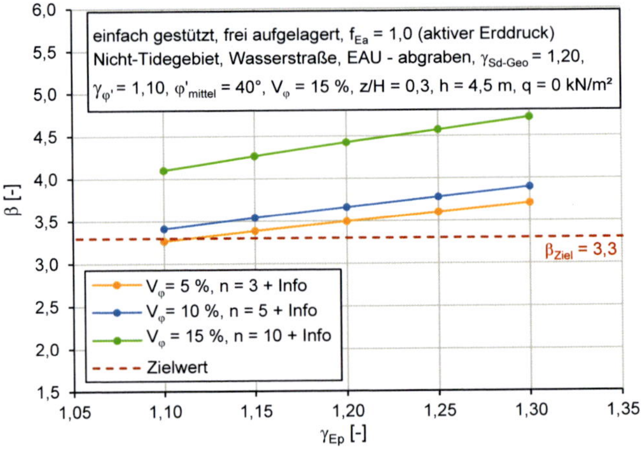

Bild A.104: Variation des Variationskoeffizienten V_φ, nichtbindige Böden, einfach gestützt frei aufgelagertes System, Grenzzustand des Versagens bodengestützter Wände durch Drehung (Versagen des Erdwiderlagers) für Uferwände

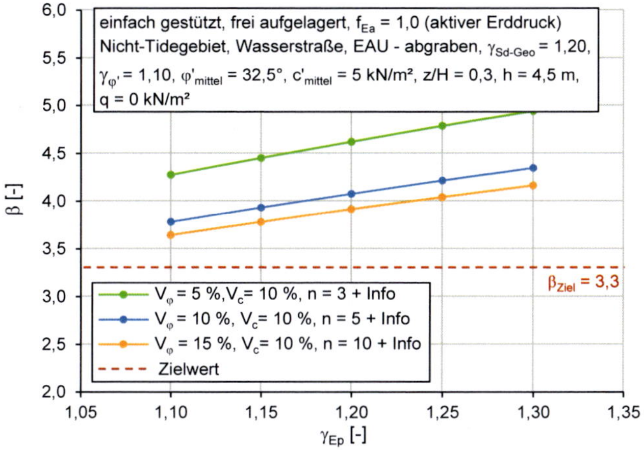

Bild A.105: Variation des Variationskoeffizienten V_φ, bindige Böden, einfach gestützt frei aufgelagertes System, Grenzzustand des Versagens bodengestützter Wände durch Drehung (Versagen des Erdwiderlagers) für Uferwände

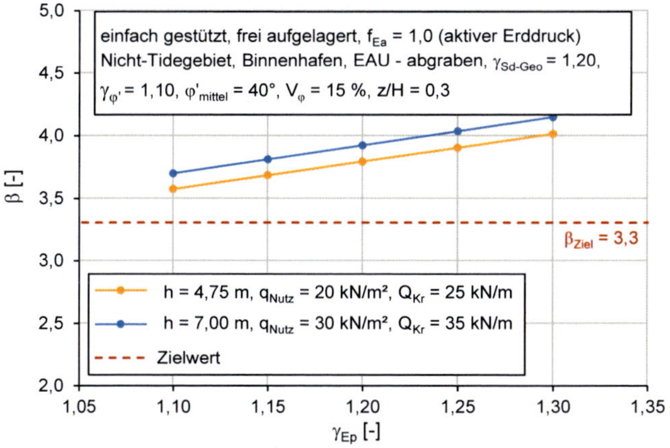

Bild A.106: Variation der veränderlichen Einwirkungen q_{Nutz} und Q_{Kr}, nichtbindige Böden, einfach gestützt frei aufgelagertes System, Grenzzustand des Versagens bodengestützter Wände durch Drehung (Versagen des Erdwiderlagers) für Binnenhäfen

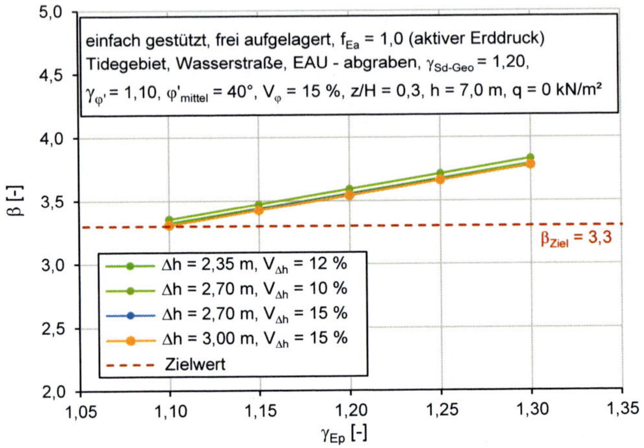

Bild A.107: Variation der Höhendifferenz Δh, nichtbindige Böden, einfach gestützt frei aufgelagertes System, Grenzzustand des Versagens bodengestützter Wände durch Drehung (Versagen des Erdwiderlagers) für Uferwände

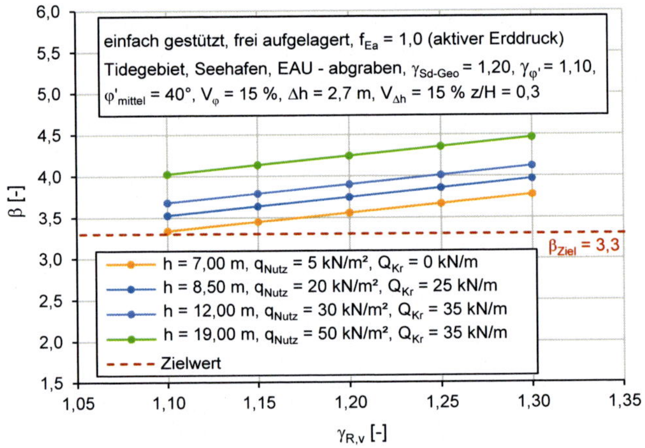

Bild A.108: Variation der veränderlichen Einwirkungen q_{Nutz} und Q_{Kr}, nichtbindige Böden, einfach gestützt frei aufgelagertes System, Grenzzustand des Versagens bodengestützter Wände durch Drehung (Versagen des Erdwiderlagers) für Seehäfen

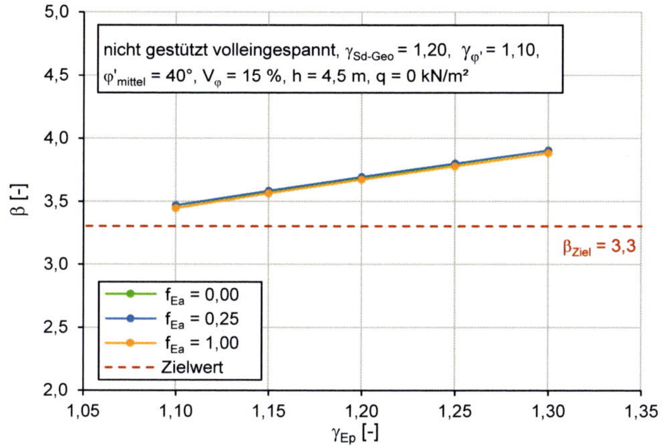

Bild A.109: Variation des aktiven Erddruckanteils f_{Ea}, nichtbindige Böden, nicht gestützt volleingspanntes System, Grenzzustand des Versagens bodengestützter Wände durch Drehung (Versagen des Erdwiderlagers) für Uferwände

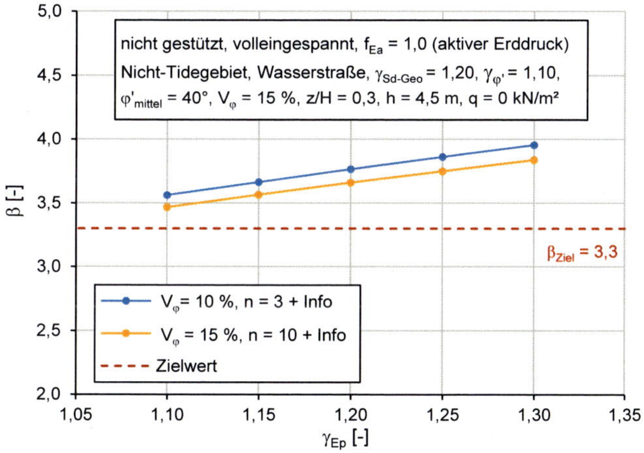

Bild A.110: Variation des Variationskoeffizienten V_φ für $\gamma_{\varphi'}$ = 1,15, nichtbindige Böden, nicht gestützt voll eingespanntes System, Grenzzustand des Versagens bodengestützter Wände durch Drehung (Versagen des Erdwiderlagers) für Uferwände

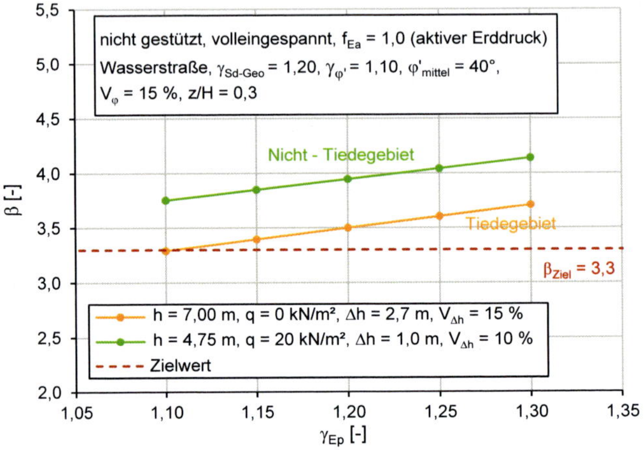

Bild A.111: Tiedegebiete gegen Nicht-Tiedegebiete, nichtbindige Böden, nicht gestützt voll eingespanntes System, Grenzzustand des Versagens bodengestützter Wände durch Drehung (Versagen des Erdwiderlagers) für Ufer wände

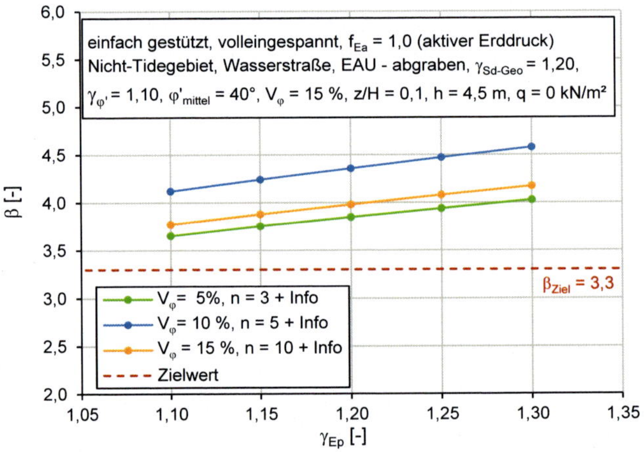

Bild A.112: Variation des Variationskoeffizienten V_{φ}, nichtbindige Böden, einfach gestützt voll eingespanntes System, Grenzzustand des Versagens bodengestützter Wände durch Drehung (Versagen des Erdwiderlagers) für Uferwände

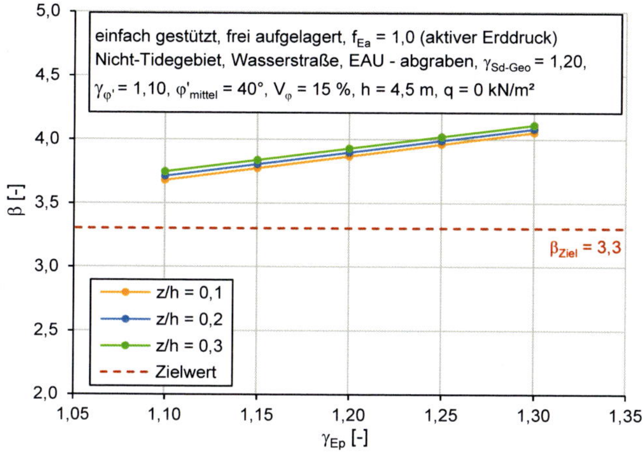

Bild A.113: Variation des Verhältnisses z/h für den Umlagerungsumsatz, nichtbindige Böden, einfach gestützt voll eingespanntes System, Grenzzustand des Versagens bodengestützter Wände durch Drehung (Versagen des Erdwiderlagers) für Uferwände

VERÖFFENTLICHUNGEN DES INSTITUTS FÜR GRUNDBAU, BODENMECHANIK, FELSMECHANIK UND VERKEHRSWASSERBAU DER RWTH AACHEN

HERAUSGEBER: UNIV.-PROF. DR.-ING. W. WITTKE

Nr. 1 Walter Wittke,
Das Institut für Grundbau, Bodenmechanik, Felsmechanik und Verkehrswasserbau im Jahre 1976
Neues Entwurfskonzept für untertägige Hohlräume in klüftigem Fels. 1976

Nr. 2 Walter Wittke und Peter Rißler,
Bemessung der Auskleidung von Hohlräumen in quellendem Gebirge nach der Finite Element Methode.
Manfred Wallner,
Ausbreitung von sedimentationsstabilen Zementpasten in klüftigem Fels. 1976 (vergriffen)

Nr. 3 Bohumil Boucek,
Ringscherversuche an Ton.
Dieter Rollberg,
Bestimmung der Tragfähigkeit und des Rammwiderstands von Pfählen und Sondierungen. 1977

Nr. 4 Vorträge des Seminars Talsperren- und Dammschäden,
Ursachen und Sanierungen, 6.-7. Januar 1977, Aachen. 1977

Nr. 5 Peter Rißler,
Bestimmung der Wasserdurchläßigkeit von klüftigem Fels. 1977

Nr. 6 Walter Wittke,
Grundlagen für die Bemessung und Ausführung von Tunnels in quellendem Gebirge und ihre Anwendung beim Bau der Wendeschleife der S-Bahn Stuttgart. 1978

Nr. 7 Walter Wittke und Helmut Jüngling,
Untersuchungen der Um- und Unterläufigkeit des Tavera-Dammes in der Dominikanischen Republik.
Walter Wittke, Bernd Pierau und Bertold Plischke,
Erfahrungen mit Zementpasten bei Injektionsarbeiten in klüftigem Fels. 1978

Nr. 8 Stephan Semprich,
Berechnungen der Spannungen und Verformungen im Bereich der Ortsbrust von Tunnelbauwerken im Fels. 1980

Nr. 9 Bernd Pierau,
Tunnelbemessung unter Berücksichtigung der räumlichen Spannungs-Verformungszustände an der Ortsbrust. 1981

Nr. 10 Bertold Plischke,
Interpretation der mit dem Vortrieb eines Tunnels verbundenen Verformungen im Hinblick auf die Bestimmung der Felskennwerte und des Primärspannungszustands. 1984

Nr. 11 Konrad Gell,
Der Einfluss der Sickerströmung im Untergrund auf die Berechnung der Spannungen und Verformungen von Bogenstaumauern. 1984

Nr. 12 Johannes R. Kiehl,
Bestimmung der felsmechanischen Kennwerte von Schiefer durch biaxiale Druckkissenversuche. 1985

Nr. 13 Wolfgang Krajewski,
Mathematisch-numerische und experimentelle Untersuchungen zur Bestimmung der Tragfähigkeit von in Sand gegründeten, vertikal belasteten Pfählen. 1986

Nr. 14 Paul-Josef Erban,
Räumliche Finite-Element-Berechnungen an idealisierten Diskontinua unter Berücksichtigung des Scher- und Dilatationsverhaltens von Trennflächen. 1986

Nr. 15 Claus Erichsen,
Gekoppelte Spannungs-Sickerströmungsberechnungen von Bauwerken in klüftigem Fels unter Berücksichtigung des nichtlinearen Spannungsverschiebungsverhaltens von Trennflächen. 1987

Nr. 16 Johannes Feiser,
Mechanisches Verhalten eines Sedimentgesteins mit tongefüllten Schichtfugen und offenen Klüften. 1988

Nr. 17 René Espinoza,
Bestimmung der Elastizitätskonstanten von geschiefertem Fels aus baubegleitenden Verformungsmessungen an Tunnelbauwerken. 1988

Nr. 18 Vorträge des Seminars Geotechnische Fragestellungen bei Untertagedeponien und Transportvorgängen, 3. Oktober 1989, Aachen. 1990

Nr. 19 Jürgen Rechtern,
Dreidimensionale Berechnung großer Tunnels in Fels unter Berücksichtigung aufeinanderfolgender Teilvortriebe. 1990

Nr. 20 Joachim Stahlmann,
Experimentelle und numerische Untersuchung zur Erosionsstabilität von gefüllten Trennflächen im Untergrund von Talsperren. 1991

Nr. 21 Vorträge des Seminars Spannungsmessungen im Fels, 28. August 1990, Aachen. 1991

Nr. 22 Michael Dillo,
Finite-Element-Berechnungen zur Wasserdurchlässigkeit von Trennflächen in Abhängigkeit vom Spannungszustand mit einem experimentell ermittelten Fließgesetz für teilweise geschlossene Trennflächen. 1991

Nr. 23 Wilfried Keddi,
Numerische Untersuchungen zum Tragverhalten vermörtelter Felsdübel im klüftigen Fels. 1992

Nr. 24 Bernd Kister,
Untersuchung der charakteristischen Größen beim Bodenluftabsaugverfahren für Ein- und Mehrbrunnenanlagen durch Laborversuche und räumliche Finite-Elemente-Berechnungen. 1994

Nr. 25 Hans-Georg Gülzow,
Dreidimensionale Berechnung des Zweiphasenströmungsfeldes beim Tunnelvortrieb unter Druckluft in wassergesättigten Böden. 1994

Nr. 26 Festschrift anlässlich des 60. Geburtstages von Univ.-Prof. Dr.-Ing. habil. W. Wittke. 1994

Nr. 27 Gerhard Bosch, Ralf M. Hartmann, Bernd Kister,
Ausbreitung von Schadstoffen aus Deponien im Untergrund aus klüftigem Fels unter Berücksichtigung der Verformbarkeit des Felses bei Belastung. 1994

Nr. 28 Ralf M. Hartmann,
Auswertung von Wasserabpressversuchen in klüftigem und verformbarem Fels. 1995

Nr. 29 Yifeng Hu,
Standsicherheitsuntersuchungen von untertägigen Hohlräumen im Fels nach der Finiten-Elemente-Methode unter Berücksichtigung der geometrischen Nichtlinearität. 1995

Nr. 30 Stephanie Küpper,
Räumliche Berechnung des Schadstofftransportes mit einer kompressiblen Zweiphasenströmung zur Untersuchung der Drucklufteinblasung und Bodenluftabsaugung. 1997

Nr. 31 Fengming Zhou,
Räumliche Konsolidationsberechnung nach der Methode der Finiten Elemente unter Berücksichtigung des elasto-plastischen Verhaltens von bindigen Böden. 1997

Nr. 32 Thomas Hochgürtel,
Numerische Untersuchungen zur Beurteilung der Standsicherheit der Ortsbrust beim Einsatz von Druckluft zur Wasserhaltung im schildvorgetriebenen Tunnelbau. 1998

Nr. 33 Jens Harald Gattermann,
Theorie und Modellversuch für ein Abdichtungsbauwerk aus hochverdichteten Bentonitformsteinen. 1998

Nr. 34 Peter Reinders,
Vergleichende dreidimensionale Berechnungen von Spritzbetonvortrieben im Ton mit Hilfe der Finite-Elemente-Methode. 1999

Nr. 35 Bingyin Zhang,
Diskrete Simulation des Schadstofftransports in klüftigem Fels unter Berücksichtigung des Mischungsverhaltens im Verschneidungsbereich von Trennflächen. 1999

SCHRIFTENREIHE GEOTECHNIK IM BAUWESEN

HERAUSGEBER: UNIV.-PROF. DR.-ING. M. ZIEGLER

Nr. 1 Beiträge zum Workshop
„Stochastische Prozesse in der Geotechnik". 2003

Nr. 2 Parviz Rainer Sadegh-Azar,
Erschütterungsreduktion durch aufgeschäumte Isolierkörper im Boden. 2011

Nr. 3 Bernd Andreas Ulke,
Einfluss der Bodenreaktionskraft beim Durchstanzen von Einzelfundamenten. 2011

Nr. 4 Christian Baier,
Thermisch-hydraulische Simulationen zur Optimierung von Vereisungsmaßnahmen im Tunnelbau unter Einfluss einer Grundwasserströmung. 2011

Nr. 5 60 Jahre Geotechnik im Bauwesen an der RWTH Aachen
Vorträge zum Festkolloquium am 25.03.2010. 2011

Nr. 6 Steffen Giese,
Bodenbewegungen infolge von Sümpfungsmaßnahmen für tiefe Tagebaue am Beispiel des Rheinischen Braunkohlenreviers. 2011

Nr. 7 Große China-Exkursion 2011 des Lehrstuhls für Geotechnik im Bauwesen an der RWTH Aachen. Exkursionsberichte.
Zusammengestellt von Marcus Fuchsschwanz und Benjamin Aulbach. 2012

Nr. 8 Gisa Kleine Vennekate,
Numerische Simulationen zur Scherfugenentwicklung in Sand-Ton-Wechselfolgen (Dissertation 2013 online veröffentlicht). 2016

Nr. 9 Hong Tian
Development of a Thermo-Mechanical Model for Rocks Exposed to High Temperatures during Underground Coal Gasification. (Dissertation 2013 online veröffentlicht). 2016

Nr. 10 Axel Ruiken
Zum Spannungs-Dehnungsverhalten des Verbundbaustoffs „geogitterbewehrter Boden“ (Dissertation 2013 online veröffentlicht). 2016

Nr. 11 Benjamin Aulbach
Hydraulischer Grundbruch - Zur erforderlichen Einbindetiefe bei Baugruben in nichtbindigem Baugrund (Dissertation 2013 online veröffentlicht). 2016

Nr. 12 Große Brasilien-Exkursion 2013 des Lehrstuhls für Geotechnik im Bauwesen an der RWTH Aachen. Exkursionsbericht.
Zusammengestellt von Felix Jacobs und Julian Sprengel. 2015

Nr. 13 Ju-Young Oh
Interaktion der Ringspaltverpressung mit dem umgebenden Baugrund und der Tunnelauskleidung (Dissertation 2013 online veröffentlicht). 2016

Nr. 14 Beiträge zum Festkolloquium am 4. April 2014 anlässlich des 60. Geburtstags von Univ.-Prof. Dr.-Ing. Martin Ziegler. 2014

Nr. 15 Sylvia Kürten
Zur thermischen Nutzung des Untergrunds mit flächigen thermo-aktiven Bauteilen (Dissertation 2014 online veröffentlicht). 2016

Nr. 16 Marcus Fuchsschwanz
Zur Standsicherheit und Erosion von Böschungen - Bewertung und Vergleich von Stabilisierungsmaßnahmen für Bergehalden des Steinkohlenbergbaus in Vietnam (Dissertation 2015 online veröffentlicht). 2016

Nr. 17 Rebecca Schüller
Energetische Optimierung von Vereisungsmaßnahmen im Tunnelbau (Dissertation 2015 online veröffentlicht). 2016

Nr. 18 Große Türkei-Exkursion 2015 des Lehrstuhls für Geotechnik im Bauwesen an der RWTH Aachen. Exkursionsbericht.
Zusammengestellt von Markus Adams und Thorsten Müller. 2016

Nr. 19 Zhijie Wang,
Discrete Element Modeling of Geogrid Reinforced Soil (Dissertation 2016 online veröffentlicht). 2016

Nr. 20 Beiträge zum Forum Tunnelbau mit Ausstellung „Historische Alpendurchstiche“ anlässlich der Eröffnung des Gotthard-Basistunnels am 18.11.2016 in Aachen.
Zusammengestellt von AOR Dipl.-Ing. Martin Feinendegen. 2016

Nr. 21 Felix Jacobs,
Interaktionsmodell zur Bemessung von Verankerungsgräben mit Geogittern. 2020

Nr. 22 Große Südostasien-Exkursion 2017 des Lehrstuhls für Geotechnik im Bauwesen an der RWTH Aachen. Exkursionsbericht.
Zusammengestellt von Nicholas Andermahr und David Koppmann. 2020

Nr. 23 Philipp Siebert,
Laborversuche zur hydraulischen Risserzeugung in dreiaxial belasteten Granitquadern. Grundlagen, Versuchsentwicklung, -durchführung und Analyse. 2020

Nr. 24 Julian Sprengel,
Praktische Anwendung injizierter Isolierkörper als Erschütterungsreduktionsmaßnahme. 2020

Nr. 25 Markus Adams,
Ein optimierter semi-analytischer hydromechanischer Kopplungsansatz für die geologische CO_2-Speicherung – Hydraulische Reaktivierung von Störzonen. 2020

Nr. 26 Elias Tafur,
Ein einheitliches Bemessungsverfahren zur Harmonisierung von Sicherheitsnachweisen in der Geotechnik. 2020

Nr. 27 Nicholas Andermahr,
Zum hydraulischen Grundbruch in runden Baugruben mit Einsatz von Entspannungsbohrungen. 2020